新版 キーワードで読みとく

現代農業と食料・環境

「農業と経済」編集委員会 監修

小池恒男・新山陽子・秋津元輝 編

昭和堂

本書を手にされた皆さまへ

　いま、食品や食料、農業、そして農村は、そのなかだけにとどまらない、現代社会全体にとってのクリティカルな問題となることがらをかかえています。天候変動だけでなく投機マネーまで呼び込んで不安定になった食料供給とそれをめぐる貿易ルール：food security。農場から食卓までのフードチェーンのなかで、食中毒菌や化学物質、人と動物の共通感染症などによる食品汚染とそれを予防する食品安全：food safety。人間の生産や生活活動による環境負荷をどのように食い止めて、好循環システムを人類の手にするかが問われる環境保全：environmental sustainability。人々が暮らしてきた地域社会の崩壊と再建：rural sustainability。これらの問題はその代表的なものです。

　このような問題が、地域で、国で、そして世界レベルで顕在化したことは、これまでの智恵や理論だけでは、そのような問題の本質に迫ることができず、時代を支えきれなくなったことを意味します。農林漁業者や食品事業者、専門家である技術者・管理者、行政担当者、政治家、そして日々の暮らしをいとなむ生活者、さらに智と理論を切り拓く使命をもつ研究者が、問題に向かいあって共同で作業することが必要です。そうして、これまでの智と理論を充分に吟味して、それを超える新しいシステムを生み出す智恵、新しいライフスタイル、そして、問題の本質に迫って解決の探求を支えられるような、地に足のついた新しい理論を創りあげていくことが求められています。すでにそれは始まっています。

　農業や食品産業などの産業、食料や食品（農場から食卓へ）、農村社会、環境のシステムは、別々のものではなく、重なりあっています。その重なりが良好であるときに、それぞれがうまく機能を果たせます。古い重なりにひずみが蓄積して破綻し、新しい重ね方をさぐって、それに移行することが必要になっています。問題を生みだす要因とその関係の状態（構造）を解きほぐさなければなりませんが、相互に関連し合う複雑さをもつので、解明そして解決の壁は高く、道は長いですが、わたしたち一人一人の今のために、そして将来世代への責任のために、その作業は魅力的なものでもあるはずです。現にこれらの問題は、農学以外に、工学、政治学、一般経済学、社会心理学、倫理学など、他の分野の関心を集めていて、こうした分野の研究者の参入がめだつようになっているのはその証ではないでしょうか。

　これまで『農業と経済』誌は、多くの研究者の皆さんの力をいただいて、はじめにのべたようなクリティカルな問題に迫り、それを切り拓く見通しを示すことに努めてきました。この本は、そのこれまでの蓄積をまとめ、凝縮して、コンパクトにしたものです。

　大学で学びはじめた学生の皆さん、研究をはじめた大学院生の皆さん、また、行政、事業者の方々に、食品・食料、農業、農村、環境問題の全貌と、それぞれの問題のありか、考え方、改善への見通しの手がかりを得ていただくことを目的にして、出版しました。いつも身近において、手にとっていただき、皆さんのガイドの役割をはたせればうれしく思います。

　また、社会科学系だけでなく、栄養や食品、農業の技術を学び、そのような仕事をめざしている自然科学系の学生の皆さんにもぜひ役立てていただきたいと思っています。食品、産業、環境に関する自然科学的、技術的な仕事を効果的に進める上で、社会的なシステムや制度、政策、経済現象を理解しておくことは有益なことだと思います。研究者の方々にも、専門外の領域を知る上で役立てていただければ幸いです。

　本書は初版を2011年3月に出版しました。幸い広くご利用いただいていることから、その後の状況の変化を踏まえてデータや内容の改訂をおこなうことになり、新版を上梓しました。項目によっては大幅に改訂しています。新版にあたって、お力をいただいた執筆者の皆さまはもとより、出版を支えていただいた昭和堂の鈴木了市編集部長、越道京子さんにここに記してお礼を申し上げます。

2017年3月6日　新版にあたって　　　　編集担当者　**小池恒男、新山陽子、秋津元輝**

目 次

本書を手にされた皆さまへ　　　　　　　　　　　　　　　　　　　　　　i
はじめに——食料・資源・環境の抜き差しならぬ相互関係　　　　　　　　1

I　国際時代の農林業　　　　　　　　　　　　　　　　　　　　　　　4

第1節　世界の農産物需給と食料安全保障

1　世界の食料需給の動向　　　　　　　　　　　　　　　　　　　　　　6
　【キーワード】貿易自由化／売り手寡占／価格メカニズム
2　各国の食料安全保障と日本　　　　　　　　　　　　　　　　　　　　8
　【キーワード】戦略物資／輸出補助金／食料援助
3　日本の農産物輸入と日本農業の将来像　　　　　　　　　　　　　　　10
　【キーワード】経済厚生／農業の多面的機能／外部効果

第2節　世界のアグリビジネス

1　穀物メジャーと農産物貿易　　　　　　　　　　　　　　　　　　　　12
　【キーワード】穀物メジャー／事業多角化／垂直的統合／世界農産物貿易／先物取引
2　アグリビジネスの多国籍化　　　　　　　　　　　　　　　　　　　　14
　【キーワード】アグリビジネス／多国籍企業／企業買収／ブランド戦略／食品産業
3　アグリビジネスと農業構造　　　　　　　　　　　　　　　　　　　　16
　【キーワード】アグリビジネス／契約農業／インテグレーション／
　　　　　　　　社会・環境基準の規格化／サプライチェーン・マネジメント

第3節　世界の中の北東アジアと日本の農業

1　主要先進国中最低の自給率　　　　　　　　　　　　　　　　　　　　18
　【キーワード】ナショナル・セキュリティ（国家安全保障）／国際競争力／国民の選択
2　内外価格差と農業　　　　　　　　　　　　　　　　　　　　　　　　20
　【キーワード】農地規模格差／品質格差／国産プレミアム
3　世界農業類型と北東アジア　　　　　　　　　　　　　　　　　　　　22
　【キーワード】世界農業類型／農法／中耕除草農業／環境形成的農業／内包的農業発展
4　北東アジアにおける連携の基盤　　　　　　　　　　　　　　　　　　24
　【キーワード】モンスーン・アジア／経済発展／農業保護／食品ネットワーク／食品安全性

第4節　世界の森林と木材産業

1　木材需要の拡大と木材産業の国際化　　　　　　　　　　　　　　　　26
　【キーワード】木材関連企業／紙・パルプ産業／丸太輸出／製材輸出／Ｍ＆Ａ
2　環境保全型木材産業への展開　　　　　　　　　　　　　　　　　　　28
　【キーワード】持続可能な森林管理／森林認証制度／CoC認証／FSC／PEFC／SGEC
3　日本の高森林率と低木材自給率　　　　　　　　　　　　　　　　　　30
　【キーワード】森林の回復力／復旧造林／拡大造林／木材生産量／林産物市場開放

第5節 貿易自由化と日本農業

1 　農産物貿易自由化の経緯　　32
　【キーワード】農本主義／食料安全保障／オイル・ショック／第3の武器／東アジア食品産業活性化戦略／
　　　　　　　農産物輸出産業化

2 　WTO体制と日本農業　　34
　【キーワード】認定農業者／AMS／直接支払制度／ドーハ・ラウンド／関税割当／タリフィケーション／
　　　　　　　市場歪曲効果／集落協定

3 　FTAと日本農業　　36
　【キーワード】貿易転換効果／原産地規則／最恵国待遇／貿易利益／TPP／
　　　　　　　FTAAP（アジア太平洋自由貿易圏）／RCEP（東アジア地域包括的経済連携）

第6節 主要国の農業と農業政策

1 　アメリカの穀物生産と農業政策　　38
　【キーワード】農業大国／2014年農業法／経営所得安定対策

2 　EUの農業と農政改革　　40
　【キーワード】EU（欧州連合）／農政改革／直接支払い／クロス・コンプライアンス／環境支払い

3 　新興食料貿易国の農業構造と農業政策　　42
　【キーワード】ブラジル／食料輸入国／食料輸出国

第7節 途上国経済と農業、貧困対策

1 　途上国の経済発展と農業の役割　　44
　【キーワード】ペティ＝クラークの法則／クズネッツ仮説／農業成長／緑の革命

2 　途上国における資源輸出型発展と食用穀物生産の停滞　　46
　【キーワード】資源輸出型発展／オランダ病／食用穀物生産／政府の質

3 　途上国農村の貧困削減戦略　　48
　【キーワード】ミレニアム開発目標／貧困削減／マイクロ・ファイナンス／社会開発

4 　途上国農業とフェア・トレード　　50
　【キーワード】援助よりも貿易を／交易条件／貧困削減／最低価格保障／
　　　　　　　フェアトレード・プレミアム

第8節 エネルギー・水・環境問題

1 　世界のエネルギー問題と農業、食料　　52
　【キーワード】第2世代バイオ燃料／カーボン・ニュートラル／枯渇性資源／再生可能資源／循環型社会

2 　世界の水資源と日本農業　　54
　【キーワード】バーチャル・ウォーター（仮想水）／ウォーター・フットプリント／水の生産性／灌漑

3 　世界の環境問題と農林業　　56
　【キーワード】IPCC（気候変動に関する政府間パネル）／森林吸収源対策／バイオ燃料

第9節 国際貿易と食品安全

1　世界の食品安全問題とWTO・SPS協定　　　　　　　　　　　　　　　　58
　【キーワード】SPS協定／CAC（Codex委員会）

2　リスクアナリシス　　　　　　　　　　　　　　　　　　　　　　　　　60
　【キーワード】リスク／リスク評価／リスク管理／リスクコミュニケーション／費用効果分析／
　　　　　　　一日摂取許容量（ADI）

3　主要国の食品安全行政　　　　　　　　　　　　　　　　　　　　　　　62
　【キーワード】リスクアナリシス／リスク評価とリスク管理の機能的な分離／
　　　　　　　フードチェーンアプローチ／消費者保護

II　日本経済と農林業　　　　　　　　　　　　　　　　　　　　　　　　64

第1節 日本経済における農業の位置

1　農業社会時代の農業　　　　　　　　　　　　　　　　　　　　　　　　66
　【キーワード】農業社会／工業社会／自給的食料生産／領域国家／都市化社会

2　工業化時代の農業　　　　　　　　　　　　　　　　　　　　　　　　　68
　【キーワード】貿易・為替の自由化計画大綱／農業基本法／GATT／IMF／兼業農家

3　グローバル化時代の農業構造の変化　　　　　　　　　　　　　　　　　70
　【キーワード】グローバル化／新自由主義／構造調整計画／TPP／食料危機／構造的危機

第2節 高度経済成長と農業

1　エンゲルの法則と農業　　　　　　　　　　　　　　　　　　　　　　　72
　【キーワード】エンゲル法則／エンゲル係数／産業構造の変化／農業調整問題

2　人口増加と技術進歩の力関係　　　　　　　　　　　　　　　　　　　　74
　【キーワード】経済発展／人口爆発／資源制約／マルサスの罠／技術進歩／食料問題

3　食品加工・流通費増大と農業収入比率の低下　　　　　　　　　　　　　76
　【キーワード】食品加工・流通費／帰属割合／産業連関表

4　農業関連産業の発展と農業　　　　　　　　　　　　　　　　　　　　　78
　【キーワード】農業関連産業／食品関連産業／農業投入財

第3節 農業基本法から食料・農業・農村基本法へ

1　農業基本法の成立　　　　　　　　　　　　　　　　　　　　　　　　　80
　【キーワード】農業基本法／高度経済成長／所得政策／生産政策／構造政策

2　経済条件の変化と農政の転換　　　　　　　　　　　　　　　　　　　　82
　【キーワード】需要と生産の長期見通し／総合農政／米の生産調整

3　国際化時代の農政　　　　　　　　　　　　　　　　　　　　　　　　　84
　【キーワード】国際化／WTO／自由化／関税割当制度／AMS／食糧法／直接支払

4　食料・農業・農村基本法の成立　　　　　　　　　　　　　　　　　　　86
　【キーワード】食料自給率／多面的機能／持続的な発展／WTO交渉／中山間地域等直接支払

5　新政策体系への転換　　　　　　　　　　　　　　　　　　　　　　　88
【キーワード】経営所得安定対策／戸別所得補償制度／農林水産業・地域の活力創造プラン／日本型直接支払制度／食料自給力

第4節　日本経済と林業政策の展開

1　高度成長と林業・林政　　　　　　　　　　　　　　　　　　　　　90
【キーワード】石油エネルギー革命／輸入材／自給率／林業基本法／林家

2　低成長と林業・林政　　　　　　　　　　　　　　　　　　　　　　92
【キーワード】国産材市場／高価格材／輸入材／「外材」／拡大造林／国有林

3　環境問題と林業・林政　　　　　　　　　　　　　　　　　　　　　94
【キーワード】流域林業政策／グローバル化／京都議定書／資源転換

Ⅲ　環境保全と地域の持続性　　　　　　　　　　　　　　　　　　　　96

第1節　農村社会の構造問題

1　グローバル化と人口の都市集中　　　　　　　　　　　　　　　　　98
【キーワード】人口移動／混雑化現象／グローバリゼーション3.0／コンパクト・シティー／移民

2　農家の兼業化と農村の混住化　　　　　　　　　　　　　　　　　100
【キーワード】専兼別分類／地域労働市場／混住化／スプロール的開発／社会的多様性

3　限界集落問題　　　　　　　　　　　　　　　　　　　　　　　　102
【キーワード】過疎化／限界集落／国土形成計画／地方創生／鳥獣害／集落機能／集落再編成

第2節　農林業の多面的機能

1　市場の失敗と農業　　　　　　　　　　　　　　　　　　　　　　104
【キーワード】効率性／外部性／公共財

2　農業・農村の多面的機能　　　　　　　　　　　　　　　　　　　106
【キーワード】農産物貿易／OECD／政策分析枠組

3　森林の多面的機能　　　　　　　　　　　　　　　　　　　　　　108
【キーワード】私的財と公共財／森林環境税／多面的機能の経済評価

4　森林・生態系保全の経済評価　　　　　　　　　　　　　　　　　110
【キーワード】ＣＶＭ／顕示選好法／表明選好法

第3節　循環型農業の展開

1　地球温暖化と農業　　　　　　　　　　　　　　　　　　　　　　112
【キーワード】地球温暖化／気温上昇／高温耐性品種の開発／緩和策と適応策

2　有機農業と環境保全型農業　　　　　　　　　　　　　　　　　　114
【キーワード】IFOAM（国際有機農業運動連盟）／有機農業推進法／JAS／CODEX基準／特別栽培農産物／CSA（地域支援型農業）／産消提携

3　有機物循環と農業　　　　　　　　　　　　　　　　　　　　　　116
【キーワード】有機物循環／窒素収支／農産物貿易／食料・飼料の海外依存

第4節 都市農村交流

1 食農教育 … 118
【キーワード】市民農園／食育基本法／農業体験農園／教育ファーム／総合的な学習の時間／食のリテラシー

2 農村女性起業 … 120
【キーワード】生活改善グループ／エンパワーメント／「犠牲者」と「救世主」／ソーシャル・ビジネス（社会的企業）

3 ファーマーズ・マーケット … 122
【キーワード】地産地消／少量多品目生産／高齢者・女性／関係性マーケティング

4 グリーン・ツーリズム … 124
【キーワード】地域活性化／農村の消費／ポスト生産主義／日本型グリーン・ツーリズム／都市農村交流

第5節 地域資源・環境保全政策

1 多面的機能支払交付金 … 126
【キーワード】日本型直接支払制度／地域資源の保全管理／施設の長寿命化

2 集落支援制度 … 128
【キーワード】集落支援員／地域おこし協力隊／過疎対策／緑のふるさと協力隊／ソフト事業

IV 農林業経営の展開と地域　130

第1節 農業経営の展開と経営対策

1 農業経営の現状と展開 … 132
【キーワード】家族経営／法人経営／集落営農／フランチャイズ型農業経営／農業参入企業経営

2 経営政策の導入と農業経営の存続 … 134
【キーワード】経営存続領域の狭まり／最小最適規模／最小必要規模／経営環境の整備／公正な市場の整備／市場支配力

第2節 農業経営の企業形態と事業展開

1 家族経営と企業経営 … 136
【キーワード】担い手／経営規模拡大／法人化／企業形態／家族経営協定

2 農業経営法人の多角的事業展開 … 138
【キーワード】規模の経済／範囲の経済／シナジー効果／水平的・垂直的多角化／農業の6次産業化／農商工連携

3 集落営農の展開 … 140
【キーワード】地域農業の組織化／水田農業の担い手／生産性向上／地域資源管理

4 一般企業による農業参入 … 142
【キーワード】農地所有適格法人（農業生産法人）／農地リース方式／耕作放棄地・遊休農地／農業経営リスク／事業多角化

第3節 地域営農とマーケティング

1 農業経営とマーケティング　　144
【キーワード】産地間競争／卸売市場／マーケット・イン／プロダクト・アウト

2 産地形成と地域主体　　146
【キーワード】野菜指定産地制度／共選共販／ネットワーク型農業経営／農商工連携

3 サービス事業体（農作業受託事業体）の役割　　148
【キーワード】農作業受託／アウトソーシング／集落営農／集出荷センター／酪農ヘルパー／コントラクター

4 農業普及制度　　150
【キーワード】農業改良助長法／普及指導員／普及指導センター／営農指導員／関係機関のワンフロア化

第4節 農業技術の新局面

1 技術革新と経営発展　　152
【キーワード】イノベーション／植物工場／無人農業機械／情報通信技術／バイオテクノロジー

2 情報通信技術ICTと農業　　154
【キーワード】意思決定／生産履歴記帳／精密農業／ロボット技術／技術継承

3 GAP（適正農業規範）　　156
【キーワード】食品安全GAP／環境保全GAP／食品衛生の一般原則／GLOBALGAP

4 遺伝子組換え、家畜クローニング、ナノテクノロジー　　158
【キーワード】遺伝子組換え／体細胞クローン／ナノテクノロジー／科学技術と社会

第5節 林業事業体の展開

1 林業経営と森林組合　　160
【キーワード】林業就業者数／過疎化・高齢化／素材生産／造林／施業委託／森林組合法

2 企業経営の現状　　162
【キーワード】林業経営体／製材工場／垂直統合／大規模化／国産材回帰

3 国有林経営の現状　　164
【キーワード】緑の回廊／レクリエーションの森／独立採算制度／抜本的改革／国民の森林／森林官

V　生産構造と生産要素　　166

第1節 米麦大豆

1 米需給の動向　　168
【キーワード】米過剰／生産調整政策／需給調整政策の転換／米の多用途利用

2 麦・大豆の生産・需要動向　　170
【キーワード】自給率／米生産調整／転作／経営所得安定対策／需要と生産のミスマッチ

3 経営所得安定対策　　172
【キーワード】価格支持政策／稲作経営安定対策／戸別所得補償制度／経営所得安定対策

第2節　畜産物

1. 経営環境と畜産経営 …………………………………………………………………… 174
   【キーワード】畜産の大規模化／収益性の悪化／加工型畜産
2. 輸入と消費の動向 ……………………………………………………………………… 176
   【キーワード】食肉自給率／業務・外食向けの需要増加／世界需要の拡大
3. 輸入飼料と自給飼料生産の可能性 …………………………………………………… 178
   【キーワード】飼料自給率／自給飼料／稲WCS／飼料用米

第3節　野菜と果実

1. 生産動向 ………………………………………………………………………………… 180
   【キーワード】選択的拡大／リスク／暗黙の協調／生産の停滞／産地
2. 需要動向 ………………………………………………………………………………… 182
   【キーワード】大衆野菜／輸入果実／バナナ／高級野菜／需要の弾力性
3. 産地間競争 ……………………………………………………………………………… 184
   【キーワード】共販組織／チェーン／中国野菜／市場シェア／競争と交渉

第4節　変貌する農業労働力

1. 農業労働力の量と質 …………………………………………………………………… 186
   【キーワード】兼業化／農外就業／労働力需要／就業選択／雇用労働力
2. 農業へのUIターン ……………………………………………………………………… 188
   【キーワード】Uターン／Iターン／新規参入／定年帰農／雇用就農／田舎暮らし／二地域居住
3. 多様な農業労働力の登場 ……………………………………………………………… 190
   【キーワード】高齢者／女性／シルバー人材センター／障害者授産施設／農外企業の農業参入／
   外国人実習生

第5節　農地制度と農地の流動化

1. 戦後農地制度の展開 …………………………………………………………………… 192
   【キーワード】農地法／農業経営基盤強化促進法／人・農地プラン／農地中間管理機構
2. 農地利用権と企業参入 ………………………………………………………………… 194
   【キーワード】企業参入／特定法人／農業生産法人／農業委員会／農業特区／農地所有適格法人
3. 荒廃農地問題と対策 …………………………………………………………………… 196
   【キーワード】遊休農地／不在地主／農業委員会／特定利用権
4. 地域計画と農地のゾーニング ………………………………………………………… 198
   【キーワード】農振法／農業振興地域／農用地区域／市街化区域／市街化調整区域

第6節　農業生産資材と農業機械

1. 肥料農薬多投農業からの転換 ………………………………………………………… 200
   【キーワード】肥料農薬多投農業／苦汗労働／エコファーマー／農業環境規範／IPM
2. 機械化の進展 …………………………………………………………………………… 202
   【キーワード】構造改善事業／動力機械化の跛行性／資本集約的性格／過剰投資

3　ハウス・石油問題　　　　　　　　　　　　　　　　　　　　　　　　　204
　　【キーワード】被覆・保温材／連棟化／資源価格／植物工場

VI　農産物加工・流通・消費と食品安全　　206

第1節　農産物流通と市場の構造変化

1　米食管制度と新食糧法　　　　　　　　　　　　　　　　　　　　　　208
　　【キーワード】食糧管理法／食糧法／自主流通米／生産調整
2　麦・大豆の輸入と流通制度　　　　　　　　　　　　　　　　　　　　210
　　【キーワード】国家貿易／民間流通移行／調整販売計画／不足払い
3　青果物流通と卸売市場　　　　　　　　　　　　　　　　　　　　　　212
　　【キーワード】卸売市場／セリ取引／相対取引／市場外流通
4　食肉市場の再編成と品質保証　　　　　　　　　　　　　　　　　　　214
　　【キーワード】食肉自給率／食肉フードチェーン／ブランド形成／地産地消
5　牛乳・乳製品流通と市場の競争構造　　　　　　　　　　　　　　　　216
　　【キーワード】不足払い制度／価格転嫁／グローバル化／価格形成

第2節　食品産業の展開とフードシステム

1　フードシステムの構造と課題　　　　　　　　　　　　　　　　　　　218
　　【キーワード】連鎖構造／競争構造／企業結合構造／企業構造・行動／消費者の状態／
　　　　　　　　消費者の生活構造・行動／基礎条件／目標・成果
2　食品製造業の二重構造　　　　　　　　　　　　　　　　　　　　　　220
　　【キーワード】大量生産／多品目少量生産／全国ブランドと地域ブランド
3　外食・中食産業の発展　　　　　　　　　　　　　　　　　　　　　　222
　　【キーワード】食の外部化／内食・中食・外食／個店戦略／契約取引／単独世帯
4　スーパー・コンビニエンスストアの再編と構造　　　　　　　　　　　224
　　【キーワード】小売業態／M＆A／フードデザート／消費の多様化
5　VMS（垂直的流通システム）の展開　　　　　　　　　　　　　　　226
　　【キーワード】VMS／SCM／PB商品／可視化／提携関係
6　食品事業者倫理　　　　　　　　　　　　　　　　　　　　　　　　　228
　　【キーワード】事業経営／意思決定責任／ステークホルダーの共存／三方よし／公正取引／
　　　　　　　　不確実性に満ちた社会の責任

第3節　食品安全

1　食品由来リスクの管理手法　　　　　　　　　　　　　　　　　　　　230
　　【キーワード】一般衛生管理／適正衛生規範（GHP）／適正農業規範／適正製造規範／
　　　　　　　　HACCP（危害分析重要管理点）／監視と検証
2　食品トレーサビリティ　　　　　　　　　　　　　　　　　　　　　　232
　　【キーワード】製品回収／識別と対応づけ／ロット／内部トレーサビリティ／一歩後方・一歩前方

第4節 食料消費、消費者行動、消費者問題

1　食料消費の多様化　　　　　　　　　　　　　　　　　　　　　　　　　234
　【キーワード】食料消費の質的変化／食品・食品群の多様化／食べ方の多様化

2　食生活の「危機」と食育　　　　　　　　　　　　　　　　　　　　　　236
　【キーワード】食べる力／食育基本法／食生活指針／農業体験

3　消費者の食品選択行動　　　　　　　　　　　　　　　　　　　　　　　238
　【キーワード】効用／情報処理／意思決定／ヒューリスティクス／フレーミング効果／内的参照価格

4　表示偽装と新しい食品表示制度　　　　　　　　　　　　　　　　　　　240
　【キーワード】表示の機能／食品表示法／景品表示法の改正／罰則の強化

VII　農業財政金融と農協　　　　　　　　　　　　　　　　　　　　　　242

第1節 農業行財政の仕組み

1　農業行財政システムと農業予算　　　　　　　　　　　　　　　　　　　244
　【キーワード】一般会計／特別会計／公共事業費／非公共事業費

2　価格政策の後退と担い手育成・構造政策の拡大と充実　　　　　　　　　246
　【キーワード】価格政策／食糧管理制度／構造政策／担い手育成

第2節 農業金融と農協金融の現状

1　農家金融の現状　　　　　　　　　　　　　　　　　　　　　　　　　　248
　【キーワード】資金運用／資金調達／キャッシュ・フロー計算書／経営体経済余剰／
　　　　　　　　可処分所得／家計費

2　制度金融の仕組み　　　　　　　　　　　　　　　　　　　　　　　　　250
　【キーワード】農業近代化資金／公庫資金／農業改良資金／前向き資金／後向き資金

3　農協金融　　　　　　　　　　　　　　　　　　　　　　　　　　　　　252
　【キーワード】信連／農林中金／貯貸率

第3節 転換を模索する農協

1　農協事業の新展開　　　　　　　　　　　　　　　　　　　　　　　　　254
　【キーワード】JAバンクシステム／共同計算／買取直販／JAグリーン

2　農協の組織と未来　　　　　　　　　　　　　　　　　　　　　　　　　256
　【キーワード】農協合併／正組合員、准組合員／農協改革／農協法改正／JA綱領／総合事業

3　営農事業の現状と展開　　　　　　　　　　　　　　　　　　　　　　　258
　【キーワード】農協営農指導事業／農産物直売所／系統共販／農協ばなれ／土地持ち非農家

4　農協経営の現状と展開　　　　　　　　　　　　　　　　　　　　　　　260
　【キーワード】信用・共済事業依存の収支構造／経済事業改革／組織力／総合性（力）の発揮／
　　　　　　　　トップマネジメント

索　引　　　　　　　　　　　　　　　　　　　　　　　　　　　　　　　262

はじめに──食料、資源、環境の抜き差しならぬ相互関係

小池 恒男

●人類生存の必須の条件としてある衣食住と生物資源

　人類の生存にとって欠かせないのは、いうまでもなく衣食住であるが、農耕牧畜の確立・紀元前1万年、農耕の起源・紀元前2万年、さらにその先、樹上で寝泊りし、腰にわずかな覆いものをまとっていたというホモ・エレクトス（原人）の出現・紀元前170万年にまでさかのぼってというレベルでいえば、何よりも生存を規定したものとして食料が決定的に重要な意味をもったであろう。その食料といえば、いうまでもなく生物資源に由来する。さらに敷衍していえば、樹上の住まいといい、腰部のまといものといいその原料の多くは生物資源に由来するものであった。つまり人類は自然（環境）に働きかけてそれらのものを獲得した。この人類と自然（環境）との関係を大きく変えたのは農耕牧畜の確立であり、定住の始まりであり、新たな人間圏の形成であった。それ以前の人類の生き方は、狩猟採集して生きる種の一つとして自然（環境）の中に自然とともに存在していた。それ以後の生き方は、自然（環境）の中に新たな特殊な空間として人間圏をつくって存在した。地球ならびにそれを取り巻く大気圏を含めて、そこに新たに形成された人類の居住・生産空間は、当然のことながらそれまでの自然（環境）を徐々に、そして急速にそのバランスを突き崩していくことになる。この意味において、農耕牧畜の確立、定住の始まり、人間圏の形成は地球環境問題の事の起こりのところに位置づいてある。

●食料と資源の相互関係

　資源とは、人間の生産活動のもとになる利用可能性を持つ物質、水力、労働力などの総称であるが、具体的には生物資源、水資源、鉱物資源、土壌などである。食料を産み出す農業生産にとっての根源的資源は生物資源である。たとえば野菜を例にとってみると、もともと自然界に存在したキクラゲ、マツタケ、ゼンマイ、ウラボシ、オモダカ、イネ、サトイモ、ユリ、ヤマノイモ、ショウガ、タデ、アカザ、ツルムラサキ、スイレン、アブラナ、バラ、マメ、ミカン、アオイ、アカバナ、ウコギ、セリ、キク等々の27科の植物に品種改良を重ね重ねて今日の115に及ぶ野菜名をもつ野菜を私たちは食に供しているということになる[1]。穀物についてもまた同様に何科の何種類かの植物を、果樹についてもまた同様に何科の何種類かの植物を、畜産物についてもまた同様に何科の何種類かの動物によってもたらされる乳肉卵を食に供している。しかし、生物資源は以上のような直接的な生産の対象となる根源的な資源として使用されるだけでなく、当然の事ながら、ミツバチや役畜のように生産を側面から助けるために使用される生物資源も存在する。たとえばミツバチについていえば、農産物の三分の一はミツバチが存在することによって成り立っているとされている。この点にかかわって付言しておかなければならないのは、三大地球環境問題の一つにあげられる生物多様性の喪失問題である。生物の多様性の喪失は、それはつまり将来において資源に転化する可能性をもつ環境要素としての生物の減少を意味するわけで、そのことはさらに、より豊かな生物の共進化の可能性を閉ざしてしまうことを意味する（共進化の狭小化）。つまり、生物の多様性が生物の進化の可能性を担保しているという点が重要である。そこで問われるのは、農業が生物の多様性にマイナスの貢献をもたらすのか、プラスの貢献をもたらすのかであり、「命はぐくむ農法」への関心をさらに高めることが求められている。

生物資源とのかかわりだけではなく、その栽培や飼育に水を欠かすことはできないし、鉱物資源は肥料の原料として、あるいは農業機械の燃料等々としてまた欠かせない。土壌は、地殻表面の母岩が風化・崩壊したものに腐植などが加わり、気候や生物などの作用を受けて生成されたものであり、地殻の最上層にあって作物を育てる土地としてある。

●資源と環境の相互関係

資源と環境の関係についてまず言えることは、環境要素の一部のものは資源でありえるが、環境要素と資源は同一のものではないということである。環境要素は経済活動の基礎ではあっても、財貨や商品の生産に原料や燃料のように直接入り込むものではない。水は環境から取り出されて、原料あるいは発電・冷却用・農業用・飲用などに使われて資源として利用される。この場合の用水は市場メカニズムのなかに入り込み、労働によって「加工」され、一定の価格がつく。そして、その一部のものは利用の後で環境に返される。このように水は、「環境―資源―環境」と循環しているが、資源となった水（利水）と環境の水（保水）とは、自然的形態において同じであっても、経済的意味は違っている。もちろん、資源として利用された水が、汚染されたりあるいは浪費して枯渇すると、環境破壊や公害を産み出すから、資源問題は環境問題に連続する。その意味では両者は密接に関係しているが、意味の違いは明確である[2]。そしてもう一点、環境要素と資源との関係で重要なのは、環境要素と資源が永久不変の区分としてあるのではなく、環境要素から資源への転換が技術革新によって常に起こりうるものとしてあるという点である。

●食料と環境の相互関係

食料を産み出す農業は、資源以外の環境（自然）によっても支えられている。成立場所としての大地、農業生産を取り囲んである大気圏（空気、光、気温）がそれである。農業生産が環境に作用を及ぼすが、それはまた、三大地球環境問題である地球温暖化問題、水質悪化問題、生物多様性の喪失問題となって、逆にそれが農業生産の継続を脅かすことになる。

●食料、資源、環境の相互関係

三者の相互に規定し合う関係は、以上で明らかなように、環境要素の一部のものが資源として使用され、その資源の一部のものが農業生産に使用され食料供給に、というつながりがあるかぎりいわばむしろ当然のことといえる。そしてまた、そのような相互に規定し合う関係があれば、農業が資源に、資源が環境に、環境が農業に、そして逆に、農業が環境に、環境が資源に、資源が農業にという相互に可逆的に作用を及ぼし合う関係はむしろ当然のこととしてあるといえるであろう。そしてそれぞれをそれぞれの局面で生起する問題群という次元でとらえれば、その問題群の連鎖の発現、循環的発現もまた当然のことといえるであろう。

● 21 世紀における世界の経済・政治・社会

以上のことを世界の現局面に引き寄せてさらに具体的にみておくことにしたい。21 世紀初頭の世界の経済・政治・社会を展望するとき、先進国のありようは、新興国の高成長に支えられての成熟化社会の国づくりということになるであろう。このときに際してわれわれがファンダメンタルズとして肝に銘じておかなければならないのは、やはり資源・穀物価格の高騰と地球環境悪化の問題ということになるであろう。今日また、世界の食料価格指数はこの 10 年間においても急騰を続けている（2000 ～ 04 年の 5 年平均の指数を 100 と

すると、2012～16年の5年平均のそれは181とこの10年間においても急騰を続けている）。要因としてあげられているのは、需要増、異常気象、食料のエタノール原料への仕向け、投機マネーの流入であるが、とくに最大の要因として強調されているのが新興国における需要増である。このこととアジアの多くの国で進んでいる食料輸入国化とを合わせて考えてみると、WTO（世界貿易機関）、FTA（自由貿易協定）等による世界一律の、あるいは多国間の国境措置の撤廃というグローバルな世界戦略が逆に問題を世界規模に拡大してしまったという側面を見落とすことができない。改めて各国の共存可能な体制づくりと運営のあり方が問われなければならない。

最後に、その21世紀の世界の経済・政治・社会を、環境問題・資源問題・食料問題の連鎖と循環的発現を例示しておきたい。

● 問題群の連鎖の発現、循環的発現の例示

ここでは食料増産の課題を起点にした連鎖の発現、循環的発現について一つの例示に基づいて確認しておくことにしたい。食料増産の背景には、2010年10月に世界人口は70億人に達したとされるが、2050年には97億人に増加すると見込まれる。一方、発展途上国における所得増加、そして10億人に及ぶ飢餓人口という条件がこれに加わる。というわけで、食料増産は21世紀においてまさに不可避の課題として位置づけざるを得ないことになる。

そこで食料増産の課題は、まず第一に、「耕境の拡大」ということになるが、具体的には熱帯雨林の開発（農地の造成）、かんがい農業の推進（地下水の汲み上げ）、内湖や内海の埋め立て（農地の造成）等々の方法を通じて耕境が拡大されることになる。そしてこのことによって、森林資源の枯渇、CO_2の吸収源の喪失、地球温暖化の加速、生物多様性の喪失、水資源の枯渇、ウォーターシェッドの喪失、水質の悪化等々の多くの資源問題、地球環境問題を発現させることになる。われわれのより良き選択なかりせば、これらの資源問題、地球環境問題が新たに食料生産を困難におとしめるという問題群の連鎖の発現、循環的発現を引き起こしてしまうことになる。

同様の連鎖の発現、循環的発現は、食料増産の第二の「種の開発」、第三の「栽培技術の改良」、第四の「資材の多投」、第五の「土地改良」、第六の「農法の選択」等々の手法、そしてそれを具体化するさまざまな方策、そしてそれによって引き起こされる幾多の資源問題、地球環境問題、そしてそれが食料生産に及ぼす影響について、先の例示と同様にそれぞれ確認することができる。

現代社会における食料・農業・農村の問題をこのような視野でとらえ、科学することの必要性を改めて強く認識しなければならないであろう。同様に、このような視野においてアジアの農業、日本の農業をみるならば、そのあるべきポジショニングもまた自ずと明らかになるであろう。そして経済学が、直接的には、これら問題群の連鎖と循環的発現に対して、資源の配分、価値実現過程、所得の分配にかかわる諸問題、さらにはフードシステムや地域社会にかかわる諸問題の解明を使命とするということについては言うをまたないところである。

注
1) 伊東正監修『新版　そ菜園芸』(社) 全国農業改良普及協会、2003年
2) 宮本憲一『環境経済学』岩波書店、1989年

参考文献
野田公夫編著『生物資源問題と世界』（生物資源から考える21世紀の農学〔第7巻〕）、京都大学学術出版会、2007年

I

国際時代の農林業

第1節 ▶ 世界の農産物需給と食料安全保障 1

世界の食料需給の動向

　キーワード　◎貿易自由化／◎売り手寡占／◎価格メカニズム

●価格高騰しやすい市場構造

　2007年から2008年にかけて、世界が直面した「食料危機」には、米国が創り出した「人災」の側面がある。高騰した穀物価格のうち、需給要因で説明できるのは半分程度で、残りの半分は投機マネーや輸出規制によるバブルの高騰だった（図）。たとえば、われわれの国際トウモロコシ需給モデル（高木英彰構築）によるシミュレーション分析では、需給要因で説明可能な2008年6月時点のトウモロコシ価格は1ブッシェルあたり約3ドルで、実測値の6ドルよりも3ドルも低かった。つまり、需給要因以外の何らかの要因によって残りの3ドルの暴騰が生じたといえる。

　なぜ、投機マネーが入りやすくなり、また31か国もの国々で簡単に輸出規制がおこなわれ、「高くて買えない」どころか「お金を出しても買えない（モノが出てこない）」事態になってしまうのか。米国は、いわば「安く売ってあげるから非効率な農業はやめたほうがよい」といって世界の農産物貿易自由化を推し進めてきた。それによって基礎食料の生産国が減り、米国などの少数の生産・輸出国に依存する「売り手寡占」と呼ばれる市場構造になったため、需給にショックが生じると価格が上がりやすく、それを見て、高値期待から投機マネーが入りやすく、不安心理から輸出規制が起

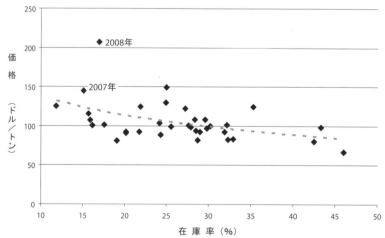

出所：在庫率はUSDA、価格はReuters Economic News Serviceによる。いずれも農林水産省食料安全保障課からの提供。
注：在庫率（＝期末在庫量／需要量）は、主要生産国ごとの穀物年度末における在庫量の平均値を用いて算出しており、特定時点の世界の在庫率を示すものではない。価格は月別価格（第1金曜日セツルメント価格）の単純平均値である。木下順子コーネル大学客員研究員作成。

図　とうもろこしの国際価格と在庫率の関係（1974年-2008年）

　＊**寡占**　ある財やサービスの売り手側または買い手側が少数の企業で占められている市場の状態を指す。売り手側が少数の「売り手寡占」の場合は、共謀などによって価格つり上げがおこなわれやすい。

きやすくなり、価格高騰が増幅される。

つまり、米国などが主導する貿易自由化のもたらした売り手寡占の市場構造こそが価格高騰を増幅する主因の一つとなっている。したがって、「世界の穀物価格が高騰しやすいのは、穀物の生産量に対して貿易量が少ない「薄い市場」だからであり、穀物価格を安定させるには貿易量を増やす必要があるから、農産物の貿易自由化をもっと進めなくてはならない」という論理には無理があると思われる。

また「輸出規制ができないようにルール化すればよいだけだ」という見解もあるが、いざというときに自国民をさておいて他国への供給を優先してくれる国があるとは思えないから、実効性は乏しい。食料確保は国家のもっとも基本的な責務であるから、危機的な状況になれば輸出国が国内供給を優先しようとするのは避けられないものとして、ある程度当然のことと認めるぐらいの心構えが必要であろう。

しかも米国は、農家への差額補填（生産コスト－販売価格）で安い食料輸出を実現しているため、財政負担が苦しくなると、今回のようにバイオ燃料の推進などを理由にして市場価格をつり上げてしまう。メキシコは、北米自由貿易協定で主食のトウモロコシを自由化したため国内の零細なトウモロコシ生産農家が潰れ、米国から安く買えばいいと思っていたら、こんどは価格暴騰で手に入らなくなる事態に追い込まれ、米国の都合に振り回された典型例ともいわれる。米についても、関税削減を進めたために米生産が縮小していた途上国で、米をめぐる暴動が起き、死者が発生する事態が世界に広がった。

● 価格は「高止まり」しない

ただし、世界的な食料需給が一方的に逼迫を強めるという見解については慎重に検討すべき要素がある。穀物に対してバイオ燃料需要という新たな需要が本格的に加わったうえ、中国、インドなどの人口爆発と「爆食」は進行するが、単収向上の技術的限界により供給は頭打ちになりつつあるから、これは「パラダイム・シフト」であり、穀物需給高騰は「構造的」で、「価格はもう戻らない」という見方が多いが、本当にそういえるだろうか。

穀物に対するバイオ燃料需要の拡大は、木くずや雑草を原料とする第二世代の実用化とともに収束していく可能性があるので、第二世代が主流となるまでの過渡期をどう乗り切るかという問題と考えたほうがよい。さらには、原油の高騰はバイオ燃料を含む代替燃料の開発・利用を促進するから、エネルギー需給が次第に緩み、原油の高騰も緩和されるであろう。原油価格が落ち着けば、補助金を増額できないかぎり、バイオ燃料用に穀物を使用するのは採算がとれなくなり、バイオ燃料の義務目標の見直しも迫られてくる。新興国の「爆食」や人口爆発にともなう需要増加にも頭打ちがあることも考慮すべきである。一方、生産物価格の高騰によって、長期間の価格低迷で増産型技術開発が停滞していたために鈍化していた単収の伸びが加速される可能性や不耕作地の再利用の動きなども勘案すると、供給増加の制約を強調する見方にも疑問がある。つまり、価格水準に応じて政策や技術水準も変化して、需給調整がおこなわれる（価格メカニズム）。したがって、世界的な食料需給が一方的に逼迫を強めて価格が高止まりすることは考えにくい。この点は冷静に踏まえておく必要がある。

つまり、大きな問題は、価格の一方的な上昇や高止まりの不安よりも、価格の上昇と下落は繰り返すものと思われるが、先述のように、WTO（世界貿易機関）交渉などによる継続的な関税削減によって食料の生産・輸出国の偏在化も進んだため、何らかの需給変化の国際価格への影響が大きく、その不安心理による輸出規制、高値期待による投機資金の流入が生じやすく、さらに価格高騰が増幅されやすくなってきている市場構造にある。

（鈴木宣弘・木下順子）

＊鈴木宣弘『食の戦争』文芸春秋、2013年
＊鈴木宣弘・木下順子『食料を読む』日経文庫、2010年
＊鈴木宣弘『現代の食料・農業問題―誤解から打開へ』創森社、2008年

第1節 ▶ 世界の農産物需給と食料安全保障 2

各国の食料安全保障と日本

Ⅰ 国際時代の農林業

キーワード ◎戦略物資／◎輸出補助金／◎食料援助

●食料は戦略物資

　世界各国、とくに、米国のような食料輸出大国が、食料をいかに戦略的に位置づけて、輸出国になっているかということを十分に認識する必要がある。前項でも触れたように、米国は、食料による世界戦略を進めるため、世界の他の国々には、WTOなどを通じて農産物貿易自由化を求め、「非効率な」食料生産をやめて米国から食料を買うよう推進してきた。

　日本も米国の「標的」といわれてきた。ウィスコンシン大学の教授が農家の子弟の皆さんへの授業で、「食料は軍事的武器と同じ「武器」であり、直接食べる食料だけでなく、畜産物のエサが重要である。日本で畜産がおこなわれているように見えても、エサをすべて米国から供給すれば、完全にコントロールできる。これを世界に広げていくのが米国の食料戦略だ。そのために皆さんは頑張って下さい」という趣旨の話をしていたことが、留学していた大江正章氏の著書『農業という仕事』（2001年）に紹介されている。原文では、「君たちは米国の威信を担っている。米国の農産物は政治上の武器だ。（中略）それが世界をコントロールする道具になる。たとえば東の海の上に浮かんだ小さな国はよく動く。でも、勝手に動かれては不都合だから、その行き先をフィード（feed）で引っ張れ」とある。

　そのおかげで日本の畜産が発展できた面もあるので一概に否定はできないが、これが米国の戦略である。食料は戦略物資であり、世界戦略、国家戦略として、食料政策が位置づけられていることを日本も学ぶ必要がある。

●なぜ米国は米を輸出できるのか

　世界の食料輸出国は、なぜ輸出国になりえているのかを、よく見極める必要がある。意外なことに、米国やオーストラリアなどの大陸型農業国でさえ、手厚い農業保護をおこなっているのである。しかも、保護がなければ国内生産が成り立たない弱い品目だけではなく、主要輸出国としての地位をすでに確保している穀物や酪農品にまで、多額の補助を出している。

　たとえば、米国の米生産費は、労賃の安いタイやベトナムよりもかなり高く、競争力からすれば米国は米の輸入国になるはずなのに、国内米生産量の半分以上を輸出し、タイ、ベトナム、インド、パキスタンに次いで世界第5位の米輸出国となっている。なぜこのようなことが可能なのか。それは、米農家に対して非常に手厚い所得補填がなされているからである（図）。米の販売価格が国際価格水準では、米国の米農家はまったく再生産ができないが、生産費を保証する目標価格との差額が、マーケティング・ローン（返済免除）、固定支払い、不足払いの3段階の補填によって政府から全額支払われる仕組みなので、いくらでも増産が可能なのである。

　これに加えて、いくら増産しても、国内で消費されずに余った分は、輸出信用、食料援助などによって、海外に出してしまう「はけ口」が政府によって確保されている。まさに、「攻撃的な保護」

＊**輸出補助金**　政府から交付される輸出促進効果のある補助金。WTO（世界貿易機関）の2005年香港閣僚会議において、「あらゆる形態の」輸出補助金を2013年までに廃止することが合意されたが、実際に廃止の対象とされるのはごく一部の形態の輸出補助金に過ぎない。

目標価格 1.8万円	不足払い	4,000円
融資単価 (ローンレート) 1.2万円	固定支払い	2,000円
	マーケティング・ローン (返済免除) または 融資不足払い	8,000円
輸出価格または 国内販売価格 0.4万円	販売収入	4,000円
0		

出所：鈴木宣弘・高武孝充作成。
注：日本の1俵あたり米価格相当で例示している。「固定支払い」は2014年農業法で廃止。

図　米国の穀物などへの不足払い（実質的輸出補助）の仕組み

（荏開津典生『農政の論理をただす』農林統計協会、1987年）である。一方、わが国では、過剰生産が出ると生産調整で生産量を押さえ込む選択肢しかもたず、販売による調整策がないため、非常に弱い支持体系となっている。

米国の不足払い制度の仕組みは、米だけでなく、小麦、とうもろこし、大豆、綿花などにも使われ、これが米国の食料戦略を支えている。つまり、米国などは農業の国際競争力があるから輸出国になり、100％を超える自給率が達成されていると説明されるが、これは間違いである。

●輸出補助と食料援助の意外な共通点

しかも、この米国の穀物などへの不足払い制度は、輸出向けについては、明らかに実質的な輸出補助金と考えられるが、WTOの規則上は「お咎めなし」なのである。じつは、WTOにおいて2013年までにすべての輸出補助金を廃止することが決定されたというのは本当ではない。WTO規則上、輸出補助金は、「輸出を特定した（export contingent）」支払いであるから、米国の場合は、輸出を特定せずに、国内向けにも輸出向けにも支払っているので輸出補助金にならないというのである。何と形式的な解釈であろうか。

こうした実質的な輸出補助金の額は、米国では、多い年では、米、トウモロコシ、小麦の3品目だけの合計で約4,000億円にのぼる。さらに、これも十分な規制がない輸出信用4,000億円、食料援助1,200億円を加えると、約1兆円の実質的輸出補助金が使われていることになる。輸出信用とは、焦げ付くのが明らかな輸出相手国に、米国政府が保証人となって食料を信用売りし、焦げ付いた分の輸出代金を政府が負担して補償する仕組みである。食料援助は、場合によっては輸出価格ゼロ（全額政府補助）の究極の輸出補助システムと見なすことができる。これは、米国の食料援助がとりわけ国内価格低下時に増えていることからも、各所で指摘されている。

米国では、食料自給率が100％なのは当然で、いかにそれ以上に増産し、それを世界をコントロールするために使っていくかというのが国家戦略なのである。米国だけでなく、オーストラリアも含めて多くの主要輸出国が、さまざまな形で輸出補助金を出しており、価格はもともと日本よりも安いのにさらに低価格で輸出して、世界の胃袋を支配しようとしている。

（鈴木宣弘・木下順子）

＊鈴木宣弘『食の戦争』文芸春秋、2013年
＊鈴木宣弘・木下順子『食料を読む』日経文庫、2010年
＊鈴木宣弘『現代の食料・農業問題―誤解から打開へ』創森社、2008年

第1節 ▶ 世界の農産物需給と食料安全保障 3

日本の農産物輸入と日本農業の将来像

 キーワード　◎経済厚生／◎農業の多面的機能／◎外部効果

●日本農業は「過保護」ではない

わが国は、世界でもっともまじめな「優等生」としてWTOなどによる農業保護削減要求に対応してきた結果、世界最大の農産物純輸入国になっている。それにもかかわらず、いまだにもっとも過保護な国のように国内外で批判されているし、さらなる貿易自由化圧力にもさらされている。WTOの多国間交渉でも厳しい対応を迫られ、2014年にはついに農業大国オーストラリアとの2国間の自由貿易協定が妥結に至った。

世界最大の農産物純輸入国であることから、当然わかることだが、わが国の平均関税率は11.7%、野菜の多くはわずか3%と、ほとんどの主要輸出国よりも低い。高関税の米や乳製品などの農産物は品目数でたった1割で、残りの約9割の品目は、すでに低関税で世界との産地間競争のなかにある。

●農業自由化の経済的利益とは

さらなる貿易自由化が進み、わずかに残された高関税の米などにも大幅な関税削減がおよんだ場合、どれだけの経済的メリットがあり、わが国の食の将来像はどのように変わっていくのだろうか。具体的でわかりやすいデータや予測分析を示して、国民全体で議論しておく必要があろう。

表　米関税撤廃の経済厚生・自給率・環境指標への影響試算－経済効率で測れないものの重要性－

	変数	単位	現状	日韓 FTA	日韓中 FTA	WTO
日本	消費者利益の変化	億円		1523.6	21080.6	21153.8
	生産者利益の変化	億円		-1402.0	-10200.4	-10201.6
	政府収入の変化	億円		-988.3	-988.3	-988.3
	総利益の変化	億円		-866.7	9891.8	9963.9
	米自給率	%	95.4	88.6	1.7	1.4
	バーチャル・ウォーター	立方km	1.5	3.8	33.2	33.3
	農地の窒素受入限界量	千トン	1237.3	1207.5	827.2	825.8
	環境への食料由来窒素供給量	千トン	2379.0	2366.0	2199.4	2198.8
	窒素総供給／農地受入限界比率	%	192.3	195.9	265.9	266.3
	カブトエビ	億匹	44.6	41.4	0.8	0.7
	オタマジャクシ	億匹	389.9	362.1	7.1	5.8
	アキアカネ	億匹	3.7	3.4	0.1	0.1
世界計	フード・マイレージ	ポイント	457.1	207.6	3175.9	4790.6

出所：鈴木（2008）。
注：世界をジャポニカ米の主要生産国である日本、韓国、中国、米国の4か国からなるとし、米のみの市場を考えた極めてシンプルで例示的なモデルによる試算。「国産プレミアム」（国産米に対する消費者の高評価）は考慮していない。

＊外部効果　稲作がもたらす洪水防止機能（正の外部効果）や、工業生産がもたらす公害（負の外部効果）など、経済活動から発生するが価格には反映されない公共的な便益または損失。その社会への影響が価格に反映されないため、最適生産量を達成するには政府介入（支援や規制）が必要な場合がある。

たとえば、表は、米関税撤廃の影響をさまざまな視点から予測したものである。世界が日本、韓国、中国、米国の4か国だけで構成され、米だけしかない市場を想定したきわめてシンプルなモデルによる例示的な試算結果であるが、米関税撤廃によって日本が得られる経済的利益については、生産者の損失と政府収入の減少の合計が1.1兆円、消費者の利益が2.1兆円で、トータルでは1兆円の「純利益」が計上されている。これが経済厚生の変化、つまり外部効果を考慮しない「狭義」の経済的利益の変化であり、食料貿易の自由化を推進すべきとする一つの根拠となっている。

● 自由化によって失われるもの

しかしながら、もっと多面的な影響を考えれば、金額としては明確に表れてこなくても、失われてしまうさまざまな公共的な価値（正の外部効果）がある。たとえば、試算結果が示すとおり、米自給率がわずか数パーセントに落ち込めば、主食の供給を完全に海外に依存するというナショナル・セキュリティ上の不安が高まる。水田が減少すれば、窒素過剰率が現状の1.9倍から2.7倍へと大幅に増加し、国民の健康リスク（乳児が重度の酸欠状態になるブルーベビー症など）が増大する。

バーチャル・ウォーターとは、輸入された米を仮に日本で作ったとしたら、どれだけの水が必要かという仮想的な水必要量の試算で、この22倍の増加は、水の豊富な日本で大量の水を節約し、すでに水不足の深刻な輸出国の環境負荷を高めるという国際的な水収支の非効率を生むことを意味する。フード・マイレージは、輸入相手国別の食料輸入量に、当該国から輸入国までの輸送距離を乗じ、その国別の数値を累計して求められるもので、この10倍の増加は、米の輸送によるCO_2排出が10倍になることとほぼ同義である。さらには、生物多様性についても、オタマジャクシは384.1億匹、カブトエビは43.9億匹、アキアカネは3.6億匹が死滅する可能性が示されている。

以上のように、米関税撤廃は日本に1兆円の利益を生み出すのだから自由化すべきという議論は、それによって失われるさまざまな正の外部効果がいかに大きいかを考慮していない。これらの外部効果は、たとえば表のような技術指標としての数値化は可能だが、それを簡単に金額換算して、狭義の純利益の1兆円と、単純に比較できるものではない。しかし、だからといって、狭義の1兆円の利益よりも軽視されていいというものではない。社会全体で十分に議論し、総合的な判断をおこなうべきものであろう。

● WTOでも外部効果指標の活用を

農業がもつ正の外部効果の指標化は、国内的な議論のためだけではなくて、WTOのルールそのものにかかわる問題である。現行のWTOの貿易ルールは、先述の狭義の経済的利益しか考えていないため、関税ゼロを目指して削減していく流れしかない。失うものの大きさも指標化して具体的なルールに組み込むことができなければ、世界の人々は大きな損失を被るかもしれない。「食料生産のマルチファンクショナリティ（多面的機能）に配慮する」という一文をWTOの閣僚宣言に入れるというような努力はずいぶんおこなわれてきたが、具体的な指標を貿易ルールに組み込むという形でなくては何の効力もないのである。国際的に広く活用されている指標化の方法はまだないため、日本から提案して普及させていく努力が必要である。

いくら経済的に豊かになっても、田園も牧場もない殺伐とした社会で、人は健全に暮らすことはできないだろう。農の営みというのは、健全な国土環境と国民の心身を守り育むという、大きな社会的使命を担っている。食料貿易自由化の徹底によって失われる価値をどう評価するか、日本の食と農の未来に対する国民の選択が問われている。関税撤廃しても農家に所得補償すればよいという議論もあるが、それは米だけでも毎年2兆円近い財政負担が必要になることを意味し、現実的な議論ではない。関税率の削減と必要な財政負担額はセットで検討しなくてはならない。

（鈴木宣弘・木下順子）

*鈴木宣弘『食の戦争』文芸春秋、2013年
*鈴木宣弘・木下順子『食料を読む』日経文庫、2010年
*鈴木宣弘『現代の食料・農業問題―誤解から打開へ』創森社、2008年

第2節 ▶ 世界のアグリビジネス 1

穀物メジャーと農産物貿易

 キーワード　◎穀物メジャー／◎事業多角化／◎垂直的統合
◎世界農産物貿易／◎先物取引

●穀物メジャーの機能

　穀物メジャーは穀物流通の担い手として、生産者から小口で集荷・保管した穀物を大口の規格品として商品化し、内陸輸送および海上輸送の大型化によって価格競争力を強めながら、年間を通じて世界市場へ大量に輸出することで大きな流通マージンを取得する。こうした穀物取引をおこなう商社、とくに表に示したカーギル、ブンゲ（バンギ）、ADM、ルイ・ドレイファスなどが穀物メジャーと呼ばれる所以は、産地のカントリー・エレベーターから河川沿いのリバー・エレベーターや集散地のターミナル・エレベーターを経て、大型船に積み込むポート・エレベーターに至る穀物貯蔵・調整施設や物流手段の高い占有率と、北米・南米など穀物輸出国の生産動向、欧州・東アジアなど穀物輸入国の市場環境や需要動向に関する圧倒的な情報収集・分析力にある。

　穀物メジャーが取り扱う農産物は、後述する事業多角化を通じて、小麦やトウモロコシから大豆・菜種などの油糧作物、綿花、砂糖、コーヒー、カカオ、オレンジなどに広がっており、さらにそれらを原料とした配合飼料や加工食品原料（食品添加物や事業者向け半加工品）、バイオ燃料や工業原料の製造・販売にも事業を拡大している。ブンゲのように化学肥料部門に力

表　主要穀物メジャーの概要

	Cargill, Inc.	Archer Daniels Midland Company	Louis Dreyfus Company	Bunge Ltd.
本社	ミネソタ州ミネアポリス	イリノイ州シカゴ	オランダロッテルダム	ニューヨーク州ホワイトプレーンズ
創業年	1865年	1902年	1851年	1818年
売上高	1,348.7億ドル	812.0億ドル	647.2億ドル	571.6億ドル
純利益	18.7億ドル	18.5億ドル	6.5億ドル	5.2億ドル
従業員	150,000人	33,900人	22,000人	35,000人
事業拠点	70か国	43か国（子会社82か国）	100か国	40か国
事業部門	農業サービス／農産物流通加工（穀物・油糧作物、綿花、砂糖）／事業者用食品原料（畜産物、カカオ、食用油、添加物）／金融・リスク管理／工業（塩、鉄鋼、潤滑油、エタノール）／運輸	油糧作物加工（搾油、ディーゼル）／トウモロコシ加工（甘味料、澱粉、エタノール）／農業サービス（集荷、販売、輸送）／金融	商品取引（穀物、油糧作物、砂糖、柑橘、エタノール、コーヒー、綿花、米、船舶輸送）／エネルギー（天然ガス、石化製品）／不動産／新規多角化事業（配電、バイオマス）／金融	農産物取引加工（穀物・油糧作物の調達、輸送、加工）／砂糖・バイオエネルギー／肥料（南米肥料事業、精密農業）／食品加工（食用油、事業者用製粉・小麦製品）
事業展開	カーギル——既存企業の買収などを通じて、1979年に牛肉加工事業、80年にコーヒー事業、81年に繊維取引加工事業、87年にカカオ事業と豚肉加工事業に進出。98年にコンチネンタル・グレイン社の穀物取引事業を買収。04年に合弁肥料子会社モザイク社を設立(11年に撤退)。90年ポーランド、91年ロシアを皮切りに移行経済圏で事業を展開、05年からは黒海沿岸地域への投資を強めている。 ADM——1970年代後半からエタノール事業。80年代は米国内の地域農協や穀物油糧作物加工企業の買収で急成長。94年にアジア事業（中国事業の拡大は2000年以降）に乗り出し、ブラジル進出は97年で、03年には南米全体へと事業を拡大。15年にカカオ事業を売却。 ブンゲ——もともと南米に強かったが、1997年に南米事業を拡大し、現在では南米最大の肥料企業、大豆加工企業、大豆・大豆ミール輸出企業に。00年には中国事業所を開設し、数年後には中国最大の大豆輸入業者に。03年にはインド市場、04年以降は東欧・CIS諸国で事業を拡大。			

出所：各社年次報告書およびウェブサイトを参照。経営指標は2014年のデータを用いた。

用語解説

＊**商品先物取引**　将来の一定期日に一定の条件で商品の受渡決済を契約する取引方法で、反対売買、差金決済によって必ずしも現物決済をともなわない。本来は現物を扱う業者が、現物と反対方向の売買を先物でおこなっておくことにより、現物取引の価格変動による損失を相殺し、リスクヘッジ（回避）する機能が基本である。しかし、価格変動によって生ずる利益（キャピタルゲイン）を見込んだ資産運用にも応用され、投機資金の流入も招いている。

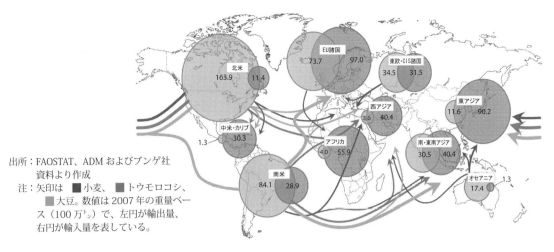

図　世界農産物（穀物・油糧作物）貿易の全体像

出所：FAOSTAT、ADMおよびブンゲ社資料より作成
注：矢印は■小麦、■トウモロコシ、■大豆。数値は2007年の重量ベース（100万トン）で、左円が輸出量、右円が輸入量を表している。

を入れている企業もある。世界穀物取引量の7割以上を占める4大穀物メジャー（ABCD）に加え、近年はガビロン（米国）を2012年に買収して穀物取引量を飛躍的に増やした丸紅、2014年にノーブル（シンガポール）の農業取引部門を買収するなど急成長が著しい中国の中糧集団（COFCO）などが穀物メジャーの仲間入りを果たしつつある。他方、カナダ穀物大手を2012年に買収するなど農業取引部門でもシェアを伸ばしつつあった世界最大の資源商社グレンコア（スイス）は、近年の資源価格低迷の影響もあり、2016年に同部門の株式49.99％を売却することを発表している。

●世界農産物貿易と穀物メジャーの事業戦略

　穀物・油糧作物の地域別輸出入量と主な貿易ルートを示した上の図にみられるように、世界農産物貿易構造は農業資源の偏在を反映しており、それゆえに穀物メジャーの事業が成立するのだともいえる。主要な流れは、北米から世界全体とくに日本を中心とするアジア諸国へ、南米から欧州諸国やアジア諸国へとなっており、欧州では域内取引の割合が高く、北米とアジアでも域内貿易が活発である。

　穀物メジャーは北米を拠点に穀物取引事業を展開し、とくに1970年代の穀物増産・輸出政策の追い風を受けて急成長を遂げてきたが、1980年代の米国農業不況を契機に事業再編を本格化させ、一方ですでに進行していた事業多角化すなわち穀物取引から広範な農産物取引へ、穀物加工から食肉加工・食品加工へと事業を拡大し、他方で市場統合を見据えて欧州地域へ、穀物供給基地として期待されていた南米地域へ、そして経済成長によって食糧需要の増加が見込まれていたアジア地域へと事業を拡大していった。2000年代半ば以降は東欧や黒海沿岸地域への進出が目立っており、「穀物メジャーの主戦場が米国から南米や旧ソ連圏に移りつつある」（日本経済新聞、2016年3月16日）とされる。

　穀物メジャーはこのような水平的、垂直的、地理的な事業統合化を通じて、世界農産物貿易で圧倒的な市場影響力を有する存在であるが、それでも現物取引に市場価格や為替レートの変動リスクは避けられない。そのためシカゴ商品取引所などでの先物取引によってリスクヘッジをおこなっている。その先物市場もまた、近年ではリスクヘッジではなくキャピタルゲインを目的とした投機資金の流入によって攪乱されている。だが、世界食料価格危機とも呼ばれる2007/08年や2010/11年の穀物価格乱高下を通じて明らかになったのは、リスク管理と金融取引に精通した穀物メジャーが、さらに農産物のグローバルな調達・取引と一次加工、事業者向け食品加工との垂直的統合によって取引費用の節減効果を存分に発揮しながら、価格高騰時も価格下落時も一貫して農業関連事業の利益を上げてきたことである。たとえばカーギルは2008年度に純利益が前年比69％増、ブンゲは同じく37％増、2010年度は前年度比6.5倍となった。だが、同じ時期に世界の飢餓人口が増加し、各地で食料高騰をめぐる暴動が頻発していた事実を忘れてはならない。

（久野秀二）

＊茅野信行『アメリカの穀物輸出と穀物メジャーの発展（改訂版）』中央大学出版部、2006年
＊ブルースター・ニーン（中野一新監訳）『カーギル―アグリビジネスの世界戦略』大月書店、1997年

第2節 ▶ 世界のアグリビジネス 2

アグリビジネスの多国籍化

キーワード　◎アグリビジネス／◎多国籍企業／◎企業買収
◎ブランド戦略／◎食品産業

●アグリビジネスの姿

　農業・食料関連産業における企業の存在形態は多様である。私たちは「アグリビジネス」や「農業・食料システム」などの概念を用いて一括りに扱うことがあるが、実際には、商品・価値連鎖を通じて複雑に連関し合いながらも、それぞれ別個の論理にもとづく産業部門で構成されており、個々の産業部門は水平的統合や垂直的調整の傾向を伴いながらも、それぞれ異なる顔ぶれの企業で構成されている（表）。したがって、それらアグリビジネス企業の多国籍化も一様ではない。

　カーギル、ブンゲなどの穀物メジャーや、ドール、ユニリーバなど熱帯一次産品の流通・加工を出自とする企業にみられるように、世界に偏在する農業資源の確保とその世界大での供給網支配を企図しての海外進出がかなり早い段階からおこなわれてきた。これに対し、食品加工部門のアグリビジネスは、一部の例外を除き1980年代後半から、食品小売企業は90年代から急速に多国籍展開を強めてきた。その背景には国内市場の成熟・飽和化と企業の寡占化が進み、価格競争を通じた市場獲得にも限界が見えはじめたことがある。つまり、成長市場（販売拠点）と低廉労働力（生産拠点）を求めての多国籍企業展開である。

●農業生産財部門

　農薬・種子や化学肥料、農業機械といった農業生産財部門では、北米に次ぐ農産物生産・輸出基地として成長著しい南米諸国への直接投資が活発である。1980～90年代の業界再編を経て、現在では農薬市場の8割、商品種子市場の6割を占めるビッグ6（バイオメジャー6社。ただし、2015～16年にダウとデュポンの合併、中国化工集団によるシンジェンタの買収、バイエルによるモンサントの買収が続いており、種子事業を持たないBASFを除くとビッグ3に収斂しつつある）にとっても、生産拡大余力のあるBRICsなどの新興経済大国での事業拡大は、バイオテクノロジーを活用した高付加価値化とともに重要な戦略となっている。

　農業機械産業でも、最大手の米ディーアは90年代に海外事業を拡大し、08年には建設機械を除く農業機械事業ではじめて販売額の過半を北米以外で占めた。とくにブラジルとロシア東欧での売上げが伸びたとされる。また、伊フィアットが米フォード・ニューホランドの買収（95年）と米ケースIHとの合併（99年）で業界2位のCNHグローバル（オランダ）を誕生させ、同3位のAGCOも米独間の合併（85年）およびカナダ（94年）とドイツ（97年）の企業買収によって誕生したように、大西洋を跨いだ業界再編も顕著である。

●食品加工部門

　世界食料総販売額の約4分の3にあたる32兆ドルが加工食品であるが、原料農産物の貿易割合が16%であるのに対し、加工食品のそれは6%にとどまる。対外直接投資を通じた食品加工企業の多国籍展開は他の産業部門と同じく企業内貿易の拡大を特徴としているが、その比率は相対的に低い。また、食品加工や外食の場合、各国・各地域で定着してきたナショナルブランドやリージョナルブランドの競争力が強く、米国消費文化の代名詞でもあるコカコーラやマクドナルドの例を除き、多国籍企業のブランドがそのままグローバルに通用するわけではない。そのため、食品加

＊多国籍企業　一般に「海外直接投資をおこない、複数国で事業活動を展開する企業」を指すが、より具体的には、事業活動をおこなっている国の数、関連会社の数や規模、企業全体に占める海外の資産や売上高の割合、経営管理や株式所有の国際化の程度などの尺度によって、その「多国籍性」が評価される。国連貿易開発会議によると、世界に7.7万社の多国籍企業が存在し、関連会社を含めると77万社、世界全体の富の10%、貿易の40%をコントロールしているとされる。

工・外食企業の多くは既存のブランド企業を買収しながら事業を拡大し、また海外進出を果たしてきた。

●食品小売部門

相対的に多国籍化が遅れていた小売業界でも状況は同じである。仏カルフールは早くも75年にブラジル、82年にアルゼンチンに進出、さらに89年に台湾、94年にマレーシア、95年に中国に展開し、2000年に94だったアジア地域のグループ店舗が09年末までに717に達した（2016年現在は417まで整理）。94年には米ウォルマートが、蘭アホールドと独メトロは96年、英テスコは98年にそれぞれアジア進出を果たしており、事業規模は拡大の一途である。とくに中国は原料・商品の調達基地としても重視されており、たとえばウォルマートの調達額は180億ドル（2004年、食品以外を含む）に達している。

2000年に参入するも05年に撤退して話題を呼んだカルフールの例に見られるように、さまざまな商慣行が「参入障壁」となって外資参入が軽微にとどまってきた日本でも、ウォルマートが西友を05年に完全子会社化し、16年6月時点で343店舗を展開している。他方、03年に企業買収して国内参入し、首都圏を中心に約120店舗の都市型小型スーパーを展開したテスコは、12年にイオンに営業譲渡し撤退した。

●日系アグリビジネスの多国籍化

日本の食品関連企業も海外事業を強化しているが、キリンビールとアサヒビールを除くと、販売額で欧米多国籍企業と肩を並べる企業は少ない。1980年代半ば以降の円高期やバブル経済期に多くの食品関連企業が工場や事業所を国外に設立し、合弁や生産委託を含め現地生産を増強したものの、海外売上高比率（2012年度）が46％のキッコーマン、43％の味の素、28％のヤクルト、26％の日本水産など、多国籍化と呼ぶに相応しい事業展開を志向する企業は限られている。他方、食品小売部門では、イオングループの海外売上高比率は1割に満たないものの、アジア地域の事業が急速に拡大している。セブン＆アイは米国セブンイレブンの子会社化の効果もあって、コンビニエンスストア事業を中心に世界17か国に約61,000の店舗を展開し、海外売上高比率も3割を超えている。

三菱商事、三井物産、伊藤忠商事、丸紅、住友商事、双日といった総合商社の存在と役割も重要である。総合商社の食料関連部門は長い歴史をもち、海外原料の調達だけでなく、情報・調査機能を駆使しながら海外の産地や市場を開拓し、食品加工企業や卸売企業と一体となって、わが国食品産業の多国籍化を後押ししてきた。

（久野秀二）

表　部門別の主な多国籍アグリビジネス

産業部門	主要企業（国籍, 売上高：億ドル）
農薬 （2014年度）	Syngenta（スイス, 113.8）／Bayer CropSciences（ドイツ, 102.6）／BASF（ドイツ, 72.4）／Dow AgroSciences（米国, 56.9）／Monsanto（米国, 51.2）／DuPont（米国, 33.9）
種子 （2014年度）	Monsanto（米国, 107.4）／DuPont（米国, 79.1）／Syngenta（スイス, 31.6）／Vilmorin/Limagrain（フランス, 20.0）／Dow AgroSciences（米国, 16.0）／KWS（ドイツ, 15.7）
化学肥料 （2014年度）	Agrium（米国, 160.4）*化学肥料以外の農業資材を含む Yara International（ノルウェー, 140.0） Mosaic（米国, 100.4）*2012年5月決算
農業機械 （2014年度）	John Deere（米国, 263.8）*農業部門のみ CNH Industrial（英国, 152.0）*農機部門のみ AGCO（米国, 97.2）
穀物取引加工 （2014年度）	Cargill（米国, 1,349.0）*金融部門などを含む総売上高 Archer Daniels Midland（米国, 812.0）／Louis Dreyfus（オランダ, 647.2）／Bunge（米国, 571.6）
食肉加工 （2014年度）	JBS（ブラジル, 515.7）*売上高の2/3はJBS USA Tyson Foods（米国, 413.7）*2015年9月決算 Smithfield（米国, 150.3）
製糖 （2011年度）	Sudzucker（ドイツ, 86.3）*2012年2月決算。製糖以外を含む／Tate & Lyle（英国, 68.8）*2012年3月決算。製糖以外を含む
青果物取引 （2011年度）	Dole Food Company（米国, 76.2） Chiquita Brands Intl.（米国, 36.1）
飲食品製造 （2015年度） アルコール主体の企業を除く	Nestlé（スイス, 923.6）／PepsiCo（米国, 630.6）／Unilever（英国／オランダ, 591.5）*日用品部門を含む／Coca-Cola Company（米国, 442.9）／Mars, Inc.（米国, 300）*非公開のため推計／Mondelez（米国, 296.4）／Groupe Danone（フランス, 231.1）／General Mills（米国, 176.3）／Fonterra（ニュージーランド, 172.0）*2016年7月決算／FrieslandCampina（オランダ, 133.8）／ConAgra Foods（米国, 158.3）
食品小売 （2010年）	Wal-Mart（米国, 2,542.9）*食料雑貨部門以外を含む／Carrefour（フランス, 1,122.6）／Tesco（英国, 763.0）／Kroger（米国, 729.5）／Schwarz Group（ドイツ, 719.9）／Aldi（ドイツ, 655.2）／AEON（日本, 645.0）／Ahold（オランダ, 550.8）／Seven & I（日本, 543.3）
フードサービス （2014年度）	McDonald's（米国, 274.4）*フランチャイズ収入を含む Compass Group（英国, 269.4）*2015年9月決算 Sodexo Alliance（フランス, 201.1） Yum! Brands（米国, 132.8）*フランチャイズ収入を含む

資料：各社年次報告書を参照して作成。

* 中野一新編『アグリビジネス論』有斐閣、1998年
* 大塚茂・松原豊彦編『現代の食とアグリビジネス』有斐閣、2004年

第2節 ▶ 世界のアグリビジネス 3

アグリビジネスと農業構造

キーワード　◎アグリビジネス／◎契約農業／◎インテグレーション
◎社会・環境基準の規格化／◎サプライチェーン・マネジメント

グローバルな規模で事業を展開する多国籍アグリビジネスの農業・食料システムに及ぼす影響力は経済過程、すなわち水平的統合を通じた寡占度の高まりや価値連鎖に沿った関連事業の垂直的統合・戦略的提携の強化によって発揮される市場影響力としてだけではなく、農業・食料システムにかかわる各国の産業政策・規制制度やその国際的調整をめぐる政治過程においても存分に行使されている。新自由主義的グローバリズムの下で、多国籍企業の行動を規制すべき政府部門の農業・食料ガバナンスにおける主導権が後退してきているだけに、その影響力は無視できない。

●農業技術＝農業生産財の囲い込み

アグリビジネスが農業構造に及ぼす影響は、第1に、農業技術の商品化＝農業生産財の開発と知的所有権による囲い込みを通じて現れる。かつての「緑の革命」は農業生産力の増進に大きく貢献したが、肥料・農薬・種子・機械などをパッケージ化した「農業近代化」を推し進め、農業の地理的・階層的な分解と環境負荷をもたらした。近年では、農薬・種子市場で圧倒的な占有率を誇る数社の多国籍企業（バイオメジャー）が開発した遺伝子組換え品種が、新たな分解促進要因となり、農薬依存型農業への促進要因となりながら急速に普及している。その一方で、大豆やトウモロコシ、綿花などでは非組換え品種の選択肢が大幅に狭められており、栽培過程での交雑や流通過程での混入を避けるのも難しい。そのため、先進国と途上国とを問わず、当該技術とそれに適合的な農業生産体系の事実上の「強制」をめぐって、開発企業と農民との軋轢が生まれている。

●垂直的調整・契約生産による原料調達

農業構造への影響は第2に、穀物メジャーや食肉パッカー、青果物メジャーによる原料農畜産物の調達行動を通じて現れる。たとえば、米国のブロイラー部門では、1959年には3割弱だった飼養規模10万羽数以上層の総生産量に占める割合が、69年までに倍増、78年に8割に達し、90年代以降は95％以上となっている。それは、インテグレーターとしてブロイラー生産者と生産・販売契約を結び、垂直的に統合する穀物メジャーや食肉パッカーによる寡占が強まり、1970年代に2割に満たなかった上位4社の市場占有率が82年27％→92年40％→02年48％→12年60％へと上昇してきたことと無関係ではない（七面鳥を含む。ブロイラーに限れば上位2社で47％）。養豚部門でも、豚肉加工企業上位4社の市場占有率が82年36％→92年44％→02年56％→10年67％へと上昇したが、これに呼応するように、2,000頭以上を飼育する養豚経営が占める生産頭数の割合が92年30％→04年80％→12年97％へと高まった。

他方、青果物については、バナナに代表されるように開発途上国の大規模農場（プランテーション）による生産が多いが、輸出向けの冷凍野菜や生鮮野菜については、中南米やアジア諸国で契約栽培方式が広くおこなわれている。近年は、欧州市場向けにアフリカ諸国でも貿易商社や大手小売企業による契約栽培が拡大している。契約栽培方式は小規模生産者に資材と技術と市場機会を提供することで途上国農村開発への貢献が期待される反面、契約へのアクセス如何で地理的・階層的な選別淘汰を促し、途上国農業の換金

＊**契約農業**　原料を生産する農業生産者とそれを調達する流通・加工企業の間でリスク分担を図る制度で、生産者側にも販路や買付価格の事前確定、経営資金や資材へのアクセスなどの利点が指摘され、とくに途上国では技術移転やインフラ整備、経営管理能力の向上、女性や農場労働者の地位向上などの成果が期待されているが、市場での非対称な関係に加え、農業生産に対する指揮権を企業側が握るため、生産者の自立性・自律性は損なわれがちである。

作物輸出依存（それは食料作物の輸入依存をもたらす）を強めることにもなる。

大量生産・大量流通に伴う社会的・環境的なリスクと費用をめぐる問題もある。たとえば、アマゾン地域では大豆生産や大規模畜産の侵食による熱帯林破壊が問題視されており、バイオ燃料作物を含む輸出向け農作物の大規模調達を狙ったアグリビジネスによる農地の囲い込み（ランドグラブ）がアフリカ諸国で進んでいる。

●社会・環境基準の規格認証

農業構造への影響は第3に、ナショナルブランドやグローバルブランドを製造・販売する食品加工企業や外食企業による原料調達行動、さらに近年寡占化を強めている食品小売企業（スーパーマーケット）による商品・食材調達行動を通じて現れる。

前者については、ネスレやマクドナルドに典型的に見られるように、加工食品やファストフードの健康影響や安全性への懸念から消費者運動の標的となりやすい。そのため、いずれの企業も「企業の社会的責任」の一環として、消費者の健康・安全志向に配慮した製品開発や原料調達を強化すると同時に、「原料調達を通じた持続的農業への貢献」をアピールしているが、その実態は必ずしも明らかではない。

後者については、寡占度の高い欧州諸国、とくに上位4社で75%を占める英国では、多くの研究者や市民社会組織が食品小売業界の寡占構造や取引関係の非対称性に関する検証をおこなっており、図に示すような実態が明らかにされている。他方、食品安全や栄養といった直接的な品質だけでなく、原料生産や流通・加工段階の社会的・環境的な品質へも消費者の意識が向けられるなかで、大手小売企業はそうした品質基準の規格化による「企業の社会的責任」対応を重視するようになっている。実際、消費者や環境の保護という観点から、少なくない市民社会組織がこうした動きを歓迎し、あるいはみずから積極的に社会・環境基準に関する認証制度の導入と普及に関与している。しかしながら、こうした社会・環境基準の規格化が同時にサプライチェーン・マネジメントの強化となり、とりわけ商品差別化と低価格競争の手段でもあるプライベートブランド商品の増大と相俟って、そこで発生するコストとリスクを末端の生産者や供給業者にしわ寄せし、追加的な負担に耐え得ない零細な生産者・供給業者の淘汰、最末端の農場労働者のさらなる疎外を促進するのではないかとの懸念も生まれている。

（久野秀二）

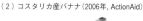

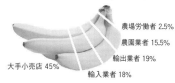

図　英国輸入青果物の価格構成

表　米国における流通加工企業との生産・販売契約による農業生産比率の推移

	1991-93	1996-97	2001-02	2005	2008
作物部門平均	24.7	22.8	27.8	29.9	27.3
トウモロコシ	11.3	12.9	14.8	19.6	26.1
大豆	10.1	13.4	9.4	18.4	25.1
甜菜	91.1	75.2	96.7	82.1	90.8
米	19.7	25.9	38.7	27.1	45.4
綿花	30.4	33.8	52.6	45.0	36.2
果実	na	41.7	41.9	48.9	38.4
野菜	na	28.0	28.2	40.9	39.3
畜産部門平均	32.8	44.9	48.2	50.1	52.8
肥育牛	na	17.2	21.0	17.6	29.4
養豚	na	34.2	62.5	76.2	68.1
家禽・鶏卵	88.7	83.8	92.3	94.2	89.9
酪農	36.8	58.3	48.6	59.2	53.9

出所：USDA-ERS, Agricultural Contracting Update: Contracts in 2008, EIB 72, 2011.

さらに知りたい人は

＊大塚茂・松原豊彦編『現代の食とアグリビジネス』有斐閣、2004年
＊久野秀二『アグリビジネスと遺伝子組換え作物—政治経済学アプローチ』日本経済評論社、2002年

第3節 ▶ 世界の中の北東アジアと日本の農業 1

主要先進国中最低の自給率

キーワード　◎ナショナル・セキュリティ（国家安全保障）／◎国際競争力／◎国民の選択

I 国際時代の農林業

●食料自給は国家安全保障の要

　現在のわが国の食料自給率は、カロリー・ベースで、主要先進国の中で最低レベルの約40％にまで落ち込んでいる。これは、われわれの体のエネルギーの60％も海外からの食料に依存していることを意味しており、極端な言い方をすると、原産国表示ルールに基づけば、日本人は「日本産」ではなく「米国産」ないし「中国産」なのである。

　さらに、最終的にWTOベースでの完全自由化が実現すれば、わが国の食料自給率は12％にまで低下するとの見込みを農水省は出している。WTOベースでの完全自由化というのは、今のところ現実的な想定ではないものの、豪州など輸出大国とのFTAが次々と実現していく中で、12％に向けて急落していくことになるだろう。

　しかし、自由化によってわが国の輸出産業がさらに発展できたとしても、農村社会は崩壊し、将来的にも海外から安全な食料を安く大量に買い続けられるという保証もない。

　食料は人々の命に直結するもっとも基本的な必需財であり、食料自給はナショナル・セキュリティ（国家安全保障）の要である。したがって、国民に安全な食料を安定的に確保することは国家としての責務であるが、諸外国に比較して、わが国ではこの認識が薄いように思われる。

　米国は、食料自給率と国家安全保障の関係を非常に重視しており、ブッシュ前大統領は国内ではしばしば次のような内容の演説をしている。

「食料自給は国家安全保障の問題であり、それが常に保証されている米国は有り難い」
（It's a national security interest to be self-sufficient in food. It's a luxury that you've always taken for granted here in this country.）
「食料自給できない国を想像できるか、それは国際的圧力と危険にさらされている国だ」
（Can you imagine a country that was unable to grow enough food to feed the people? It would be a nation that would be subject to international pressure. It would be a nation at risk.）
まるで日本に対する皮肉のようである。

●食料自給率は国民が決める数字

　わが国の食料輸入量を農地面積に換算すると、約1,250万haとなる。つまり、現在の国内農地面積約460万haの2.7倍の農地が、海外で日本のために使われていることになる。わが国の現時点の人口と国土条件の下で、現在の食生活の維持を前提にするならば、国民の食料を国産だけで確保すること、つまり食料自給率を100％にすることは困難であることも確かである。

　しかし、国土が狭い日本だから、食料自給率が低いことも仕方がないと思い込むのも間違いである。たとえば、米国の農業の国際競争力は、米ではタイやベトナムよりもはるかに低く、酪農ではオーストラリアやニュージーランドよりもはるかに低い。それでも、食料で世界をコントロールするという国家戦略のために、大きな財政支援を注ぎ込んで農業を育成することによって輸出国としての地位を維持し、世界に食料を提供し続けてい

用語解説　＊**食料自給率**　国内食料消費を自国の農業生産でどの程度まかなえているかを示す指標。農林水産省が食料需給表をもとに毎年公表している。カロリー・ベース自給率がもっとも多く使われるが、他には、重量で計算する方法（重量ベース自給率）、金額で計算する方法（生産額ベース自給率）がある。

る。圧倒的な競争力を誇るとされるオーストラリアでさえ、安い小麦をより安く輸出する実質的な輸出補助システムを何としても維持しようとしている。政府の支援がまったくない場合の本当の「国際競争力」は、一体どの国が強いのか、非常にわかりにくくなっている。

一方、わが国は世界一農業保護度が高い国だといわれることが多いが、それはまったくの誤解である。わが国の農産物の平均関税率は、すでにほとんどの主要輸出国よりも低く、WTOの農業保護削減要求にも世界でもっともまじめに対応して、価格支持を撤廃しており、輸出補助金もない。だからこそ食料自給率が低いのである。

食料自給率は、自然条件や土地条件によって必然的に決められる運命的な数字なのではない。みずからの食料確保をどうするか、国の産業政策全体のあり方をどうするかの選択を通じて、国民自身が決める数字なのである。現在の約40％というわが国の食料自給率は、われわれ自身の長年の選択の結果なのであり、今後の選択と行動次第で変えていくこともできる、という認識が重要である。

● 自給率50％のコスト試算

現在の食料生産を規定している農地規模、担い手の状況（年齢や後継者など）、技術水準（単収など）の趨勢的変化がこのまま進めば、わが国の食料生産力は限りなくゼロに向かって低下する可能性がある。

この趨勢的な生産力低下を打開しようと、2010年3月に閣議決定された「食料・農業・農村基本計画」では、今後は米粉用米、飼料用米、小麦、大豆などを大幅に増産して、2020年までに食料自給率を50％に引き上げるという意欲的な目標が掲げられた。しかし、それに要する財政負担は、総額で約1兆円と見込まれる一方、農林水産予算の総額は大幅に増やすことが困難な財務省の査定システムの制約が課されたままである。そのため、所得補償を充実すれば他の措置は減額され、たと

表　主要国の農業所得に占める補助金の割合

	2012年	2013年
日本	38.2	39.1
米国	42.5	35.2
スイス	112.5	104.8
フランス	65.0	94.7
ドイツ	72.9	69.7
英国	81.9	90.5

資料：日本は農業経営統計調査から鈴木宣弘が計算、米国は磯田宏九州大学准教授、スイスは飯國芳明高知大学教授、EU諸国は石井圭一東北大学准教授による試算値。スイスは直接支払いのみを計上。

えば農業機械が買いにくい、施設を作れないなどで、現場のコストはむしろ増えてしまう。過去にも食料自給率引き上げ目標は何度も設定されてきたが、「絵に描いた餅」に終わってきたのは、一つには予算制約がネックとなっているためである。

予算拡充が難しいのは、そもそも農業への支援強化に対する国民の理解が十分に得られていないためである。日本の農業は過保護で、とくに小規模農家も含めた所得補償は「バラマキ」ではないかという国内外からの批判は根強い。しかし、それらの批判にはいかに誤解が多いかということを、具体的なデータを用いて説明し、広く理解してもらう努力が必要である。

国内農業からもたらされるナショナル・セキュリティ上の恩恵は、すべての国民が毎時毎刻受け取っている。しかし、その便益は生産物価格には反映されにくく、逆に、輸入食料に押されて低価格化が進んでいるため、国内農業の再生産は年々難しくなっている。このような場合、農家への財政的支援を強化することは、国民全体の利益のためにも不可欠である。スイスのように、値段の高い国産の農産物を国民が自主的に買い支えるような、生産者と消費者の強いきずながある国でさえ、政府からの直接支払いがなければ農業は成り立たない。スイスにおける農家への直接支払いの金額は、農業所得のほぼ100％を占めているのである（表）。

（鈴木宣弘・木下順子）

＊鈴木宣弘『食の戦争』文芸春秋、2013年
＊鈴木宣弘・木下順子『食料を読む』日経文庫、2010年

第3節 ▶ 世界の中の北東アジアと日本の農業 2

内外価格差と農業

キーワード　◎農地規模格差／◎品質格差／◎国産プレミアム

●努力しても埋められない格差

表のような圧倒的な土地条件の差があるもとで、日本やアジア諸国の農業がどんなに努力して規模拡大してコストダウンしても、新大陸型の大規模経営と同じ土俵で戦えば、とうてい勝つことは無理である。筆者が2007年に訪問した西オーストラリアの小麦農家は、一面一区画が100ha、全部で5,800haで日本向けのうどん用小麦を生産していたが、これほどの規模でも当地域の平均的経営よりもやや大きい程度で、労働力は2〜3人の家族・親族だけで担っている。一方、わが国の100haの大規模稲作経営では500か所以上に田が分散しており、たった2人では手が回らないのが通常である。大規模化が効率化の重要な要素だというのは一つの真実だが、日本やアジアにとっ

表　農家1戸あたり耕地面積（ha）

国	耕地面積
ベトナム	0.3
中国	0.5
台湾	1.2
インド	1.4
韓国	1.5
日本	2.2
タイ	3.7
EU	16
ドイツ	59
フランス	59
イギリス	92
米国	198
カナダ	295
豪州	3024

出所：農林水産省ウェブサイトなど

て、規模拡大を目指す戦略だけでは本当の意味での「強い農業」を実現することはできない。

●品質を考慮すれば国産は高くない

各国の農業保護水準を示すために用いられる代表的な指標として、OECD（経済協力開発機構）のPSE（生産者支持推定量）がある。その算定方法は、

PSE = 市場価格支持（MPS）+ 農家への財政支援
MPS =（国内生産者価格−輸入CIF価格）×生産量

つまり、MPSは農産物の内外価格差の総額である。

2014年におけるOECD加盟国のPSEを農業粗生産額対比（％PSE）で見てみると、OECD全体平均が22.5％であるのに対して、韓国51.1％、および日本49.2％が突出して高い。スイスも56.6％と高いが、EUを1国として見れば18.0％、米国は9.8％である（『OECD Factbook 2015』）。また、各国のPSEの内訳を見ると、韓国と日本はPSEの8〜9割がMPS、つまりPSEのほとんどが内外価格差の金額であり、残りの1割が農家への財政支援額である。一方、EUや米国のMPSは、PSEの2割程度である。

だが、ここで留意すべきなのは、MPSは、実際に価格支持がおこなわれているかどうかにかかわらず、すべての内外価格差の総額となっている点である。つまり、内外価格差はすべて関税か非関税障壁による国内価格の上昇分とみなされ、農業保護の結果だと解釈されているが、これが果た

＊PSE（生産者支持推定量）　農業保護水準を測るためにOECDが開発した指標。OECD加盟国と主な非OECD諸国について毎年公表されている。総額、面積あたり、農業者1人あたりとしても示されるが、国際比較や時系列比較としては、通常は農業粗生産額対比（％PSE）が用いられる。

して適切なのかどうか、考えてみる必要があるだろう。

確かに、わが国の米や乳製品のように、価格支持は廃止されても、高関税が維持されているため、大きな内外価格差が残っている品目については、内外価格差を保護の結果と見なすのはある程度自然である。ただし、わが国の米に関しては、主食用の国産ブランド米の価格が、輸入米よりもはるかに高いのは当然のことであり、それを農業保護の結果と見なすのは明らかに間違っている。

MPSは、ほぼ同等の品質の国産品と外国産とを比較した内外価格差だとされているが、実際には、国内外で同等の品質の物が存在しないケースは多い。MPSは総じて、品質格差をかなり無視して算定されていると考えられる。とくにわが国は規格や等級に対する要求が強い傾向があり、品質格差によって生じる内外価格差が他国に比べて大きな部分を占めていると見込まれる。この部分を何らかの方法で計算してMPSから除外できれば、わが国のPSEはかなり低下するだろう。

● 国産プレミアム

規格・等級や外見などで優劣を判別できるような、明らかな品質格差がない品目でも、消費者が輸入品よりも国産を好んで買う場合には、それが値段に反映されて国産品は高くなる。とくに最近では、日本の消費者は産地に対して敏感になっているといわれており、国産であることを「売り」にした食品も増えている。国産の方がおいしいのではないか、安全性が高いのではないか、といった国産への期待（国産志向）にもとづいて、少々値段が高くても国産品を買いたいという消費者が増えているのである。

この国産志向による価格差は、もちろん品質と無関係ではないが、むしろ品質に対する消費者の主観的な「信頼感」とより密接な関係がある。そこで、規格や等級などの客観的な品質差から生じる価格差とは区別して、消費者の主観的な国産志向から生じる価格差を、ここでは「国産プレミアム」と呼ぶことにする。

国産プレミアムは、消費者の体験や知識にもとづいて発生する。また、農家の品質改善努力を含めて、消費者ニーズに対応して生産・販売関係者がさまざまな努力をおこなってきた成果でもある。もし関税や非関税障壁がなくなってもある程度残る価格差と考えられるので、これを農業保護の結果としてMPSに加算するのは問題があるだろう。

それでは、実際にどの程度の国産プレミアムが存在するのか、具体的に金額で示すことは可能だろうか。一つの方法としては、たとえば、スーパーで国産のネギ一束が158円、それと見かけがまったく同じ外国産が100円で並べて販売されている場合、これを、158円の国産ネギに対して外国産が58円安いときに消費者はどちらを買っても同等と判断していると解釈して、この58円分を国産ネギの国産プレミアムと見なすこともできるだろう。

この考え方にもとづいて、各国のPSEに占める国産プレミアムの割合を試算した安達・鈴木の研究によれば、韓国14.7％、日本13.4％、米国3.9％、EU1.3％と、4か国の中では韓国と日本の国産プレミアムの割合が格段に高いことが示された。さらに、高関税の米と乳製品を除いて試算してみると、日本のPSEの40％が国産プレミアムであり、これを差し引けば日本とEUのPSE水準はほぼ同じになるという（安達英彦・鈴木宣弘「国産プレミアムを導入した農産物内外価格差問題の再検討」『九大農学芸誌』vol.60-2, pp253-274, 2005年）。

つまり、国産プレミアムを含めて、国産と輸入品には大きな品質差があることを理解すれば、わが国の農産物価格は決して高くはないということができる。あるいは、「値段が高くても、物が違うから、あなたが生産したものを食べたい」と思ってくれる消費者と生産者との関係が成立していれば、それこそが輸入品の安さに負けない「強い農業」である。

（鈴木宣弘・木下順子）

＊鈴木宣弘『食の戦争』文芸春秋、2013年
＊鈴木宣弘・木下順子『食料を読む』日経文庫、2010年

第3節 ▶ 世界の中の北東アジアと日本の農業 3

世界農業類型と北東アジア

 キーワード　◎世界農業類型／◎農法／◎中耕除草農業
◎環境形成的農業／◎内包的農業発展

●農法からみた世界農業類型

世界農業を農法論的見地から区分したものに飯沼二郎の四類型論がある。飯沼は乾湿度合（平均気温と年間降雨量）と夏季降雨量（作物栽培時の水条件）を指標にして、表1のような農業類型を示した。世界農業は、乾燥ゆえに水の確保がポイントとなる保水農業地帯と、湿潤であり雑草を制御することがポイントとなる除草農業地帯とに大区分され、ついで保水と除草という課題に対し休閑（作付けを休むこと）・中耕（栽培過程に手を加えること）のどちらで対応するかによって休閑農業と中耕農業に小区分される。これまでの農業生産の中心は気温と水の双方にめぐまれた除草農業地帯であった。

●中耕除草農業地帯としてのモンスーン・アジア

同じ除草農業地帯でも、冷涼で乾燥し植生も単純な地域（西ヨーロッパ・北アメリカ）では、休閑期における大型犁による天地返し（雑草の根の切断・枯死）と播種時の厚蒔きによる雑草抑制で足りたが、温暖・湿潤で植生も多様な地域（モンスーン・アジア）では作物と競争して繁茂する雑草の除去が鍵となってきた。ここでは病害も虫害もはるかに大きいため、作物生育過程全般を通じた綿密な管理こそが生産力発展の基軸であった。

飯沼は前者を休閑除草農業、後者を中耕除草農業と命名した。上述のような農法的特質を反映して、休閑除草農業では機械化による規模拡大になじみやすかった（外延的農業発展）のに対し、中耕除草農業では耐肥性品種の育成と肥培管理の集約化が生産力発展の中軸論理であったため、規模拡大よりは単収（土地生産性）の増大に向かった（内包的農業発展）。北東アジア農業の主要部分は、中耕除草農業地帯に属している。

●北東アジアと東南アジア

モンスーン・アジアの稲作地域という基本的特徴を共有しながらも、温帯モンスーン地域に属する北東アジアと熱帯モンスーン地域に属する東南アジアとでは違いもある。稲作は、北東アジアにおいては水田という高度な装置（引水・貯水・排水

表1　農法からみた世界農業類型（飯沼二郎）

		夏季降雨量		
		多	少	
乾湿度合	乾燥	休閑除草農業	休閑保水農業	休閑農業
	湿潤	中耕除草農業	中耕保水農業	中耕農業
		除草農業	保水農業	

出所：飯沼二郎『農業革命の研究』未来社・1985年より作成。
注：乾湿度合いとは、「一定期間の積算降雨量／（同一期間の平均気温＋10）」

 用語解説　＊**農法**　農地利用（作付け体系）と生産過程（労働過程）を軸に把握した農業技術のありかた。農業技術を生産現場における時間的・空間的広がりの中で体系的・総合的にとらえたもの。

表2　構造政策を基準にした世界農業類型

	類型名称	典型諸国・諸地域
第Ⅰ類型	構造政策不要地域	西欧新開地…北アメリカ・オセアニア・(南アメリカ)
第Ⅱ類型	構造政策達成地域	西欧旧開地…ヨーロッパ
第Ⅲ類型	構造政策困難地域	北東アジア…日本・韓国・台湾(中国・東南アジア諸国)
第Ⅳ類型	構造政策未然地域	アフリカ

注：説明の詳細は、野田公夫『日本農業の発展論理』農山漁村文化協会、2012年を参照されたい。

ができる土地合体資本)のうえで種々の肥培管理が施されるのが一般的であるが、東南アジアの大河川下流域には、播種したあとは自然(洪水)にまかせる浮稲地帯が広がっている。田中耕司は、前者を環境形成的(農業環境をつくる)農業、後者を環境適合的(自然に委ねる)農業として区別し、飯沼の中耕除草農業像を豊富化した。北東アジア農業は、環境形成的な性格を強くもった中耕除草農業だといえる(飯沼のいう中耕除草農業の典型)。ここでは作物成育の全過程における適切な肥培管理こそが生産の成否をわける。

● 構造政策と北東アジア

現代農業の重要な特色は、農業の機械化・化学化・装置化・情報化が進展するなかで技術的適正規模が一気にはねあがり、それに見合う規模をもった経営の創出(構造政策：structural policy)が多くの国家において農業政策の中軸にすわったことである。しかもWTO体制の下で自由化圧力が急増したことが、それを世界農業がとるべき標準政策に押し上げた。

構造政策への適合性を基準にして世界農業を類型化したのが表2である。先の表1とあわせてみると、構造政策への適合力を示した第Ⅰ・Ⅱ類型には経営規模の外延的拡大に適した農法的特質をもつ休閑除草農業地帯(北米・オセアニアとヨーロッパ)が、経営の内包的発展を中心ロジックにする中耕除草農業地帯(北東アジア)は、長期にわたる政策的とりくみにもかかわらず依然として見るべき成果をあげられない第Ⅲ類型(構造政策不能地域)に対応している。また、休閑除草農業では草地も含む団地農業として発展した(農場制)が、中耕除草農業ではリスクも考えれば小地片で分散していることこそが合理的であった(零細分散錯圃制)。このような圃場条件に規定されて、後者(北東アジア)では農業機械化の効率は低いうえ、その普及には小型化が必要となった。(詳細は参考文献)。

● 稲作北進と北東アジア

北東アジア農業に見られるいまひとつの特徴は、顕著な「稲作北進」である。北海道や中国東北部(旧満州)は北東アジア農業の中心地帯よりはるかに冷涼で乾燥しており、むしろ休閑除草農業地帯に近い性格をもっている。これら北東アジア北部地域における先進農業地帯である北海道を例にとれば、かつては、雑穀を中心とする粗放な農業しかなかったが、その後内国植民による農業者の進出にともない、麦・大豆・馬鈴薯・甜菜などの近代畑作農法が移植されるとともに、品種改良を中心とする絶えざる寒地稲作技術改良により稲作限界線を北上させていった。中国東北部における近年の農業動向にも類似の発展がみられる。そして、土地に対する人口圧が低い北東アジア北部地域は南部地域とは異なる大規模経営が可能であり、これらの大規模経営を担い手とする新興稲作産地として台頭しつつある。また、中耕除草農業地帯では草地の安定的形成が困難であり大型家畜の大量飼養がむずかしいという難点があったが、休閑除草農業地帯的性格をもつ北東アジア北部地域ではその困難は緩和されており、畜産基地としての発展も展望できる。　　　(野田公夫)

＊佐藤洋一郎監修『ユーラシア農耕史』(全5巻) 臨川書店、2008 - 2010年
＊野田公夫『日本農業の発展論理』農山漁村文化協会、2012年

第3節 ▶ 世界の中の北東アジアと日本の農業 4

北東アジアにおける連携の基盤

 キーワード　◎モンスーン・アジア／◎経済発展／◎農業保護
◎食品ネットワーク／◎食品安全性

●共通基盤としてのモンスーン・アジア農業

北東アジアは、日本・韓国・台湾の3つの経済圏、および、中国からなる。いずれの経済圏もモンスーン・アジアとよばれる気候帯に属しており、これが北東アジアの連携を支える第1の基盤をなしている。モンスーン・アジアは高温多湿であり、夏季の降雨量が多い。「湿ったアジア」とも呼ばれる。ここには、北東アジア、東南アジア、南アジアの大半が含まれる。

モンスーン・アジアは水稲作に適しており、米の依存度が高い。世界の米の生産量や作付面積に占めるモンスーン・アジアのシェアは9割近い。かつては、米は単位面積あたりの収穫量が小麦よりもはるかに高かったため、現在のモンスーン・アジアの人口は稠密である。結果として、農業従事者あたりの耕地面積は小さく、アメリカやオーストラリアなどの新開国や欧州と比較すると、土地利用型の作物（穀物など）の競争力は著しく低い。

●急速な経済発展と高い農業保護水準

北東アジアの連携を支える第2の基盤は、急速な経済発展と高い農業保護率にある。図1はモンスーン・アジアの主要経済圏における一人あたり

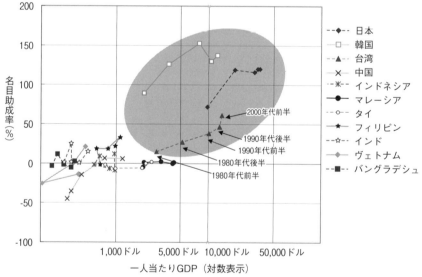

注：名目助成率は Kym Anderson and Will Martin ed. (2009) による。ただし、日本のデータは本間 (2010) p.206 による。1人あたりGDPは IMF、World Economic Outlook Database April 2010 による。

図1　モンスーン・アジアにおける1人あたりGDPと名目助成率の比較

 用語解説　＊**農業保護率**　名目助成率（NRA）は、農業保護の水準を示す指標のひとつである。国内価格で評価した国内生産額、および、生産に投入される財や生産への補助金を合計して農家の総収入を算出し、これが国際価格で評価した国内生産額を何パーセント上回っているか（下回っているか）で、農業保護（農業搾取）の水準を表示したものである（本間p.286参照）。農業保護率を示す指標としては、このほかに名目保護率（NRP）、生産者支持推定量（PSE）、総支持推定量（TSE）および助成合計量（AMS）などがある。

のGDPと農業保護率（名目助成率）を比較したものである。農業保護率とは、関税や輸入数量制限による農産物価格の引き上げや政府から農家への補助金などによって農業経営を支援する程度を示す指標である。図1では、1980年代の前半から2000年代の前半までの5期間についてGDPと保護率の平均を算出して、その変化を示している（図中の台湾の事例参照）。

この図から、日韓台の一人あたりのGDPや農業保護率は、他のモンスーン・アジア経済圏のそれを大きく上回り、異質な集団を形成している様子がわかる。

また、日韓台の経済成長は、欧米のそれと比較するとその速度が著しく速い点に特徴がある。急激な経済成長は、農工間の所得格差を顕在化させるとともに、工業製品の輸出の増加は、自国通貨の切り上げを通じて、輸入農産物を増加させ、所得格差をさらに増大する。

農工間の所得格差へ対処するために、日韓台は世界でもっとも高い水準の農業保護策を採用してきた。しかし、今後はWTOの国際貿易ルールに沿った農業保護水準の削減は避けられない。農業保護政策は高い水準にあるとはいえ、日韓台はすでに大量の穀物を海外から輸入する食糧純輸入経済圏である。食料自給率をカロリーベースでみるといずれも50％を下回り、食料の確保をいかにして図るかは、日韓台が直面する共通の課題となっている。

● 中国との食品のネットワークの拡充

北東アジアのいまひとつの経済圏である中国は、図1とは異なる形で他の北東アジア経済圏との結びつきを強めている。それは、食品貿易を通じた結びつきである。図2は、日韓台を1つの経済圏としてみたときの中国との食品貿易の取引額

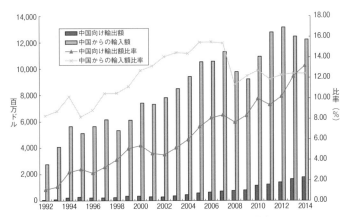

出所）（独）経済産業研究所 RIETI-TID のデータを加工して作成
図2　日韓台からみた中国との食品貿易の動向

および食品貿易総額に占めるシェアを整理したものである。過去20年間の動向をみると、日韓台が中国から輸入した食品の総額は20億ドルから120億ドルへと6倍に増加し、日韓台から中国への食料輸出額も7千万ドルから13億2千万ドルへと10倍を超える増加を示している。日韓台の食品輸出入額に占める割合についても、中国からの輸入が5％から12％へ、輸出は1％から13％と大幅な増加がみられる。相互の取引は着実に拡大し、重みを増している。

しかし、他方では、中国製冷凍餃子中毒事件やメラミン粉ミルク事件などが中国産食品への不安感を増大させている。韓国でも中国産食品の安全性が問題視されて久しい。こうした不信は、2008年以降の中国からの食品輸入の大幅な減少に繋がり、中国の農業・食品産業に少なからぬ打撃を与えている（図2参照）。いまや食品問題は、日韓台にとっても、中国にとっても相互の協力なしには解決できない状況にある。このことが連携の第3の基盤となる。

このほか、中国は2004年に各種の農業補助金を導入するとともに、2006年には農業税を廃止し、農業搾取から農業保護へと政策の転換を図っている。今後、中国が図1にみた日韓台のグループに接近し、北東アジアにおけるより高次の連携が実現される可能性は少なくない。

（飯國芳明）

＊ハリー・オーシマ『モンスーンアジアの経済発展』勁草書房、1989年
＊本間正義『現代日本農業の政策過程』慶応義塾大学出版会、2010年
＊Anderson, K. and W. Martin ed., *Distortions to agricultural incentives in Asia*, The World Bank, 2009
＊鳥取大学大学院連合農学研究科編『WTO体制下における東アジア農業の現局面』農林統計出版、2009年

第4節 ▶ 世界の森林と木材産業 1

木材需要の拡大と木材産業の国際化

キーワード
◎木材関連企業／◎紙・パルプ産業
◎丸太輸出／◎製材輸出／◎ M&A

●ローカル資源としての木材のグローバル化

　木材は歴史的に人間社会にとってもっとも身近で有用な資源であった。火を使う燃料としての薪、道具や器の原材料、家や船を作る丸太など、木材は文明に欠かせない材料資源であった。そうした木材と人間との密接な関係は、木材が特別な地域にのみ存在する天然資源ではなく、どこにでもあるという条件があったからこそである。そして、近年まで木材はローカルな資源として地域において利用されてきた。

　しかし、紙需要の拡大や木材の高度加工技術の進展により、木材および木材製品の貿易量は飛躍的に拡大した。図1から図3では、世界における産業用丸太、製材品、紙・板紙の近年の生産量および輸出量の推移を示した。まず、産業用丸太の場合をみると、生産量は1961年の10億1,783万m^3から2013年には17億74万m^3へと67%増加したが、そのうち輸出に回される量は3,816万m^3から1億2,524万m^3へと3.3倍に増加した。同様に製材品についてみると、生産量が3億2,357万m^3から4億1,397 m^3へと28%の増加であるのに対し、輸出量は3,778 m^3から1億2,592 m^3へとやはり3.3倍に増加している。

　さらに特徴的なのは紙・板紙である。世界における紙・板紙の生産量は1961年の7,415万㌧から2007年には3億9,690万㌧へと5.4倍の伸びを示しており、輸出量にいたっては1,270万㌧か

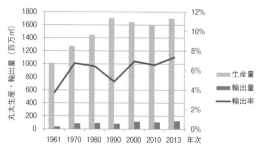

出所：FAOSTAT（2016年8月24日最終更新のデータ）
図1　世界の産業用丸太生産量と輸出量の推移

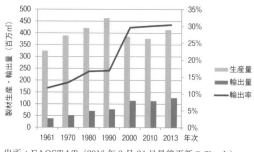

出所：FAOSTAT（2016年8月24日最終更新のデータ）
図2　世界の製材生産量と輸出量の推移

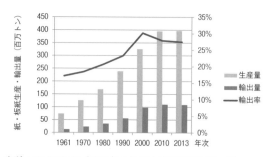

出所：FAOSTAT（2016年8月24日最終更新のデータ）
図3　世界の紙・板紙生産量と輸出量の推移

＊世界の木材生産　2013年における世界の木材生産量は35億8,312万m^3で、このうち産業用丸太は17億74万m^3であり、残りの18億8,237万m^3は薪炭用材である。このように、世界中で1年間に伐採される木材の過半数は燃料として利用されるのであるが、これは木材以外の燃料を利用できない人々が世界人口の多数を占めているからである。アフリカでは、薪炭材の不足が大きな社会問題となっている地域も多い。

表 世界の主要な木材関連企業と売上高（2014年）

順位	企業名	国	売上高（百万USドル）
1	インターナショナルペーパー	アメリカ	23,617
2	キンバリー　クラーク	アメリカ	19,724
3	スベンスカ　セルローサ（SCA）	スウェーデン	13,299
4	王子製紙	日本	12,659
5	ストラ　エンソ	フィンランド	12,362
6	UPM キュンメネ	フィンランド	11,945
7	日本製紙	日本	10,272
8	ロック　テン	アメリカ	10,047
9	スムルフィット　カッパ	アイルランド	9,784
10	住友林業	日本	9,243

出典：PricewaterhouseCoopers（2016）Global Forest, Paper & Packaging Industry Survey 2015 Edition

ら1億911万トンへと実に8.6倍の伸びとなっている。

また、総生産量のうち輸出に回される割合も上昇傾向にあり、丸太では7％程度であるが製材品および紙・板紙では約30％が輸出されている。このように、木材および紙製品は今や世界的な貿易商品となっており、林業・木材産業は経済のグローバル化の影響を強く受けるようになった。

●巨大化する木材企業

木材関連産業は効率性と製品性能の観点から常に最新の設備が必要な装置産業であるが、とりわけ紙パルプ産業においてその傾向が顕著である。これらの木材関連企業は、規模の経済を発揮するための資本規模の拡大をM&A（合併・買収）によっておこなう傾向が強かった。とくに1980年代以降この動きを加速させたのはアメリカ企業で、インターナショナルペーパーやキンバリークラークといった紙パルプ部門を経営の柱とする巨大企業が1990年代に世界のトップに躍進した。

これを受けてヨーロッパ企業もM&Aに動き、SCA、ストラエンソ、UPMキュンメネなどが台頭してきた。わが国においても王子製紙と日本製紙の2社は1990年代に大きな合併を経験している。2014年における木材関連企業の世界ランキングは表に示すとおりである。

特徴的な動きとしては、ヨーロッパの巨大企業が、製材品、木質ボード類、紙・板紙といった製品の旧東欧諸国での現地生産とEU圏内への輸出路線を明確にしていることがあげられる。さらに、フィンランドやスウェーデンでは1990年代後半以降ロシアからの原木丸太の輸入が急増した。そこには、将来的な資源戦略として自国の森林を温存し可能な限りロシアやバルト諸国から原木を買い付けようとの狙いが見て取れる。このような北欧の巨大木材企業と国家戦略との関係性については興味深い研究テーマでもある。

また極東では中国が猛烈な勢いでロシア丸太の輸入を拡大させており、1990年代には世界最大の丸太輸入国であったわが国も現在ではその地位を中国およびヨーロッパ諸国に抜かれている。こうした中で国内での高付加価値化を目指すロシア政府は、2012年に丸太輸出関税をそれまでの25％から80％に引き上げ、丸太輸出から製材品輸出へと大きくシフトさせた。木材関連企業の動向と木材貿易の変化には今後とも目が離せない。

（大田伊久雄）

*林野庁『森林・林業白書 平成28年度版』、2016年
*FAO, State of the World's Forests, 2016

第4節 ▶世界の森林と木材産業 2

環境保全型木材産業への展開

キーワード
◎持続可能な森林管理／◎森林認証制度／◎ CoC 認証
◎ FSC ／◎ PEFC ／◎ SGEC

Ⅰ 国際時代の農林業

●保続収穫から持続可能な森林管理へ

　アマゾンや東南アジアにおける熱帯林の急激な減少、さらにはカナダやシベリアにおける亜寒帯林の大面積皆伐など、1980年代頃から世界各地で森林破壊の問題が取り沙汰されるようになった。1992年の地球サミットにおいても、森林問題は地球温暖化防止や生物多様性保護と並ぶ重要な議題の1つであった。

　このような世界的な環境意識の高まりに呼応して、林業における森林管理の考え方は「保続収穫」から「持続可能な森林管理」へと深化した。前者が木材生産の恒久的継続をめざしたのに対し、後者は森林生態系の持つ多様な機能すべての恒久化をめざすものである。すなわち、一定水準の木材生産を続けながらも、大面積皆伐など生態系を大きく攪乱する方法をとらず水源涵養や生物多様性など森林の持つ特長を損なわないよう十分配慮することが21世紀における環境保全型林業の姿なのである。

●世界的に注目される森林認証制度

　そうした潮流の中、川上から川下までのサプライチェーンを通した環境認証として注目されているのが森林認証制度である。1993年に発足したFSC（森林管理協議会）がその嚆矢であるが、現在ではヨーロッパや北米を中心に展開するPEFC（森林認証プログラム）が世界最大規模の森林認証制度となっている。表に示した通り、世界ではすでにこの両プログラムだけで4億haを超える森林が認証を受けており、その面積はかなりの勢いで拡大を続けている。森林認証制度は、林業や製材業から木質ボード加工業や製紙産業、そして家具製造業や事務機器メーカーまで、木材関連産業を広範囲に巻き込んだ展開を見せており、産業界における世界的な環境志向を具体化する動きとして注目されている。木材産業は伐採反対を訴える環境保護団体と長年反目し合ってきたが、森林認証制度によってお互いが協力し合えるパートナーとなろうとしているといえよう。

　森林認証制度の特徴は、森林を管理する経営体の認証と流通・加工過程に携わる企業の認証という2種類の認証制度の組み合わせによって、木材が生産される現場（森林）と消費の現場（市民）とを繋ぐ点にある。森林管理の認証では、持続可能な森林管理が達成されているかどうかを判定するための基準・指標にそって第三者機関による現場審査をおこない、施業履歴や森林管理理念の妥当性、経営の

表　世界における森林認証面積とCoC認証件数

認証制度	森林認証面積	参加国数	CoC認証件数
FSC	1億9,058万 ha	82か国	31,067件
PEFC	2億7,528万 ha	32か国	10,831件

出所：FSC ウェブサイト（https://ic.fsc.org/）
　　　PEFC ウェブサイト（http://www.pefc.org/）
注：FSCについては2016年8月現在、PEFCについては2016年3月現在の数値。

森林組合の土場に集材されたFSC認証木材（高知県梼原町）

用語解説
　＊**ウッドマイルズ**　農作物のフードマイレージと同様の概念として、木材製品の輸送段階でのエネルギー消費に注目したのがウッドマイルズである。木材は石油や鉄鋼と比べるとはるかに環境に優しい資源であるが、わが国のように南米や欧州から輸入するとなると、輸送における環境負荷は少なくない。近年では、ウッドマイルズの考え方をとりいれた「地元の木で家を建てる運動」など地産地消の動きも活発化している。

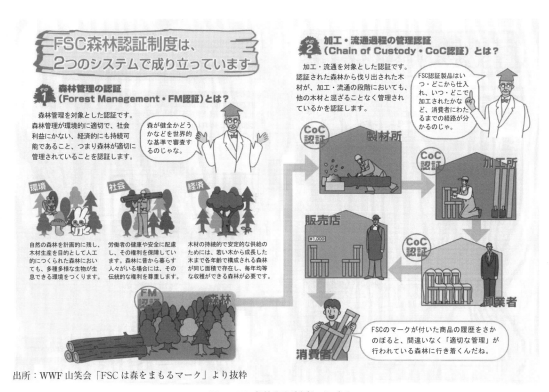

出所:WWF山笑会「FSCは森をまもるマーク」より抜粋

図　FSC森林認証制度のしくみ

計画性、生態系への配慮、法律遵守、従業員や地元住民との良好な関係性などの項目をチェックする。流通・加工過程の認証（CoC認証）では、当該認証森林から生産された木材や林産物が確実にその他の森林生産物と区別され、流通経路全体において書面による量的管理がなされているかどうかをチェックする。この両者を組み合わせることで、確実に持続可能な森林管理がおこなわれている森林からの木材を利用して生産されたものであることを消費者に伝える仕組みが森林認証制度である（図参照）。グリーン調達という観点からも、トレーサビリティのしっかりした認証木材は注目されている。

●鍵となるのは環境倫理

　森林認証制度は市場を通した商品差別化戦略である。しかし、森林認証が農作物の減農薬や有機認証などと異なるのは、倫理意識に強く依存した環境認証制度であるという点である。農作物の場合は、自分や家族の体内に危険な化学物質などが入ることを避けたいという理由で人びとは認証製品を選ぶのであるが、森林認証の場合は製品に危険性という尺度での差違はなく、あくまで環境保全的な管理をおこなっている森林からのものだから選ぶという倫理的価値観にもとづく選好となる。それゆえ、認証製品とそれ以外の一般製品との間に価格差が生じる場合、品質や性能的には同等であってもあえて森林認証製品を買おうとする消費者がどの程度いるのかがこの制度の発展の鍵となろう。

　また、日本には独自の認証制度として2003年に設立されたSGEC（緑の循環認証会議）があるが、生産者サイドでの認知度は高まりつつあるものの消費者サイドへの浸透はあまり進んでいない。日本の森を守るためにも、教育機関やマスコミを通じた環境意識の高まりとともに、森林認証制度の認知度向上が急務といえよう。

（大田伊久雄）

*ジェンキンス、スミス『森林ビジネス革命―環境認証がひらく持続可能な未来』築地書館、2002年
*小林紀之『21世紀の環境企業と森林―森林認証・温暖化・熱帯林問題への対応』日本林業調査会、2000年
*ウッドマイルズ研究会『ウッドマイルズ―地元の木を使うこれだけの理由』農山漁村文化協会、2007年

第4節 ▶世界の森林と木材産業 3

日本の高森林率と低木材自給率

 キーワード　◎森林の回復力／◎復旧造林／◎拡大造林
◎木材生産量／◎林産物市場開放

●森林率の高い日本

　わが国の国土の2/3は樹冠の閉鎖した深い森林に覆われている。これは、火山性の肥沃な国土と降水量の多いモンスーン気候という森林成立にとっての好条件がそろったためであり、世界的に見ても森林率のきわめて高い国の1つである。

　日本の森林率の高さには、大きく2つの要因を考えることができる。1つは先にも述べた地理的条件である。自然植生として森林が陸地を覆うことは世界的には珍しいことではない。一定以上の降水量がある地域においては、生態系の極相が森林であることは当たり前である。しかし、そこにいったん何らかの原因による攪乱が入ったとき、なかなか容易には森林は回復しない場合が多い。

たとえば、著しい森林減少が報告されているシベリアやアラスカの寒帯林では、植物成長の速度が遅いため森林植生の回復速度も一般に遅い。その上、地球温暖化の影響を受けて在来樹種が気候変動に対応できなかったり、永久凍土の融解によって森林が水没するなど不可逆的な森林の消滅が起こっている。また、南米やアフリカなどの熱帯地方では、表土層が薄く養分も少ないため、天然林が切り開かれたあとに森林が再生することがきわめて困難な場合が多い。これに対してわが国では、春から秋にかけて庭の草取りをしないとすぐに雑草が生い茂るように、夏期の高温多湿によって植生の成長力はきわめて旺盛である。

　2つ目の要因は、古来からの山（森林）に対する日本人の崇敬と災害対策思想の伝承である。古くは奈良時代から、水源を形成する山地の森林伐採を禁止する命令が出されており、江戸時代の留木・留山制度や入会による森林の利用制限など、われわれの祖先は歴史的に森林とのつき合い方に十分な注意を払ってきた。明治になって西洋的な自然観や科学技術が導入されると全国の森林はおおいに荒れることとなったが、1897（明治30）年の森林法や相前後

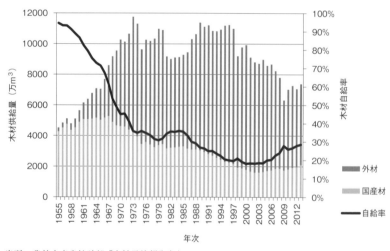

出所：農林水産省統計部「木材需給報告書」
図1　わが国における木材需給の推移

 用語解説　＊**世界の森林率**　世界全体の森林面積は約39億5,000万haである。これは、全陸地面積のちょうど30％に相当する。また、人口1人あたりの森林面積を計算すると、約0.6haとなる。わが国においては森林率は66％と高いものの、1人あたり森林面積をみると0.2haと意外に少ない。ちなみに、林学発祥の地であり国民が森林好きで有名なドイツの場合は0.1haである。

して制定された河川法・砂防法によって法制度的な整備が進められた。その後、昭和の長い戦争期間を経てわが国の森林は再び荒廃したが、戦後の国をあげた復旧造林とこれに続く拡大造林によって日本の森林は復活し、現在ではかつてないほどの蓄積の充実をみている。

●**木材生産量の減少と低自給率**

　森林資源が成熟していることとは裏腹に、国内の木材生産量は1960年代以降減少を続けている。図1に見るようにわが国における木材供給源は1961年の丸太輸入自由化によって外材輸入が急増し、国内自給率は1969年には50％を割り込み、1973年には40％、1988年には30％、1997年には20％を下回った。

　この図を見る限り、国産材の減少は外材の増大によって補完されていることから、国内林業衰退の原因としては、安くて品質の安定した外材が北米や東南アジアから大量に流入したことであると推察される。しかし、このような事態を招来した原因には工業製品の加工貿易を推進したい政府がアメリカなどからの外交圧力を受けて拙速な林産物の市場開放を進めたことや、一時的な木材価格高騰に幻惑されて技術革新や市場開拓を怠った国内林業・林産業の見込み違いなど、さまざまな原因が絡み合っている。

　このような日本の置かれている特殊な状況は、ヨーロッパ諸国と比較すれば明らかである。表はスウェーデン・フィンランド・フランス・ドイツと日本の国土面積と森林面積・森林率を示したものであるが、日本は北欧の2国と並ぶ高い森林率と森林面積を有することがわかる。ところが、図2に見るように、木材生産量の推移では1960年代以降日本だけが大きく減少しているのに対し、

表　ヨーロッパ4か国と日本における国土面積・森林面積・森林率

	スウェーデン	フィンランド	ドイツ	フランス	日本
国土面積 （百万ha）	45.03	33.81	35.70	55.15	37.79
森林面積 （百万ha）	27.53	22.50	11.07	15.55	24.87
森林率（％）	61.1	66.5	31.0	28.2	65.8

出所：総務省統計局（2009）「世界の統計2009」

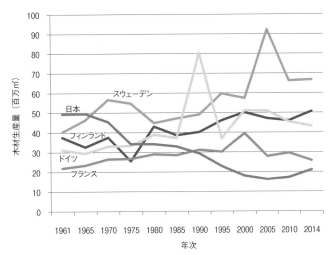

出所：FAOSTAT data, 2016

図2　ヨーロッパ4か国と日本における木材生産量の推移

ヨーロッパ諸国では一様に増加傾向にある。1960年では日本の生産量がもっとも大きかったのであるが、1970年にはスウェーデンに追い抜かれ、1980年にはフィンランドとドイツ、1990年に入るとフランスにも抜かれてしまい、現在ではこの4か国と比較するとはるかに少量しか生産をおこなっていない（なお、ドイツおよびスウェーデンに突出した値がみられるのは風倒被害等の影響である）。ここからわかるのは、先進工業国であれば第一次産業が衰退するのは当然なのではなく、政府の政策や国有林・民有林の事業者としての努力次第でいくらでも伸展は可能であるということである。

（大田伊久雄）

＊遠藤日雄編著『改訂　現代森林政策学』日本林業調査会、2012年
＊石井寛・神沼公三郎編著『ヨーロッパの森林管理―国を超えて・自立する地域へ』日本林業調査会、2005年

第5節 ▶貿易自由化と日本農業 1

農産物貿易自由化の経緯

キーワード　◎農本主義／◎食料安全保障／◎オイル・ショック／◎第3の武器
◎東アジア食品産業活性化戦略／◎農産物輸出産業化

●農業保護の論拠

　日本の農業保護の論拠は、少なくとも3回変わったといえる。1960年代までは、いわゆる「農本主義」に基づくものであった。土地を使う農業は他産業と違って国の文化そのものであり農村社会のベースであるゆえ、各国固有の文化として保護して当然で、それには理由は要しないという発想である。その後1970年代に入って、異常気象やオイル・ショックによる世界食料危機が懸念されるようになり、食料が国際交渉の第3の武器として用いられるようになった。その際、国際紛争など政治的理由で輸入が止められる場合には国防上の理由から生活必需品たる食料の自給率を高く維持する必要が認識されるようになった。このような状況下で、今度は、「食料安全保障」が第2の農業保護の論拠となったのである。しかし、高度成長を終えた1980年代になると、日本の農法が大規模機械化し、農薬・肥料が多投され、その生産過程で電力・石油への依存を強めていった。この状況下では、たとえ食料の自給率を維持しても、石油の輸入が止まれば日本の農業は維持できなくなり、この食料安全保障は農業保護の論拠としての意義をなくしてきた。そこで最近では、日本はEUと同調して、国際交渉の場で「農業の多面的機能や環境保全的側面」を3度目の農業保護の論拠として挙げているのである。この変遷が農産物の貿易自由化交渉にも反映されてきた。

●農産物貿易自由化交渉

　わが国は、戦後、手厚い農業保護を続けてきたが、高度成長期の工業化の過程で、ほとんどの畑作物を輸入に明け渡すなかで、最近まで農業保護にこだわったのが、牛肉と米であった。これらの農産物の自由化の過程では、日米豪の3国の利害が激しく対立してきた。

表1　農産物貿易交渉などの推移

暦年	主な出来事	主な輸入数量制限撤廃品目
1955	GATT加盟	
1960	121品目輸入自由化	ライ麦、コーヒー豆、ココア豆、大豆、しょうが
1961	貿易為替自由化の基本方針決定	
1963	GATT11条国へ移行	羊、玉ねぎ、鶏卵、鶏肉、にんにく、落花生、バナナ、粗糖
		いぐさ、レモン
1967	ケネディ・ラウンド決着（1963〜）	ココア粉
		豚の脂身、マーガリン、レモン果汁、葡萄、林檎、グレープフルーツ、牛、紅茶、なたね
1973	アメリカ大豆など輸出規制	配合飼料、ハム、ベーコン、精製糖
	日米農業交渉妥結（牛肉・柑橘）	麦芽
1978	東京ラウンド決着（1973〜）	ハム・ベーコン缶詰
1984	日米農産物交渉決着（牛肉・柑橘）総合経済対策	
1985	対外経済対策	豚肉調製品（一部）
1986	ウルグアイ・ラウンド開始アクション・プログラム	グレープフルーツ果汁
1988	日米農産物交渉合意（牛肉・柑橘、12品目）	ひよこ豆
		プロセスチーズ、トマトケチャップ・ソース、トマトジュース、牛肉・豚肉調製品
1990		フルーツピューレ・ペースト、パイナップル缶詰
1991	ダンケル合意案提示	非柑橘果汁
		牛肉・オレンジ
		オレンジ果汁
1993	ウルグアイ・ラウンド決着（1986〜）	小麦、大麦、乳製品（バター、脱脂粉乳など）、殿粉、雑豆、落花生、蒟蒻芋、生糸・繭、米
1996	ウルグアイ・ラウンド合意実施	
2000	WTO次期交渉開始	
2005	東アジア共同体構想	東アジアサミット（Kuala Lumpur）で確認。（中国はASEAN+3、日韓はASEAN+6を模索）
2006	「東アジア食品産業共同体構想」	東アジア食品産業活性化戦略
2012	RCEPおよび日中韓FTA、交渉宣言	FTAAP（アジア太平洋自由貿易圏）の実現へ
2013	TPP協定交渉への参加	
2016	TPP国会承認	アメリカ次期大統領トランプの離脱意向にも拘わらず強硬承認

出所：農林水産省大臣官房国際部国際経済課WTO等交渉チーム「農産物貿易レポート（要旨）」1999年11月に加筆修正

＊食料安全保障　食料は生活必需品であるため、長期にわたって消費を抑えることはできない。これの供給を海外からの輸入に全面的に依存していると、戦争や世界的異常気象などにより、輸入が停止された時には国防上の深刻な問題となる。そこで、各国とも必要最低限の食料自給率を維持する必要があるという食料安全保障の発想が重視される。

1988年決着の日米牛肉・オレンジ交渉と農産物12品目の交渉で、1990年4月までに12品目のうちプロセスチーズとトマト加工品などの10品目を、1991年4月から牛肉とオレンジを自由化し、1993年12月には米の部分自由化を含む農産物の自由化に合意したが、GATTからWTOに移行した後は、以前に増して農産物の自由化が強く求められてきた（表1）。

日米豪間の農産物貿易に関しては、GATT・WTOの自由化交渉以前から、1990年代の牛肉・オレンジの自由化要求に見られるように、しばしば紛争が生じてきた。その際、農産物貿易の自由化問題は、当事国の間において、しばしば、単品ごとの自由化交渉では議論できない状況を呈してきた。とくに牛肉の自由化要求に関しては、アメリカ国内においても大きな議論があった。日本は、飼料穀物の9割以上をアメリカなどから輸入していた。日本の畜産業の現状では、1カロリーの食肉を生産するのに約10カロリーの飼料穀物を投入している。この場合、アメリカは、日本に牛肉の輸入自由化を迫る戦略と、日本の牛肉産業を保護させておいてその飼料穀物を輸出する戦略とが考えられたのである。結果的には、アメリカ国内での牛肉業界と穀物業界の力関係により、また、すでに農産物自由化要求の象徴的存在として国際紛争化していた牛肉輸入の自由化を日本が受け入れたため、日本への牛肉輸出の方を優先した。しかし、アメリカや日本にとって、こうした貿易政策の純効果は必ずしも明白ではない。戦後の農産物貿易交渉などの推移は表1に示す通りである。

● 農産物輸出戦略

アジア太平洋地域における産業内貿易の可能性も最近注目されている。これを顕示比較優位指数という尺度で捉えると、多くの食料農産物について、競合関係よりも補完関係が意外にも多いという事実が計測され、食料農産物での相互貿易が進み易いという結果が示される。このように、この地域の食料農産物における相互貿易を通じて、輸出入の両面で貿易の拡大する余地はある。こうした状況の中で、2015年度の日本の農産物輸出は7,451億円まで急増している（図1、2）。

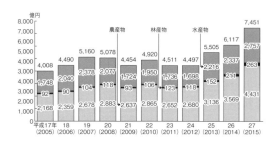

出所：平成27年度「食料・農業・農村白書」
図1　農林水産物の輸出額の推移

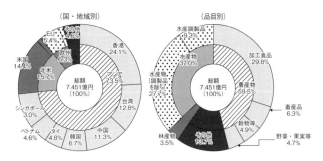

出所：平成27年度「食料・農業・農村白書」
図2　農林水産物の輸出額の内訳

わが国の農水省も、従来のように「米は一粒たりとも入れない」という農業保護一点張りではなく、最近「東アジア食品産業活性化戦略」を立ち上げ、「守る所は守る、攻める所は攻める」という方針を打ち出している。つまり、わが国の農政の基本は、いわゆる農業保護から食料安全保障という消費者保護へと重心を移しつつあり、その過程で自給率の議論が注目されるようになった。今や39％という食料自給率は先進国の中で最低であり、既に危機的水準にあるが、これを日本一国の自給率向上として対処するのではなく、アジア太平洋地域全体としての食料安全保障問題として対処することが肝要である。その意味でも、攻めの農業として輸出産業化の推進が重要になる。

一般的に、貿易自由化に伴う市場経済面の厚生効果としての貿易利益は確認される。しかし近年、貿易自由化に伴う環境面や食品安全性への効果も注目されつつあり、その両者を併せての純効果は必ずしも明白ではなく、意見は分かれている。　（加賀爪優）

*加賀爪優「経済グローバリゼーションと農業―東アジア経済圏連携の可能性」『農業経済研究』第79巻第2号：46〜48頁、岩波書店、2007年9月

*加賀爪優「食料貿易自由化の功罪とFTAの意義」野田公夫編『生物資源問題と世界』第2章所収（37〜66頁）、京都大学学術出版会、2007年

第5節 ▶貿易自由化と日本農業 2

WTO体制と日本農業

キーワード　◎認定農業者／◎AMS／◎直接支払制度／◎ドーハ・ラウンド
◎関税割当／◎タリフィケーション／◎市場歪曲効果／◎集落協定

● WTO体制と貿易交渉

　WTO体制は、その前身であるGATTを発展させて、1995年にジュネーブに設立され、国際貿易に関するルールを取り扱う唯一の国際機関である。2010年7月現在で153か国・地域が加盟しており、(a)世界共通の貿易ルールづくりのための貿易交渉と (b) 貿易に関する紛争の解決を主たる業務としている。これまでのGATT交渉では、以下の4つが主要なものである（表1）。①ケネディ・ラウンド（1964～67年）は、主としてEECの成立への対処をめぐって、鉱工業品関税の一括引き下げが中心に議論された。②東京ラウンド（1973～79年）では、アメリカの国際収支悪化、競争力低下に端を発する保護主義に対する圧力への対処を中心に交渉された。③ウルグアイ・ラウンド（1986～94年）は、アメリカとEUによる過剰農産物のダンピング輸出がもたらす国際価格の暴落に対して、公正な市場活動で輸出しているケアンズ・グループが国際的に呼びかけて実現した交渉で、とくに自由化が遅れていた農業、サービス、知的財産権を中心に議論された。④ドーハ・ラウンド（2001年～）では、GATTウルグアイ・ラウンドでの合意内容を受けて、(i) 市場アクセス、(ii) 国内支持、(iii) 輸出競争という3つの分野に関して農業交渉がおこなわれた（表2）。市場アクセスに関しては、関税削減により貿易機会を拡大することが原則である。関税削減の方法は、「一般品目」の場合、現在の関税率の高さに応じて階層を設け、高関税の階層の品目ほど大きく削減する階層方式とした。これに対して、「重要品目」の場合は、低関税で輸入する数量（関税割当）を拡大して貿易機会を増やすことを条件に、「一般品目」より緩やかな関税削減率とする特例措置が認められた。しかし、この品目数は限られたため、現在、「重要品目の数」および「関税割当の拡大幅」について交渉された。国内支持に関しては、市場歪曲的な効果の程度に応じて、現行の農業政策を3種類に分類し、①即時廃止を要求するイエロー・ボックス（黄色の政策群）〈価格支持など〉、②一定の追加的措置を伴ってのみ経過的に認められるブルー・ボックス（青の政策群）〈特殊な不足払い政策など〉、③そのまま継続採用して良いグリーン・ボックス（緑の政策群）に分類し、前者2者については、その国内支持の合計をAMS（助成合計額）として計測し、その額を削減することとし、品目別AMSと青の政策に対して上限を設定することが議論された。これらの国内支持を市場歪曲効果の少ない

表1　GATT／WTO体制の経緯

| 第1回（1948年、ジュネーヴ）　GATT成立 |
| 第2回（1949年、アヌシー） |
| 第3回（1951年、トーキー） |
| 第4回（1956年、ジュネーヴ） |
| 第5回ディロン・ラウンド（1960年-1961年） |
| 第6回ケネディ・ラウンド（1964年-1967年） |
| 第7回東京ラウンド（1973年-1979年） |
| 第8回ウルグアイ・ラウンド（1986年-1955年）　WTO成立 |
| 第9回ドーハ開発ラウンド（2001年-）〈自由化＋環境問題〉〈途上国の参加〉 |

出所：筆者作成

＊**関税割当制度**　GATTウルグアイ・ラウンドにおいて、輸入数量制限などの貿易歪曲的保護政策を同程度の保護効果を持つ関税に置き換え、その関税率を徐々に引き下げていくことが要請された。その具体的な制度が関税割当制度であり、一定の輸入数量までは低い関税率で輸入し、この輸入枠を上回る数量については高い二次税率を課す制度である。

表2 WTO農業交渉の3つの分野

分野	交渉の目的
市場アクセス	関税削減や関税割当（低関税輸入枠）の拡大などにより、農産物等の貿易機会を実質的に改善。
国内支持	価格支持政策や生産刺激的補助金など、貿易に歪曲的な影響を及ぼす国内農業施策を実質的に削減。
輸出競争	輸出補助金など、輸出の競争力に歪曲的な影響を及ぼす補助金の撤廃。

出所：農林水産省大臣官房国際部「WTO農業交渉の現実」2010年8月

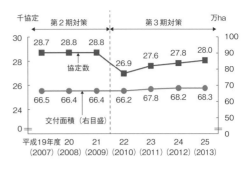

注：平成25（2013）年度は平成26（2014）年1月現在の概数値。
出所：平成25年度「食料・農業・農村白書」

図1 中山間地域直接支払いの実施状況

直接支払制度に転換することとなった。しかし、GATTがWTOに格上げされた際に、途上国がメンバーに加入したことに加えて、交渉の議題が貿易自由化だけでなく、地球環境保全をも包含することになったことから、ウルグアイ・ラウンド以後のニューラウンドについて議論したシアトル交渉（1999年）は決裂した。それ以降、WTO交渉は進展しておらず、代わってFTAやEPA等のリージョナルな交渉が主流になっている。

●価格政策から直接支払制度へ

伝統的に価格支持政策に大きく依拠してきた日本の農政は、基本法農政から総合農政、さらに新政策を経て徐々に価格政策から構造政策へと重点を移してきたが、このWTO体制の下で、価格支持政策や各種の生産政策が方向転換を余儀なくされ、直接支払制度へと転換された。その典型的なものが、2000年から導入された中山間地域等直接支払制度である。これはEUの直接支払制度を日本版に修正したものである。EUでは一定の農法条件を満たした個々の農民に対して支払われるのに対して、日本版直接支払制度では一定の条件を満たす集落協定を結んだ集落に対して支払われる点が大きく異なっている。この制度は2005年から第2期対策に更新され、2010年より第3期対策が、2015年より第4期対策が展開されている（図1）。

この中山間地域等直接支払制度は、傾斜地などの条件不利地域の弱い立場の農村に対して生産条件に恵まれた平場の農民との生産費の格差を補助することを主目標においている。同時に実施されている「農地・水保全管理支払い」や「環境保全型農業直接支援対策」と並んで環境対策と絡めた直接支払い政策である。これは、WTOの目的がGATT時代の貿易自由化に加えて地球環境問題をも包含したことに呼応したものである。これに対して、新しい直接支払制度である品目横断的経営安定対策が2006年に導入された。これは、前者とは全く異なる発想の下に導入された直接支払制度である。この制度の対象は、担い手農家であり、その目標は、外国との生産条件格差を是正するための対策（格差是正対策）と収入変動の影響を緩和するための対策（変動緩和対策）によって、国際競争力を持つ農業の担い手を育成しようとすることである。前者の直接支払制度が条件不利地域の生産性の低い農家を対象としているのに対して、後者の直接支払い制度は認定農業者や一定規模以上の集落営農など競争力のある担い手農家を対象としている点で異なっており、その意味では、2つの直接支払制度の趣旨は一貫性を欠いているといえるが、補完的なものとして機能している。

（加賀爪優）

*加賀爪優「停滞するWTOと錯綜するFTAの下での農産物貿易問題」『農業と経済』第69巻第11号：48〜63頁、昭和堂、2003年10月
*加賀爪優「経済グローバリゼーションと農業―東アジア経済圏連携の可能性」『農業経済研究』第79巻第2号：46-48頁、岩波書店、2007年9月
*小田切徳美「日本農政と中山間地域等直接支払制度」『生活協同組合研究』、生協総合研究所、2010年4月

第5節 ▶ 貿易自由化と日本農業 3

FTA と日本農業

 キーワード　◎貿易転換効果／◎原産地規則／◎最恵国待遇／◎貿易利益／◎ TPP ◎FTAAP（アジア太平洋自由貿易圏）／◎RCEP（東アジア地域包括的経済連携）

● FTA の功罪と原産地規則

現在、グローバルな貿易交渉が足踏み状態にあるなかで、地域間の自由貿易協定が急増しつつある。FTA は、非協定国に対して協定国を差別的に関税撤廃により優遇するわけであるから、多角、無差別、互恵をモットーとする WTO の精神や最恵国待遇の規定と整合しない。しかし、この関税撤廃地域の世界全体への拡大の可能性を期待して、WTO もその第 14 条（FTA 例外的容認規定）において、一定の条件を満たす場合には FTA を容認している。しかし、現実には、ほとんどの FTA において、この例外的容認規定を厳密には満たしていない。

わが国は初めての FTA である日本・シンガポール経済連携協定を 2002 年 1 月に締結し、その後メキシコ、チリ、スイス、豪州、モンゴルなど 15 の国・地域とも結び、現在、さらに 10 以上の国・地域と交渉中である（表1）。この際、問題になるのが、「原産地規則」である。これは、協定締結国がその成果を締結国間にとどめ、非協定国からの「ただ乗り」を阻止するための規則である。たとえば、日本・シンガポール経済連携協定の場合に、ある製品の輸入に関して、仮に日本は 10％の関税をかけ、シンガポールは 5％の関税をかけていたとする。この時、アメリカが自国製品をいったんシンガポールに輸出して、それをシンガポール産として日本に関税ゼロで輸出することが起こりうる。この場合、アメリカはその製品を日本に直接輸出する場合には 10％の関税が課されるにもかかわらず、実質的にはシンガポールでの関税 5％の負担のみで日本に輸出することができる。したがって、日本・シンガポール経済連携協定の成果を協定国間に留めておくことができず、その恩恵が非協定国に利用されてしまう。

自由貿易協定と関税同盟の違いは、後者は非協定国に対して共通関税を課すが、FTA の場合には非協定国に対して共通関税を設定しないことである。それ故、関税同盟の場合には、非協定国との貿易における個々

表1　日本の FTA ／ EPA 交渉状況

締結・署名済の国・地域（15 の国・地域）	シンガポール、メキシコ、マレーシア、チリ、タイ、インドネシア、ブルネイ、ASEAN、フィリピン、スイス、ベトナム、インド、ペルー、豪州、モンゴル			
	相手国等	協議等の状況	相手国等	協議等の状況
交渉中	カナダ	・平成 24 年 11 月から交渉を 7 回実施	交渉中 AJCEP	・物品貿易等については平成 20 年 4 月に署名。同年 12 月から発効 ・現在、サービス章及び投資章について、交渉中
	コロンビア	・平成 24 年 12 月から交渉を 10 回実施		
	日中韓 FTA	・平成 25 年 3 月から交渉を 6 回実施		
	EU	・平成 25 年 4 月から交渉を 9 回実施	交渉延期・中断中 GCC	・平成 18 年 9 月から交渉を 2 回実施
	RCEP	・平成 25 年 5 月から交渉を 7 回実施		
	トルコ	・平成 26 年 12 月から交渉を 1 回実施	韓国	・平成 16 年 11 月に交渉中断 ・平成 20 年 6 月以降、実務レベルの協議を継続。直近は平成 23 年 5 月に開催
	TPP	・平成 25 年 7 月第 18 回交渉会合から参加		

資料：農林水産省作成（平成 27（2015）年 3 月末現在）
出所：平成 26 年度「食料・農業・農村白書」

 用語解説　＊**貿易転換効果**　グローバルな自由貿易の場合には、世界中で最も安い国から輸入することになるが、FTA の場合には、FTA 締結国グループの中での最も安い輸入国から輸入することになる。それ故、前者が後者に含まれない場合には、グローバルに見て最も安い国からそれより高い国へと輸入相手国が転換されることになり、貿易利益が減少する効果。

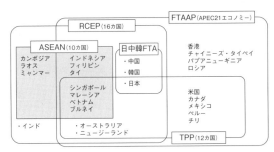

図1　アジア太平洋地域における広域経済連携

出所：東海農政局 小平均「貿易の自由化と日本農業
——TPPを中心として」、愛知学院大学講義資料、平成27年

の協定国の関税格差を利用した第三国による協定締結成果の横取りは生じない。しかし、どちらの場合にも、貿易創出効果（協定国間での貿易拡大効果）と貿易転換効果（協定地域外の低コスト国との貿易から協定地域内の高コスト国との貿易に転換される効果）が生じ、その大小関係に応じて貿易利益が変わってくる。とくに、価格弾力性が小さい農産物の場合には、貿易転換効果が貿易創出効果を上回る可能性が高く、FTA締結国自身にとっての便益はマイナスとなる可能性がある。

さらに、最終製品の原材料用に需要される農産物が仮に関税撤廃の対象外にされたとしても、その最終製品が自由化された場合、その原料農産物に対する国内の派生需要が減少するという問題がある。日本とシンガポールの間で締結された経済連携協定に関して、両国間での貿易額に占める農産物のシェアは極めて低く農産物は直接には関税撤廃の影響をほとんど受けない。しかしこの場合でも、シンガポール経由で無関税で輸入される加工製品の原料となる農産物は、当該加工製品を製造する国内産業からの派生需要が減少することを通じて大きな打撃を受けている。

● FTAと日本農業の対応

日本は厳しい外圧のなかで農業保護を緩め自由化に応じてきたが、WTOのグローバルな自由化を重視しFTAによる自由化には出遅れてきた。しかし、EU、NAFTAなどの地域貿易協定に加え、韓国がアメリカ、EUや豪州ともFTAを締結するなかで、日本の輸出産業がこうした地域貿易協定の市場から締め出されつつある。それゆえ、日本も徐々にWTOからFTAやEPAへと軸足

を移しており、農業の競争力を向上して輸出産業化する戦略を推進しつつある。その過程で最も難航したのが、高関税農産物（1割以下）が主要貿易品目となる日豪FTAである。

FTAやEPAの中で最もラディカルなものが、TPP（環太平洋経済連携協定）である。TPPは原則的には例外を設けずに即時自由化を迫るものであるが、日本は特に重要5品目について慎重な交渉を続け伸縮的措置での合意に達した。TPPによる経済的効果について、政府は農林水産物生産額の減少は、価格低下により約1,300～2,100億円となるが、体質強化によるコスト低減や品質向上・経営安定対策により生産量や所得は維持され、食料自給率は変化しないと見込み、また、GDPは2.59％増加して13.6兆円となり、労働供給は1.25％増加すると予測している。また、政府はTPP対応として「攻めの農林水産業への転換」のために約1兆1,900億円の関連予算を組んだ。

TPPはアメリカ主導で中国を排除したアジア太平洋地域での地域統合であるが、これに対して、中国主導でアメリカを排除したRCEP（東アジア地域包括的経済連携）が対立する構図を呈している。日本はこの両方に関与し、ASEANは全体としてはRCEPに加担する一方、TPPには工業化の進んだ一部のメンバー国のみが加入する状況で、アジア太平洋地域で微妙な国際関係を形成してきた。最近のAPECの会合において、その両陣営を包含したFTAAP（アジア太平洋自由貿易圏）を推進する形で事態を好転させる方向で議論されつつあった（図1）。しかし、アメリカのトランプ大統領はTPP離脱を宣言しているため、その将来は再び混沌としてきた。　　（加賀爪優）

＊加賀爪優「東アジア共同体構想における農業・環境問題と産業内貿易の意義」『生物資源経済研究』第14号：43～63頁、京都大学大学院農学研究科生物資源経済学専攻、2009年3月

＊加賀爪優「食料貿易自由化の功罪とFTAの意義」野田公夫編『生物資源問題と世界』第2章所収（37～66頁）、京都大学学術出版会、2007年

第6節 ▶ 主要国の農業と農業政策 1

アメリカの穀物生産と農業政策

 キーワード　◎農業大国／◎2014年農業法／◎経営所得安定対策

●アメリカの穀物生産の概況

アメリカは世界有数の農業大国であり、トウモロコシ、大豆、小麦のほか、畜産物の生産が盛んである。アメリカのトウモロコシの生産量は3億6,110万トンで、世界全体の35.8%を占め、大豆については1億690万トンで、世界全体の33.5%を占めている。トウモロコシと大豆の生産量は世界第1位、小麦の生産量は世界第4位である。

アメリカで生産された穀物の多くは輸出に向けられている。アメリカの輸出量が世界全体の輸出量に占める割合は、トウモロコシ34.4%、大豆39.8%、小麦14.4%で、トウモロコシは世界第1位、大豆と小麦は世界第2位となっている（米国農務省統計、2014/15年度）。

我が国の食料自給率は39%（カロリーベース）であり、農産物の多くを輸入に頼っている。アメリカからの輸入額（1兆6,071億円）が最大となっており、農産物輸入額全体の24.5%を占めている。また、トウモロコシの80.7%、大豆の68.9%、小麦の50.8%がアメリカからの輸入となっている（財務省貿易統計、2015年）。

●2014年農業法の経営所得安定対策

アメリカの穀物等の生産・輸出が世界的に優位にあるのは、政府による国内農業支持政策によるところが大きい。

アメリカの農業政策は、ほぼ5年ごとに制定される農業法によって規定される。現行の2014年農業法制定に当たっては、巨額の財政赤字の下、より少ない政府予算で有効な農業経営のセーフティネットを構築することが主要課題となった。アメリカでは2008～13年の間、農産物価格や農業所得は高水準で推移し、財政支出削減の好機でもあった。

2008年農業法の下で実施されていた直接固定支払（ＤＰ）は廃止された。ＤＰは、当年の作付けの有無にかかわらず、過去の作付け実績に基づき毎年約50億ドルが農家に支給されるものであり、市場価格や所得が高水準で推移する中では、存続の理解が得られなかった。2014年農業法の下での主要な経営所得安定対策の概要は以下の通りであり、前身の2008年農業法と比較して、10年間で166億ドルの歳出削減が見込まれている。

① 価格支持融資（ＭＬＰ）

穀物等を担保とした政府からの短期融資であり、市場価格が融資単価（作目ごとに設定）を下回った場合、農家は政府に穀物を引き渡し、融資の返済は免除される。1933年以降、継続して実施されている。

② 価格損失補償（ＰＬＣ）

2008年農業法における価格変動対応型支払（ＣＣＰ）の後継対策であり、作目別の不足払い型の直接支払である。市場価格が目標価格を下回った場合、その差額が補填される。肥料、農薬等の投入資材価格の上昇を反映して、目標価格は、2008年農業法下のそれと比較して大幅（1.3～1.9倍）に引き上げられた。

③ 農業リスク補償（ＡＲＣ）

2008年農業法における平均作物収入選択支払

 用語解説　＊**2014年農業法**　2008年農業法の後継法として2014年2月に成立した。農業の基本政策、具体的プログラム、財源措置等の全ての関連事項を規定する一括法（2018年9月末まで有効）である。全12章からなり、農産物プログラム（経営所得安定対策等）、環境保全、貿易、栄養プログラム、農村開発、農業保険、森林、エネルギー、試験研究などの広範な分野をカバーしている。

表　アメリカの経営所得安定対策予算の推移

単位：億ドル

	2011年度	2012年度	2013年度	2014年度	2015年度	2016年度
価格支持融資（MLP）	-3.3	0.6	-0.1	0.5	7.5	4.7
直接固定支払（DP）	47.5	38.4	48.4	47.3	-	-
価格変動対応型支払（CCP）	1.2	0.1	0	0	-	-
平均作物収入選択支払（ACRE）	4.3	0.1	0.5	2.1	3	-
価格損失補償（PLC）	-	-	-	-	0	16.5
農業リスク補償（ARC）	-	-	-	-	0	48.1
農業保険	66.9	76.8	122.1	88.2	78.5	79.4

出所：アメリカ農務省
注：決算ベース（2015、2016年度は農務省の予測）

（ACRE）の後継対策であり、作目別の収入ナラシ型の直接支払である。ARCとPLCは選択制であり、農家は作目ごとにどちらか一方を選択しなければならない。当年収入が基準収入（直近5年のうち中庸3年の平均収入）の86％を下回った場合、その差額が補填される。基準収入の10％が支払上限となっており、76％を下回る場合の損失は、既存の農業保険でカバーされることが前提となっている。

④　補完的収入保険（SCO）

既存の農業保険を補完する収入保険であり、2014年農業法において新設された。PLCを選択した場合のみ加入でき、ARCを選択した農家は加入できない。農業保険への加入が必須であり、当年収入が農業保険の基準収入の86％を下回った場合、その差額が補填される（農業保険の免責部分の一部を補填）。SCOの保険料の65％は政府によって負担される。

●経営所得安定対策の選択

これらの経営所得安定対策の対象となるのは穀物、油糧種子、豆類等の約20作目であり（SCOを除く）、そのうちトウモロコシ、大豆、小麦が約8割（面積ベース）を占めている。

対策ごとの予算額の推移は、表に示す通りである。2000年代前半には、農産物価格の低下に伴い、MLPやCCPにより多額の政府支払いが行われたが、2008年以降には農産物価格が高水準で推移したことから、これらの支払額は、それ以前に比べて格段に少なくなっている。このため、

2014年農業法が成立するまでは、DPや農業保険が経営所得安定対策の中心となっていた。

農業保険制度は、恒久法である1980年連邦農業保険法によって定められており、約130作目が対象となっている。収量の減少に対応する収量保険と、収入の減少に対応する収入保険に大別され（任意加入制）、近年では、農業保険全体の加入率は85％を超え、農業保険の約70％が収入保険となっている（面積ベース）。

2014年農業法の下で、PLCかARCかの選択は1回に限り可能であり、2014年農業法の適用期間中は変更できない。これまでの選択結果を作目別に見た場合（面積ベース）、トウモロコシと大豆ではARCを選択（それぞれ93.4％、97.0％）した農家が多い一方で、コメとピーナッツではPLCを選択（それぞれ95.1％、99.7％）した農家が多く、作目によって偏りが見られる。また、小麦については、57.5％がARC、42.5％がPLCとなっている。作目全体で見ると、トウモロコシ、大豆、小麦で選択率の高いARCが約4分の3を占め、PLCが約4分の1となっている。

2014年農業法では、新たな収入保険（SCO）を設け、また、既存の農業保険への加入を前提とするARCを設けるなど、収入保険に重きを置いた対策へと見直しが行われた。農家自身が保証水準を選択し、自ら保険金を支払う必要がある収入保険をセーフティネットの柱とすることにより、農業経営者としての主体性を重視した政策変更が行われたと言えるであろう。

（成田喜一）

＊「海外食料需給レポート　2015」農林水産省、2016年
＊「平成25年度カントリーレポート（アメリカ）」農林水産政策研究所、2014年

第6節 ▶ 主要国の農業と農業政策 2

EUの農業と農政改革

 キーワード　　◎EU（欧州連合）／◎農政改革／◎直接支払い
◎クロス・コンプライアンス／◎環境支払い

◉EU統合・拡大と共通農業政策

　EU（欧州連合）の加盟国の農業政策は、基本的にEU共通農業政策の中で作られ、その後、各国に適用されるという形をとっている。EUの農業や農業政策は、近代的、合理的、競争的な面をもつ一方で、新大陸諸国であるアメリカや豪州に比べると、農業のもつ歴史性、風土性、また多面的機能を重視するという特徴をもつ。

　EUの統合は1950年代の欧州石炭鉄鋼共同体（ECSC）、独仏伊ベネルクスの6か国による経済統合（関税の撤廃）にはじまる。70年代にEFTA3か国（イギリス、アイルランド、デンマーク）、80年代には南欧3か国（ギリシャ、スペイン、ポルトガル）、90年の東西冷戦終結を経て北欧2か国（スウェーデン、フィンランド）とオーストリアの加盟（1995年）、さらに2004年以降は旧中東欧諸国13か国が加盟し、2016年10月現在28か国、人口約5億人を抱える一大経済圏となっている。

　このようなEUの統合・拡大の歴史の中にあって、共通農業政策（Common Agricultural Policy: CAP）は1960年代に開始された。その目的は、当初の食料の安定供給から環境保全、農業や農村のもつ多面的な価値の提供に変化している。

◉農政改革の概略

　1990年代にはじまる共通農業政策改革（CAP改革）は、ガット・ウルグアイラウンド（GATT・UR）と並行して進められた。93年のUR合意を受けて、EUでは当時、農業関連支出の大半を占めていた価格支持を削減し、代わりに農家に対する直接支払い（価格補償支払い）を導入することになった。直接支払いは、本来、UR合意（のちのWTO農業協定）上の制約から「生産刺激的でない」はずであるが、実際にはそれが徹底していなかった。そのことから、2000年、さらに2005年、2015年と、直接支払いの支払額や対象を制限する改革が重ねられている。つまり、直接支払いの「デカップリング」（生産からの切り離し）と、「グリーン化」（環境要件の厳密化）の方向に向かっている。

　現在なお続く農政改革の基本が作られたのは2003年のことである。そこでは次に述べるような3つの制約をかけることにより、直接支払いの払いすぎを防ぐようにした。1つは「単一農場支払い」といって、直接支払いの面積あたり単価

出所：http://ja.wikipedia.org/wiki/欧州連合　©Ssolbergj

図1　EU加盟28か国（濃い網掛けの付いた部分）

 用語解説　**＊直接支払い（direct payments）**　農業者に対して直接、おこなわれる財政措置のこと。要件は、①財源が納税者負担、②支払額の固定、③生産刺激的でない、④市場経済歪曲的でない、⑤農業者の自由選択にもとづくことであり、とくに③、④の点でWTO農業協定上、削減対象外とされることが多い。

を作目や品目にかかわりなく同額にすることである。具体的には、1993年の農政改革時点で導入された耕種作物や家畜に対する価格補償支払いを2000～2002年の支払い単価を基準に固定化した。2つ目には、すでに2000年の農政改革（「アジェンダ2000」）で導入されていたモジュレーション、つまり一経営あたりの直接支払い受給額を制限することを義務化した。3つ目には、やはり「アジェンダ2000」によるクロス・コンプライアンスの内容をEUの中で統一することであった。

● **より環境に配慮した農業へ**

環境遵守基準の明確化、EUとしての統一は、2003年農政改革の目玉の一つであり、クロス・コンプライアンス（以下、CC）という、農業者が一定の条件を守れば補助金（直接支払い）の申請資格を得るという政策手法と結びついている。

2005年から適用されているCCは2つの部分からなる。一つは、環境、飼料および食品の安全性、動物の健康、動物福祉に関するEUの19の規則・指令であり、もう1つは、「適切な農業および環境の状態の維持」（GAEC：Good Agricultural and Environmental Condition）に関する事項である。具体的には、土壌浸食防止、土壌有機質維持、土壌構造維持、景観要素・生物生息域の保護であり、この詳細は各国が決める。

CCが直接支払いの申請要件としてEU全体で適用されることは、より環境に配慮し、積極的に環境便益をもたらす農法やそれに対する所得補償である「環境支払い」にも影響を与えている。

かつて、CCと環境支払い基準の違いは、たとえば前者が冬場の畑への家畜糞尿散布禁止など最低限の農法上のマナーであり、後者が牧草地の刈り取り時期遅延（野鳥の営巣を助けるため）など、生物多様性への積極的な貢献というように区別できていた。だが、2015年に始まる新しい農政改革（「ポスト2013年」CAP改革）によってグリーニング支払いが導入され、EUの農家が行うべき環境保全のレベルは、図2のように3段階に分か

出所：Overview of CAP Reform 2014-2020, p.6を参考に筆者作成。

図2　環境保全の3段階

れることになる。ただし、2段階目のグリーニングは小規模経営、果樹などの永年作物経営、そして有機農業経営を除き、義務である。したがって、農家の選択はグリーニング支払いまでか、それを上回る環境支払いまで受け取るようにするか、のどちらかとなる。

● **EUの農業と農政改革**

グリーニング支払いのための基本的な農業活動（要件）は、①永年草地の維持、②作物の多様化、③環境用地（ecological focus area）の設置の3つである。このうち②に関しては、永年草地以外の耕作地が10～30haの場合は最低2作目、30ha以上の場合は最低3作目の作付をおこない、主作物の面積割合は最大75％、主要2作物の面積割合は最大95％とされている。また③については、耕作地が15haを上回る場合、最低5％を生態系や景観の維持のための区域、たとえば耕地周りの空き地、休耕地、生垣、ビオトープ（生物生育環境の保全・創出）、キャッチクロップ（ダイコン、カラシナなど、春作物と春作物の間に栽培する作物）、森林等として保持しなければならない、とされている。グリーニング支払いの開始により、従来、環境支払いの対象となっていた「作物の多様化」などもグリーニング支払いの要件となり、環境支払いの水準をさらに高いものにせざるをえなくなっている。同じくグリーニング支払いの要件である「環境用地」には生垣、ビオトープ、キャッチクロップなど、すでに加盟国が独自に環境支払いの対象としているものも含まれ、それらとの仕分けが難しくなっている。

（市田知子）

＊アルリンド・クーニャ、アラン・スウィンバンク著、市田知子・和泉真理・平澤明彦訳『EU共通農業政策改革の内幕　マクシャリー改革、アジェンダ2000、フィシュラー改革』農林統計出版、2014年
＊市田知子「EUの食と農「ヨーロッパ農業モデル」は実現するのか？」『国際問題』639、2015年3月、36-45頁

第6節 ▶ 主要国の農業と農業政策 3

新興食料貿易国の農業構造と農業政策

キーワード　　◎ブラジル／◎食料輸入国／◎食料輸出国

●新興食料貿易国における農業構造

　中国・インドなど人口大国の経済成長・食の欧米化の加速化する中で、ブラジル・アルゼンチン・インド・ロシアなどは新興食料貿易国として、21世紀の食料需給に大きな影響を与える存在になっている。

　表1に示しているように、ブラジル、アルゼンチン、インド、ロシアなどが主要農産物の供給国として先進国とともに上位を占めている。一方で表2に示しているように、輸入面でも、中国は世界最大の大豆輸入国、ブラジルは世界最大の小麦輸入国、ロシアも世界第4位の豚肉輸入国である。したがって21世紀の世界の食料需給の規定には、先進国のみならず新興食料貿易国の影響が高まっている。

　国別の農産物貿易収支（図）に目を向けると、ブラジル・インドなどは農産物貿易黒字国である。とくにブラジルは世界最大の農産物貿易黒字国であり、同国の輸出品目は、砂糖、コーヒー、オレンジジュース、エタノール、タバコ、大豆関連製品、牛肉、鶏肉、トウモロコシと多岐にわたり、このことがドーハラウンドをはじめとする農産物国際交渉における同国の強気な行動につながっていると考えられる。またインドにおいても、2013年において約233億ドルの貿易黒字を生んでおり、年平均20.4％の成長率である。同国は、「緑の革命」により米・小麦の収穫量が拡大し、「白い革命」

表1　主要農産物の世界市場における輸出国ランキング

（2013年：輸出量ベース）

輸出量	米	大豆	小麦	トウモロコシ	牛肉	鶏肉	豚肉
1	インド	ブラジル	アメリカ	ブラジル	ブラジル	アメリカ	ドイツ
2	タイ	アメリカ	カナダ	アメリカ	インド	ブラジル	アメリカ
3	ベトナム	アルゼンチン	フランス	アルゼンチン	オーストラリア	オランダ	デンマーク
4	パキスタン	パラグアイ	オーストラリア	ウクライナ	アメリカ	タイ	スペイン
5	アメリカ	ウルグアイ	ロシア	フランス	ニュージーランド	ドイツ	カナダ

出所：FAO-STATのデータをもとに筆者作成。

表2　主要農産物の世界市場における輸入国ランキング

（2013年：輸入量ベース）

輸入量	米	大豆	小麦	トウモロコシ	牛肉	鶏肉	豚肉
1	中国	中国	エジプト	日本	アメリカ	日本	日本
2	ナイジェリア	ドイツ	ブラジル	韓国	ロシア	香港	ドイツ
3	イラン	メキシコ	インドネシア	メキシコ	日本	サウジアラビア	イタリア
4	ベニン	スペイン	アルジェリア	エジプト	ベトナム	メキシコ	イギリス
5	イラク	オランダ	日本	スペイン	香港	イギリス	ロシア

出所：FAO-STATのデータをもとに筆者作成。

用語解説　＊**公的分配システム**　インドにおける食管制度の名称である。同国では、政府（州）により米・小麦などの流通は一括管理され、買入価格（生産者）と売渡価格（消費者）が政府によって決定されている。同システムは、国内食料価格の安定化とともに、低所得層への安価な食料供給保障につながっている。

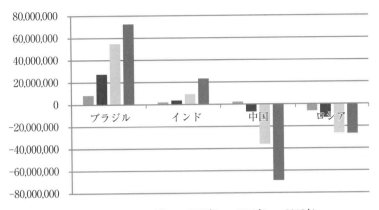

出所：FAO-STATのデータをもとに筆者作成。
図　新興食料貿易国の農産物貿易収支

により牛乳生産が拡大し、低所得層などの主要な栄養源かつ資金源となっている。

　一方ロシアや中国は、全体としては農産物貿易赤字国である。ロシアは、豚肉をはじめ家畜関連の輸入が拡大していることから貿易赤字が継続化していると考えられる。中国は、2013年において同国の農産物輸入額の32.9％が大豆（輸入品目第1位）であり、それ以外にもパーム油、大豆油、鶏肉などの輸入がさかんである。近年中国の買いあさりが新聞などで報道されているが、増加する国内需要のために生産力を拡張するとともに、農産物輸入が拡大していると考えられる。さらに綿花・羊毛・天然ゴムなど労働集約産業の原料の輸入もさかんである。

　このように新興食料貿易国は、それぞれの経済構造や国内需要により状況は異なるが、各国が需要・供給の両側面において世界において重要な存在になっていることはまちがいないであろう。

●新興食料貿易国における農業・食料政策

　新興食料貿易国の農業・食料政策の特徴を一枚岩であげることは難しい。2013～15年においてOECD諸国のPSE水準（関税による消費者負担に納税負担による農家への補助・支払いを加えた農業保護を測る指標）の平均が17.6％前後であるのに対し、ブラジルは3.1％、南アフリカは3.1％、チリは3.2％である。このように競争力の高さを輸出国として反映している国もあれば、中国のように2005～07年には9％だったのが2013～15年には20.1％まで上昇している国もある。さらに、世界市場での食料価格の高騰期に見られたように、国内価格の安定化のために輸出規制や輸出税を実施するなど、国内優先の政策を実施する傾向にある。これは新興食料貿易国では先進国に比べると、国内における所得格差や地域格差が高いため、経済・社会・政治不安解消のために国内食料価格の安定化政策が重要な位置を占めているためである（例：インドの公的分配システム）。

　このように新興食料貿易国では、農業の近代化が促進され、多国籍アグリビジネスの進出などにより国際競争力を高め、世界への主要な農業供給国になってきている一方で、高まる国内需要や国内問題（＝所得格差など）の解決と先進諸国とは異なる状況におかれており、これらの解決が今後の同諸国の経済成長・農業発展には重要な柱となっていくと考えられる。

（佐野聖香）

＊ OECD Agricultural Policies Monitoring and Evaluation 2016, OECD
＊ 柳澤悠・水島司編『激動のインド〈第4巻〉農業と農村』日本経済評論社、2014年
＊ 近田亮平編『躍動するブラジル―新しい変容と挑戦』アジア経済研究所、2013年

第7節 ▶途上国経済と農業、貧困対策 1

途上国の経済発展と農業の役割

 キーワード　◎ペティ＝クラークの法則／◎クズネッツ仮説／◎農業成長／◎緑の革命

I 国際時代の農林業

●ペティ＝クラークの法則とクズネッツ仮説

　ペティ＝クラークの経験法則によれば「経済発展にともない農業部門の相対的割合は低下する」。現代の途上国においても、発展の程度に応じて農業部門の割合が低下してきている（表1参照）。

　この経験則が成立する要因としては、食料需要が所得の増加ほどには伸びない（食料需要の所得弾力性が1より小さい）、農工間の技術進歩率が異なるため生産性格差が拡大する、資本と労働の総供給量の変化により要素配分が農業部門に不利となる（経済発展にともない、労働力に比べて資本が相対的に豊富になるため、資本をより多く利用する産業が有利になる）、などが指摘されている。

　経済発展にともない、農業部門の割合が低下するという法則が一般に観察される一方、経済発展の初期の段階では所得水準の上昇にともない所得分配が不平等化する、というクズネッツ仮説が提唱されている。これは、経済発展にともない、所得水準の高い近代的な産業部門が成長するにしたがい、そこに従事する労働者や資本家の所得が相対的に増加し、在来部門で働く人びとの所得が相対的に低下してゆくことが、主要な要因と考えられている。

　実際、アジア諸国における農業部門のGDPシェアは、農業部門の労働力シェアに比べて速く低下する傾向があり、このことが原因で農業部門の一人あたり平均所得が国民経済一人あたり平均所得を下回るものと考えられる（表2参照）。

●経済発展と農業成長の役割

　以上のように、各国の歴史的な経験を見ると、経済発展にともない農業部門の貢献度は低下してゆくように見える。しかし、少なくとも、経済発展の初期における農業部門の果たす役割は、きわめて大きい。

　先進国の歴史的経験によると、一国における農業の成長が経済全体の発展に果たす役割としては、増大する食料需要を満たすに十分な食料を国民に供給すること、近代化に必要な技術や資材を輸入するための外貨の獲得、近代部門で必要とされる労働力の供給、工業化に必要な資本の供給、などが重要であるとされている。

　日本の場合、食料供給という役割の重要性を示す例としては、農業発展が停滞した大正時代における米騒動の勃発、外貨獲得については、明治初期における、生糸、茶、水産物の輸出の貢献が、労働供給の例としては、戦前から戦後にかけての農村から都市への膨大な数の人口移動などが挙げられる。また、明治政府が農業部門には課税しながら、工業部門には課税しなかったという事実は、工業化の原資を農業部門からの徴税をとおして調達したことを示唆している。

　以上のように農業部門が近代的な産業の発展に貢献するためには、近代的産業が勃興する前後に、農業部門自体が発展していることが不可欠である。日本農業の場合には、すでに、江戸時代に、農業生産性が上昇し、米については、明治維新の時点で、今日の発展途上国並みの生産性に達して

用語解説　**＊リカードの成長の罠**　経済発展にともなう食料需要の増加に食料供給が追い付かず食料不足が生じると、近代部門の賃金上昇が恒常化したり食料輸入の増大により外貨不足が生じる。これによって近代部門の発展が停滞してしまうという理論的仮説を、最初に提唱した古典派経済学者のDavid Ricardに因み、このように呼ぶ。

表1　アジア諸国のGNIに占める農業部門の割合(2014)

国名	一人あたりGNI（ドル）	農業の割合（%）
バングラデッシュ	1,080	16
インド	1,560	17
インドネシア	3,630	13
タイ	5,780	11
韓国	26,970	2
中国	7,400	9
日本	41,900	1

出所：World Bank, World Development Indicators 2014.

表2　雇用およびGDPにしめる農業部門のシェアー
(%)

国名	雇用 女性	雇用 男性	GDP
韓国	19.2	34.3	4.3
カンボジア	74.9	72.4	39.6
インドネシア	43.1	43.3	17.2
フィリピン	24.5	45.3	15.8
タイ	65.0	63.1	9.0
バングラデッシュ	76.9	53.3	24.6
パキスタン	72.9	44.4	26.2

いたといわれているし、イギリスやフランスなどの西欧諸国の場合も、近代的産業の発展と同時期に農業部門も少なからず成長していたという事実が報告されている（以上、南亮進『日本の経済発展』[1981] IV章、東洋経済新報社、参照）。

● 歴史的事例と現代的意義

途上国の歴史的経験を見ても同様のことがいえそうである。1960年代半ば以降80年代に至るまでの間、インドの経済発展が長期的に停滞した主な要因の一つは、戦後60年代半ばまでのインドにおける農業部門の停滞であったといわれている。独立後、インド政府は、重工業部門の育成に力を入れ、農業開発への財政支出を抑制したため、農業部門における生産性の上昇が停滞した。一方で、人口は急速に増加し、食用穀物への需要が増加した。その結果、インド政府は食用穀物を海外から大量に輸入するために、近代的な重工業部門の育成に必要な手持ち外貨を使わざるを得なくなり、それによって工業部門の発展が停滞したといわれている（「リカードの成長の罠」論；原洋之介編著[2001] 第12章）。

その一方で、農業生産性を向上させることにより、その後の経済成長が可能となった事例もある。1950年代～60年代におけるインドネシアやフィリピンの食糧問題の克服は、「緑の革命」無くしては不可能であっただろう。これらの国々は、人口増加率が高いにもかかわらず、農業生産性の上昇が停滞し、その結果、インドと同様、食料不足や農村における貧困が深刻な政治経済的問題となっていた。この事態に対し、インドネシアやフィリピンの政府は、先進国や援助機関と協力し、国際稲作研究所（International Rice Research Institute: IRRI）で開発された高収量品種を農民の間に広く普及させ、米の生産性を飛躍的に向上させることによって（いわゆる、「緑の革命」）、上述の問題を回避することに成功した。

また、中国やベトナムにおける目覚ましい経済発展は、集団農業システムから個別農家による生産請負制度への制度変革による農業成長が先行しなければ、実現しなかったかもしれない。個別農家による生産請負制の実施は農家に生産意欲を与え、生産性の向上につながったであろう。それによって生まれた農業部門における余剰は、農産物の供出制度（政府が、市場価格より安い価格で農民から強制的に農産物を徴収する制度）を通じて、その後の経済成長に寄与したと考えられる。

以上のように、途上国の経験を見ても、持続的経済発展を達成するために農業成長の役割がいかに大きいかは明白である。

今日の発展途上国、なかでも、最貧国と呼ばれる国々の場合、国民総生産や雇用に占める農業部門の重要性は依然大きいし、中所得国水準まで発展した国々においても、所得分配の不平等を是正するには、農業発展が不可欠な状況にある（世界銀行[2008]）。

（福井清一）

＊原洋之介編『アジア経済論（新版）』NTT出版、2001年
＊世界銀行、田村勝省訳『世界開発報告2008：開発のための農業』一灯社、2008年

第7節 ▶途上国経済と農業、貧困対策 2

途上国における資源輸出型発展と食用穀物生産の停滞

キーワード　◎資源輸出型発展／◎オランダ病／◎食用穀物生産／◎政府の質

Ⅰ　国際時代の農林業

●資源輸出型発展の罠

　今日の途上国を取り巻く国際環境は、先進国や中所得国が経験した以前の国際環境とは大きく異なったものとなっている。自国の産業を育成するための保護貿易政策は国際的に容認されにくい一方で、資源の国際価格は高い水準で推移している。

　このため、農業部門の割合が大きな最貧国の場合、所得分配の平等性を損なわない経済発展のためには、農業部門の発展が不可欠であるのだが、現実には、資源に恵まれた発展途上国の場合、資源輸出に依存した経済成長を推進するケースが、数多く見受けられる。

　しかし、資源輸出型成長戦略は、資源部門に限られた資源が集中する結果、「オランダ病」に陥り、本来発展させるべき産業の発展が阻害される危険性を孕んでいる（高橋、福井［2008］、第7章参照）。

　産油国であるナイジェリアとインドネシアにおける経済発展の経路は、石油輸出による収入の使用方法の相違により、好対照を見せた。アフリカ最大の人口を誇るナイジェリアは、原油輸出によって獲得した資金の多くを、農業開発や農村の貧困削減のために使用されなかった。その結果、農業部門、とりわけ、食料生産部門の発展が進展せず、農村の貧困も改善されなかった。これに対して、インドネシアは、原油輸出によって得た収入を農村のインフラ整備、基礎教育の拡充のために利用し、その結果、稲作部門の生産性は飛躍的に向上し、農村の貧困問題も大幅に改善した（社会開発指標を比較した表参照）。

●サブサハラ・アフリカにおける食用穀物生産の停滞

　21世紀に入ってからのサブサハラ・アフリカ地域における経済成長は、目を見張るものがある。これは、石油・鉱物資源価格の高騰、それら資源の開発を起爆剤とした直接投資・ODAの増加に負うところが大きい（平野克己『経済大陸アフリカ』中央公論新社、第2章参照）。

表　ナイジェリアとインドネシアの経済発展

年	1965	1973	1980年代前半	1990年	1995年
一人あたりカロリー					
ナイジェリア	2185	—	2038	2192	2561
インドネシア	1792	—	2533	2338	2552
平均寿命（年）					
ナイジェリア	42	45	50	46	46
インドネシア	44	50	55	63	65
乳幼児死亡率（1000人あたり）					
ナイジェリア	212	175	131	213	208
インドネシア	158	126	109	85	67

出所：一人あたりカロリー：FAO, Food Balance Sheets（http://faostat3.fao.org/download/FB/FBS/E）
　　　平均寿命（年）、乳幼児死亡率（1000人あたり）：World Development Indicators

＊オランダ病　天然資源の輸出ブームによって、貿易財部門へ生産資源が集中し国内非貿易財価格が上昇すると実質為替レートの上昇を引き起こす。これによって、輸出産業として発展すべき非天然資源産業の利益が減少し経済全体の発展が停滞してしまう現象のことで、1960年代のオランダにおける歴史的経験から、このように呼ばれるようになった。

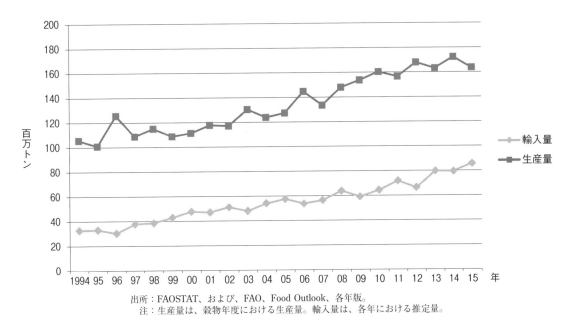

図　アフリカにおける穀物・穀類生産と輸入量の推移

　一方、アフリカにおける農業、とくに食糧穀物部門の発展は、停滞傾向から脱却しつつあるように見えるが、食用穀物の輸入は増大傾向にあり（図参照）、2008年のような穀物国際価格の高騰が、この地域の貧困層におよぼす影響が懸念されている。

　食用穀物輸入の増加は、1980年代90年代に、食用穀物の国際価格が低迷し、アフリカ諸国の政府、援助機関が、アフリカ農業の発展を軽視したこと、市場アクセスが劣悪で輸送費が高いこと、資源輸出によって獲得した外貨によって海外から安い穀物を容易に輸入できること、「緑の革命」に必要な農地基盤が存在しないことなどの制約条件により、食用穀物の土地生産性上昇率が低いまま推移し、食料供給が人口増加にともなう需要の増加を満たさなかったことに主な原因があった。

●食用穀物部門発展の可能性

　サブサハラ・アフリカ地域における食用穀物生産の拡大には、前述のような制約条件があると考えられていたが、これらの諸条件は克服できつつあるのであろうか。

　農業開発予算については、世界銀行や国連機関が、食料増産のための援助を増大させようとしているが、多くの地域で農民は近代技術の採用に消極的であるといわれており、開発援助により生産性の高い近代技術が順調に普及するか疑問なしとしない。市場アクセスについては、道路などのインフラ整備やドライバーの質の向上などは可能であろうが、税関や警察の不正、政治的不安定などは、政府の質にかかわる問題であり短期的には困難が予想される。また、資源輸出型成長から農業や労働集約的産業の発展主導型の成長への転換も容易ではあるまい。さらに、米、トウモロコシなどの食用穀物生産に適した農地基盤の形成は、時間を要する課題である（若月［2008］参照）。

　以上のように考えると、制約条件の克服は容易ではないのだが、もし、これらの諸問題を克服することができれば、サブサハラ・アフリカにおける食用穀物生産部門の成長をともなうバランスの取れた成長も不可能ではないであろう。

（福井清一）

＊高橋基樹・福井清一編著『経済開発論―研究と実践のフロンティア』勁草書房、2008年、第7章
＊若月利之「アフリカで求められる「緑の革命」」『農業と経済』2008年12月号

第7節 ▶途上国経済と農業、貧困対策 3

途上国農村の貧困削減戦略

キーワード　◎ミレニアム開発目標／◎貧困削減
　　　　　　◎マイクロ・ファイナンス／◎社会開発

●新世紀における開発援助の潮流変化

　1990年代前半頃までは、構造改革によって国全体の経済成長を促進してゆけば、いずれは貧困層にもその恩恵が及ぶという考え方にもとづいた、途上国に対する「構造調整融資」政策が開発援助の主流であった。しかし、このような戦略は、多くの途上国（とくに、サブサハラ・アフリカなどの国・地域）で成果を挙げられず、1990年代の後半頃から、貧困層を直接ターゲットにした援助戦略が台頭してきた。

　2000年9月の国連ミレニアム・サミットでは、世界の貧困を削減しようという「ミレニアム宣言」が採択され、これにもとづき、2015年頃までに極度の貧困と飢餓の撲滅、初等教育の完全普及、幼児死亡率の削減など、8項目の「ミレニアム開発目標」（表1参照）を設定し貧困の撲滅にとりくんできたが、サブサハラ・アフリカや南アジアでは、2015年の時点で、目標に達していない項目も、多く見られる。

●農村の貧困削減と農業・農村開発の限界

　一般に、途上国における貧困人口の多くは農村部で扶養され、都市部の住民に比べ、相対的に所得水準が低い傾向にある（表2参照）。その理由の一つは、農業部門における生産性が低いことであり、したがって、農業の生産性を向上させることが、農村の貧困を削減する有力な政策の一つであることはいうまでもない。

　農業の生産性を向上させるには、灌漑施設の整備、新技術の普及、新技術を採用する農民への融資などをパッケージにして実施することが有効な政策であると考えられる。

　しかし、現実には、灌漑開発が可能な地域は限られているし、途上国において灌漑施設を利用する農民の組織化は容易ではない。また、新技術の開発・普及についても、農民は収益が高くてもリスクが大きい技術より低収益低リスクの技術を選好する傾向が強い、研究開発や普及のための人的資源が不足しているなど、多くの課題がある。

　銀行などから資金を借入できない貧困農民が新規の事業（畜産、家内工業など）に必要な小規模資金を低金利で融資する制度（マイクロ・ファイナンス）が、グラミン銀行などの成功によって注目を集めているが、最貧困層に資金が供給されないという問題点は、あまり知られていない。また、近年、干ばつ・洪水、病気・怪我など予測できないショックに脆弱といわれる貧困層を対象にした作物保険や健康保険（マイクロ・インシュランス）が注目を集めているが、現在のところ、加入率、再加入率が低く、普及するには時間がかかりそうである。

●農村の貧困削減と社会開発

　農村家計の貧困は、家計員の教育水準や健康・栄養状態と密接な関係がある。そして、家計所得の水準は、児童の教育や健康・栄養状態にも大きな影響を及ぼし、次の世代における貧困の再生産という悪循環を生みだす可能性が高い。したがって、農村の貧困問題を解決してゆくには、未来を担う子どもの教育、健康・栄養水準を改善し、人

用語解説　＊**グラミン銀行**　バングラデシュのNGOで、貧困層を対象に小規模資金貸し付けをおこなう金融機関。主に女性を対象に、無担保・低金利で貸し付けをおこない、返済に関するグループ内の連帯責任制、グループ・メンバーの自主的選抜、分割払いなどを特徴とする。借り手の返済率は高く加入者も数百万人に達するなど、マイクロ・ファイナンスの成功例とされている。

表1　ミレニアム開発目標

目標
1：極度の貧困と飢餓の撲滅
2：初等教育の完全普及の達成
3：ジェンダー平等推進と女性の地位向上
4：乳幼児死亡率の削減
5：妊産婦の健康の改善
6：HIV/AIDS、マラリア、その他の疾病の蔓延の防止
7：環境の持続可能性確保
8：開発のためのグローバルなパートナーシップの推進

出所：外務省 ウェブサイト（http://www.mofa.go.jp/mofaj/oda/doukou/mdgs.htm1#goal）。

表2　農業部門の割合が高い国における農村の貧困

農業部門の割合	高	中	低
農村人口の割合（％）	68	63	26
労働力に占める農業部門の割合(％)	65	57	18
1人あたりGDP（2000年米ドル）	379	1068	3489
GDPに占める農業の割合（％）	29	13	6
貧困（1日1.08ドル未満）：			
総貧困率（％）	49	22	8
農村部貧困率（％）	51	28	13

出所：世界銀行［2008］、第1章、表1.1、1.2より筆者抜粋。

表3　ミレニアム開発目標の達成度

ミレニアム開発目標	開発途上国全体	地域		
		サハラ以南のアフリカ	南アジア	東アジア
1．1人1日あたり1.25ドル未満で生活している人々の割合（％）				
1990年	46	58	49	60
2015年	14	41	17	4
2．初等教育就業割合（％）				
1999年	82	58	79	95
2015年	91	80	95	97
3．乳幼児死亡率（生まれてから5歳未満で死亡する乳幼児の人数：1000人あたり）				
1990年	100	184	121	45
2015年	47	86	50	11
4．医療従事者の立会のもとでの出産の割合（％）				
1990年	57	43	32	94
2014年	70	52	52	100

出所：United Nations, 2015, *The Millenennium Development Goal Report 2015*; New York.

的資本の蓄積をとおして所得水準を向上させてゆくことが、中長期的には有効な戦略である。

児童の教育水準（とくに基礎教育のそれ）を改善するための施策としては、一般に、学校建設、義務教育制度の拡充、教員の養成などが考えられるが、途上国の場合には、宗教上の理由、あるいは、社会慣行による女子に対する教育差別の解消も重要な政策課題となる。

児童の健康・栄養水準を改善するためには、保健教育、学校給食、安全な飲料水の確保、母子手帳の普及などが有効であると考えられている。

● 農村の貧困削減と直接所得補償

貧困削減のための政策の中でも、貧困家計に直接、食料や所得の補助をおこなう直接所得補償政策（スリランカのフード・スタンプ制度、インドネシアの米配給制度など）は即効性がある反面、貧困層を特定化するためのコストが大きい、プログラム参加者の勤労意欲が低下するなどの問題をともなう。このような問題点を克服するために、公共事業などに参加することによってはじめて受益者資格を得ることのできる、ワークフェア・アプローチの手法が、インドやバングラデシュなどで試みられているが、民間部門の雇用をクラウディング・アウトする、所得移転効果はあまり大きくない、などの問題点が指摘されている（黒崎、山形［2003］、第8章参照）。

以上のように、さまざまな貧困削減戦略が試みられてきているが、ミレニアム開発目標は、過去10年ほどの間に、どの程度達成されたのであろうか。

表3に示される、国連開発計画（United Nations Development Plan）によると、貧困人口の割合は、かなり低下してきているし、初等教育の普及率も途上国全体で90％近くまで上昇してきており、乳幼児死亡率や妊産婦の健康の改善などの指標も改善してきているが、サハラ以南のアフリカや南アジアでは、依然、目標達成には遠い状況にあり、今後も、忍耐強く目標達成に向けた努力が必要である。

（福井清一）

＊黒崎卓・山形辰史『開発経済学―貧困削減へのアプローチ』日本評論社、2003年
＊A・V・バナジー＆E・デュフロ『貧乏人の経済学』山形浩生訳、みすず書房、2012年

第7節 ▶ 途上国経済と農業、貧困対策 4

途上国農業とフェア・トレード

キーワード ◎援助よりも貿易を／◎交易条件／◎貧困削減
◎最低価格保障／◎フェアトレード・プレミアム

Ⅰ 国際時代の農林業

● WTO体制と国際商品協定

植民地支配によって商業農業（輸出向け原料用農産物の生産）が植えつけられ、伝統的な生業農業との二重構造が生じた途上国にとって、独立後の経済開発の最大の課題は、①少数の原料用農産物に特化する（商業）経済構造（モノカルチャー）からいかに脱却するか、②原料用農産物の交易条件（とくに輸出価格）をいかに改善するか、にあった。

1964年に設立された国連貿易開発会議（UNCTAD）は、先進国に有利なGATT体制・国際経済秩序に対して、途上国が異議申し立てをおこなう機関であった。UNCTADは「援助よりも貿易を」のスローガンのもとで、②の課題のために生産国同盟や国際商品協定の締結を促し、原料用農産物の輸出価格引き上げに努めたのである。

図 FLOの「フェアトレード」ラベル

しかしながら80年代半ば以降のGATT強化とその後のWTO体制の確立により、この対抗機関であるUNCTADはわきに追いやられてしまった。WTO体制下においては、たとえ全世界が共有する緊急課題「途上国の貧困削減」につながろうとも、農産物の価格支持政策は忌み嫌われる。石油を除いて、生産国同盟・国際商品協定による価格引き上げ策は撤廃された。

● フェア・トレードの発展と定義

①の課題についてUNCTADは、輸入代替工業化（輸入工業品の国産化からはじめる工業化戦略）を促した。しかしほとんどのアフリカ諸国のように、同工業化に失敗して、植民地型の経済構造（モノカルチャー）から脱却できていない途上国の場合、相変わらず劣悪な原料用農産物の交易条件のもとで、国民経済の発展も小農民の貧困削減も大きく制約される。フェア・トレードが求められるゆえんである。

途上国の小規模生産者の貧困削減をめざして、NGOや教会の主導で多様な発展を遂げてきたフェア・トレードであるが、1989年に国際オルタナティブ・トレード連盟（現在の世界フェア・トレード機構（WFTO））が設立され、全世界で共有すべきフェア・トレードの原則・目標・定義などが整備された。

WFTOはフェア・トレードを、「対話・透明性・尊敬にもとづいて、貿易におけるより大きな公平さを追求する交易パートナーシップである。社会

用語解説

*「フェアトレード」ラベル　国際フェアトレード・ラベル機構のフェアトレード認証基準は、食品についてはバナナ、ワイン用ぶどう、ピーマンなど生鮮果物・野菜、カカオ、コーヒー、はちみつ、フルーツジュース・ドライフルーツなどの加工果物・野菜、米など穀類、スパイス・ハーブ、砂糖（さとうきび）、茶類、ナッツ、オイルシード、豆類、非食品については綿、花、スポーツボール、金、木材に備えられており、基準を満たせば、世界共通の「フェアトレード」ラベルを貼付できる。

表 「フェアトレード」コーヒーの最低価格とプレミアム

(セント／ポンド)

コーヒー豆の種類	普通豆最低価格	有機豆割増	フェアトレード・プレミアム
水洗式アラビカ	140	プラス30	プラス20(少なくとも5を生産性・品質改善に利用)
非水洗式アラビカ	135	プラス30	プラス20(少なくとも5を生産性・品質改善に利用)

的に排除された、とくに南の生産者や労働者に対して、よりよい交易条件を提供し、彼らの権利を保障することによって、持続的発展に貢献する」と定義づけている。

その「貿易におけるより大きな公平さ」「よりよい交易条件」について、WFTOは最重要原則の1つ「持続的で公平な交易関係」の中で、生産者が持続的な生計を維持できる（経済・社会・環境面についての日常的な健全さのみならず、将来の改善を可能にする）、すべての生産コスト（自然資源保全のコストを含む）と将来の投資の必要性に配慮する、と説明している。

●フェア・トレードの価格形成

さらに97年に設立された国際フェアトレード・ラベル機構（現在のFairtrade International）は、「フェアトレード」商品の国際認証制度を確立した。その認証基準を満たせば、世界共通の「フェアトレード」ラベルを商品に貼付できる。

上記の「よりよい交易条件」を具体化する、交易条件の認証基準については、小農民生産の場合、長期の安定した取引関係、代金の一部の前払い、の基準に加え、下記の2つの価格形成の基準が規定されている。

①最低価格の保障

生産者が生産を持続できる最低価格を保障する。国際価格が降下しても、生産者はそれに翻弄されず、セーフティーネット（安全網）を得られる。

②フェアトレード・プレミアムの支払

地域社会の開発（教育、医療、農業生産性・品質の改善など）のために利用される割増金（生産者組織によって民主的に管理）を支払う。生産者の社会・経済・環境条件が改善する。

●新しい品質・消費者

欧米と比較して、日本では普及が遅れている。統計はないので著者の概算だが、2009年のアメリカで全コーヒーの約3.5％がフェアトレードであるのに対し、日本ではいまだ、レギュラー・コーヒーの0.6％程度である。

生産者からの高価格での購入の結果、できる限り直接的な取引により流通コスト削減に努めても、フェア・トレード商品の小売価格は高めになってしまう。

今後の普及は、高価格であっても、生産者の持続的生産・生計に貢献できるという「新しい品質」が上乗せされているとみなし、フェア・トレード商品を積極的に購入する、共生の価値観やライフスタイルを持つ「新しい消費者」の増加にかかっている。

(辻村英之)

フェアトレード・プレミアムで建設が進む中学校
(タンザニア・キリマンジャロ山中のコーヒー産地)

＊佐藤寛（編）『フェアトレードを学ぶ人のために』世界思想社、2011年
＊辻村英之『増補版 おいしいコーヒーの経済論―「キリマンジャロ」の苦い現実』太田出版、2012年
＊辻村英之『農業を買い支える仕組み―フェア・トレードと産消提携』太田出版、2013年

第8節 ▶エネルギー・水・環境問題 1

世界のエネルギー問題と農業、食料

 キーワード　◎第2世代バイオ燃料／◎カーボン・ニュートラル／◎枯渇性資源
◎再生可能資源／◎循環型社会

●世界のエネルギー事情

世界のエネルギー消費量は経済発展と共に急激に増加し続けており、エネルギー白書によると、1965年の38億toe（原油換算トン）から2008年の113億toeへと年平均20％で増加し（図1）、その後も2015年の140億toeへと増加し続けている。

さらに、世界のエネルギー消費の増加は一律ではなく地域的に大きな差があり、先進地域での伸び率は低く、開発途上地域での増加率は高くなっている。先進地域では、経済成長率、人口増加率共に低く、産業構造の変化やエネルギーの使用効率の改善などにより、エネルギー節約の傾向を強めているのに対して、開発途上地域では、人口増加率、経済成長率共に高く、とくにアジア太平洋地域や新興国の発展が世界のエネルギー消費量の顕著な増加要因となっている。

●食料問題とバイオ燃料

枯渇性の化石燃料に代わる再生性資源として、バイオ燃料が注目されてきた。しかし、アメリカや中国のトウモロコシや麦類、ブラジルの砂糖黍などが大量に燃料生産に振り向けられたため、穀物価格の高騰を招き食料危機を引き起こすことが懸念されてきた。とはいえ、現実の穀物価格高騰のどれだけの部分がバイオ燃料生産のせいなのかは必ずしも定かではない。行き先を見失った多額の投機資金が穀物市場に向かっており、さらに、異常気象による穀物不作の影響を緩和するため主要輸出国が輸出規制してきたことも食料の国際価格高騰に繋がったといわれている。

図2に示すように、2003年頃から原油価格が急騰し、若干遅れて2006年以降トウモロコシや小麦などの穀物価格が急騰した。原油価格自体は2008年をピークに下落に転じたが、それと機を同じく

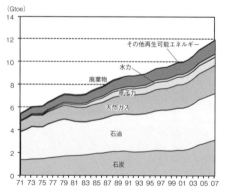

出所：経済産業省資源エネルギー庁「エネルギーに関する年次報告（2010年版エネルギー白書）」、2010年6月

図1　世界の一次エネルギー供給の推移

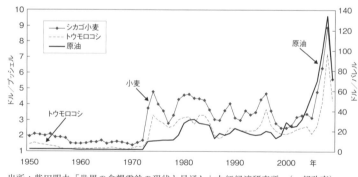

出所：柴田明夫「世界の食糧需給の現状と見通し」丸紅経済研究所、（一部改変）

図2　原油および穀物価格の推移

 用語解説　＊**バイオ燃料**　枯渇性の化石燃料に代替するため、再生可能な植物から生産される燃料。バイオ燃料には、バイオ・エタノールとバイオ・ディーゼル燃料があり、前者はトウモロコシ、小麦などを原料とし、ワインと同様に発酵過程を経て製造される。後者は発酵過程を伴わず、菜種、ヒマワリ、オリーブ、落花生、大豆などの油糧種子を原料とする。

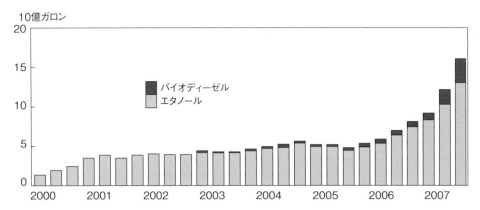

図3　世界の食料起源バイオ・エネルギー生産

出所：International Energy Agency; F.O. Licht.

して穀物価格が下落した。価格上昇局面における両者の相似的動きからは原油価格の高騰を抑制するために、穀物が食料仕向けからバイオ燃料生産仕向けへと転換されたことが食料価格騰貴の引き金であったかに見える。しかし、2008年以降の下降局面において、両者がラグを伴わず同時に下落したことは、両者の因果関係を疑問視させる。というのは、原油価格が下落し始めた後、穀物生産がバイオ燃料用仕向けから食用仕向けに再調整され、それが穀物市場価格に明示的に反映されるには少なくとも若干の時間を要するはずだからである。

●持続可能な循環型社会への模索

図3に示すように、バイオ・エタノールやバイオ・ディーゼルの生産は徐々に増加してきている。バイオ燃料が注目されたのには2つの理由がある。一つは枯渇性化石燃料への依存を低め持続可能な開発による循環型社会へ移行することへの期待である。今一つは、地球温暖化の抑制に寄与する可能性である。この中、持続可能性については、ブラジルやアメリカ、中国において、多くの農民が収益性の高くなったバイオ燃料用の原料作物生産に切り替えたため、他の作物の生産が縮小し、バイオ燃料原料以外の食料作物まで価格上昇傾向を呈したことや森林を伐採してまでバイオ燃料原料作物の栽培面積を拡大する事態が生じたことを考慮すると、バイオ燃料は必ずしも持続可能性を保証するものでもない。

他方、地球温暖化の抑制についても、バイオ燃料は一般の燃料の約2倍の亜酸化窒素を放出し、この物質は大気中濃度の一単位あたりでは二酸化炭素の約310倍も地球温暖化に繋がるという。また、アメリカのバイオ・エタノール生産の最大手であるADM社は、その製造工程の原料燃焼過程で大量の石炭を使い、膨大な温室効果ガスを放出している。さらに、バイオ燃料はカーボン・ニュートラルといわれるが、バイオ・エタノール工場の建設、稼働、輸送に伴うエネルギーを考慮すれば、必ずしもそうとはいえない。

このように、バイオ燃料に対する当初の期待は揺らぎつつある。しかし、食料問題との関係でいえば、バイオ燃料が必ずしも主要な引き金とはいえない。国際食料需給の長期予測の多くに共通しているのは、「先進国では過剰、途上国では不足で推移し、先進国の過剰は途上国の不足を補って余りある」という点である。にも関わらず、食料危機が叫ばれるのは貿易市場が自由化されておらず、種々の農産物輸入制限が存在しているからである。

本来、バイオ燃料自体は、食料問題とは切り離して推進すべきである。わが国を始めとしていくつかの国では、稲わら、廃材などセルロース系の非食料植物原料から第2世代のバイオ燃料生産にとりくんでいる。こうした新しい農林業振興にこそ、再生資源による持続可能な循環型社会への展望がある。

（加賀爪優）

＊加賀爪優『食料問題とバイオ燃料』京都新聞「私論・公論」2008年9月26日
＊加賀爪優「穀物由来のバイオ燃料生産への動きと地域農業への意義」『地域農業と農協』第37巻第1号：2〜3頁、農業開発研修センター、2007年6月
＊柴田明夫「世界の食糧需給の現状と見通し」丸紅経済研究所

第8節 ▶エネルギー・水・環境問題 2

世界の水資源と日本農業

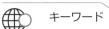 キーワード　◎バーチャル・ウォーター（仮想水）／◎ウォーター・フットプリント
◎水の生産性／◎灌漑

●不足する世界の水資源

地球上には13.9億km³の水が存在しているが、日常的な利用に向く河川や湖の水は世界のわずか0.008％を占めるに過ぎない。しかも、水は地域的、季節的に大きく偏在する。そこで、人間は水をうまく使うために、地域の条件に合った多彩な方法を編み出してきた。河川や溜池以外にも、ウォーター・ハーベスティング、洪水灌漑、乾燥地のカナート（日本ではマンボや暗溝が類似）などが知られている。

しかし、20世紀後半からは大量の水需要が常態化し、用途間、地域間の競合が目立ち始めた。とくに国際河川ではその傾向が強く、チグリス川、ユーフラティス川、ヨルダン川、ナイル川、インダス川、コロラド川、メコン川などの紛争がよく知られている。またアラル海やチャド湖は大規模灌漑が原因で、消滅に近い状態にある。中国では、1990年代に「黄河断流」が発生し、その日数も距離も拡大基調にある。

地下水の過剰利用も進んでいる。世界でも有数規模のオガララ滞水層（カリフォルニア）は、貯水量が年間120億m³ずつ減少しているし、中国の華北平原では毎年1～1.6メートル、インドのハリヤナ州とパンジャブ州では0.5～0.7メートルずつ地下水位が低下している。そのほか、北アフリカやサウジアラビア、パキスタン、スペインなどでも地下水の大量取水がおこなわれており、枯渇が懸念されている。

●食糧問題と灌漑の重要性

国際連合人口部は、2040年代に世界人口が90億人を超えると予測している（中位推計）。しかも、増加人口の大半が途上国に集中しているので、食糧問題は今後いっそう深刻化すると予測される。FAOによると、1990～92年に10億人を超えていた世界の栄養不足人口はだんだんと減少し、2014～16年には初めて8億人を割り込んだが、それでもなお世界人口の10％以上が栄養不良状態にある。

食料の主要な供給源である草地と海の食糧供給能力はほぼ上限に近付いている。農業面積の拡大余地も少ないので、灌漑による穀物の土地生産性向上に期待が寄せられている。確かに、1990年ごろまでは灌漑面積比率の増大と食糧生産指数の伸びとがよく対応していた（図）。いわゆる「緑の革命」の影響である。しかし、80年代以降は灌漑面積の伸び率が鈍化・横ばい状態となっている。ひとつの理由は、開発適地の減少に加えて、環境問題や人権侵害などにより、ダムの建設が困難になったことにある。もうひとつの理由は、地下水の水位低下や枯渇の危機が広く認識されてきたということである。そのことは食糧生産の持続性を損なうだけでなく、深井戸を掘る資力がない小農の没落や塩類集積による農地の放棄といった、新しい問題も引き起こしている。

●食糧輸入と水問題

日本の食糧が、海外の水に頼っていることを示す指標としてバーチャル・ウォーターという概念がある。バーチャル・ウォーターとは、食糧輸入国において該当する食糧を生産するときに必要な水の量のことであり、食料を輸入することでどれだけ水を節約できたかを示す。生産国で使われた水の量はウォーター・フットプリントと呼ばれる。一般に水の

用語解説

＊**灌漑効率**　灌漑システムに投入された用水量がどれだけ灌漑の用途に役立ったか、つまり投入水量に対する圃場からの蒸発散量の割合のこと。最近、水の生産性という用語も、単位水使用量あたりの食料生産量または粗生産額という意味で使われるようになったが、まだ明確に定義されているわけではない。

輸入という時には、このウォーター・フットプリントのことを意味していることが多い。日本は食糧輸入にともなって、年間640億m³の水を輸入しているという計測は後者のことであるが、しばしばバーチャル・ウォーターの例としても引用されている。それは、国内の灌漑用水量である年間570億m³を大きく上回っている。

バーチャル・ウォーターは、イギリスのA.アランが提示した概念である。そのポイントは、水資源がひっ迫していてそのシャドー・プライスが大きいこと、食糧の輸入によって、灌漑水が節約できること、節約した水に対する需要が存在すること、の3点に集約できる。だから、水需給がひっ迫していないところでは、食糧輸入によって水を節約しても、需要がないのでそのまま捨てられてしまいかねない。こうした場合には、バーチャル・ウォーターの計算は意味をなさない。世界的な水資源へのインパクトという点からは、むしろ輸出国におけるウォーター・フットプリントの方がより重要である。取水にともなう外部不経済が十分に費用化されていないと、水の過剰利用を引き起こし、ひいては輸出国自身の生産の持続性を損なうことになりかねないからである。

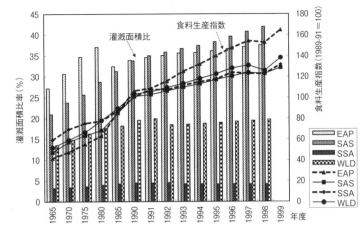

出所：World Bank, 2001
注：EAP：東アジア・太平洋　SAS：南アジア　SSA：サブサハラ・アフリカ
　　WLD：世界全体
図　灌漑と食料生産との関係

村人による末端農業水利施設の維持管理「むら仕事」
撮影：池上甲一
注：大中の湖干拓地（滋賀県）

●日本農業における水利用の特徴

稲作は水を無駄使いしているという批判がある。たとえば、米と小麦をそれぞれ1トン生産するのに必要な水の量を比較すると、米は小麦よりも多くの水を消費するので、水の生産性が低いというような主張である。しかし日本の水田灌漑は、同じ水を何遍も利用して使い尽くすという使い回しの論理に基づいている。水の使い回しは、流域全体における水利用の効率性を飛躍的に高めている。もうひとつの重要な特徴は、同じ水をいろいろな目的に使うという多面的な利用である。日本の農業用水は、農作物や農機具の洗浄から始まってスイカを冷やしたり雪を溶かしたりするためにも使われてきた。さらに子どもたちの遊び場でもあり、また生物の生息環境を提供してもいた。

こうした2つの仕組みによって、日本の稲作では効率の極限とまでいえるほどの水利用体系が形成されてきた。この体系が維持できたのは、村人たちが末端の農業水利施設を「村仕事」によってきちんと維持してきたからである（写真）。世界的に水不足が深刻な問題となっている現在、こうした農業水利の日本的特質はきわめて重要な意味を持っている。

（池上甲一）

*山崎農業研究所編『21世紀水危機—農からの発想』農山漁村文化協会、2003年
*柴田明夫『水戦争—水資源争奪の最終戦争が始まった』角川SSC新書、2007年

第8節 ▶ エネルギー・水・環境問題 3

世界の環境問題と農林業

キーワード
◎ IPCC（気候変動に関する政府間パネル）
◎森林吸収源対策／◎バイオ燃料

I 国際時代の農林業

●環境問題と農林業の関係

　環境問題と農林業には密接な関係が存在する。たとえば、熱帯地域で農地を開拓するために森林が失われる場合、そして農薬や化学肥料が下流の水質を汚染する場合など、農林業が環境問題を引き起こす原因となることがある。あるいは、地球温暖化が生じると気候変動により農業生産が影響を受けることが予測されているが、この場合は温暖化という環境問題が新たな農林業問題を引き起こす原因となりうる。このように環境問題と農林業の間には複雑な関係が存在するが、近年は地球温暖化や生物多様性喪失などの地球環境問題に対する社会の関心が高まったことから、地球環境問題と農林業の関係も世界的に注目を集めている。

●地球温暖化と農林業

　地球温暖化問題は農林業に大きな影響を及ぼしている。地球温暖化が生じると、気温や降水量の変化により食糧生産に影響が生じると予測されている。地球温暖化を学術的な観点から評価することを目的として設立された組織である IPCC（気候変動に関する政府間パネル）の第5次報告書によると、寒冷地域では温暖化によって農作物の生産性が上昇するところもあるものの、熱帯の乾燥地域では2℃程度の上昇でも農作物の生産性が低下し、全体としては収量が増加する地域よりも減少する地域の方が多く、深刻な食糧不足が起きる危険性があると指摘されている。

　温暖化を防ぐには CO_2 などの温室効果ガスの削減が必要である。2015年に開催された国連気候変動枠組条約第21回締約国会議（COP21）で採択された「パリ協定」では、発展途上国を含む全ての国が温室効果ガスの削減に取り組むことで世界全体の平均気温上昇を産業革命前に比べ2度より十分低く保つことが目標として定められた。

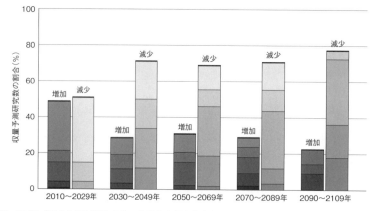

資料：IPCC「第5次評価報告書第2作業部会報告書」（2014年3月）。
図1　地球温暖化による食料生産への影響

用語解説

＊森林吸収源対策　森林は大気中の CO_2 を吸収して光合成し、炭素を樹木に固定化することで生長している。そこで、植林や間伐などの森林管理により森林の生長を促進することで森林の CO_2 吸収量を増やして温暖化対策を実現することができる。たとえば、自家用乗用車から1年間に排出される CO_2 は、160本のスギ人工林によって吸収できる。

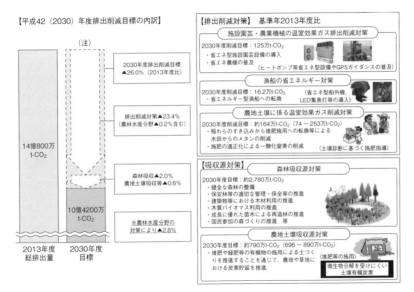

図2　農林水産分野における温室効果ガス排出削減・吸収効果

日本は2030年度における温室効果ガスの排出量を2013年度に比べて26%削減することが求められている。

こうした背景から、農林業分野においても温暖化対策が求められている。農林水産業分野から排出される温室効果ガスは2013年度では約4,335万t-CO_2であり、日本全体の排出量の約2.9%を占めている。農林業の生産量が縮小傾向にあるため、農林業分野の温室効果ガスの排出量も減少傾向にあるが、2013年度比で26%削減という目標を達成するためには農林業分野でも新たな対策が必要である。

また、森林は成長段階でCO_2を吸収するため、森林を適切に整備することで温暖化対策をおこなうことが可能である。また農地土壌もCO_2を貯留するため温暖化対策として利用することができる。2030年度における日本の削減目標は2013年度比で26%削減であるが、このうち農林水産分野においては、森林吸収源として約2,780万t-CO_2(2013年度の総排出量の2.0%)、農地土壌炭素吸収源対策として約790万t-CO_2(同0.6%)の吸収量を目標としている。さらに、農林水産分野の排出削減として2013年度総排出量の0.2%の目標を掲げている。

一方、温暖化対策としてバイオマスも注目を集めている。植物を原料としたバイオ燃料は、成長時に吸収したCO_2を燃焼時に放出するだけなのでCO_2の総排出量は増えないことから温暖化対策の一つとして注目されている。2008年に原油価格が高騰したときは、バイオ燃料への関心が急速に高まったが、トウモロコシやサトウキビなどの穀物を原料とする場合、バイオ燃料の普及は穀物価格の高騰につながり、世界的に大きな影響をもたらす可能性がある。稲わらや林地残材などの未利用資源を原料とするバイオマス発電の場合は、このような穀物価格高騰の影響は生じないものの、資源収集コストが高いという問題があった。しかし、2012年から再生可能エネルギーの固定価格買取制度が始まり、間伐材などの木質系バイオマスは建設廃材などに比べて高い価格が設定されたことから、各地でバイオマス発電施設の整備が進められるなど、バイオマス利用は急速に進んでいる。

また、生物多様性保全に関しても農林業は重要な役割を持っている。2010年10月に生物多様性条約第10回締約国会議(COP10)が名古屋で開催されたことから生物多様性への関心が高まっている。生物多様性を守るためには、原生林などの自然を守るだけではなく、水田や里山などの二次的自然を守ることも重要であり、農林業においても生物多様性への考慮が重視されている。

(栗山浩一)

*渡邉紹裕編『地球温暖化と農業—地域の食料生産はどうなるのか?』昭和堂、2008年
*杉浦俊彦『温暖化が進むと「農業」「食料」はどうなるのか?—日本の農業の品質と収穫量を守る対策』技術評論社、2009年

第9節 ▶ 国際貿易と食品安全 1

世界の食品安全問題とWTO・SPS協定

Ⅰ 国際時代の農林業

 キーワード　◎SPS協定（Agreement on the Application of Sanitary and Phytosanitary Measures：衛生と植物防疫措置の適用に関する協定）／◎CAC（Codex委員会）

● 世界的な食品安全問題、人畜共通感染症の広がり

世界的に大規模な食中毒や食品汚染事故、人畜共通感染症が続発し、食品安全や動植物衛生が国際的な課題となっている。大量生産・大量流通体制をとる現代社会では、食品汚染事故が起こると急速にきわめて広い範囲に影響がおよぶ。貿易障壁の削減により、フードシステムが国を超えて繋がり、事故時には汚染物質が地球規模に広がるようになった。事故発生時の緊急事態対応が不適切であると社会的な危機にも陥る。

北米州や豪州では90年代前半に腸管出血性大腸菌O157、O11による大規模な食中毒が発生し、微生物制御のあり方を抜本的に見直すことに繋がった。日本や欧州でも病原細菌やウイルスによる食中毒は毎年多発し、多数の患者をだしている。2011年には、O104：H4に種子が汚染された有機発芽野菜により、欧州6か国で3,910人の患者、うち855人が溶血性尿毒症症候群を発症し、46人にのぼる死亡者がでた。

人畜共通感染症制御の困難さを痛感させたのがBSE（牛海綿状脳症）の発生である。86年にイギリスで発見され、94年に人間への感染可能性が公式発表され、2000年には欧州大陸へ拡大した。それまでの科学的知見の範囲を超え、制御に長期間かかり、汚染物質が地球規模に広がった。欧州や日本で

出所：厚生労働省健康局結核感染症課作成、2016年10月3日現在
参考：WHOの確認している発症者数は計856人（うち死亡452人）。

図　鳥インフルエンザ（H5N1）発生国および人での発症事例（2003年11月以降）（WHO・OIEの正式な公表に基づく）

 用語解説

* **CAC（Codex Alimentarius Committee：FAO/WHO合同食品規格委員会）**　1962年にFAO、WHOが合同で設立した政府間組織であり、174か国、1地域連合が加盟し、消費者の健康保護、公正な食品貿易・取引をめざす。一般原則、食品衛生、残留農薬、食品添加物、食品表示などの部会を設け、加盟国、NGOなどオブザーバが会合し、国際規格作成の作業をおこなっている。

は食品安全行政を抜本的に見直すきっかけとなった。

また、高病原性鳥インフルエンザが2004年頃から野鳥を介して世界に広がり、毎年多くの感染鶏が殺処分されている。卵や鶏肉を介した人への感染はみられていないが、鳥から人への感染による死者は増えている。ウイルスは東アジア・中央アジアに常在化し、ウイルス変異によるヒトへの大流行が警戒された。

化学物質についても、99年にダイオキシンに汚染された飼料や畜産物が欧州全土で回収される事件があったように、汚染が起こると広域化している。

● 各国の健康保護措置と国際的な調和

このようななかで、人びとの健康保護のために、どの国であれ食品は生産点において安全を確保することが国際的な考え方となった。また、どの国も自国の人や動植物の生命と健康を保護する措置をとる責務と対外的にそれが保障される権利をもつ。しかし、国によって異なる生産や流通の方法や、特有の疾病、生態や環境、文化や慣習、経済的状態、人びとの意識や要求によって生じる健康保護措置のレベルの違いが、ときに国際貿易上の争いの種になることがある。それを防ぐために措置の調和がめざされる。

● 食品安全、動植物衛生の国際的枠組み
　　―調和へのアプローチ

WTO（世界貿易機関）はSPS協定によって、ヒトや動植物の健康保護措置の調和のために、国際的な基準、指針、勧告がある場合にはこれにもとづいて自国の措置をとると定めている（第3条「調和の措置」）。食品はCACが、動物はOIE（国際動物保健機構）、植物はIPPC（国際植物防疫条約事務局）が定めるものが国際基準となる。義務的な拘束力はないが、貿易上の紛争が生じた場合にはSPS協定にそって裁定されるため、実質的な拘束力をもつ。

SPS協定では、措置が科学的原則にたち科学的証拠にもとづいていること、偽装された貿易障壁にならないようにすることが求められ、それを前提として、加盟国は人、動植物の生命と健康の保護措

表　ドイツを中心に発生したO157：H7による集団感染

発生国	患者数	死亡者
ドイツ	3,785	45
オーストラリア	5	―
チェコ共和国	1	―
デンマーク	26	―
フランス	13	―
ギリシア	1	―
ルクセンブルク	2	―
オランダ	11	―
ノルウェー	1	―
ポーランド	3	―
スペイン	2	―
スウェーデン	53	1
英国	7	―
スイス	5	―
カナダ	1	―
米国	6	1
合計	3,922	47

注：食品安全委員会「ドイツ等における腸管出血性大腸菌による食中毒の発生について」2011年10月19日を転載。5月10日に発生、7月26日収束。欧州疾病予防管理センター7月27日、WHO7月21日現在資料。

置をとる権利を保障される（第2条「基本的な権利及び義務」）。具体的には、国際機関が作成した方法を考慮した科学的なリスクアセスメントと、危害の発生にともなう損害や規制・監視の費用、代替的措置との相対的な費用対効果からなる経済的要因を考慮し、これらにもとづいて適切な水準を確保することを要求している（第5条）。そのための作業手順（procedural manual）として、食品安全についてはCodexから、動物衛生についてはOIEからリスクアナリシスの枠組みが提示されている。

● 重要な国際機関の役割と地域的な連携体制

このような国際的な調整のためにFAO、WHO、それらの合同専門家会議、CAC、また、OIE、IPPC、WTOさらにOECD（経済協力開発機構）が連携して活動にあたっている。そこに最新の科学的知見が集積され、それにもとづいて健康保護措置や調整の枠組みが日々刻々と提示されまた改訂されている。それを常に吸収するとともに、積極的に知見を提供し意見を反映させることが重要である。また、アジア地域全体の食品安全や動植物衛生対策の仕組みが向上するような貢献が求められる。（新山陽子）

* 藤岡典夫『食品安全をめぐるWTO通称紛争―ホルモン牛肉事件からGMO事件まで』農山漁村文化協会、2007年

* 新山陽子「科学を基礎にした食品安全行政とレギュラトリーサイエンス」『食の安全を求めて―食の安全と科学』学術会議叢書16、（財）日本学術協力財団、2010年1月

第9節 ▶ 国際貿易と食品安全 2

リスクアナリシス

キーワード ◎リスク／◎リスク評価／◎リスク管理
◎リスクコミュニケーション／◎費用効果分析／◎一日摂取許容量（ADI）

●食品安全分野へのリスク概念の導入

微生物であれ化学物質であれ、ヒトの健康に悪影響をおよぼすかどうかは程度による（摂取する量とその作用の関係に依存する）。また、農薬や食品保存料のように、一定量であれば便益をもたらすが、一定量をこえると危害が発生するものも多い（便益と危害のトレードオフ）。たとえば食物や塩は不可欠の栄養源だが、とりすぎれば健康に悪影響をおよぼす。栄養補給食品でも同じである。

このように考えたとき、危害因子や物質は「あり」「なし」ではなく、その量的度合いと健康へ与える悪影響の程度が問題になる。しかも、将来の発生可能性に備えて、予防措置をとることが必要である。そこで「リスク」という確率概念を導入し、健康に悪影響が起こる可能性の度合いを推定し、それを指標として対策の優先順位やレベルを考慮することとなった。そのための有効な枠組みがリスクアナリシス（risk analysis）である。

●リスクアナリシスの要素

Codex 委員会が SPS 協定上の国際標準としてリスクアナリシスの手順を示している。2003 年に内部作業用の、2007 年に政府向けの原則が示された（FAO/WHO 2006, CAC2007）。

リスクアナリシスは、リスク評価（risk assessment）、リスク管理（risk management）、リスクコミュニケーション（risk communication）の3つの密接に関連づけられ構造化された要素からなる（図1）。決してリスク評価が先立つのではない。重要なのはリスク管理の初期作業であり、危害因子やリスクに関する情報を収集し、食品安全上の問題を特定する。ついでリスクプロファイルを作成し、リスク評価の必要の有無と方針を決定し、必要な場合にリスク評価を諮問をする。リスク評価は4つの段階からなり、科学者によって実施される。

リスク管理措置の決定には、リスク評価の結果にもとづく代替的な措

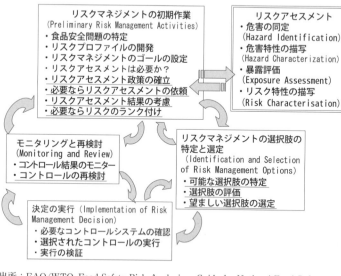

出所：FAO/WTO, Food Safety Risk Analysis: a Guide for National Food Safety Authorities, 2006 により作成
注：下線は、効果的なコミュニケーションが要求されるステップ

図1　リスクアナリシスの要素と構造

 ＊食品由来のリスク（risk）　「食品中に危害因子が存在することによって、健康への悪影響が発生する確率と重篤度の関数」と定義される。なお、危害因子（Hazard）は「健康に悪影響を引き起こす可能性をもった、食物のなかの生物的、化学的、物理的な作用を引き起こす物、および食物の状態」をさす。いずれも、FAO/WHO 2006, CAC2007 による。

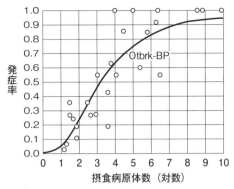

出所：FAO/WHO, Risk assessment of Salmonella in eggs and broiler chickens, MRA Series 1 & 2 より。
注：○は、各国で得られた食中毒の疫学データ。

図2　食中毒データをもとにした用量—反応曲線（FAO/WHO のサルモネラのリスクアセスメント）

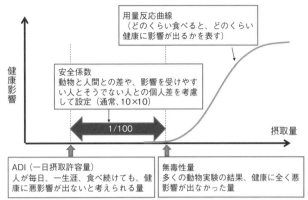

出所：食品安全委員会資料「一日摂取許容量（ADI）とは（メタミドホスの場合）」より一部転載

図3　残留農薬、添加物のＡＤＩの設定

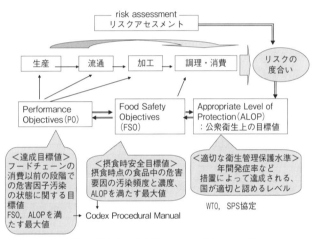

出所：春日文子「食品媒介有害微生物のリスク評価について」、Codex Procedural Manual をもとに作成

図4　微生物学的な Codex の基準設定の考え方

置の立案とその評価が必要とされる。しかし、費用効果や費用便益分析の実績はまだ極めて乏しく、研究者の寄与が求められる。措置の実行後は、それをモニタリングし是正する一連のプロセスが求められる。

このように科学的データにもとづくことが必須であるが、データの欠如やあいまいさなどの制約（不確実性）があり、それへの言及とデータ確保への努力が要求される。また措置の立案には、それが適切であれば、文化や慣習など他の合理的な要素が考慮される。

●目標値、基準設定の考え方

残留農薬や食品添加物は、健康リスクをともなわずにヒトが生涯にわたり毎日摂取することができる体重1kgあたりの量（一日摂取許容量：ADI）を導出し、それにもとづいて使用基準を設定する。ADI＝無毒性量（NOAEL）／安全係数として算定される。NOAEL は、毒性試験の結果定められる有害作用を示さない最大量であり、安全係数は種差・個人差を考慮するための係数であり10×10が用いられる。

病原性微生物の場合は、利用可能なデータがない場合もある。量的なデータが得られる場合は、フードチェーン各段階の汚染頻度、菌数データから汚染や病原体の確率を推定し、食中毒データをもとに摂取病原体数と発症率の関数を導出する（図2）。それをもとに、国が適切と認める衛生管理上の保護水準（ALOP、年間発症率などで表される）、摂食時点の食品中の危害因子の汚染頻度と濃度（FSO）、フードチェーンの消費以前の段階での危害因子汚染の状態に関する目標値（PO）が設定される（図3）。データの収集や分析方法の開発が国際的にも大きな課題となっている。

（新山陽子）

＊新山陽子編著『食品安全システムの実践理論』昭和堂、2004 年
＊ CAC 2007: *Working Principles for Risk Analysis for Food Safety for Application by Governments*, Rome, 41, 2007
＊ FAO/WHO 2006: *Food Safety Risk Analysis; a Guide for National Food Safety Authorities*, Rome, 119, 2006

第9節 ▶ 国際貿易と食品安全 3

主要国の食品安全行政

 キーワード　◎リスクアナリシス／◎リスク評価とリスク管理の機能的な分離
◎フードチェーンアプローチ／◎消費者保護

●各国で進む食品安全行政の改革

1990年代後半から2000年代にかけて、食品安全行政の改革が各国で進められてきた。そこでの原則としては、消費者保護、リスクアナリシス原則の適用、フードチェーンアプローチ、ステークホルダーの関与などが挙げられる。以下、EU・米国・日本を例に、どのように食品安全行政の仕組みが整えられているか、概要を示したい。

● EU（欧州連合）における食品安全行政

BSE問題をはじめとする食品危機を受けて食品安全システムの改革を1990年代後半から抜本的に進めてきたのがEU（欧州連合）である。食品のリスク管理機能が、欧州委員会の健康・消費者保護総局に一元化され、「食品安全白書」によって食品安全改革の原則・指針と工程表が示された。それにもとづき、食品に関する法律の一般原則と要件を定める一般食品法（規則178／2002）が制定され、リスク評価をおこなう欧州食品安全庁が設置された。なおこの一般食品法では飼料も対象となっている。食品・飼料の衛生や表示など、多くの法令が一般食品法の原則に従って再編・改正されている。食品安全に関しては、加盟国間の規

表　食品安全にかかわる米国の主要な機関

機関		権限
農務省（USDA）	食品安全検査局（FSIS）	食肉、家禽肉、卵製品の安全と表示など
	動植物衛生検査局	植物・動物の病気の進入や広がりの予防
	穀物検査、パッカー、飼育場管理局	穀物・関連製品の品質基準や検査手続きの設定、マーケティング
	農業マーケティング局	乳製品、青果物、家畜などの品質基準の設定
	農業調査局	食品安全・食料保障および国内外の規制遵守の確保に役立つ科学研究の提供
	経済研究局	USの食品供給の安全性に影響を与える経済問題の分析の提供
	農業統計局	統計データの提供（農薬使用量を含む、食品安全に関するデータ）
	食品・農業国立研究所	食品安全に関するプロジェクト研究の支援
保健福祉省	食品医薬品局（FDA）	食肉・家禽肉・卵製品以外のすべての食品の安全と表示
	疾病管理予防センター（CDC）	公衆衛生保護のため食中毒の感染・広がり・拡大を予防
商務省	海洋漁業局	水産物の安全・品質に関する自発的な有料検査の提供
環境保護庁		健康や環境へのリスクがある可能性のある化学物質の使用規制、残留農薬基準の設定、改訂、とりけしなど
財務省	アルコール、たばこ税、通商局	アルコール飲料の生産、表示、流通に関する規制と実施、許可の発行
国土安全保障省	税関・国境取締局	食品・植物・動物を含む輸入品のU.S法の遵守の検査および国境での規制実施に関してすべての連邦機関を支援
連邦取引委員会		食品の不正な広告の禁止

注：Government Accountability Office（2014），"Federal food safety oversight, Additional actions needed to improve planning and collaboration", GAO-15-180, p.5-6 より一部訳出して転載。

 用語解説　**＊フードチェーンアプローチ**　一次生産から消費に至るフードチェーンの全体を対象にし、適切な段階に介入することで食品の安全性を統合的に確保するという考え方である。「農場から食卓まで（from farm to table）」などの言葉で表されることが多い。

図1　EUにおける食品安全行政の担当機関　　　　図2　日本における食品安全行政の担当機関

制のハーモナイゼーションはおおよそ達成され、食品安全や衛生、動物衛生、動物福祉に関する「農場から食卓まで」の詳細な法律が整ったとされている（DG SANCO "Future Challenges paper 2009-2014"）。

なお図1に示した通り、法律の実施と実施の監視を担当するのは各加盟国となり、監視の原則を定めた規則がある。また、食品や飼料による人間の健康に対するリスクや、それらに対して取られた措置に関する情報を加盟国間で共有するためのネットワーク、RASFF（食品・飼料早期警告システム）が設置されている。

●米国における食品安全行政

日本やEUとは異なり、米国ではBSE問題を契機とした行政システムの抜本的な再編はおこなわれていない。リスクアナリシスは、リスク評価、管理、コミュニケーションのチームを設置して実施され、同一組織内で機能的に分離されている（FDA, "Initiation and Conduct of All 'Major' Risk Assessments within a Risk Analysis Framework", 2002）。

連邦レベルでの食品のリスク管理には、とくに農務省の食品検査局（FSIS）と保健福祉省の食品医薬品局（FDA）が重要な役割を果たしている。表に示した通り、FSISは食肉・家禽肉・卵製品、FDAはその他のすべての食品を担当し、品目によってリスク管理の担当機関が分かれている。政府説明責任局（GAO）は、数度にわたって、分断化された食品安全システムの不備を指摘しており、見直しを求めている（これらのレポートは、GAOのウェブサイトより入手可である）。

2011年1月には、70年以上の歴史において最も全面的な食品安全法改革とされる食品安全強化法（Food Safety Modernization Act）が成立した。この法律では、①予防管理の強化（食品施設への危害分析およびリスクに基づいた予防管理措置の義務付けや、青果物の生産・収穫基準などを含む）、②リスクベースの公的検査、効率的・効果的な検査アプローチ、③輸入食品の安全確保、④効果的な対応（義務的なリコールの権限やトレーサビリティなど）、⑤連邦・州・地方や海外等の関連機関とのパートナーシップの強化、の5つが重要な要素とされている（FDAのウェブサイトに基づく）。

●日本における食品安全行政

日本の食品安全行政の改革は、2001年にBSEの国内発生が確認されたことをきっかけに進み、2003年の食品安全基本法によりリスクアナリシスが導入された。リスク評価を実施する機関として食品安全委員会が設置された。リスク管理に関しては、農林水産省が農場段階、厚生労働省がそれ以降の段階を担当している。なお両省は合同で「農林水産省及び厚生労働省における食品の安全性に関するリスク管理の標準手順書」を2005年に出しており、どのような手順で、どのような点に配慮してリスク管理を進めていくかが述べられている。

2009年に発足した消費者庁は表示を担当し、省庁に対する必要な措置の勧告やリスクコミュニケーションなどもおこなっている。　　（工藤春代）

＊新山陽子編『食品安全システムの実践理論』昭和堂、2004年
＊B. vander Meulen (ed), EU Food Law Handbook, Wageningen Academic Publishers, 2014
＊N. D. Fortin, Food Regulation : Law, Science, Policy and Practice, Willey, 2009

II

日本経済と農林業

第1節 ▶ 日本経済における農業の位置 1

農業社会時代の農業

キーワード　◎農業社会／◎工業社会／◎自給的食料生産
◎領域国家／◎都市化社会

●農業社会と工業社会

　農業社会というのは、社会システムの編成原理が農業にもとづいて編成されている社会という意味である。日本はかつて農業社会であったが、現在は、工業社会、産業社会、情報社会などの、さまざまな名称でよばれている。一般的には、農業社会は、工業社会（産業社会）に対置する概念として用いられる。また、農業社会という概念自体は、採集狩猟社会、農業社会、産業社会、脱産業社会へと進む、社会の発展論的思想の系譜に属している。

　しかし、社会が工業社会に転換したからといって、農業そのものがなくなるのではない。工業社会になったとしても農業は存続するし、農家は存続していく。工業社会というのは、社会全体のシステムが農業中心のものから工業中心のものへと移動したことを意味している。しばしばまちがって理解されているのは、農業社会が工業社会に転換すると、社会すべてから農業がなくなってしまうという考え方である。われわれの社会は工業社会なのだから、もはや農業はいらないとか、農産物は外国から輸入すればいいという議論である。しかし、ある一定の領域を持った領域国家の中で、農業そのものが消えていってしまった国家はかつて存続したことがなかったし、これからも存続しないだろう。農業は、一定の領域と人口とをもつ領域国家にとっては、工業社会になった後も必要不可欠なものである。

●日本農業の2000年の歴史

　農業社会というと、第二次世界大戦以前の昭和の社会を想定するかもしれない。あるいは、さらに、明治・大正時代、江戸時代も含んで想定するかもしれない。しかし、歴史的に考えると、農業を中心とした社会は弥生時代にまでさかのぼることができる。日本においては、2000年近くの間農業社会が続いてきたことになる。

　第二次世界大戦後以降も1960年ごろまでは、日本では水田稲作と畑作とをうまく組み合わせた農業が、存続してきた。米の生産と雑穀やイモ類、野菜類の生産を組み合わせた農業である。この農業では、主食としての米やイモの生産を中心におきながらも、一方では商品作物としての工芸作物や野菜の生産をおこない、自給用作物としての雑穀類や野菜類の生産を組み合わせたものであった。つまり、自給的食料生産を基盤としながらも、一部の商品作物を販売することによって、農業が成立していたのである。農村においては、多くの人びとの生活の基盤は農業によって成り立っており、生活時間の大部分も農業に向けられていた。このような社会を、農業社会と呼ぶ。

●農業社会時代の農業の特色

　農業社会時代においては、人口の大多数が農業に従事し、農村に居住していた。また、日本社会の多くの地方では、都市と農村が分かれ、その社会的・経済的役割を分担していた。日本の農村では、農業が生活の基盤であり、とくに米づくりが

用語解説　＊**都市化社会**　都市的ライフスタイル、都市的社会関係、都市的就業構造、都市的消費構造などが、全体として都市化された社会をつくりあげ、社会全体が都市的に再編成されること。日本では、1980年代に都市社会化が進展し、現在では日本全国を覆っている。農業も都市化社会の中での意味と役割を担うことになる。

表　世界の都市人口率とその変化　　　（単位：％）

	世界	アメリカ	イギリス	フランス	日本	アジア
1950	29.1	64.2	79	55.2	34.9	16.8
1960	32.9	70	78.4	61.9	43.1	19.8
1970	36	73.6	77.1	71.1	53.2	22.7
1980	39.1	73.7	87.9	73.3	59.6	26.3
1990	43	75.3	88.7	74.1	63.1	31.9
2000	46.6	79.1	89.4	75.8	65.2	37.1

出所：World Urbanization Prospects: The 2007 Revision Population Datebase: http://esa.un.org/unup/p2k0data.asp, 2010/02/28

経済的交換の中心にあった。農業によって獲得される米や麦やその他の農作物は、税の対象となり、現金の獲得源となり、同時に生活物資となっていた。農村では、社会組織の多くが農業を中心に編成されていた。農業にとって重要なのは、土地と労働力である。さらに、水田農業の場合には、水の利用がこれに加わる。したがって、農村の社会組織も、農業における土地利用組織、労働力利用組織、水利組織が中心になって形成されていた。日本の場合、社会編成の基礎単位となっていたのは「家（イエ）」であった。したがって、農業社会では、「家」どうしが、どのように土地利用をしており、労働力利用をしており、水利用をしているかが、社会組織を分析する場合の基点になっていた。とくに、農地改革までは、土地利用において、地主、自作農、小作農の関係が、社会関係の基本に位置していたことになる。

農業社会においては、価値観や自然観も、農業と密接に結びついていた。たとえば、一年の農作業は年中行事と強く結びついており、田の神を水田に招き寄せるところから始まり、鳥追い、田植え祭り、虫送りを経て、秋祭り（収穫祭）をおこなうまで続いた。農業社会においては、祈願されるのは豊年万作であり、かならずしも収入の増加ではなかった。

● 都市化社会への転換

ところが、日本は、1960年を境に工業社会へと舵をとる。実際に工業社会へと変わったのは1970年代後半から1980年代にかけてである。日本社会における、農業社会から工業社会への転換は、「都市社会化」現象を伴っていた。すべての農村人口が都市へと流入したわけではない。しかし、一番大きな流れとしては、農村部から都市へ、若い労働力が大量に移動していったことにある。直接的に、工場や商店の労働力として農村から都市へ流入した人びともいたが、間接的に、大学や専門学校などへの進学を通じて、都市に居住し、そのまま第二次産業や第三次産業の労働力として定着した人びとも少なくない。

一方、農村部では、1960年代には、農業に従事しながら農閑期には都市へ出稼ぎに出かける、出稼ぎ労働の人びとが多かった。1970年代には、農村から通勤できる地方都市圏にも産業が発展し、通勤労働の機会が増えていく。政府も公共事業を通じて多くの就業機会を作り出し、農村に在住しながら都市部に通勤する人びとや、農村およびその周辺部の公共工事の仕事などに臨時雇用される人びとも増加した。農家における自動車の普及、農業機械の普及は、この傾向に拍車をかけた。

さらに、生活様式そのものが都市化し、農村住民の大部分が、農業とは異なる生活スタイルですごし、農業とは関係のない職場に勤めることになった。農村の年中行事や共同作業も形式的なものになり、収穫量の増大には、化学肥料や薬剤の方が農耕儀礼よりも効果があると思われた。農業社会は、工業社会へと変化したが、それと同時に、都市化社会に変化したのである。　　　（末原達郎）

* 末原達郎『人間にとって農業とは何か』世界思想社、2004年
* ピーター・ベルウェッド『農耕起源の人類史』京都大学学術出版会、2008年
* フェルナン・ブローデル『物質文明・経済・資本主義　15－18世紀』（全6冊）みすず書房、1985－1999年

第1節 ▶日本経済における農業の位置 2

工業化時代の農業

 キーワード　◎貿易・為替の自由化計画大綱／◎農業基本法
◎GATT／◎IMF／◎兼業農家

●農業社会から工業社会へ

日本が工業社会になったのは、第二次世界大戦以降のことである。

第二次世界大戦後の5年後にあたる1950年当時、日本の農業人口は、歴史上最大となっている。農業就業者数は1636万人で、全就業者数3959万人の45％を占めていた。1960年には、農業就業者数は1327万人で、全就業者数4402万人の30％になっている。この時期までは、もっとも重要な就業機会という意味でも、日本の社会の基盤を支えている産業という意味でも、農業が中心となる農業社会であった。

●貿易・為替の自由化

しかし、1960年に日本政府と自由民主党は「貿易・為替の自由化計画大綱」を提出し、日本社会全体の工業化、輸出産業国化を推進する。これは、日本を先進工業国へと離陸させるための政策上の大きな転換であったが、同時に、日本政府が農業社会から工業社会への転換を図った転換点でもあった。そのための法的な整備が、年々推し進められていく。1960年には、農産物のうち121品目の輸入が自由化された。翌1961年には「農業基本法」が制定される。やがて、1963年には、日本はGATT12条国から11条国へと移行する。1964年にはIMF14条国から8条国へと移行する。日本は、貿易上も為替上も、とくに保護する必要のない国へ、すなわち「先進国」へと移行していったことを示している。実際、1964年には世界の先進国の組織であるOECD（経済協力開発機構）に加盟することになり、これ以降、自由貿易の拡大に寄与し、発展途上国の援助を推進する側になる。

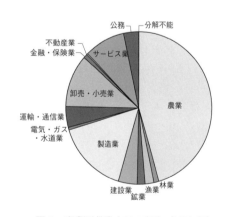

図1　産業別就業人口の割合（1950年）

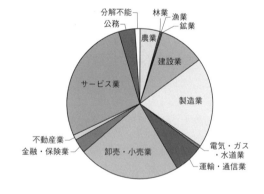

図2　産業別就業人口の割合（2000年）

出所：総務省統計局「2000年国勢調査最終報告書　日本の人口（資料編）」、「2005年国勢調査抽出速報集計」による。

 用語解説

* **IMFとGATT**　IMFは国際通貨基金のこと。為替相場の安定を保つことを目的とする。国際収支が赤字の国には固定相場制を認め、短期融資をおこなう。GATTは「関税及び貿易に関する一般協定」のこと。輸入制限の撤廃、関税の削減等をめざす。IMFとGATTは、第二次世界大戦直後設立され、自由貿易の拡大をめざす組織である。ただし、GATTは1995年よりWTOに移行した。

● 貿易黒字と農産物輸入

貿易立国をめざした結果は、すぐに現れてくる。1965年になると、日本は輸出額が輸入額を上回り、以降は貿易黒字国へと転換する。とくに1969年以降の40年間は、第一次と第二次のオイル・ショックの5年間を除いて、ずっと貿易黒字国であり続けてきた。それを支えていたのは工業製品であり、逆に農産物や農業製品は輸入品目となった。

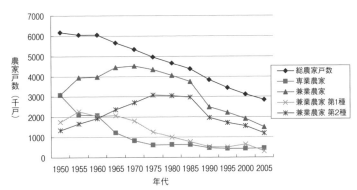

出所：農林水産省「農林水産統計表」、日本統計協会「日本長期統計総覧」および農林水産省データベースによる。
注：1990年世界農林業センサスより、農家の定義が、経営耕地面積10a以上に改められた（10a未満でも農産物総販売額が年間15万円以上あるものは例外規定農家）。

図3　専兼業別農家戸数の推移

生糸は、明治時代以来ずっと日本の輸出品中で、最大の輸出品目のひとつであった。第二次世界大戦以前の日本は、生糸と絹織物と綿織物（綿花は輸入されていた）で輸出を支えており、農業が日本の輸出製品を支えていたのである。第二次世界大戦直後は、綿織物が輸出額の一位になる。しかし、1960年以降は鉄鋼や船舶などの重工業製品が輸出品の中心へと変わる。1980年代になると、鉄鋼製品に代わり自動車が、1990年代以降は、自動車部品、事務機械、半導体素子、精密機械がそれぞれ輸出の中心を担うように変化していくが、工業製品の輸出国としての日本の特色は変わらない。

● 工業社会化と兼業化

日本の社会が、工業社会へと変質を遂げることは、日本の農業や地域社会に大きな変貌を迫った。まず、農村の労働力を都市へと移動させ、都市の工業製品のつくり手へと変えていった。一方で、農業の機械化が大きく進んだ。また、化学肥料や除草剤の多投によって、農業生産にかける省力化は進んだ。10aあたりの水田経営のために必要とされる1年間の労働時間は、200時間から30時間へと激減した。多くの農家は、専業農家ではなく「兼業農家」となり、家計の中心は農業から他の職業へと移動していった。

その結果、日本農業では、農家そのものの数は1960年の606万戸から2000年の312万戸へと半減しているにすぎず、また、一戸あたりの経営面積は1960年の0.9haから2000年の1.25haへと約40％増加したにすぎない。農家は、家の成員が他産業に就くことによって、農業経営の維持をはかった。いわば、一軒の農家の中で、農業に従事する家族メンバーと他産業に従事する家族メンバーとをともに抱えることによって、農業を継続させていったのである。

「兼業農家」という、日本にしか存在しないカテゴリーによって、日本は農業社会から工業社会への転換をはたした。「農業基本法」において想定された「農工間所得格差」の解消は、農業と工業における生産性の格差を埋めることによってではなく、農家が「兼業化」することによって達成されたのである。

（末原達郎）

＊暉峻衆三編『日本の農業150年—1850〜2000年』有斐閣、2003年
＊岸康彦『食と農の戦後史』日本経済新聞社、1996年

第1節 ▶日本経済における農業の位置 3
グローバル化時代の農業構造の変化

 キーワード　◎グローバル化／◎新自由主義／◎構造調整計画／◎ＴＰＰ　◎食料危機／◎構造的危機

●農業におけるグローバル化

　農業におけるグローバル化時代とは、いったい何であり、いつごろからはじまったのか。グローバル化（グローバリゼーション）の意味には二つある。ひとつは、元来の意味であり、地球化もしくは世界化を指す。農業におけるグローバル化とは、もともとは、農産物が地球規模で移動し、利用されるようになったことを指す。農学の観点からは、16世紀から17世紀にかけての大航海時代に、新大陸から多くの農産物が旧大陸に運ばれ、世界中に拡散していったことを指している。トウモロコシもジャガイモも、インゲン豆もカカオも、こうした大航海を経てヨーロッパにもたらされ、ヨーロッパからさらにアジアや、アフリカに拡がっていき、世界の食生活と農業構造を変えていったからである。

●経済におけるグローバル化

　しかし、最近のグローバル化は、もう少し狭い意味、とくに「経済のグローバル化」を指す。さらに絞り込んで、「アメリカを中心とする市場経済システムの地球規模化」を指す場合もある。したがって、経済学の枠組みの中で考えられている狭義の意味でのグローバル化は、1990年代以降に起きている、世界的な経済秩序の再編成とそれにもとづいて発生した一連の経済現象を指すと考えられる。このグローバル化は、新自由主義の考え方にもとづき、市場経済システムの制度的な拡張をはかることによって、国家の枠組みを超え、市場経済システムを世界のあらゆる地域に浸透させることによって起こった。具体的には、世界の国々のあらゆる種類の産物が、商品として、世界市場に向けて出荷され、世界規模の市場で商品の価格が決められ、需要のあるところに向けて国境を越えてあらゆる商品が輸出入されていくという現象である。

　発展途上国では、1980年代からIMFと世界銀行を中心とした構造調整計画（SAP）が実行され、市場経済のシステムが国家の枠組みをこえて浸透していく制度作りがおこなわれた。この結果、農産物の保護や規制を国家が管理することができなくなった。先進国においても、海外からの農産物に関税をかけることや、国家によって国内農産物の保護政策をとることが、国際的な貿易交渉を通じて禁止され、制限されるようになった。1948年に発足したGATTは、ウルグアイ・ラウンドにおいて終了し、1995年からはより発展した形で、WTO（世界貿易機関）が設置された。

●経済のグローバル化と構造的危機

　日本の農業も、この影響を強く受けるようになった。特に、最近に問題となっているのは、TPP（環太平洋経済連携協定）である。TPP（Trans-Pacific Partnership）とは、直訳すれば、環太平洋パートナーシップ協定となり、太平洋の周りの国々が参加して、自由貿易協定を創ろうとしたものである。2005年にシンガポール、ブルネイ、チリ、ニュージーランドの経済連携協定から始まった。参加国は、これにオーストラリア、マレーシア、ベトナム、カナダ、メキシコ、ペルーが加わり合計10か国

 用語解説

＊**食料不足**　食料不足とは、食料生産・流通・分配の構造に何らかの問題が生じ、食料を必要とする人びとに、必要な食料が持続的に行きわたらないこと。かつては、災害、天候、戦争などが主な原因であったが、グローバル化に伴い、食料の流通・分配を原因とするものが増加している。栄養不良の主な原因となる。国家だけでなく、地域社会や世帯、個人を単位とする食料へのアクセスの問題が、現代の課題となっている。

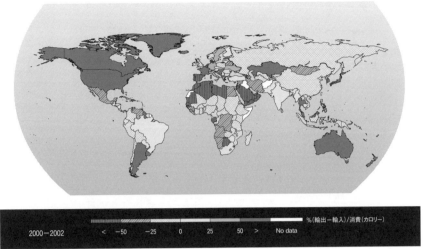

出所：FAOウェブサイトより

図　食品貿易額

である。2016年、日本が参加を表明したが当初TPPの中心になる予定だったアメリカは、大統領選挙の結果により、参加しないことが決まった。

TPPに参加すると、何が起きるのだろうか。原則として、TPP参加国どうしの間では、無関税でしかも輸入制限が撤廃される。つまり、外国から、自由にモノが輸入され、輸出されることになる。

日本は、工業製品の輸入国であり、農産物は国家が保護して、輸入制限や関税をかけてきた。しかし、自由貿易の原則に従うと、外国からの農産物が、外国と同じ価格で日本に輸入されることになる。これは、これまで、日本独特の農業構造、小規模で兼業の自作農家によって栽培されてきた日本の農作物は、外国との競争にさらされ、価格が大幅に下がると予想される。そうした中で、はたして日本の農業はこのまま続けることができるのかどうかが、大きな問題となってきた。

経済のグローバル化は、農産物の価格形成に、世界経済のさまざまな要素を付け加えることになった。2008年の春には、世界中で食料不足や食料危機が起こったが、これは、干ばつや気候変動による穀物生産が原因である以上に、原油価格の高騰により、バイオ燃料の材料となるトウモロコシ価格の高騰を生み、さらに小麦や米の国際価格の高騰をもたらしたことが原因であった。

図を見てみよう。これは、世界各国の食料の輸入量と輸出量の差を地図上に示したものである。輸出している方が多い国は、北アメリカ、オーストラリア、それにヨーロッパの国の一部である。一方、食料を輸入している方が多い国は、アフリカ、アジア、中央アメリカの国々である。じつは、農業に従事する比率の高い国が、むしろ食料を輸入していることがわかる。これらの国々は、比較的多くの農民がいるのに、食料不足となっている。この傾向は、これらの国々における、食料生産の問題、都市化の問題、それに経済のグローバル化の影響を反映している。

原油の高騰、投機マネーの農産物市場への流入によって食料価格が上昇し、必要な食料を購入できなくなった発展途上国の中には、食料不足が発生し、時には暴動が起きる国まで出てきた。これを食料危機という。同じ2008年秋には、アメリカ発の大不況が、地球全体に波及し、世界同時不況もしくは恐慌へと発展した。このような危機が連鎖するしくみこそ、経済のグローバル化のもたらした最大の特徴であり、農業や食料もまたその構造の中に組み込まれている。これを農業・食料の構造的危機という。

（末原達郎）

第1節　▼日本経済における農業の位置

＊末原達郎『文化としての農業　文明としての食料』人文書館、2009年
＊ティム・ラング、エリック・ミルストーン『食料の世界地図（第2版）』丸善、2009年
＊祖田修、杉村和彦編『食と農を学ぶ人のために』世界思想社、2010年

第2節 ▶ 高度経済成長と農業 1

エンゲルの法則と農業

キーワード　◎エンゲル法則／◎エンゲル係数
◎産業構造の変化／◎農業調整問題

●エンゲルの法則とエンゲル係数

家計所得が増えるにつれ、総消費支出額に占める食料費の割合が段々小さくなっていくということはエンゲルの法則である。これはドイツの経済学者エンゲル（E. Engel,1821～96年）がベルギーの労働者の家計調査結果を調べて発見した現象であり、また家計総消費支出に占める食料費の割合はエンゲル係数という。

日本でも、エンゲル法則の現象を確認できる。図は日本の勤労者世帯について家計年間所得の順に並べたうえ、5等分した5つのグループの平均年間総消費支出額とエンゲル係数との対比関係を示したものである。総消費支出額が高いグループほど、エンゲル係数が低くなる傾向ははっきり現れている。

のみならず、時系列的な変化からも同じ傾向がみられる。たとえば、右頁の表は明治以降、日本国民の1人あたり実質国民総生産（GDP）とそれに占める食料関連支出の割合（エンゲル係数）などの変化を示している。明治期の1890年にエンゲル係数は66％と高かったが、戦前の1935年にはまず50％に低下し、そして戦後の高度経済成長期、安定経済成長期を経て、2005年現在は15％までに低下した。

●エンゲル係数の低下と産業構造の変化

家計消費支出に占める食料費割合の低下は、基本的に人間の胃袋の制約で、限度を超えるまで食料を消費できないことによる。つまり、所得が増えた時、ある量まで食べる食料も増えるが、胃袋が飽和状態になると、後は所得がいくら増えても、食べられる食料はそれほど増えず、その分、食料以外のものを多く消費するようになるからである。

したがって、エンゲル係数は生活の豊かさや経済発展のレベルを測るバロメーターとしても使え、エンゲル係数の低下は生活が豊かになったことを意味する。しかし、生産供給の面からいえば、エンゲル係数の低下は同時に食料の生産部門である農業の国民経済におけるシェアの縮小をも意味する。

事実、表に示すように、明治以降、日本国民の1人あたりGDPが向上するにつれ、エンゲル係数の低下と平行して、GDPに占める農業の割合も急速に低下した。1890年の48％から、2005年現在の1.5％までに落ち込んだのである。

ただ、GDPに占める農業のシェア縮小の原因は、エンゲル係数の低下だけにあるわけではな

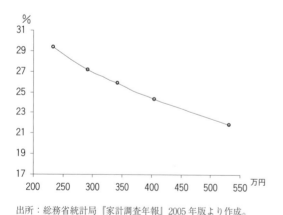

出所：総務省統計局『家計調査年報』2005年版より作成。

図　日本勤労者世帯の家計消費支出とエンゲル係数

 用語解説　＊**ペティ＝クラークの法則**　経済発展につれて、第1次産業から第2次産業、さらに第3次産業へと就業人口の比率および国民所得に占める比率の重点がシフトしていくという経験法則。W・ペティ（1623-1687）の『政治算術』中の記述をもとに、C・クラーク（1905-1989）が膨大なデータを用いて確認した。

い。経済発展に伴って、輸入農産物・輸入食品が増え、とりわけ農家の庭先から消費者の食卓に至るまでの流通・加工サービス業も飛躍的に発展するからである。実際、1890年以来の百年余りの間、食料総消費支出に占める輸入農産物・食品の割合は4％から10％に、流通・加工サービスのシェアに至っては24％から77％まで大幅に増大し、代わりに国内産食料素材の比率は72％から13％まで激減した。いわば、エンゲル係数の低下に、食料総消費支出に占める国内産食料素材比率の低下が加わって、GDPに占める農業のシェア縮小がもたらされたのである。

こうして、経済発展に伴って、国民経済に占める農業、すなわち、第1次産業のシェアが必然的に縮小していく傾向は、他の多くの国と地域でも確認できる。この現象は、経済学でペティ＝クラークの法則と呼ばれている。

●産業構造の変化と農業調整問題

以上のように、主に国民の消費構造の変化に起因するGDPに占める農業部門のシェア縮小は、生産の面でも絶えず農業部門に投入した労働と他の生産要素を減らし、工業など第2次、第3次産業に移動することを求め続けている。とりわけ、経済発展が急速な中所得国と、豊かな先進国においては農業と他の産業部門間における需要と供給の不均衡成長問題はとくに顕著で、こうした不均衡成長を生産要素の産業間の再配置によって解決する問題は「産業調整問題」、農業に限っていえば、「農業調整問題」と呼ばれている。

ところが、現実の問題として、生産要素の産業間の再配置は簡単にできるものではない。とりわけ、いったん農業に就業した労働者が他の産業に移動する場合に、技能・適応能力の面で障碍がある一方、移転に伴って生じる金銭的・心理的なコストも非常に高いから、農工間の労働力移動は緩慢にしか進まないのが現実である。こうして、経済発展に伴う国民の需要構造の変化からくる農業GDPのシェア縮小の速度と生産要素、とりわけ、労働力の産業間の再配置の速度とは常にギャップが存在し、そのギャップ、あるいはズレが農業労働者とその他産業就業者との間の労働生産性、ひいては労働所得の格差をもたらしているのである。

その意味で、農工間の所得格差問題の解決法も、部門間の労働移動を阻害する要因を取り除き、その移動を促す方向しかないはずだが、実際はこれまでに多くの先進国が対処療法的な価格支持、輸入制限などの農業保護政策をとってきた。しかし、これまでの経験では、これらの農業保護政策は問題を先延ばすだけで、根本解決にならないほか、莫大な消費者・納税者負担と国際摩擦の激化などさまざまな副作用をともなってきたのは明らかである。

（沈金虎）

表　日本の経済発展とエンゲル係数、食料、農業部門の相対地位の変化

年次	1人あたり実質GDP	エンゲル係数	食料消費支出に占める割合			GDPに占める農業の割合
			国産食料素材	輸入	流通加工サービス	
	1934〜36年価格、円	％	％	％	％	％
1890	115	66	72	4	24	48
1900	141	62	53	4	43	39
1910	158	61	47	5	48	32
1920	204	62	47	7	46	30
1930	215	53	30	9	61	18
1935	265	50	36	12	52	18
	2000年価格、千円					
1955	460	52	55	8	37	21
1960	674	43	47	5	48	13
1970	1,578	34	34	7	59	6
1980	2,243	31	23	8	69	4
1990	3,323	19	21	7	72	3
2000	3,964	16	14	8	78	2
2005	4,201	15	13	10	77	1.5

出所：速水佑次郎、神門善久『農業経済論 新版』岩波書店、2002年、p.132と大川一司等編『長期経済統計：国民所得』東洋新聞社、1974年、p.132、総務省統計局『日本長期統計総覧：第1巻』日本統計協会、2006年などにより作成。

*速水佑次郎・神門善久『農業経済論（新版）』岩波書店、2002年

第２節 ▶ 高度経済成長と農業 ２

人口増加と技術進歩の力関係

 キーワード　◎経済発展／◎人口爆発／◎資源制約
◎マルサスの罠／◎技術進歩／◎食料問題

●産業革命後の爆発的な人口増加

　世界の人口は、産業革命後に加速的に増え続けてきた。ある推計によると、19世紀初頭世界の人口はまだ8.9億人位であったが、130年後の1930年には2倍強の20億人に増えた。次に30億人になったのは1960年、40億人になったのは1975年で、10億人の人口増加が要した時間はそれぞれ30年間と15年間にすぎなかった。1975年以降世界人口の増加速度（率）は若干落ちたが、それでも2008年現在世界の人口は67.5億人となり、国連の予測では2050年には91億人まで増加すると見込まれている（図1）。産業革命以前、世界の人口が10億人になるまで、数百万年もかかったのに比べて、産業革命後の人口増加はまさしく「爆発的」だといえる。

●人口増加の弊害と限界を強調した代表的な理論
　　——「マルサスの罠」から「成長限界論」まで

　人口増加は働き手、つまり、労働力供給の拡大につながるが、同時に食料品をはじめ、さまざまな財をより多く消費しなければならない。人間の日常生活からもさまざまな廃棄物が発生するが、食料などの生活財の生産過程でもたくさんの自然資源を消耗するとともに、廃棄物を自然界に出さなければならない。地球上の生活空間や多くの自然資源は限りがある以上、過度な人口増加はさまざま問題を生じさせ、いずれは限界が来る。

　人口増加の悪い影響に最初に注目したのはイギリス人の経済学者、マルサス（T.R. Malthus, 1766～1834年）であった。彼は自著の『人口の原理』（1798年）の中で、食料生産が土地資源から強い制約を受けることに着目して、次のような問題提起をした。つまり、人口は幾何級数的に増えるが、食料生産は算術級数的にしか拡大できない。そのため、時間が経てば、必ず食料の需給ギャップが生じ、1人あたり食料消費量は減っていく。その過程で貧困、飢餓、そして戦争などが多発してくる。それが「ある限界」（最低生存水準）まで続くと、やがて人口増加は止まり、国民経済もその水準で停止状態に陥ると説明した。マルサスのこのような考え方は、現代の経済学者によって「マルサスの罠」と名づけられている。

　しかし、マルサスの読みは外れた。産業革命後、世界の人口はたしかに爆発的に増加したが、食料生産はそれ以上に拡大した。今日、飢餓に悩む国は一部あるが、世界平均の1人あたり食糧供給量と人びとの食生活は産業革命期に比べて飛躍的に改善した。

　にもかかわらず、マルサスの思想は現代も引き受け継がれている。その代表として、第一次石油ショック後の1972年に発表されたローマ・クラブの『人類の危機レポート　成長限界論』が挙げられる（その他に、ネルソン＝ラインベンシュタインの「低水準均衡の罠」モデルもある）。その主旨は、世界の人口、工業化、汚染、食糧生産及び資源利用が現在のペースのままで続くと、来るべき百年以内に地球上の成長が限界点に到達する。地球と人類社会の崩壊を防ぐためには人口と経済のゼロ成長を実現しなければならないということである。が、前の「マルサスの罠」と比較して、人口、経済成長の制

 用語解説　＊**低水準均衡の罠**　ナルソン＝ラインベンシュタインの「低水準均衡の罠」は、一国の経済成長率が貯蓄・投資水準に依存することに立脚し、人口増加率の高い低所得国が持続的に人口増加率以上の経済成長率を実現しにくく、低水準の均衡状態「経済成長率＝人口増加率」から簡単に抜け出せない苦境を説明する理論モデルである。詳しくは渡辺利夫（1996）、pp.43-46を参照。

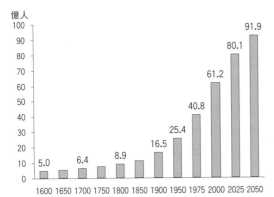

出所:国連「World Population Projection (1992)」と総務省統計局HP (http://www.stat.go.jp/data/) より作成。

図1 世界人口の推移と予測

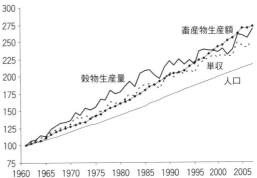

出所:FAOSTATより作成。
注:畜産物生産額は実質ベースの指数で、単収は穀物類の単収を指す。

図2 1961〜2007年間における世界の人口、農畜産物生産と単収指数 (1961年=100) の推移

約要因が土地、つまり食料の供給から自然資源一般と環境に変わったが、論理的な構図は非常に似ているといえる。

● 技術進歩の力とその限界

それにしても、マルサスの読みがなぜ外れたのか。その答えは、技術進歩、つまり、産業革命後の工農業技術革新の進展とその効力を予測できなかったからである。実際、19世紀以降、今日まで人口増加以上の食糧増産を実現できたのは、耕地面積拡大の寄与もあったが、より大きな貢献をしたのは単収水準の向上である(図2)。また単収向上を可能にしたのは、ほかならぬ化学肥料、農薬、農業機械といった近代的な生産要素の増投と近代科学技術を活用した品種改良、そして国家財政に支えられた農業水利建設とその他農業基盤整備による農業生産条件の改善である。これらのすべてが近代工業の発展と科学技術進歩の賜りもので、広義的な技術進歩の範疇に入る。

以上を要約すると、つまり、近代工業の発展とそれによって支えられた農業技術革命は人口増加の圧力に打ち勝ち、世界経済が成長し続け、より多くの人口を養うことを可能にしたのである。

けれども、技術進歩の力は無限なものではない。それ自身の実現のため、厖大な人力・財力を投入しなければならず、時間との戦いもある。現にそれらの制約要因で、技術進歩が人口増加より遅い一部の発展途上国が「マルサスの罠」や「低水準均衡の罠」に嵌められている現実がある。

それらの国と地域の貧困と飢餓問題の解決は、技術進歩に期待する処が多いが、技術進歩だけでは問題を解決できないのは、これまでの経験である。

それに、近代的な農業技術が効果を発揮できたのは、化学肥料、農薬、そして農業機械の大量投入であるが、それらの近代的な生産要素の大量投入は環境汚染をもたらす一方、原料である石油、天然ガスなどの天然資源はいずれ枯渇してしまうという問題も抱えている。つまり、近代農業技術の効果発揮が枯渇性天然資源に大きく依存している以上、それらの天然資源の有限性は、今までの技術革新の効果発揮の制約になるのである。

石油、石炭、天然ガスといった自然資源の枯渇と地球温暖化の問題を直面している人類は、その限界を打開し問題解決する手段として、今なお技術進歩の力を期待しているが、忘れてはいけないのは技術進歩の力にも限界があることである。技術進歩に望みを託しながら、人口増加の抑制やこれまでの資源浪費型の生活スタイルの見なおし等に真剣にとりくまなければならない時期に来ていると思われる。

(沈金虎)

*渡辺利夫『開発経済学―経済学と現代アジア(第2版)』日本評論社、1996年

第2節 ▶高度経済成長と農業 3

食品加工・流通費増大と農業収入比率の低下

 キーワード　◎食品加工・流通費／◎帰属割合／◎産業連関表

●流通費増大と農業収入比率の低下

　高度経済成長の過程で、流通費が増大し、農業の取り分が次第に低下する現象が確認できる。表は最終消費された飲食費の帰属割合を表している。表を見ると、消費者が食料支出に支払ったお金のうち、農水産業の手に入る分は1970年で35%あったものが、2010年では13.9%まで減少していることがわかる。すなわち、消費者が食料支出に支払ったお金の65%から85%は食品工業や関連流通業、飲食店の手に入っている。農水産業の帰属割合は時代とともに、大きく減少していることがわかる。農水産業以外の帰属割合を見ると、消費者の食パターンの変化も見えてくる。1970年時点で、もっとも帰属割合の高いのは食品工業（30.6%）、次に関連流通業（25.2%）、そして飲食店（9.3%）と続く。しかし、2010年時点では関連流通業（34.5%）がトップに立ち、次に食品工業（31.9%）、飲食店（19.9%）と変化している。40年の間に食品工業はわずか1.3%しか上昇していないのに、関連流通業は9.3%、飲食店は10.6%も上昇している。加工食品などの食品工業はわずかな伸びに留まり、外食などの飲食店、関連流通業の伸びが顕著である。消費者の家庭内消費の減少、外食利用の拡大、そして流通構造の複雑化、流通経費の増大が示唆される結果となっている。

　結果として、農水産業の帰属割合は2010年時点で14%前後まで減少しており、経済の成長とともに消費者の食料支出が増大しても、農水産業はあまり大きな恩恵を受けていない。1970年時点で14.7兆円あった食料支出は2010年で76.3兆円と約5.2倍も増加しているが、農水産業は5.1兆円から10.6兆円と約2倍の伸びに留まっている。しかも、農水産業のうち、国内生産の部分は1980年に11兆円まで増加した後は、減少傾向にあり、2010年時点で9.2兆円まで減少しているのである。

●飲食費のフローの流れ

　図は2011年における飲食費のフローを表している。図を見ると2011年時点の飲食費の最終消費額は73.6兆円であり、その内訳は生鮮品が13.5兆円、加工品が39.1兆円、そして外食が20.9兆円となっている。農水産業の生産額は10.6兆円、内、国内生産額が9.4兆円である。国内で生産された農水産業は生鮮品などの最終消費用に2.9兆円、

表　最終消費された飲食費の帰属割合の推移

	1970	1975	1980	1985	1990	1995	2000	2005	2010
全体（兆円）	14.7	31.5	46.8	58.0	68.1	80.3	79.5	78.7	76.3
食用農産物	5.1	9.7	12.2	13.0	12.7	11.3	11.7	10.6	10.6
うち国産		8.6	11.0	11.4	11.6	10.3	10.6	9.4	9.2
うち輸入		1.1	1.2	1.6	1.1	1.0	1.1	1.2	1.3
食品工業	4.5	8.9	14.3	19.0	23.3	25.8	26.3	24.8	24.3
うち国産		7.6	12.4	17.2	20.5	22.7	21.7	19.3	18.4
うち輸入		1.3	1.9	1.7	2.8	3.2	4.6	5.5	5.9
飲食店	1.4	4.4	7.6	10.4	12.5	15.4	14.5	15.9	15.2
関連流通業	3.7	8.0	12.5	15.5	19.5	27.9	26.9	27.5	26.3
合計（%）	100.0	100.0	100.0	100.0	100.0	100.0	100.0	100.0	100.0
食用農産物	35.0	30.8	26.2	22.5	18.7	14.1	14.8	13.5	13.9
食品工業	30.6	28.5	30.6	32.8	34.2	32.1	33.1	31.5	31.9
飲食店	9.3	15.0	16.4	17.9	18.5	19.1	18.2	20.2	19.9
関連流通業	25.2	25.7	26.8	26.8	28.6	34.7	33.9	34.9	34.5

出所：農林水産大臣官房調査課「農林漁業・食品工業を中心とした産業連関表」（平成17年度表）および食品産業動態統計（平成24年度、平成27年度）、単位：兆円、%

＊産業連関表　産業連関表は、国内経済において一定期間（通常1年間）におこなわれた財・サービスの産業間取引を一つの行列（マトリックス）に示した統計表で、5年ごとに関係省庁の共同事業として作成される。産業連関表は、わが国の経済構造を明らかにする基礎統計として、経済の波及効果分析や予測、国民経済計算などの経済統計の基準値として利用される。

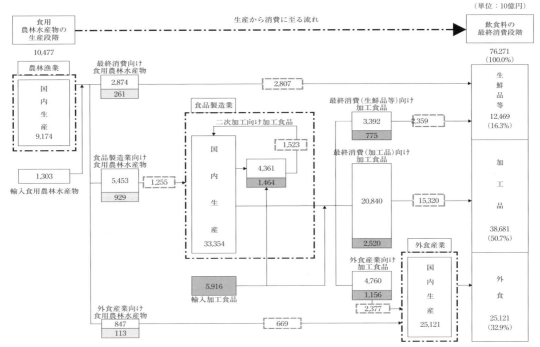

図 平成23年食用農林水産物の生産から飲食料の最終消費に至る流れ（飲食費のフロー）

食品製造業向けに5.8兆円、外食産業向けに0.6兆円振り分けられている。食品製造、外食などの原料の不足分はそれぞれ輸入により補填され、食品製造、外食産業毎に付加価値が追加され、それに関連流通費が加算される。その結果として飲食費の最終消費額が決まることになる。高度経済成長から今日に至る過程で表にもあるように、原料としての輸入農産物、食品製造業における1次加工品の輸入、および外国で製造された最終製品の輸入が増大し、なおかつ国内においては関連流通費が増加することにより、国内の農業生産業への帰属割合が低下していることがわかる。

●改善の方向

このような国内農水産業の帰属割合の低下は、農家の農業収入の低下につながるだけでなく、結果として食糧自給率を低下させ、食料の安定供給、食糧安保の視点からも日本の農水産業にとって危惧すべき事態といえよう。今後は地産地消や食の安全・安心への関心の拡大を背景に、生鮮品においては地産地消の割合を増加させ流通費を低下させるとともに、食品製造、外食部門においても国内農水産業より生産された農産物を原料としてよりいっそう活用する方策を官民を上げて広げる必要がある。全国各地でとりくまれている農商工連携や6次産業化の動きは既存の連携とは異なる新たな連携も促しており、これまで無関心であった分野からの企業参入など、よりいっそうの推進を期待したい。

（堀田和彦）

* 農林水産大臣官房調査課『農林漁業・食品工業を中心とした産業連関表』平成17年度表、農林水産省「食品産業動態統計」各年度
* 総務省他10府庁省「平成23年度産業連関表」

第2節 ▶ 高度経済成長と農業 4

農業関連産業の発展と農業

 キーワード　◎農業関連産業／◎食品関連産業／◎農業投入財

●農業関連産業と農業の位置

　高度経済成長過程においては農業関連産業と農業の位置づけも大きく変貌を遂げている。農業部門を素材提供者としてとらえ、農業とその素材を加工・流通・販売する農業関連産業の全体像をとらえることにしよう。

　表は農業・食料関連産業の推移を示したものである。また、図には農業・食料関連産業の伸び率を示している。1970年、国内の農業・食料関連産業は25兆円にのぼり、その内、素材提供部分である農・漁業は6兆円、それ以外の食品関連産業が19兆円を占めていた。しかし、1990年には農業・食料関連産業は101兆円と約4倍の規模に拡大し、うち、農・漁業が16兆円、それ以外の食品関連産業が85兆円を占めている。この間、農・漁業部門の増加は2.6倍であるが、食品関連産業の増加は4.4倍に達している。高度経済成長の過程で農業分野に関連した関連流通業や飲食店（外食分野など）、関連製造業（食品加工など）が農業分野以上に大きく成長したことがわかる。食品関連産業の中では1970年当初、食品加工などの関連製造業の割合が約58％を占めていたが、1990年には外食などの飲食店や関連流通業も増加し、その割合は47％程度まで減少している。ちなみにこの間の全産業生産額（国内総生産）は162兆円から860兆円と5.3倍の増加を示しており、農業・食料関連産業の割合は約16％から12％まで低下している。その中において素材提供部門である農・漁業の割合は3.8％から1.9％まで低下しており、経済の成長に伴う農業部門の急激な縮小と食品関連産業の緩やかな縮小（12％から10％への減少）が確認できる。

●農業投入財の変化

　一方、1960年における農業生産額2.37兆円のうち肥料、農薬、光熱費など中間投入財は0.76兆円と約32％であるが2007年度では農業生産額9.6兆円のうち中間投入財は5.2兆円と約54％に達しており、農家の純利益は中間投入財の増加によっても減少していることがわかる。ちなみにこのような農業生産額の変化に対して農業投入財はどの程度寄与してきたのであろうか。それらの実態を生産関数分析の結果から見てみよう。まず高度成長期の1960～1970年の間につ

表　農業・食料関連産業の推移

年度	70	80	90	2000	2005	2010
農業・食料関連産業(10億円)	25,581	76,340	102,057	108,253	99,724	94,266
農・漁業	6,186	14,970	16,716	12,712	11,678	11,112
関連製造業	11,391	32,219	40,573	39,280	36,745	36,597
関連投資	908	3,383	4,037	4,047	2,841	1,933
飲食店	4,395	14,045	22,459	29,251	27,511	23,937
関連流通業	2,702	11,723	18,273	22,963	20,949	20,687
食品関連産業	19,395	61,370	85,342	95,541	88,046	83,155
全産業	162,913	545,586	866,654	934,439	950,419	905,575
農業・食料関連産業（％）	15.7	14.0	11.8	11.6	10.5	10.4
農・漁業	3.8	2.7	1.9	1.4	1.2	1.2
関連製造業	7.0	5.9	4.7	4.2	3.9	4.0
関連投資	0.6	0.6	0.5	0.4	0.3	0.2
飲食店	2.7	2.6	2.6	3.1	2.9	2.6
関連流通業	1.7	2.1	2.1	2.5	2.2	2.3
食品関連産業	11.9	11.2	9.8	10.2	9.3	9.2
全産業	100.0	100.0	100.0	100.0	100.0	100.0

出所：農林水産省「農業・食料関連産業の経済計算」単位：10億円、％

 用語解説　**＊農業・食料関連産業**　農業・食料関連産業とは食料供給に関係する各種産業の経済活動を数量的に把握することを目的とし、その推計方法は、「産業連関表」および「国民経済計算」（SNA）に準拠している。農・漁業（きのこなど特用林産物を含む）および食料関連産業の生産活動の結果をマクロの視点から把握したものである。

いては、ほとんどが労働、土地、固定資本、肥料、農薬などの農業投入財によって説明され、非農業に流出した労働力、土地のマイナス分を機械、施設などの固定資本、肥料、農薬、種子などの農業投入財のプラスが補うことによって農業生産額を年率1％程度で増加させている。その後、機械、施設などの固定資本、肥料、農薬などの経常的投入財のプラスの寄与度は徐々に小さくなり、80～90年度の間では生産要素のうちプラスとなるものが見当たらず、代わって「その他要因」がほとんど唯一のプラス要因となっている。「その他要因」のなかには、品種改良や農業機械の性能向上などといった狭義の技術進歩や、土地改良、規模拡大や高付加価値化に向けた販売面での努力による効果などが含まれる。農業投入財などの生産要素の投入の伸びがいずれも減少傾向にあるなかで、これらを上回る生産性の向上がわが国の農業生産額を維持させている。

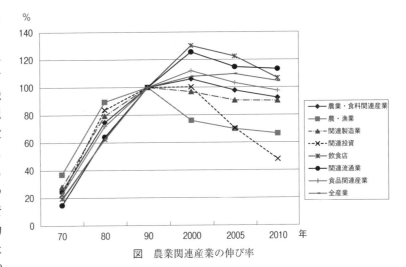

図 農業関連産業の伸び率

●近年の動向

しかし、1990年以降、2010年に至る農業関連産業と農業の位置づけは、それまでの高度経済成長期とはまた大きく異なる様相を示している。高度経済成長期（1970年～1990年）には大きな伸びを示した農業・食料関連産業も1990年の102兆円から2010年の94兆円と低下傾向で推移している。この間、素材提供部門である農・漁業では16兆円から11兆円へと5兆円も減少している。それ以外の食品関連産業においては85兆円から83兆円と微減である。この間、農・漁業の農業・食料関連産業に対する割合は1970年時点で約24％あったものが16％（1990年）から12％（2010年）へ大きく低下している。食品関連産業の中では関連流通業や外食などの飲食店の伸びは依然としてプラス成長が確認できるが、関連投資部門や食品加工などの関連製造業は大きなマイナスとなっている。

このように、高度経済成長期から低成長期に至る過程では素材分野である農業の相対的割合は大きく低下し、農業関連産業の割合は高まった。農業関連産業の成長は農産物の家庭内調理の減少、惣菜、弁当類などの中食、外食利用の増加などがその要因として考えられる。またその背景として、核家族化の進行、食の簡便化、個食化、女性の社会進出の拡大など、日本人のライフスタイルの変容も大きく影響を及ぼしているものと推察される。農業関連産業の拡大は輸入農産物の利用の拡大、国内農業における加工・外食仕向け生産割合の低下、国内農業の衰退にいっそうの拍車をかける要素になったともいえよう。しかし、図表からもわかるように、すでにわが国の農業・食料関連産業は成長から安定・成熟の時期を迎えている。今後は、食の安全・安心への関心の高まりなどを背景に国内農産物を加工・外食などに再度振り向けるなど、新たな農商工間の連携への動きにも関心が高まっており、素材提供部門である農業と関連産業のよりいっそうの関連の強化が望まれる。

（堀田和彦）

＊農林水産省「農業・食料関連産業の経済計算」各年度

第3節 ▶農業基本法から食料・農業・農村基本法へ 1

農業基本法の成立

 キーワード　◎農業基本法／◎高度経済成長／◎所得政策
◎生産政策／◎構造政策

●戦後復興と農業の課題

　第2次大戦後、ベビーブームが到来して人口はそれまで以上に急速に増加した。戦争で国土は荒廃したために、国民の食料を確保することは困難であったが、開墾と土地改良を集中的におこない、また海外からの緊急援助を受けながら、なんとか食料供給の確保に努めていった。そのような中で経済成長は着実に進んだ。国民経済の規模は、国全体でみても、一人あたりでみても、1950年代後半には戦前を上回り、経済白書は56年に「もはや戦後ではない」と宣言したのである。その過程で「経済の著しい発展にともなって農業と他産業との間において生産性及び従事者の生活水準の格差が拡大しつつ」あり、経済の成長発展の過程において農業が「曲り角」にあるとされた。

●基本法農政の開始

　問題に対処するための新しい農政の枠組みを定めるため、農業基本問題調査会が設置された。調査会答申「農業の基本問題と基本対策」では、「第1　基本問題と対策の方向づけ」、「第2　政策決定の基準」、「第3　農業政策と投融資」の観点から政策の枠組みを総括するとともに、「所得政策」、「生産政策」、「構造政策」について検討した。

　この答申を受けて、「農業及び農業従事者の使命が今後においても変わることなく、民主的で文化的な国家の建設にとってきわめて重要な意義を持ち続ける」という認識のもと、61年6月に農業基本法が制定されて、農業の向うべき新たなみちを明らかにし、農業に関する政策の目標を示した。国の施策として以下の8つの事項が掲げられた。

1. 農業生産の選択的拡大
2. 農業の生産性の向上及び農業総生産の増大
3. 農業構造の改善
4. 農産物の流通合理化、加工及び需要の増進
5. 農産物の価格の安定及び農業所得の確保
6. 農業資材の生産及び流通の合理化と価格安定

表　農家労働と所得をめぐる状況

	総農家戸数（千戸）	農業就業人口（千人）	世帯員1人あたり年間所得（千円）		物的労働生産性指数		1人1日あたり所得（円）	
			農家	勤労者世帯	農業	製造業	農業	製造業
1960	6,057	1,196	77	106	64.1	71.8	539	847
1965	5,665	981	157	189	100.0	100.0	1,148	1,472
1970	5,342	811	326	348	136.0	176.5	1,841	3,028
1975	4,953	588	867	742	197.2	197.5	4,537	7,255
1980	4,661	506	1,271	1,096	228.5	265.4	4,546	10,480
1985	4,376	444	1,594	1,408	287.3	295.8	4,937	12,773
1990	3,835	392	1,967	1,692	309.6	355.9	5,758	15,425
1995	3,444	327	2,118	1,913	356.8	352.2	6,383	17,699
2000	3,120	288	2,080	1,946	384.1	405.8	4,998	18,573
2005	2,848	252	n.a.	1,819	419.8	475.6	5,588	19,140

出所：「食料・農業・農村白書参考統計表」より引用加工。
注：世帯員1人あたり年間所得（農家）は「農業経営統計調査（農業経営動向統計）」などの農家総所得の全国平均値。世帯員1人あたり年間所得（勤労者世帯）は「家計調査」の同世帯の実収入の全国平均値。なおその1960年の値については、人口5万人都市の数値をもとに推計。1人1日あたり所得（農業）は「農業経営統計調査（農業経営動向統計）」などの全国平均値。1人1日あたり所得（製造業）は「毎月勤労統計調査」の常用労働者5人以上平均規模の製造業の現金給与総額による。

 用語解説　＊**農業基本法**　農業基本法は1961年に制定され、戦後の農業の向うべき道と政策の目標を定めた宣言法。実際の農業政策は、この基本法を核にしながら、農地法、食糧管理法、農業協同組合法、土地改良法などの個別の法律に基づいておこなわれた。同法は99年に食料・農業・農村基本法が制定されて廃止された。

7. 教育の事業の充実
8. 農村環境の整備、農業従事者の福祉の向上

●農業構造の再編

　農業の姿は大きく変化していったが、基本法農政はその変化を後押しする一方で、抑制する面があって、政策の効果については評価が分かれるところである。当初から予想されていたが、農家数と農業就業人口は大きく減った。表のとおり、40年間で農家数はおおよそ半分に、労働者数は4分の1になった。

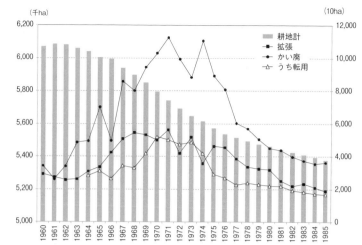

出所：農林水産省「耕地及び作付面積統計」
図　農地面積の推移と変化の内訳

　最大の関心事の1つ、農業と他産業との間における従事者の生活水準の格差であるが、世帯員1人あたり所得でみると、70年代におおむね同じレベルになり、その後は逆に農業側が上回っている。しかしそれは、兼業所得によって支えられている。1人1日あたり所得を確認すると、農業によって得られる所得は5人規模の製造業での賃金と比べて相対的に低く、その格差は拡大しており、現在は3分の1に満たない。

　もう一つの関心事であった農業と他産業との間における生産性の格差は、残念ながら埋まらなかった。その理由の一つは構造政策が十分に機能しなかったことにある。とくに土地利用型農業の分野では、農地の流動化と農業経営の規模の拡大が十分に進まなかった。ただし農業部門の労働生産性は向上しなかったわけではない。65年を基準にして労働生産性の指数をみると、年によっては製造業部門と同じレベルのこともあり、農業部門の伸びが上回る時期もあった。このことについては、土地利用農業以外の施設園芸や畜産分野での発展の寄与するところが大きい。

●農業政策の課題

　戦後の農業政策の課題は、農業生産者の支援を超えて、食生活の変化と国民経済の都市化に対して国内農業をいかに対応させるかに移っていった。

　経済発展によって工業用地、住宅用地への需要が増えて、多くの農地が転用された。図のとおり、61年以降、農地は一貫して減少していく。60年代後半から70年代前半にかけてかなりの農地開発がおこなわれたが、かい廃はそれを上回った。おおよそ半分は転用によるものであり、年間5万haが転用されることもあった。この転用需要の上昇は農地価格を引き上げ、構造政策の推進に悪影響を与えた。

　62年に策定された全国総合開発計画以来、地域間の均衡ある発展を目指したが、結局、首都圏を中心とする大都市にますます人、資金、資源が集中していった。都市部の多くの農地と農業生産が失われた。都市の消費は遠隔地の農業に依存せざるを得ず、産地の振興と再編、広域流通網の開発が必要となった。高度経済成長以降の食生活の変化と量販店を中心とする小売部門の再編によって、大産地化と大規模生産・流通のシステムの進展に拍車が掛かり、いわゆる農と食の距離は広がっていった。

　基本法農政のあり方は、10年もたたないうちに生産政策を中心に大幅な見直しをすることになった。

（中嶋康博）

＊戸田博愛『現代日本の農業政策』農林統計協会、1986年
＊本間正義『現代日本農業の政策過程』慶応義塾大学出版会、2010年

第3節 ▶農業基本法から食料・農業・農村基本法へ 2

経済条件の変化と農政の転換

 キーワード　◎需要と生産の長期見通し／◎総合農政／◎米の生産調整

●需要と生産の長期見通し

　高度経済成長期における農業の再編を目指した農業基本法は、その柱の1つに「農業生産の選択的拡大」を据えた。それは、国民の食料消費構造が経済発展とともに大きく変化することを見通してのことであった。

　1962年に公表された「農産物の需要と生産の長期見通し」によれば、国民1人あたり年間消費量は、基準年の59年から目標年の71年までの間に、米は113.0kgから109.2kg（予想の中央値、以下同様）、小麦は25.8kgから27.4kg、牛乳・乳製品は19.8kgから76.4kg、肉類は3.3kgから9.7kg、野菜・果実は97.0kgから136.5kg、油脂は3.8kgから9.3kgに変化するとされた。米は微減、小麦は微増、その他の品目は大幅な増加が見込まれていた。

　その結果を確認してみると、米は91.1kg（見通しに対して83.4%、以下同様）、小麦は30.9kg（112.8%）、牛乳・乳製品は50.7kg（66.4%）、肉類は13.9kg（143.2%）、野菜・果実は154.7kg（113.3%）、油脂類は9.8kg（105.4%）であった。米は見込みより15%以上消費が下回り、小麦や野菜・果実は10%以上上回った。一方、畜産物については、牛乳・乳製品は思ったほど大きくは伸びず、肉類は大幅に伸びた。ただし、食生活の西洋化・高度化はそれほど進まず、国民1人・1日あたりカロリー摂取量（供給熱量）も2,573kcal程度にとどまった。カロリー水準は現在もほぼ同じである。これらの結果、わが国の食料消費・生産の姿は、農業基本法制定当時に想定していた将来像とは異なったものになっていく。

●総合農政の開始

　米消費は減少する一方で、稲作の生産は拡大し続けた。60年には米価算定に、製造業平均賃金に均衡する自家労賃を補償することを目的とした「生産費・所得補償方式」が導入された。その結果、米価引き上げが続き、生産へ強いインセンティブが働くことになった。当時は、食糧管理法の下で、政府による生産と流通への直接介入が続けられていた。消費を上回って供給される米は政府が購入することになり、在庫が積み上がっていく。このことは政府に大きな財政負担を強いた。

　米の過剰が起きるということは、限られた生産資源が必要以上に米生産に利用されていたことを意味する。選択的拡大政策は適切に機能せず、土地利用の転換は不十分であった。そのような事態から68年に当時の農林大臣は「総合農政の展開について」に基づいて、畜産を含めた「総合食糧」の生産対策の見直しを指示したが、その政策的中心課題は米にあった。その後の農政審議会での検討を経て、70年に「総合農政の推進について」および「農業生産の地域指標の試案」が公表された。

●生産調整の展開

　図1は、60年以降の米の生産、消費、在庫の変動を示している。米の政府在庫量は70年10月末に720万㌧となり、年間消費量の半分を超えた。その時には農林関係予算の4割以上が食糧管理制度に費やされていた。米の生産抑制は待ったなしの課題だった。その対策として、価格を引き下げるの

＊**生産調整**　構造的な供給過剰を解消するために数量制限を課すこと。生産調整のために作付面積を減らすので減反ともいう。生産者には生産調整の補償措置として助成金が支払われる。助成金の水準によって生産調整するかどうかを生産者の意志によって決められる制度を選択的減反（手上げ方式）という。その反対は強制的減反。

ではなく、直接に数量をコントロールする生産調整政策が導入されることになった。所得政策は米価に大きく依存していたため、米の価格制度の大幅な見直しはされなかった。「食糧管理制度を守るため」という理由で、生産調整導入が進められた。

わが国の米の生産調整は、71年に稲作転換対策として開始し、それ以来一度も中止されなかった。図2は生産調整対策の制度の変遷と、その実施面積などの推移を示している。生産調整は3年程度で見直されながら、次々に新たな制度が適用されていった。

図1から明らかなように、生産調整が緩和されると生産過剰になり政府米在庫が急増した。国内の米需給は完全に生産調整政策に左右された。当初、生産調整は他作物への転換（転作）による実施を目指したが、必要な面積が増加するにつれて転作だけでは困難となり、水田預託や調整水田などの休耕や他用途利用米栽培などによる対応が拡大していった。

米の消費は年々減少し続けて、生産調整は強化し続けなければならなかった。水田に米以外の作物を栽培するには、土地条件が大きな障害になった。当初は酪農の拡大を見込んで、水田での飼料作拡大を期待する向きもあった。しかし牛乳・乳製品消費の増加は思ったほどではなく、また所有状況、区画、排水の面で水田の生産条件は不良だったために飼料作への転換が進まなかった。その後、土地改良事業が広くおこなわれて、以前より土地条件は改善されたが、それでも転作の困難なところは多い。

「総合食糧」の生産振興は失敗し、食料自給率は大きく低下していった。農地の半分を占める水田の

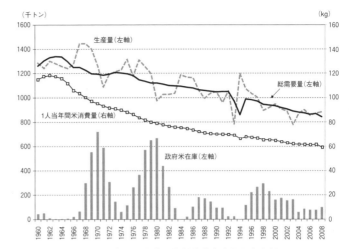

出所：「食料需給表」、食料・農業・農村審議会食糧部会資料
注：1人あたり年間消費量は純食料ベース。政府米在庫は外国産米を除いた数量で、2002年までは各年10月末現在、2003年以降は各年6月末現在。生産量は水稲と陸稲の合計。

図1　米の需給と年間消費水準の動向

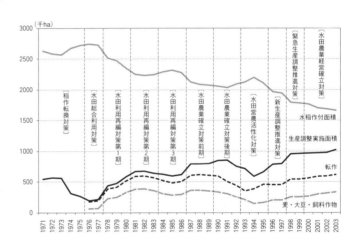

出所：「食料・農業・農村白書参考統計表（平成11・15年度）」、「作物統計」、生産局資料。
注：稲作転換対策の実施面積などは不明。

図2　米生産調整政策の変遷と実績の推移

高度利用が果たせなかったからである。米生産は生産調整で抑制されて、他の土地利用型農業は拡大しなかった。野菜は90年代以降、果実は70年代半ば以降には縮小していく。畜産部門は90年まで急拡大したが、それは輸入飼料に支えられての動きであった。

（中嶋康博）

＊戸田博愛『現代日本の農業政策』農林統計協会、1986年
＊岸康彦『食と農の戦後史』日本経済新聞社、1996年

第3節 ▶農業基本法から食料・農業・農村基本法へ 3

国際化時代の農政

 キーワード　◎国際化／◎WTO／◎自由化／◎関税割当制度
◎AMS／◎食糧法／◎直接支払

●国際化農政への転換

日本農政において国際化が明確に意識されたのは、1986年の農政審議会答申「21世紀に向けての農政の基本方向」においてである。この答申では農政の新たな展開方向を「国際化時代の農政」とし、「市場アクセスの一層の改善に積極的に取り組んでいくべき」との方針が明らかにされた。提言の10年ほど前には、世界的に食料不足が深刻化し、日本農政においても食糧自給率の向上が強調されていただけに、この答申は劇的な農政の転換であった。

とはいえ、市場アクセスの改善は、この答申までにおこなわれなかったわけではない。日本は1955年にGATTに加盟して以来、輸入数量制限を次々と撤廃してきた（図1参照）。1980年代まで残っていた輸入数量制限品目の多くは、米や乳製品といった国内農業の核となる品目であり、答申が指摘する「市場アクセスの改善」では、これらの品目の自由化が焦点となった。

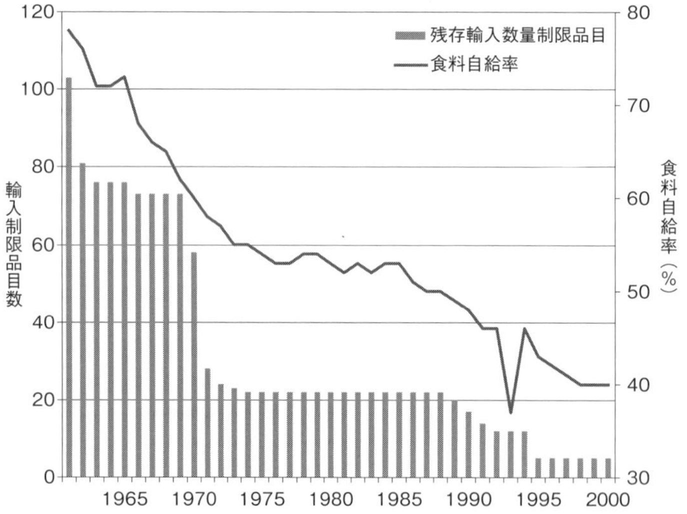

●対外交渉による自由化の進展

1980年代の自由化は、まず、アメリカとの二国間交渉によって進展する。いわゆる農産物12品目問題や牛肉・オレンジの自由化交渉によって、1980年代当初には22品目あった輸入数量制限品目は1992年には12品目までに縮小する。

続いて、1993年にはウルグアイ・ラウンドの合意が成立する。市場アクセスの分野では、「包括的関税化」とよばれる非関税措置（輸入数量制限など）はすべて関税に置き換える措置が決定された。ただし、「関税化の特例措置」が設けられており、日本の米は1995年から6年間関税化を実施しないことが認められた。また、

出所：輸入数量制限品目数は平成22年度　食料・農業・農村白書 p.400 による。また、食料自給率（カロリー・ベース）は、食料需給表（各年度版）による。
注：品目数はCCCN 4桁分類の年度末の値である。1999年時点で、農産物の輸入数量制限品目はなくなり、農林水産物の輸入数量制限品目は水産物のみとなった。

図1　農林水産物の輸入数量制限品目数と食料自給率（カロリー・ベース）の推移

＊農産物12品目問題　アメリカ政府は1986年に日本が輸入数量制限を実施している22品目のうち、プロセスチーズ、粉乳、牛肉を始めとした12品目について、GATTの例外規定を満たしていないとして提訴した。GATT理事会は10品目をGATT違反と認めたため、日本政府は1988年に12品目のうち8品目の自由化を決定する。この提訴によって、国家が貿易をおこなう品目についても輸入制限は認められないことが明らかになり、日本は輸入数量制限を正当化するための大きな根拠を失った。

国内支持の分野では、農産物の増産を刺激するタイプの補助金（農産物の市場買付けなど）と国境措置（関税や輸入数量制限など）による消費者負担の増加を合計したAMS（助成合計量）の総額を20％削減することが決定された。

●包括的関税化の完了

ウルグアイ・ラウンド合意をうけて、日本は米以外のすべての輸入数量制限を撤廃した。しかし、米についても、当初は関税化の特例措置を受けたものの、輸入が義務化されているミニマム・アクセス米の輸入数量が次第に国内市場を圧迫するようになると、政府は関税化する方が輸入量を抑制できると判断し、1999年には米の自由化を決める。

関税化に際しては、関税割当制度が採用された。これは、国際的な約束の履行や国内需要者への安価な輸入品の提供を確保するために、一定の輸入数量の枠内に限って無税または低率税の枠内税率を適用し、枠を越える輸入については高率の枠外税率を適用する制度である。図2は米や麦など枠内輸入を国家が直接おこなう場合の関税割当制度を例示したものである。この制度では、輸入差益や調整金を政府などが徴収し、国内生産者などへの支援の資金源としている。

1980年代後半からの農産物市場の自由化は食料自給率を大幅に低下させ、農業の急速な衰退を招いた（図1参照）。このため、食料の安定供給機能や国土・環境の保全機能の維持、あるいは、効率的・安定的な経営体の育成をどのように実現するかに大きな関心が集まるようになる。こうした問題意識は市場開放が本格化した1992年に公表された農林水産省「新しい食料・農業・農村政策の方向」に反映され、1999年に成立する食料・農業・農村基本法の理念やその後の施策に引き継がれていく。

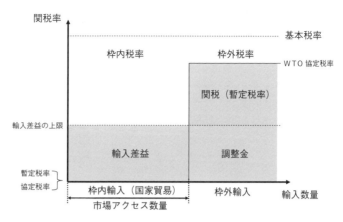

出所：関税・外国為替等審議会（2009）「暫定税率について（資料編）」より、転載。
www.mof.go.jp/singikai/kanzegaita/siryou/.../kana211111d.pdf
注：2010年9月14日閲覧。枠内税率はWTO協定税率による場合もある。

図2　関税割当制度の概要（米、麦、乳製品の一部の場合）

●国内支持分野での対応

このほか、ウルグアイ・ラウンドにおける国内支持に関する合意も日本農政を新しい方向に導く契機となる。そのひとつはAMSの上限に対応した制度改正である。1995年に食糧管理法に代わって食糧法が施行されると、価格支持を目的とした政府米の買付けがなくなり、政府米はもっぱら不足時に対応するための備蓄に限定されるようになる。これにより、政府米と輸入米の内外価格差相当分は国内支持の削減対象から除外され、日本のAMSは3兆円あまりから約8000億円へと一気に縮小した（本間、p.220）。

国内支持合意へのいまひとつの対応は、直接支払制度の導入である。ウルグアイ・ラウンド合意では、補助金を生産量の大小に連動しないタイプの政策を削減対象から除外し、補助金を農産物の増産を促す政策から切り離すデカップリング（カップルしない・分離するの意味）の方針が明確にされた。

これに対応して、日本では1990年後半からデカップリング型直接支払制度の本格的な導入の検討が始まる。

（飯國芳明）

＊本間正義『現代日本農業の政策過程』慶応義塾大学出版会、2010年
＊服部信司『WTO農業交渉—主要国・日本の農政改革とWTO提案』農林統計協会、2000年
＊日本農業年鑑刊行会『日本農業年鑑』家の光協会、1988年版、1989年版、1991年版、1993年版、1995年版。

第3節 ▶ 農業基本法から食料・農業・農村基本法へ 4

食料・農業・農村基本法の成立

 キーワード　◎食料自給率／◎多面的機能／◎持続的な発展　◎WTO交渉／◎中山間地域等直接支払

●国民のための基本法改訂

食料・農業・農村基本法が成立したのは、1999年である。農業基本法が1961年に制定されてから、38年ぶりの基本法の改訂となった。

食料・農業・農村基本法（以下、新基本法）は、「国民生活の安定向上及び国民経済の健全な発展を図ること」を目的とする（第1条）。農業基本法が「農業従事者が所得を増大して他産業従事者と均衡する生活を営むことを」掲げたのとは対照的である。基本法は、農業者のための法律から国民のための法律へと大きく転換した。

●新基本法の骨格

新基本法の骨格は、図1のように整理できる。新基本法で求められる農業の役割は、食料の安定供給と多面的機能の発揮の2つである。食料の安定供給は、世界の食料の需給への将来的な不安を背景に、国民生活に欠かせない役割とされる。2つ目の役割にある多面的機能は耳新しい言葉である。新基本法では、これを「国土の保全、水源のかん養、自然環境の保全、良好な景観の形成、文化伝承など農村で農業生産活動が行われることにより生ずる食料その他の農産物の供給機能以外の多面にわたる機能」と定義する（第3条）。農村における高齢化と人口減少は、今後農業活動を縮小し、多面的機能を急速に低下させる可能性が高い。そこで、新基本法では国民の安全で豊かな生活を維持するために、この機能を発揮することが求められている。

2つの役割は、国民からの期待を反映しているだけではない。対外交渉の手段としての性格をあわせ持ち、ウルグアイ・ラウンドに続くWTO交渉で、

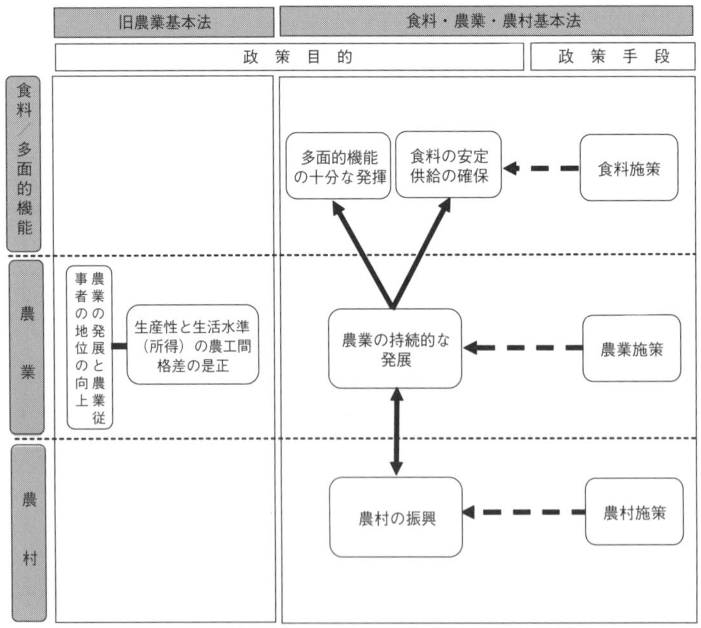

出所：食料・農業・農村基本法のあらまし　http://www.maff.go.jp/j/kanbo/kihyo02/newblaw/panf.html　2010年5月5日閲覧および作山巧（2006）『農業の多面的機能を巡る国際交渉』筑波書房、p.27 より作成。

図1　食料・農業・農村基本法の構造

 用語解説　＊**直接支払制度**　政府から農業者への直接的な所得移転（お金の支払い）を指す。狭義には、デカップルと呼ばれる生産を刺激しない（生産物や作付面積などに結びつけない）支払いのみを指す。直接支払制度は、国境措置（関税など）の削減による逸失所得の補填のための支払い、中山間地域などの条件不利地域への不利性の是正のための支払い、さらには、環境保全型農業助成のための支払いの3つに大別できる。

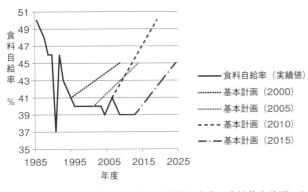

野草による堆肥づくりは美しい景観と生物の多様性を生みだす働きがある。多面的機能の一例である。

出所：食料需給表（各年度版）及び食料・農業・農村基本計画による。
図2　基本計画に示された食料自給率の目標値と現実の値の比較

日本農業を保護する根拠とする意図が込められている。

●環境保全へのスタンス

図1にみるように、2つの役割を実現するのは、農業の持続的発展とそれを支える基盤としての農村の振興である。農業の持続的発展には、効率的な農業経営構造の実現とともに、自然循環機能が発揮できる農法の展開も含まれており、農薬や肥料の利用の適正化や家畜排泄物の処理などの環境保全という新たな視点がみられる。しかし、他方では、新基本法で予定された施策に多面的機能の発揮を直接に促す施策は予定されていない（図1参照）。多面的機能という新しい概念を確立したものの、それは農業が持続的に維持される結果として発揮される働きとして理解されている。多面的機能をよりよく発揮するために、農業のあり方を積極的に変更しようとする発想には乏しい。

●食料自給率の目標の策定

新基本法は、成立までの審議の過程でいくつかの論点で意見が鋭く対立した。その一つは食料自給率を政策目標とするか否かであった。食料自給率（カロリー・ベース）が先進国中で最低水準にあることを踏まえ、食料自給率は国民合意を得やすい政策目標であるとする肯定論と、食料自給率は主に消費の変化によって低下してきたものであり、行政が介入することは困難であるなどとする否定論とに分かれた。最終的には、新基本法の目玉として、食料・農業・農村基本計画（以下、基本計画）にその目標数値が明記されることになる。

図2は、2000年以降5年ごとに作成される基本計画に示された食料自給率の目標値と現実の値を比較したものである。両者は少なからず乖離しており、目標とされる自給率を実現することの難しさがうかがえる。

●中山間地域等直接支払制度の導入

意見が対立したいま一つの論点は、中山間地域等への直接支払制度の導入の肯否である。国土・環境保全に経済外的な価値を見出し、直接支払を導入すべきとする立場と直接支払が零細な農業構造を温存し、営農意欲を減退させるとする否定的な意見が対立したが、新基本法では、農村施策のひとつとして導入が決定された。2000年度に中山間地域等直接支払制度が創設されると、2007年度には品目横断的経営安定対策や農地・水・環境保全向上対策において新たな直接支払制度が導入される。加えて、2010年度に民主党主導のもとで戸別所得補償制度の実施が決まるなど、新基本法に始まる直接支払制度は次第に重要性を増し、いまや日本農政の根幹を担う仕組みとなりつつある。

（飯國芳明）

* 生源寺眞一『農業再建―真価問われる日本の農政』岩波書店、2008年
* 田代洋一『「戦後農政の総決算」の構図―新基本計画批判』筑波書房、2005年
* 本間正義『現代日本農業の政策過程』慶応義塾大学出版会、2010年

第3節 ▶ 農業基本法から食料・農業・農村基本法へ 5

新政策体系への転換

 キーワード　◎経営所得安定対策／◎戸別所得補償制度／◎農林水産業・地域の活力創造プラン／◎日本型直接支払制度／◎食料自給力

●食料・農業・農村基本計画（第2回）

2005年3月に食料・農業・農村基本法に基づく、第2回目の基本計画が策定された。そこでは「食料・農業・農村をめぐっては、……大きな情勢の変化がみられる。食料、農業及び農村が、このような変化を的確に受け止め、引き続き国民生活の向上や我が国経済社会の発展に貢献していけるよう、基本法に掲げる基本理念の実現に向けて、農政全般の改革を早急に進めていく必要がある」と改革の必要性が強調された。

この基本計画での重要課題の一つは、食料自給率の向上であった。自給率の低迷に対して強い懸念が示され、改革の必要性が詳しく検討されている。その後、06年度のカロリーベースの自給率（供給熱量総合食料自給率）が39％と過去最低を記録するのだが、そのことを予感したかのような念の入れようであった。各種自給率の推移は、図に示す通りである。国民の生存基盤に関わるカロリーベースの自給率は98年以来、10年近くにわたって40％のままある。第1回の基本計画で自給率の向上が政策目標となり、その上で生産振興施策をおこなってきたにも関わらずこの結果だった。自給率を反転上昇させるには、相当な政策資源の投入が必要である。カロリーベースの自給率の目標は45％とされた。

●経営所得安定対策等大綱

次いで「食料、農業及び農村に関し総合的かつ計画的に講ずべき施策」では、食料政策、農業政策、農村政策の課題が具体的に指摘された。そしてとくに農業政策、農村政策についての改革案が、05年10月に公表された経営所得安定対策等大綱で具体化された。その柱は以下の3つである。

・水田・畑作経営所得安定対策（品目横断的経営安定対策）
・米政策改革推進対策
・農地・水・環境保全向上対策

同大綱では、「この対策は、いわば価格政策から所得政策への転換という、平成11年7月に制定された食料・農業・農村

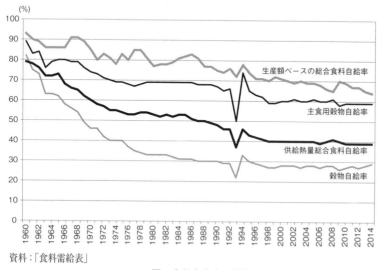

資料：「食料需給表」
図　食料自給率の推移

 用語解説　＊KPI（重要業績評価指標）　もともとは企業が組織の目標達成度を定義し評価するための指標。アベノミックスの成長戦略を定めた「日本再興戦略」において、各分野の目標がKPIで示されるようになり、様々な政策で採用されている。本文では省略したが、目標年次もあわせて設定される。他に「農業・農村全体の所得を倍増」「農林水産物・食品の輸出額1兆円」など。

基本法で示された政策方向を具体化するものである。これまで全農家を対象とし、品目ごとの価格に着目して講じてきた対策を、担い手に対象を絞り、経営全体に着目した対策に転換することは、戦後の農政を根本から見直すものとなる」と宣言している。

● 食料・農業・農村基本計画（第3回）

経営所得安定対策等大綱によって生産政策と農村資源・環境政策の改革が進められた後、改正農地法が09年6月に成立、12月に施行されて、農地政策の改革もおこなわれた。この改正は「平成の農地改革」とも言われている。いわゆる自作農主義が廃止されて、「利用」を基本とする制度に転換し、株式会社などの農地利用にも道をひらいた。また転用規制と遊休農地の利用促進を強化した。

水田・畑作経営所得安定対策と農地・水・環境保全向上対策は着実に進んだが、一方で第二ステージに入った米政策改革は混乱した。過剰米対策の原則は揺らぎ、生産調整方式の見直し議論が激しくなった。その後の政権交代により、民主党がマニフェストで主張していた戸別所得補償制度が米においてモデル事業として開始することになった。そしてこの戸別所得補償制度は、6次産業化による地域振興策と共に、10年3月に決定した第3回目の食料・農業・農村基本計画における農業政策の柱となった。前基本計画では担い手に政策を集中させたが、再び幅広い階層を対象にすることになった。なお、農地・水・環境保全向上対策は、11年度に農地・水保全管理支払と環境保全型農業直接支援に分離された。

● 食料・農業・農村基本計画（第4回）

再び自民党が政権をとり、成長戦略の一環で農政改革が進められることとなり、「全農地面積の8割が担い手によって利用」、「コメの生産コストを現状全国平均比4割削減」などのKPI（重要業績評価指標）が定められて、改革の道筋が示された。それを踏まえた「農林水産業・地域の活力創造プラン」（13年12月決定：14年6月改訂）では、「攻めの農林水産業」のための農政の改革方向として、「生産現場の強化」、「需要と供給をつなぐバリューチェーンの構築」、「需要フロンティアの拡大」、「農山漁村の多面的機能の発揮」を柱に、産業政策と地域政策を車の両輪として、「攻めの農林水産業」を展開することにより、「強い農林水産業」と「美しく活力ある農山漁村」を創り上げ、農業・農村全体の所得倍増を目指すことを表明した。そして具体的な政策としては、①農地中間管理機構の創設、②経営所得安定対策の見直し、③水田フル活用と米政策の見直し、④日本型直接支払制度の創設に着手することとなった。

①については、県ごとに設置された農地中間管理機構（農地集積バンク）を核に農地の集積・集約化を進めることになった。②については、前政権で導入された戸別所得保障制度を廃止する経営所得安定対策の見直しが行われた。③については、2018年には米の生産調整において行政による生産数量目標の配分を廃止することとされた。そして④については、多面的機能促進法を制定し、農地・水保全管理支払、中山間地域等直接支払、環境保全型農業直接支援を日本型直接支払制度として法制化した。農地・水保全管理支払は、多面的機能支払（農地維持支払・資源向上支払）へ移行した。

「農林水産業・地域の活力創造プラン」を踏まえて、4回目の食料・農業・農村基本計画が定められた（15年3月）。前回の基本計画では、戸別所得保障制度の導入を前提として、施策の対象を「意欲ある多様な農業者」としていたが、この基本計画では、施策の対象である農業の担い手を「効率的かつ安定的な農業経営体及びそれを目指している経営体」とし、具体的には認定農業者、認定新規就農者、将来法人化して認定農業者となることも見込まれる集落営農とした。食料自給率目標については、前回の基本計画においてカロリーベースの総合食料自給率は50%であったが、今回は前々回と同じ45%となった。またこれとは別に食料自給力指標を算定して、わが国の食料の潜在生産能力を評価する指標をはじめて示した。この指標を利用して、食料安全保障における国民的議論を深め、食料安定供給の確保に向けた取り組みを進めることが意図されている。

（中嶋康博）

*佐伯尚美『米政策の終焉』農林統計出版、2009年
*生源寺眞一『日本農業の真実』筑摩書房、2011年

第4節 ▶ 日本経済と林業政策の展開 1

高度成長と林業・林政

 キーワード　　◎石油エネルギー革命／◎輸入材／◎自給率／◎林業基本法／◎林家

●国内需要の急速な拡大

　高度経済成長にともなう木材需要の拡大は急激であり、1950年代後半から70年代初頭にかけて材積で約2倍に伸び、しかも国内需要の中身は大きく変化した（図1）。

　なにより、高度成長の当初、全国を覆った石油エネルギー革命があった。1960年に木材需要の30％を占めていた薪炭材が、70年にはわずか2％へと後退した（図2）。都市部のみならず農山村においても、生活エネルギー源は石油へと急激に傾斜し、薪炭林利用は急減した。他方で、国内需要は、住宅用部材、合板、紙・パルプ需要の3部門を中心とした加工製材用の需要（用材需要）へと移り、経済成長を支える部門として大きく発展した。

●国内資源の制約と自給率の低下

　経済成長の初期、いまだ国際収支の天井が低いなかで、木材供給は国内資源に頼らざるを得なかった。国有林、民有林を問わず、人工林資源はいまだ少なく、いきおい奥地天然林の開発に向かい、道路開設と大面積皆伐が進められた。しかし、拡大する木材需要に対して、需給ギャップを国内資源で補うことには無理があり、木材価格の高騰を招いた。その結果、60年代に入って、関税の引き下げをはじめ、海外からの原木輸入が図られ、急速な自給率低下をみた。1950年代には、90％

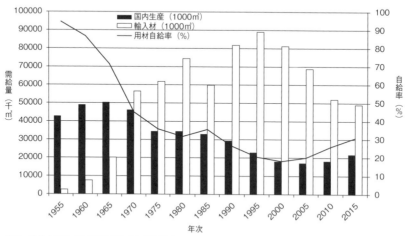

出所：農林水産省「木材需給報告書」累年統計
注：1）「用材」：総木材需給量から「薪炭材」および「しいたけ原木」を除く
　　2）「用材自給率」：国内生産供給量÷総用材供給量×100（％）

図1　日本の用材需給量と用材自給率の推移

 用語解説　　＊**石油エネルギー革命**　先進国におけるエネルギー転換は、産業革命以後、木材→石炭→石油→原子力・バイオ自然エネルギーの変遷を辿った。日本の場合、石炭を産業用・公共部門に集中的に廻した結果、生活エネルギーは1950年代後半を境に薪炭材から石油へと劇的に転換した。入会林野の利用は滞り、人工林への転換を促した。農家にとって、毎年の収入に結びついた入会利用と、数十年を待たないと利益につながらない人工林経営とのギャップは大きく、その後、施業を放棄した「放置林」を生む素地となった。

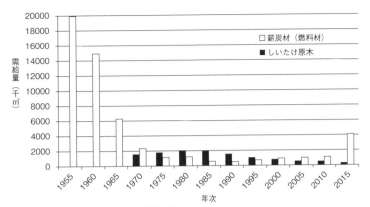

出所：農林水産省「木材需給表　長期累年統計」
注：1）「薪炭材（燃料材）」が2010年から15年にかけて伸びたのは、木質バイオマス利用を統計に加えたことによる

図2　エネルギー革命後の薪炭材生産の推移

を前後する自給率（材積ベース）であったものが、61年を境に減少へ向かい、60年代末には50％を切って、73年には早くも30％台に低下した。

住宅用部材は主としてアメリカ・カナダ（「米材」）および旧ソ連シベリヤ地域（「北洋材」）、合板用材は東南アジア（「南洋材」）、紙・パルプ用材はアメリカ・カナダに依存することになった。ただし、輸入材（「外材」）は、天然林から伐採された大径材の丸太であった。一般に木材貿易において、重量物の丸太がそのまま遠方まで運ばれることは稀である。日本の場合、原材料を世界各地から輸入し、国内消費に併せた製品加工のみおこない、輸出向けの国際商品には向かわなかった。日本の木材産業は特異な道を辿った。

● 「林業基本法」制定と造林政策の展開

森林・林業政策（林政）は、明治以来、治山治水と資源保全を軸としてきた。しかし、経済成長に対応して、木材資源の造成と産業育成に大きく踏み出した。

まず、国有林においては、いち早く1958年に「国有林生産力増強計画」を実施に移した。成長の停滞した天然林を伐採して新規に造林（拡大造林）することにより、将来の成長量を見込んだ収穫が可能となり積極的な経営計画を進めた。民有林に対しても、造林補助金を拡充し個別農家の造林意欲を高めるとともに、不要となった入会林野を中心に拡大造林を進め、国や地方自治体が造林投資を担う分収造林を拡大した。

しかし、農山村から都市への人口流出により、林業生産の担い手をどのように維持し育てるのか、日本の林業生産のあり方をめぐって林政は大きな課題に直面した。1960年に農林漁業基本問題調査会答申「林業の基本問題と基本対策」が出され、各界挙げての議論の末、農業基本法に遅れること3年、1964年に「林業基本法」が公布された。「基本法林政」の始まりである。

中核となる担い手として、人工林経営を担う専業的な「林家」（20ha程度を想定）の育成が掲げられた。そのために、入会林野を分割しただけの数haに満たない個別農家の所有規模拡大を目指すことになり、経営構造の強化に向けた「林業構造改善事業」も始められた。しかし、規模拡大は進まず、森林組合に小規模な林家の支援が託された。この森林組合を通じた補助事業により林業生産を推進するという政策実施の仕組みが生まれ、その後の林政の骨格を形成することになった。

ただし、産業育成の面で柱となる政策はなく、市場に委ねる形となったことは否めない。

（川村誠）

第4節▼日本経済と林業政策の展開

＊半田良一編著『林政学（現代の林学1）』文永堂出版、1990年

第4節 ▶ 日本経済と林業政策の展開 2

低成長と林業・林政

 キーワード　◎国産材市場／◎高価格材／◎輸入材
◎「外材」／◎拡大造林／◎国有林

●輸入体制の定着と国産材市場の形成

1973年の第1次オイルショックを転機に、右肩上がりの需要拡大は一転して停滞局面を迎えた。しかし、80年代を通して、年間1億m³という木材需要は維持され、輸入材中心の原木調達に変化は見られない。さらに注目すべきは、大都市圏に続いて、地方都市を中心に農家住宅の立替を含めて地方市場の住宅需要が拡大したことである。木造率が高く、部材の選択において高価格材志向の地方市場は、新たな国産材市場を生み出した。

輸入材は「外材」と呼ばれ、国産材を圧迫するものと見做されがちだった。しかし、70年代から80年代にかけて、低経済成長下、国産材市場は活況を呈する。供給面では、原木丸太ならびに製材品取引において市売市場が発達し、小規模な生産者による少量取引を可能にした。同時に、伐出生産においては、チェンソーによる伐倒・造材、架線集材による搬出のシステムが普及し、市売取引に依存した素材生産業者の叢生をみた。一方、需要面からみると、とりわけ、一般住宅において座敷建築の部材が普及した結果、柱角や造作材など同じ機能を持つ商品それぞれにおいて大きな価格差を持つ市場が形成された。国産材流通は市売取引を中心に各流通段階において、高価格材志向の仕訳にまい進することになった。小規模な事業体による高価格体質を持った国産材市場の形成である。

●拡大造林の停滞と山村問題の深刻化

拡大造林による造林地拡大により、当初20%程度だった人工林率は40%にまで高まり、1000万haを越える人工林面積となった。しかし、次々と間伐の必要な林齢に到達するものの、収穫はせいぜい小径木であり、低価格商品であった。植林、下刈、除伐といった育林初期の投資を回収するには、さらに数十年を待たねばならない。いきおい「林家」自身による新規の植林にストップがかかり、拡大造林は旧森林開発公団や都道府県の公社造林（公社公団造林）に依存することになった。

とくに、就業機会の少ない山村地域にとって、森林組合が組織する作業班が造林作業を担うことにより、所得を得る重要な機会が与えられた。しかし、地域資源を生かした「林家」の自発的な生産拡大には結びつかなかった。80年代、拡大造林の縮小が始まると、山村の経済はさらに困難を増したのである（図1）。

●行き詰まる国有林経営

国土面積の67%が森林の日本において、その森林の31%を国有林が占めている。戦後、1947年の「林政統一」により、独立採算制の国有林経営がスタートした。木材需要の拡大に応えるために拡大造林が進められ、「特別経営時代」（1899～1921年）に植栽された人工林の多くが伐採された。国有林材の供給により、とりわけ地方市場の発展が支えられたことは事実だった。しかし、流域源頭部や亜高山帯にまで伐採が及んだことから、流

 ＊輸入材（「外材」）　国内の森林資源から生産された木材（木質原材料）を「国産材」、輸入された木材（チップ、製材加工品など木質系加工品を含む）を「外材」と称し、自給率向上を目指してきた。しかし、国内市場にのみ対応してきた日本の林業・林産業の内向きな姿勢を背景に、「外材」の呼称の持つ排他的なニュアンスを否定できない。グローバル化の中で、「外材」「国産材」の区別は意味の無いものになりつつある。

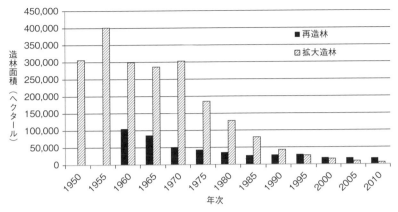

出所:「平成23年度 森林・林業白書」
注:1)1950年及び55年は、「再造林」「拡大造林」別の内訳はない

図1 「再造林」「拡大造林」別・造林面積の推移

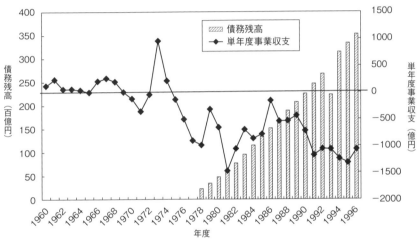

出所:「国有林野事業報告書」各年版
注:1997年度以後、本統計に接続可能なデータは公表されていない

図2 国有林野の事業収支と債務残高の推移

域保全や森林保全の懸念から世論の批判が高まった。早くも、1972年には「新しい森林施業」方針が出され、急激な拡大造林に歯止めがかけられた。

伐採に限界がみえる一方、造林地の施業に費用がかさみ、さらに直庸体制をとったことから労働コストの負担も大きくなった。70年代半ば以後、単年度事業収支は赤字基調に陥り、さらに80年代に入ると債務残高が年々拡大し、90年代後半には3兆円を超えるに至った（図2）。この間、幾度となく改善計画が作成されたが、抜本的な改革に踏み込めないまま、1998年には独立採算制の破棄と一般会計からの繰り入れによる特別会計への移行がなされた。同時に、経営目的においても、木材生産中心から「公益的機能の維持増進」、すなわち環境重視へと大きく転換され、組織・要員とも大きく削られることになった。結局、拡大造林地の施業や林道維持への投資が手控えられる結果となり、経営はもとより流域保全ひいては国土管理の上から、国有林経営は大きな課題を背負っている。

（川村誠）

＊森田学編著『林産経済学（現代の林学11）』文永堂出版、1994年

第4節 ▶ 日本経済と林業政策の展開 3

環境問題と林業・林政

 キーワード　◎流域林業政策／◎グローバル化／◎京都議定書
◎資源転換

◉流域林業政策の登場

　行き詰まる林政にあって、環境重視を強める時代を背景に新たな政策へのとりくみが始まった。1991年の森林法改正と「流域林業政策」（「流域管理システム」）の導入である。

　全国の森林は、それぞれ下流にDID都市を持つ158の「森林計画区」（「流域」）に区画された。「流域」は森林の計画単位である以上に、上流下流の国有林・民有林連携、市町村連携ならびに異業種連携（「流域活性化協議会」）の場であり、総合的な林政の単位と期待された。この「流域」単位に、政策目標である〝国産材時代の到来〞と〝緑と水の享受〞を実現しようとした。

　旧建設省（現・国交省）の河川法改正（1997年）に比べて、いち早く「流域」政策にとりくんだ林政であったが、その後の展開は期待はずれだった。まず「緑と水」に関する政策の具体化がなく、上流下流の水や流域環境をめぐる相互連携は進まなかった。他方、国産材流通の「流域」一貫システムは、すでに「流域」単位を越えた流通の実体を持つ国産材市場の動きと合わなかった。その結果、補助事業による加工施設の整備が進んだ地域もあったが、「流域」における生産拡大には必ずしもつながらなかった。

◉グローバル化する環境問題

　国有林経営が赤字体質の改善を迫られていた80年代後半、北海道斜里町の天然生林の択伐に対する反対運動（「知床国有林伐採問題」）が起こった。伐採対象地に隣接して、既に斜里町はイギリスに習って始めたナショナル・トラスト「知床100平方メートル運動」を始めていた。1986年に国有林はいったん伐採に入ったが、世論が反対に傾くなか、伐採中止に追い込まれた。この問題は、国有林経営が環境重視へ転換する契機となり、独自に「森林生態系保護地域」を制度化した。

　同時期に、国際的な森林保全のとりくみが始まった。1986年には熱帯林保護を目的にITTO（「国際熱帯木材機関」）が設立され、生産国・消費国双方60か国が加盟している。また、1992年ブラジルの「リオ・サミット」〔国連環境開発会議（UNCED）〕において、持続可能な森林経営を目指す「森林・林業原則声明」が採択され、翌93年に「モントリオール・プロセス」という実務面をともなう作業グループが発足した。

　さらに、地球温暖化対策に森林・林業が深く関わる事態となった。1997年の京都議定書の締結を契機に、日本は6％の削減目標のうち、3.8％（1300万炭素トン）を「森林吸収」に負うこととした。拡大造林の見込みはなく、実際に健全な「森林経営」がおこなわれている森林面積でまかなうことになり、国内の森林・林業のあり方が直接に問われることになった。その結果、あるべき森林・林業の姿について十分な検討がなされないまま、政策が人工林の間伐対策強化に偏ることになった。

　海外支援の面でも新たな課題が生じた。京都議定書で認められた温室効果ガス削減の緩和措置として「クリーン開発メカニズム」（CDM）があり、途上国の森林再生への貢献により、日本の排出削

＊資源転換　石油やレアメタルのみならず、農地や水源、さらに木材など、全ての資源が獲得競争にさらされている。木材に限れば、20世紀の天然林開発による豊富な資源を背景に、世界のどこからでも購入可能だった時代から、人工林に依存せざるをえない資源枯渇の時代に入ったとみてよい。各国の造林地が資源化されるには未だ数十年のタイムラグがある。日本の人工林資源を持続可能な形で有効に利用する必要がある。

減量に加算される道が開かれた。しかし、海外植林の規模や実施可能性、さらに排出削減量の算定に多々問題があり、プロジェクトは進んでいない。近年、途上国側から、新規植林にこだわるよりも森林の消滅や資源劣化を防ぐことによる貢献を直接に評価する「森林減少・劣化からの排出削減」（REDD）への期待が集まっている。こうした事態は、1992年に策定された「生物多様性条約」も同様である。

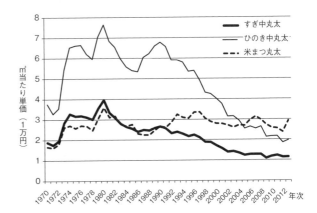

出所：農林水産省「木材需給報告書　素材価格累年統計」
注：1）各樹材種別価格は、素材（「原木丸太」）の卸売価格で名目値
　　2）「すぎ中丸太」「ひのき中丸太」は、径14～22cm・長3.65～4.00m
　　　「米まつ丸太」（Douglas fir　輸入材）は、径30cm以上・長6.0m以上

図　素材（「原木丸太」）価格の推移

● 新たな資源問題と「林政」の行方

2001年、木材生産から「森林の多面的機能の発揮」への転換を掲げ、「林業基本法」は改正され、「森林・林業基本法」となった。しかし、旧「林基法」の中身はそのままであり、空洞化する農家林業やそれに代わる森林組合のあり方に手をつけないままの改正だった。

この間、森林・林業を取り巻く国内外の状況は一変した。第1に、国内において、床柱や無節製品など高価格材を謳歌していた市場が崩壊し、価格ベースそのものが国際価格の水準に低下した（図）。国内市場のみ相手としてきた林業・林産業にとって、直面する市場は、ハイエンド領域からローエンド領域へと一気に転換した。第2に、ローエンド領域の木材需要の中心は、集成材や針葉樹合板、木質バイオマス資源であり、低コスト大量生産型の木材供給を迫られている。人工林材の量産化に対応してきた欧米では、伐出機械の大型化やIT化が進み、同時に、木材利用面で、CLT（Cross Laminated Timber：直交集成板）によるパネル工法が中高層建築に普及した。その結果、林業投資は活発で、不動産投資ファンド自身が大規模な人工林所有者になるケースが増えた。第3に、世界的に天然林利用の時代から人工林（planted forests）利用へと資源の大換が始まっている。日本の場合、既に人工林の資源国であるが、齢級構成の偏りが大きく、今のままでは一過性の資源でしかない（表）。

表　人工林の齢級構成の推移

年次	齢級別構成（％）					総数	人工林面積 (1000ha)	人工林率（％）
	10年生以下	11－20年生	21－30年生	31－40年生	41年生以上			
1961	51	14	13	10	11	100	6738	27
70	48	27	8	7	10	100	7637	30
80	26	38	20	5	10	100	9547	38
90	12	25	34	18	11	100	10212	41
2000	4	12	24	33	27	100	10308	41

出所：世界農林業センサス各年版

以上、従来の国内市場は、"文化的障壁"とでも呼ぶべき柱角や造作材を多用した建築様式で守られてきた。今後は、欧米諸国と同じ世界標準の市場を相手にしなければならない。日本でもイノベーションの機運は高まっている。森林施業面では、伐採林齢の短縮（「短伐期」）、さらに間伐中心から主伐（「更新伐」）への転換が始まった。2000年代に入って、木材生産量は増加傾向を示し、木材自給率も伸びている。

今後、低コスト化に立ちはだかる"生産性の壁"を越えるためには、集中した基盤整備投資が必要であり、林業における企業参入が不可欠である。ただし、その前提として、林業活動の場である流域の環境保全は必須であり、「流域」政策に立ち返った政策形成が望まれる。

（川村誠）

＊養老孟司編著『石油に頼らない─森から始める日本再生』北海道新聞社、2010年
＊川村誠「林業基本法50年の宿題と構造転換」林業経済 No.792（林業経済研究所）、2014年

III

環境保全と地域の持続性

第1節 ▶ 農村社会の構造問題 1

グローバル化と人口の都市集中

キーワード　◎人口移動／◎混雑化現象／◎グローバリゼーション3.0
◎コンパクト・シティー／◎移民

●周期性を持つ日本国内の人口移動

　人口は、出生数と死亡数の差（自然増減）および転入数と転出数の差（社会増減）によって決定される。人口の移動はこのうちの社会増減によって生じる。日本では高度経済成長以降、大きな潮流としては農村から都市へ、地方から三大都市圏へ人口が移動するという向都離村現象が認められたが、その程度は周期性をともないつつも、移動者の総数が次第に減少する中で、東京圏だけが肥大する傾向が強くなっている。

　三大都市圏への人口移動の過程は大きく三つの時期に区分することができる。一つめのピークは1950年代後半から1970年代初めまでの高度経済成長期である。この時期には、農村の青年層が集団就職で都市の工業地帯へ大量に移動した。二つめのピークは、1980年代半ばから1990年代初めまでの「バブル経済」期である。とくに、1985年のプラザ合意がきっかけとなった金融緩和政策と農産物輸入自由化の進展が背景にある。三つめのピークは、21世紀に入ってから本格化した「構造改革」の時期である。この時期には、日本でも金融や証券の規制緩和が急進展し、金融・証券の業務が東京圏に集中し始めた。他方、製造業に依存する名古屋圏と中小企業の多い大阪圏では、人口は東京圏と逆に横ばいかむしろ転出超過の状態が続くこととなった。

●金融機能の東京圏集中と都心の業務空間化

　フリードマンは経済のグローバル化を3段階に区分し、2000年以降を個人までが世界と深く結びつく新しい段階に入ったとし、これをグローバリゼーション3.0と位置づけている。それは、世界のGDPに占める対外資産の割合が過半を占めるに至った1990年代後半の金融グローバル化をさらに推し進め、世界の一体化を強化してきた。しかしそれは協調ではなく、グローバルな規模での「大競争」として現れている。

　「大競争」に勝ち抜くべく、企業は選択と集中を余儀なくされ、東京圏への集積を加速させた。東京圏の都市銀行店舗数は全国の52％を占めるに至り、また証券会社の本店は69％もが東京圏に立地している。金融・証券業の集積により、とくに都心部では世界の証券・為替市場とリアルタイムの取引をおこなうための

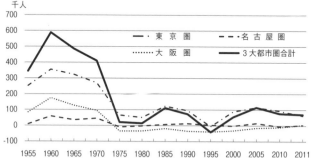

注：1）政府統計総合窓口(e-Stat: http://www.e-stat.go.jp/SG1/estat/eStatTopPortal.do) より作成。
2）原資料は総務省「住民基本台帳人口移動報告」。
3）東京圏は東京、神奈川、埼玉、千葉、名古屋圏は愛知、岐阜、三重、大阪圏は大阪、京都、兵庫、奈良の各都府県の合計。

図1　三大都市圏への転入超過数

＊**グローバル化**　世界銀行は「世界規模で経済、社会の統合あるいは一体化が進展すること」をグローバル化と定義。20世紀末からはモノとサービスだけでなく、資本や労働といった生産要素も各国の相互依存関係が深まり一体化の程度が強化されている。とくに、インターネットによる情報の同時的共有がグローバル化を加速している。

図2 三大都市圏で進む高齢化

注：1）国立社会保障・人口問題研究所「日本の都道府県別将来推計人口」（2007年5月推計）より作成。数字の単位は1000人。
2）2010年の全国老齢人口（65歳以上）は2941万人、2035年は3725万人と推定されている。

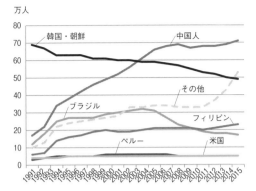

図3 外国人登録者数の推移

出所：法務省「在留外国人統計」
注：中国には台湾を含む。

24時間業務を前提とした都市の仕組みが形成されてきた。インテリジェンス・ビルが林立し、小売りや外食産業も営業時間を延長した。このような都市は業務空間として純化していく一方で、生活空間としての意味を軽減させた。

● 老いる東京圏

高度経済成長下における人口の都市集中は過密問題を引きおこし、「混雑化現象」や生活環境の悪化をもたらした。その後も、バブル経済による地価の高騰や「地上げ」、規制緩和による過剰開発と商店街の衰退などさまざまな問題が生じた。1990年代半ば以降、こうした都市問題の対策としてコンパクト・シティー構想が提案されている。それは、1995年の阪神淡路大震災の復興の過程で生まれた考え方で、都市のコミュニティの再興と中心市街地の再生、すなわち生活空間としての都市の回復を目指している。

21世紀に入ってからの新しい問題として注目されるのが、「老いる都市」である。第1期の人口集中期に大量に作られた郊外型大規模ニュータウンをはじめとして、三大都市圏では人口構造の更新が進まずに高齢者数の増加が進展している。しかし、地方圏からの流入者が見かけ上の高齢者率を引き下げるように作用するため、「老いる都市」の深刻さはあまり意識されてこなかった。だが2035年には高齢者の50％強が三大都市圏に住むと予測されており、都市問題は同時に高齢社会問題でもあるという時代を迎えている。

東京圏では、グローバル化に対応しやすい若者層が集中しているので問題がないように見えるかもしれない。ところが、全国の3割を占める出産適齢期の女性は、就業率が全国平均よりもかなり低いにもかかわらず、人口1万人あたりの年間出生者数も全国平均より若干少ない。また合計特殊出生率はわずかに1.0という低水準にある。人口再生産能力はたいへん低いのに、高齢者の数は著しく増えていく（図2）。この結果、高齢者福祉施設やサービスの不足、経済活力の低下などの諸問題が東京圏でこそ深刻化する可能性が高い。

● 国境を越える人口移動

移民は国際的な人口移動であり、グローバル化の別の側面を示す。日本でも、このところ就労ビザを持つ外国人が増加しつつある。外国人登録者数の内訳は、韓国・朝鮮が次第に減少し、2007年には中国に首位の座を譲った。1990年代後半からは、ブラジルが目覚ましく伸びてきたが、2007年以降は減少に転じた。その他の国ではベトナム、タイを中心に2012年から急増している（図3）。また外国人研修生・技能実習生制度を利用して、実質的に労働者として雇用している例もある。さらに今後、東南アジア諸国との経済連携協定による看護師などの受け入れが進めば、ヒトの面からのグローバリゼーションに対応する社会の構築、すなわち多文化共生社会の実現が重要な課題となる。

（池上甲一）

＊トーマス・フリードマン『フラット化する世界―経済の大転換と人間の未来（増補改訂版）』日本経済新聞出版社、2008年
＊藤田弘夫・浦野正樹編『都市社会とリスク―豊かな生活をもとめて』東信堂、2005年

第1節 ▶ 農村社会の構造問題 2

農家の兼業化と農村の混住化

キーワード　◎専兼別分類／◎地域労働市場／◎混住化
◎スプロール的開発／◎社会的多様性

●農家の分類と専兼別農家数の推移

　農家は多様であり、一律に捉えることはできない。そこで、なんらかの分類をおこなう必要がある。なかでもよく用いられてきたのが専兼別の分類である。この分類は、農業所得だけの農家を専業農家、農外収入のある農家を兼業農家と規定する。兼業農家はさらに、農業所得の方が多い第1種兼業と農外所得の方が多い第2種兼業とに細分される。この分類は、農家が家族経営であるという理解のもとに、家の所得構成に注目したものである。だから、どれほど優れた農業経営であっても、家族の誰かがパートに出ると兼業農家に分類されるという矛盾があった。

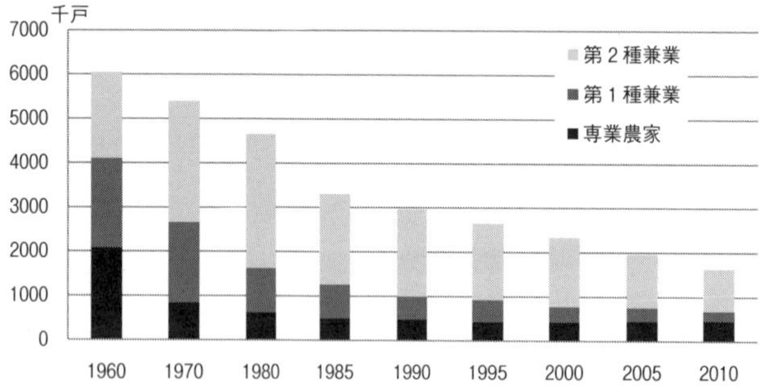

　とはいえ、長期的な農家の動向を分析するためには、1960年からのデータがある専兼別分類が便利である（ただし、85年までと90年以降は接続しない）。図1によると、60年時点でもすでに3分の2が兼業農家であり、それ以降も常に兼業農家が大半を占めていて、兼業農家なしに日本の農業は成立しないことが分かる。また、分類ごとに減少のピークは異なっている。まず1960年代、70年代に専業農家、次いで80年代に第1種兼業、2000年代前半に第2種兼業がそれぞれ大幅な減少を記録した（図2）。

　こうした変化は地域労働市場のありかたと密接にかかわっている。60年代、70年代には公共事業が盛んであり、また農村にも各種の工場が進出し、旺盛な労働力需要が生まれた。それにともない、専業農家の世帯員も非農業への従事を増やしていったが、その就業形態は、農業経営との親和性の高い臨時雇用が中心だった。しかし次第に、常時雇用形態が支配的になってくると、企業の労務管

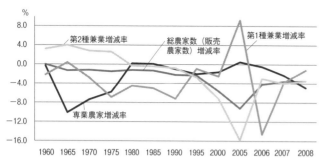

出所：農林水産省「農業センサス」
注：1990年以降の専兼別農家数は販売農家の内訳。

図1　専兼別農家数の推移

出所：農林水産省「農業センサス」および「農業構造動態調査」から作成。
注：1）総農家数増減率は1985年まで、1990年以降は販売農家増減率。
　　2）増減率は、2005年までが前回センサス調査との対比、2006年以降は対前年比による年率である。

図2　専兼別農家率の変化

＊**農家**　統計上、農地所有と農産物販売が農家であることの条件であるが、具体的な基準は年度によって異なっている。2005年の農業センサスでは10a以上の農地所有と農産物販売が基準とされた。農家世帯員の就業構成や所得構成などによって、専業農家と兼業農家、販売農家と自給的農家、主業農家と副業農家などに細分される。

理がきつくなり、農業に重心を置くことが難しくなった。90年代以降、工場の海外移転と中小企業の倒産、大企業の工場閉鎖が急進展して、農村の地域労働市場が縮小し始める。そのことが2000年代初めに第2種兼業が急減するひとつの理由になったと考えられる。

● 二極分解する集落と農村混住化による諸問題

集落の規模は地域によって異なるけれども、大雑把にいって戸数が30戸～50戸程度の中規模集落が大半を占めていた。ところが、この中規模集落は大規模集落と小規模集落とに分解しつつある（図3）。とくに、150戸以上の大規模集落の伸びが著しく、1990年からは20％を超えるに至っている。

大規模集落の増大は、農村における混住化の進展と対をなしている。1970年には8割近くの集落で農家率は50％以上であり、50％の集落では農家率が8割を超えていた。ところが、2000年にはこの割合が逆転し、農家率50％以下の集落は6割以上に達し、農家率80％以上の集落は1割を割り込んでしまった（図4）。

農村の混住化は最初、農家自身が兼業化したり離農したりすることによって生じた。この段階では集落の総戸数に大きな変化はなく、集落成員も相互に顔見知りであって、村としての統合性や集落機能はおおむね維持されていた。ところが、都市の拡大にともなう非農家世帯の大量流入は無計画なスプロール的開発に結びつきがちで、アメニティ性の低い居住環境を生み出した。また集落における農家の地位が相対的に低下し、農業集落としての性格が希薄化することで、たとえば農業用水の地域的な管理に支障が生じるといったように集落機能が低下したところが多い。農家を含むもともとの住民と新規移住者とは価値観やライフスタイルが違うので、しばしば摩擦や対立を生みだした。

● 農村における社会的多様性

農村はもっぱら農業を営む人たちの集まりだと

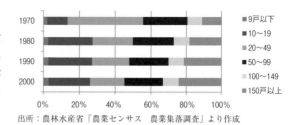

図3　総戸数規模別集落数の割合

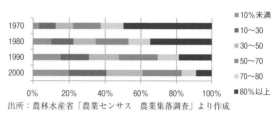

図4　農家率別集落数の割合

考えがちである。だがもともと、農村は多様な生業の場であった。歴史的には、農業に特化した村の方が例外的である。この意味では、兼業農家の増加や農村の混住化は、本来の村の姿に戻っているという評価も成り立つ。問題は、住民の間で相互認識が可能で、コミュニティとしての社会性を持つかどうかである。この条件が当てはまるのであれば、大規模集落でも農村としての再興は可能だといってよい。

実際、都市近郊の大規模集落が優越する地域でも、村としての再生を目指す動きがある。たとえば、東京都日野市では農業条例を作り、農業用水を都市のなかに生かす町づくりを進めている。また逆に、全国には販売農家が皆無の集落が10％程度あり、そういう集落では兼業農家や非農家住民が農業生産関連の地域資源管理に重要な役割を果たしていることが多い。さらに、いわゆるIJターン者が農村に住みつくのも一種の混住化といえるかもしれない。最近では、「半農半X」というライフスタイルも注目を集めている。こうしたいろいろなかたちの社会的多様性が、新しい地域社会の創成に向かうエネルギー源となる事例が生まれつつある。

（池上甲一）

＊日本村落研究学会編、鳥越晧之責任編集『むらの社会を研究する—フィールドからの発想』農山漁村文化協会、2007年

＊鈴木広監修、木下謙治・篠原隆弘・三浦典子編『地域社会学の現在』ミネルヴァ書房、2002年

＊塩見直紀『半農半Xの種を播く』コモンズ、2007年

第1節 ▶農村社会の構造問題 3

限界集落問題

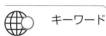 キーワード　　◎過疎化／◎限界集落／◎国土形成計画／◎地方創生
◎鳥獣害／◎集落機能／◎集落再編成

●過疎問題から限界集落問題へ

日本では高度経済成長以降、DID（人口集中地区）への距離が遠い集落を筆頭に人口が流出し始め、転出が転入を超過する社会減過疎が始まった。人口流出の主要な要因としては、山村の経済構造の転換（薪炭生産の壊滅、木材の輸入自由化による林業不振など）と所得格差の発生、社会インフラの未整備による生活格差の拡大と利便性の低下、教育や医療の縮小・撤退を指摘できる。

若年層が流出すると人口再生産力が衰える。その結果、死亡者が出生者を上回る自然減過疎が始まる。社会減と自然減の同時進行は、人口の急減と高齢者比率の急上昇をもたらし、さらに社会経済的な諸機能の大幅な衰退を生み出した。こうして、地域社会の崩壊が社会問題化してくる。

1996年に初めて、国土庁（当時）は、全国で2,000ほどの集落が将来的に消滅する可能性があるとの調査結果を公表したが、社会的にはあまり注目されなかった。ところが国土審議会計画部会が2005年から「国土形成計画」の策定に取りかかり、その作業の一環として実施した「過疎地域の集落に関する調査」の中間報告を2006年1月に公表すると、限界集落への関心が一挙に増大した。集落は存続集落、準限界集落、限界集落、消滅集落に分けられるが、同調査の最終報告は、65歳以上人口が5割を占める集落が7,878あり、西日本と東北を中心に2,643の集落がいずれ消滅しかねないと予測した（図）。そのことは国土政策上さまざまの問題を引き起こす恐れが強く、国土形成計画にとっても無視できない課題として位置づけられたのである。

●集落機能の低下と限界集落問題の多面性

限界集落という概念は、1990年代半ばに社会学者の大野晃が高知県大豊町の調査に基づいて提起した考え方である。大野によると、集落内に住む65歳以上の高齢者が人口の50％を超え、さらに冠婚葬祭や道普請などの社会的共同生活が困難になると、その集落は地域社会として存続することが難しくなる。このような集落を限界集落と呼んだ。

だから、限界集落問題の焦点は高

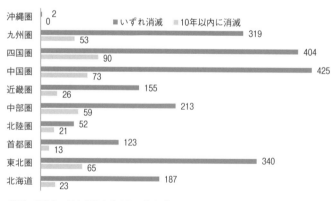

出所：総務省・国土交通省『平成18年度「国土形成計画策定のための集落の状況に関する現況把握調査」最終報告』より作成

図　消滅の可能性のある集落の地域分布

 用語解説　＊**DID（人口集中地区）**　1960年の国勢調査の際に導入された統計上の概念で、都市的地域の性質を把握することが目的。国勢調査上の基本単位区の人口密度が4000人/km²以上の区が連続しており、かつ隣接する基本単位区との合計人口が5000人以上という2つの基準を満たす地域。単独の区だけではDIDとしての基準を満たさない。

齢化よりもむしろ、共同生活を可能としてきた集落機能が低下することにある。集落機能は生産と生活の両面に関係しているが、代表的な集落機能としては農林業生産にかかわる地域資源の保全と管理、集落生活の運営に関する冠婚葬祭などがある。村人がまだ住んでいるところでも、ある時点でこれらの機能は急激に弱体化し消滅してしまうことがある点に注意が必要である（一種の「閾値」）。

集落機能が弱体化・消滅すると、その地域に住む人たちが暮らしにくくなるだけでなく、棚田や里山のような貴重な景観や、その地域に受け継がれてきた祭礼や民俗芸能などの地域文化も失われてしまう。また地域資源の荒廃や鳥獣害（写真）といった形でより広い範囲の人たちに悪影響を及ぼす。さらに、地域資源の荒廃は土石流や洪水の発生、水源の涵養能力の低下などによって、下流の地域にまで被害をもたらす危険性もある。つまり、上流農山村の外部経済効果が弱体化してしまうのである。ここに流域圏管理の課題として、限界集落問題にとりくまなければいけない理由がある。

防鹿網のなかで農作業をする高齢者（京都府京丹波町）
撮影：池上甲一

● 限界集落問題の克服に向けて

限界集落対策と銘打った政策はないが、過疎対策としては1970年の過疎法（4回、それぞれ10年の時限立法）以降、主に生活インフラの整備に重点を置く事業や、DIDから遠い集落を対象に集落移転事業がおこなわれてきた。国土形成計画でも同様に、中心・基幹集落への機能の統合など、集落再編成を視野に入れている。2014年にはいわゆる増田レポートをきっかけに「地方消滅論」が台頭し、地方創生戦略の閣議決定に至った。その下で各自治体は地方版の総合戦略を策定し、対策に取り組んでいる。

限界集落問題を扱う際に、重要なことは集落機能の「閾値」に達する前に手を打つことである。この点ではエコツーリズムや6次産業化など、地域資源を独自の発想でフル活用する産業おこしが効果をあげている例が多い。また、2000年に始まった中山間地域等直接支払制度は、集落機能の強化に役立っていると評価されている。

それでも条件によっては限界集落化せざるを得ない状況の集落もある。この場合には何よりも、現住している人たちの尊厳を損なわないように、きちんと生活できることを保障するという温かみのある視点が不可欠である。とくに、高齢者に対する日常的な見守り、買い物、フード・デザートへの対策、通院や銀行への移動など、生活の基本を支援する仕組みが重要である。その次の段階には、いわゆる「村おさめ」といった集落の撤退を検討することも必要となるだろう。

撤退を視野に入れる場合でも、各地で簇生している「脱限界集落化」への主体的努力を損なわないように目配りしなければならない。また消滅集落であっても、新規移住者が集落を再生している例もある。こうした、小さいが地道な努力と意欲こそが脱限界集落にとって重要な意味を持っている。

（池上甲一）

＊大野晃『限界集落と地域再生』高知新聞社、2008年
＊小田切徳美『農山村再生―「限界集落」問題を超えて』岩波ブックレット、2009年
＊日本村落研究学会監修・秋津元輝編『集落再生』農山漁村文化協会、2009年

第2節 ▶ 農林業の多面的機能 1

市場の失敗と農業

キーワード　◎効率性／◎外部性／◎公共財

●市場の失敗とは？

　市場は一般的に効率的な資源配分を可能とする。効率性は、消費者余剰と生産者余剰の和（総余剰）の大きさとして定義され、市場価格においてその和が最大化される。たとえば、図において、市場価格（Pm）とそうでない価格（Pg）での総余剰を比較すると、市場価格で総余剰が最大化されることが理解できる。

　一方で、市場は、いかなる場合も効率的であるわけではなく、そのような状況を「市場の失敗」（Market Failure）と呼んでいる。市場が失敗するケースとしてよく知られているのは、平均費用逓減産業、情報の非対称性、外部性、公共財などである。

　平均費用逓減産業は、生産量が増加するほどに製品1個あたりの平均費用が低下する産業を言う。このような産業の場合、後発企業の参入が難しく、結果として先行企業の独占（このような独占を自然独占という）を招きやすい。独占企業は、利益を最大化させるための価格設定が可能となり、それは多数の企業が存在するときの競争条件下での市場価格とは異なる（市場価格よりも高くなる）ことから、総余剰は減少する。

　情報の非対称性は、生産者（供給者）と消費者の有する情報が非対称であることから生ずる非効率である。たとえば、中古車市場においては、消費者は中古車の性能についての十分な情報を有しないことから、不良車を購入するリスクがある。このため、市場価格は、消費者が十分な情報を有している場合と異なることとなり、それにより市場が失敗する。

　外部性は、生産活動に付随して、社会に対して正または負の影響を及ぼし、その影響が当該生産活動に関する意思決定に反映されない状況をいう。この場合、当該生産物の供給曲線と、外部性の影響も含めた社会全体の供給曲線の間にかい離が生じることとなり、社会的な最適供給量と市場による供給量が異なり、結果として社会的な総余剰が最大化されないこととなる。

　公共財は、非排除性（その財〔あるいはサービス。以下、同様〕の利用を排除できないこと）、非競合性（その財を共有できること）の二つの性質の両方（これを、純粋公共財とよぶ）、あるいはひとつ（これを、準公共財とよぶことが多い）を有している財のことである。非排除性を有する財について、対価を徴収することはできない（対価を支払わない者の利用を排除することができない）ことから、市場による

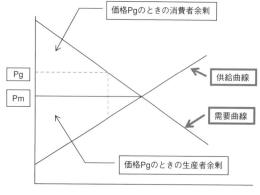

図　消費者余剰と生産者余剰

＊準公共財　非排除性と非競合性を完全に満足する純粋公共財に加えて、実際には準公共財が政策的な課題になることが多い。表に示すとおり、非排除性、非競合性ともに、その程度によってさまざまな形態が存在する。その程度に応じた政策が必要になることに留意する必要がある。

表　多面的機能の分類

	非競合	混雑	競合
非排除	純粋公共財 • 景観（非使用価値） • 野生動物棲息（非使用価値） • 生物多様性（非使用価値）	タイプII （オープンアクセス資源） • 食料安保 • 景観（訪問者による使用価値）	タイプII （オープンアクセス資源）
（便益が市町村などの地域に限定）	タイプI （地域公共財） • 洪水防止 • 景観（居住者による使用価値） • 文化伝承（非使用価値：地域特定的） • 地域雇用の有する正の効果		
（コミュニティ部外者に対してのみ排除可能）		タイプIII （コミュニティ共有資源） • 地下水涵養 • 野生動物棲息（使用価値） • 生物多様性（使用価値）	タイプIII （コミュニティ共有資源）
排除可能	タイプIV • 野生動物棲息（非使用価値） • 生物多様性（非使用価値）	タイプV （クラブ財） • 食料安保（何らかの制度的仕組みが成立する場合） • 野生動物棲息（非使用価値） • 生物多様性（非使用価値）	私的財 • 景観（排除性を確保できる場合の訪問者による使用価値） • 文化伝承（歴史的建築物の使用価値） • 食料安保（農家による使用価値）

出所：OECD（2001）

供給はできない。非競合性を有している財については、競合が発生しない（「混雑」しない）範囲で、できるかぎり多数の者にそれを供給することが効率性最大化のために望ましい。しかしながら、市場供給をおこなうと（非競合性のみを有し、非排除性を有しない財については市場供給が可能である）、対価を支払う者に供給を限定することから、効率性は最大化されない。

● 農業と市場の失敗

　農業においてもさまざまな市場の失敗が存在する。たとえば、多くの農家が共有する水源施設は、平均費用が逓減する可能性が高い。情報の非対称性についても、農産物生産のトレーサビリティの確立によって、非対称性を軽減する取り組みがなされている。外部性については、農薬や肥料の利用が、生態系や水質環境に影響を与えており、それらは負の外部性と区分できる。また、後節で述べる農業の多面的機能は正の外部性ととらえることが一般的である。また、それらの正の外部性の多くは公共財的性格を有している（表）。

● 農業における市場の失敗の是正

　市場の失敗は、効率性改善のためには是正される必要があるが、その是正の方法の選択にあたっては慎重な検討が必要である。不適切な是正方法の選択により、「政府の失敗」（Government Failure）を招く懸念があるからである。「政府の失敗」が市場の失敗よりも効率性に対するより大きな損失をもたらさない保証はないのである。後述する農業の多面的機能に関する国際的議論は、外部性に伴う市場の失敗の是正に関する方法をめぐるものだったが、その本質は、市場の失敗と政府の失敗のいずれに重きを置くかということでもあった。

（荘林幹太郎）

* ジョセフ・E・スティグリッツ著、藪下史郎訳『公共経済学（第2版）』、東洋経済新報社、2003年
* OECD, 空閑信憲他訳『農業の多面的機能』、農山漁村文化協会、2001年

第2節 ▶ 農林業の多面的機能 2

農業・農村の多面的機能

 キーワード　◎農産物貿易／◎OECD／◎政策分析枠組

●多面的機能の定義

　農業の多面的機能は、一般的には、農業が提供している農産物生産以外の機能と定義される。たとえば、わが国においては、食料・農業・農村基本法が、多面的機能を「国土の保全、水源のかん養、自然環境の保全、良好な景観の形成、文化の伝承等農村で農業生産活動が行われることにより生ずる食料その他の農産物の供給の機能以外の多面にわたる機能」としている。

●多面的機能の保全と農産物貿易ルール

　多面的機能の多くは、農業生産活動と何らかの形で結びついており（外部性）、また、その機能がもたらす社会的便益が公共財的な性質を有している。このような場合、多面的機能は市場の失敗を引き起こすことから何らかの国内農業生産保護が必要であると考える国がある。一方で、そのことを理由に農産物生産や市場に介入することは、貿易自由化に反する行為であると非難する国もある。それらの国は、多面的機能を理由とする農業保護は、古典的な保護貿易主義の一環とみなす傾向が強い。

　経済学的にみていずれの主張が正当性を有するかは、すぐれて実証的な問題となる。農産物生産と多面的機能が極めて強い結合性を有し、その機能が純粋公共財としての性質を持っているなら、理論的には農産物生産に対する補助金（「ピグー補助金」）が正当化される。一方、いずれかの条件が満足されない場合、農産物補助金が最適である保証はなくなる。

●OECDによる多面的機能政策議論

　多面的機能を保全するための政策についての国際的な意見の対立は1990年代の後半から2000年代の前半にかけて強く見られた。そのため、中立的な政策議論をおこなう必要が提唱され、先進国で構成される国際機関であるOECDにおいて、1999年から2003年にかけて多面的機能にかかわる政策分析枠組みの構築と、それに基づく政策議論がおこなわれた。

　OECDにおける分析・議論は経済学をベースにしたオーソドックスな枠組みをもとにしつつ、各国の政策立案者が建設的な政策議論を共有することができるように、そのプレゼンテーションに工夫がなされた。具体的には、政策立案者に対する「3つの質問」を設定し、それに対して回答することにより適切な政策選択が可能となるような分析枠組みが提案された。全ての回答がYesの場合のみ、多面的機能の保全を理由とした何らかの農業保護が正当化されるとしたものである。

（1）質問1：結合性

　農産物生産と多面的機能の間に切り離すことのできない強い結合性が存在するかを問うのが第一の質問である。かりに切り離すことが可能であれば、農産物は安価な輸入品で供給し、多面的機能は国内農業生産とは分離して供給することが、総合的にみればもっとも安価（効率的）となる。一方で、切り離すことができなければ、国内農業生

＊**OECD（経済協力開発機構）**　第二次世界大戦後に欧州復興のため実施された米国マーシャル・プランの受け入れ機関として設立された欧州経済協力機構（OEEC）の後継機関。先進35か国が加盟し、「世界最大のシンクタンク」とも呼称されている。農業部門についても、先進諸国共通の政策課題を数多く議論してきた歴史がある。

表　多面的機能を保全するための直接支払いの事例

結合の性質	支払い形態	支払い額	支払条件	負の外部性
土地および固定的な配賦不能投入財に結合	面積支払い：耕作面積に応じた支払い	支払い額を生産費と国際価格の差を面積支払いに換算したもの	非農産物が適切な質、量、場所で供給されるような農法基準を満足	負の外部性を内部化するための措置が必要
可変の配賦不能投入財に結合	投入財結合支払い：投入財の使用に応じた支払い（例：農業雇用に伴う正の効果に対する農業労働一人あたりの支払い）	投入財一単位あたり（例えば雇用一人あたり）に付随する非農産物への需要額	なし	同上
可変の配賦不能投入財に結合しているが、結合が不連続	投入財結合支払い：投入財の使用に応じた支払いだが、支払い対象の投入財の使用に上限を設定（例：放牧景観に対する家畜頭数支払い）	同上	非農産物が適切な質、量、場所で供給されるような農法基準を満足	同上

出所：OECD（2004）

産が農産物輸入によって減少すれば、それにともなって、結合している多面的機能も喪失されることとなる。

（2）質問2：市場の失敗

質問1に対する回答がYesの場合、質問2に進む。農産物輸入による国内生産縮小にともない、それに結合している多面的機能も失われるが、一方で貿易による経済便益も発生する。多面的機能の喪失が貿易による経済利益よりも大きいか否かを問うのが質問2である。回答がNoであれば、国内生産に介入する正当性は失われる。

（3）質問3：非政府供給

質問2に対する回答がYesの場合、国内農産物生産支援をおこなうことが必要とされる。しかしながら、その支援を必ずしも政府がおこなう必要はない。多面的機能の公共財的性格によっては、市場を創設することが可能であり、その場合、政府支援は必要ない。質問3は、それらの非政府的供給（支援）についての可能性を問う。

（4）最適な政策

3つの質問に対する回答が全てYesであれば、政府による国内農業支援が正当化される。具体的な支援の方法は、主として結合性の形態によって決定される。たとえば、多面的機能が農地に結合しているなら、耕作面積に応じた直接支払いが最適である可能性が大きい（表）。

●政策に対する説明責任

上記の最適政策表のうち、たとえば耕作面積支払い（毎年の耕作をおこなった面積に応じて農家に直接支払いをおこなうもの）は一般には生産に「カップル」された補助金として、WTOルール上は削減されるべき補助金に分類される。一方で、削減義務を負わないグリーンボックスに分類される補助金については、その支払い方法が規定されるのみで、補助金の支給目的が問われることはない。「市場の失敗」の是正に重きを置く場合、最適是正方法は生産に影響を与える可能性があるのに対して、「政府の失敗」の懸念が大きければ、政策目的に関係なくデカップルされた政策手法を指向する傾向がある。二つの「失敗」をめぐるこれらの観点は、「政府の失敗」を回避しつつ、「市場の失敗」を是正することこそが多面的機能に係る政策議論の本質であることを示唆している。そのためには、いかなる政策を採用するとしても、目的に対する手法の選択の合理性と整合性についての説明責任が強く求められる。　　（荘林幹太郎）

＊OECD、荘林幹太郎訳『農業の多面的機能―政策形成に向けて』、家の光協会、2004年

第2節 ▶農林業の多面的機能 3

森林の多面的機能

 キーワード　◎私的財と公共財／◎森林環境税／◎多面的機能の経済評価

●森林の多面的機能とは

森林には、木材やキノコなどを生産するだけではなく、災害防止、国土保全、環境保全などの役割がある。こうしたさまざまな森林の機能は「森林の多面的機能」と呼ばれている。

森林の多面的機能には、(1)動植物や生態系を守る「生物多様性保全機能」、(2)地球温暖化を防止する「地球環境保全機能」、(3)土砂災害などを防止する「土砂災害防止／土壌保全機能」、(4)水源を守る「水源涵養機能」、(5)大気浄化や騒音防止などの「快適環境形成機能」、(6)森林を訪問して楽しむ「保健・レクリエーション機能」、(7)森林を教育や芸術の対象とする「文化機能」、(8)木材やその他の製品を生産する「物質生産機能」が含まれる。

このように森林にはさまざまな多面的機能が存在するが、これらの機能の中には両立が可能なものもあれば、両立が困難なものもある。たとえば、間伐を適切におこなうことは、木材生産としての生産性を高めるが、同時に森林の生長を促進することでCO_2吸収量を増やし、温暖化対策としての効果も得ることが可能であるため、木材生産と温暖化対策は両立が可能な部分が存在する。しかし、木材生産の効率性を高めるために広葉樹を伐採してスギの人工林に転換することは、生物多様性保全の観点からはマイナスの効果をもたらすため、効率のみを重視した木材生産と生物多様性保全は両立が困難と考えられる。

このように、森林の多面的機能には、両立可能

表1　森林の多面的機能の種類

機能	機能を構成する要素
1. 生物多様性保全機能	遺伝子保全、動植物保全、生態系保全など
2. 地球環境保全機能	地球温暖化の緩和（二酸化炭素吸収・化石燃料代替エネルギー）、地球気候システムの安定化など
3. 土砂災害防止／土壌保全機能	土砂災害防止、土砂流出防止、土壌保全、その他の自然災害防止など
4. 水源涵養機能	洪水緩和、水資源貯留、水量調節、水質浄化など
5. 快適環境形成機能	気候緩和、大気浄化、騒音防止、アメニティなど
6. 保健・レクリエーション機能	療養（リハビリテーション）、保養（安らぎ、リフレッシュ、散策、森林浴）、レクリエーション（行楽、スポーツ、つり）など
7. 文化機能	景観、学習・教育、芸術、宗教・祭礼、伝統文化、地域の多様性維持（風土形成）など
8. 物質生産機能	木材（燃料材・建築材・木製品原料・パルプ原料）、食料（きのこなど）、肥料、飼料、薬品その他の工業原料、抽出成分、緑化材料、観賞用植物、工芸材料など

出所：日本学術会議「地球環境・人間生活にかかわる農業及び森林の多面的な機能の評価について」平成13年11月をもとに作成

 ＊私的財と公共財　私的財とは、排除可能かつ競合性を持つ財のことで、一般的な消費財が相当する。たとえば、木材は私的財に相当する。これに対して公共財とは排除不可能かつ非競合性を持つ財のことであり、多数の人々に受益が広がる性質を持つ。森林の温暖化防止機能や生物多様性保全機能などは公共財としての性質が強い。

表2　森林に対する要求の多様化

	1980年	1996年	1999年	2003年	2007年
木材生産	55%	22%	13%	18%	15%
災害防止	62%	69%	56%	50%	49%
水資源の保全	51%	60%	41%	42%	44%
大気浄化・騒音防止	37%	41%	30%	31%	39%
レクリエーション	27%	12%	16%	26%	32%
野生動物の生息場	項目なし	41%	26%	23%	22%
温暖化対策	項目なし	項目なし	39%	42%	54%

出所：世論調査

なものと両立困難なものがあり、個々の多面的機能を独立して考えることはできない。森林計画の意思決定に際しては、森林の多面的機能間の両立可能性を考慮した上で、総合的な視点から検討をおこなうことが重要である。

●森林に対する要求の広がり

　森林に対して求められる役割は、かつては木材生産が中心であった。だが、地球温暖化などの地球環境問題に対する社会の関心が高まったことを背景に、森林に対する人々の要求が多様化している。表2は内閣府がこれまでに実施した「森林と生活に対する世論調査」を整理したものである。1980年の調査では、森林に求める役割の中で木材生産と回答した人は55％と半数以上であったが、現在では15％にまで低下している。一方で、地球温暖化対策と答えた人の割合は増加傾向にあり、2007年の調査では54％にまで達している。このように、森林に対する要求は、従来の役割に加えて、騒音防止、レクリエーション、野生動物の生息場、そして地球温暖化対策など多様化していることがわかる。

　森林の多面的機能に対する社会的関心が高まり、森林の対する要求が多様化したことから、森林の木材生産としての役割が相対的に低下している。高度経済成長期では、木材生産によって得られた収益により森林を管理することが可能であったが、今日では木材価格が低迷していることから、木材生産の利益だけで森林の多面的機能を発揮することが困難となっている。

●森林の多面的機能と森林環境税

　木材は消費者が特定可能な「私的財」であり木材には市場価格が存在する。これに対して森林の多面的機能は、多数の人びとに影響がおよぶという「公共財」としての性質を持っている。このため、森林の多面的機能の多くは市場価格が存在せず、受益者である下流住民はその対価を支払うことなく恩恵を受けることが可能である。いわば、都市住民は森林の多面的機能をフリーライド（ただ乗り）しているといえる。

　そこで、近年では森林の多面的機能の受益者に費用負担を求める「森林環境税」の導入がおこなわれている。2003年に高知県で森林環境税が導入されて以後、各地に導入が広がり、2015年度までに39県で導入がおこなわれた。また他の都道府県でも導入が検討中である。森林環境税は、都道府県が独自に課税する制度であり、課税額は個人の場合一人あたり多くの事例では500円～1000円程度である。集められた金額は、森林の多面的機能を発揮するための森林管理の費用の一部などに使われている。森林環境税は、比較的低い金額を幅広く一律に課税する傾向にあり、課税額は必ずしも森林の多面的機能の受益の程度に応じたものにはなっていない。森林の多面的機能の費用負担として森林環境税を位置づけるためには、森林の多面的機能がどれだけの価値を持っているのかを金銭単位で評価し、その評価額に応じて課税額を設定することが重要である。

（栗山浩一）

＊遠藤日雄監修『現代森林政策学』日本林業調査会、2008年

＊栗山浩一・馬奈木俊介『環境経済学をつかむ』有斐閣、2008年

第2節 ▶農林業の多面的機能 4

森林・生態系保全の経済評価

 キーワード　◎CVM／◎顕示選好法／◎表明選好法

●森林・生態系保全の価値

　森林にはさまざまな価値が存在するが、森林の価値は大別すると利用価値と非利用価値に分類される。利用価値とは、直接的または間接的に森林を利用することで得られる価値のことである。利用価値には、木材など製品として消費することで利用する価値（直接的利用価値）、森林を訪問したときに景観として森林を間接的に利用する価値（間接的利用価値）、現在は利用しないが将来に医薬品などに利用される可能性があるために保全することで得られる価値（オプション価値）が含まれる。他方の非利用価値とは、自分自身が森林を利用しなくても森林を守ることで得られる価値の

ことである。非利用価値には、将来世代のために森林を守ることで得られる価値（遺産価値）、森林が誰にも利用されなくても、ただ森林が存在するだけで得られる価値（存在価値）が含まれる。

　このように森林にはさまざまな価値が存在するが、生態系保全の価値は、その価値の大部分が非利用価値に分類されるという点に特徴がある。生態系が木材のように製品として消費されることは極めて少ない。しかし、世界遺産屋久島の森林生態系を将来世代に残すべきと考える人は多いだろう。したがって、生態系の価値を計測するためには、非利用価値としての性質を考慮することが不可欠である。

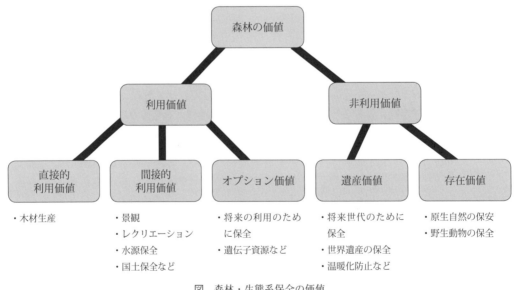

図　森林・生態系保全の価値

 ＊CVM（仮想評価法）　環境変化に対する支払意思額を人々にたずねて環境の価値を評価する手法。景観やレクリエーションなどの利用価値だけではなく、生態系などの非利用価値も評価可能であり、評価対象が広いという特徴を持つ。

表 環境評価手法

名称	顕示選好法			表明選好法	
	代替法	トラベルコスト法	ヘドニック法	CVM	コンジョイント分析
特徴	環境を人工物で置換する費用を用いて評価	訪問地までの旅費を用いて訪問価値を評価	環境が地代や賃金に及ぼす影響をもとに評価	環境変化に対する支払意思額をたずねて評価	複数の代替案に対する好ましさをたずねて評価
利用価値の評価	○	○	○	○	○
非利用価値の評価	×	×	×	○	○

●環境価値の評価手法

森林の木材としての価値は、木材価格が存在するため容易に金銭単位で評価することができる。しかし、それ以外の環境価値には市場価格が存在しないことから、別の方法で評価する必要がある。そこで、環境経済学の分野では環境の経済的価値を評価するために、環境評価手法と呼ばれる評価手法の開発がおこなわれてきた。環境評価手法は、大別すると顕示選好法（RP）と表明選好法（SP）の２つに分類できる（表）。

顕示選好法は、人びとの経済行動を観測することで得られるデータをもとに間接的に環境の価値を評価するものである。実際の行動データを用いることから高い信頼性を得ることができるものの、人びとの行動に反映されない非利用価値は評価できない。顕示選好法には、代替法（環境を市場財に置換する費用で評価）、トラベルコスト法（訪問地までの旅費を用いて評価）、ヘドニック法（環境が地代や賃金におよぼす影響を用いて評価）などが含まれる。

これに対して、表明選好法は、環境の価値を人びとに直接たずねることで評価する。表明選好法は、利用価値だけではなく非利用価値も評価できるという利点があるものの、アンケートのデータを用いることから、調査手順に不備があるとバイアスが発生して信頼性が低下することがある。表明選好法には、CVM（仮想的な環境政策に対する支払意思額をたずねて評価）とコンジョイント分析（複数の代替案に対する好ましさをたずねて評価）が含まれる。

森林生態系の価値は、その大部分が非利用価値に分類されるため、顕示選好法で森林生態系の価値を評価することは困難である。たとえば、熱帯林の生態系を評価する場合を考えてみよう。熱帯林が失われたときに、熱帯林の生態系を別の人工物で代替することは不可能なので代替法による評価は困難である。また、熱帯林を訪れたことがない人でも熱帯林を守りたいと思う人がいるだろうから、訪問行動をもとに評価するトラベルコスト法でも評価は難しい。そして熱帯林の生態系が存在するか否かが熱帯林の地代に反映されるとは限らないので、ヘドニック法による評価も困難と思われる。これに対して、表明選好法の場合は、熱帯林の生態系を守るためにいくらまで支払っても構わないかをたずねることで評価することが可能である。このため、森林生態系保全の価値を評価する際には表明選好法のアプローチが不可欠といえる。

●経済評価と環境政策

近年、環境政策において経済評価が用いられるケースが増えている。たとえば、公共事業を実施する際には費用対効果分析をおこなって、事業費用を上回る効果が得られることを示す必要があるが、河川整備や湿地造成など生態系に関連する事業の場合は、生態系保全の経済評価が必要となる。このため、多くの公共事業評価においてCVM、トラベルコスト法、ヘドニック法が用いられている。

また、生態系保全には多額の費用が必要なことから、受益者による生態系サービスへの支払制度に注目が集まっているが、国内でも森林環境税などの税率を決める際に経済評価が用いられるなど、経済評価に対する関心が高まっている。

（栗山浩一）

＊栗山浩一『環境の価値と評価手法—CVMによる経済評価』北海道大学図書刊行会、1998年
＊栗山浩一・北畠能房・大島康行編著『世界遺産の経済学—屋久島の環境価値とその評価』勁草書房、2000年
＊栗山浩一・馬奈木俊介『環境経済学をつかむ』有斐閣、2008年

第3節 ▶循環型農業の展開 1

地球温暖化と農業

 キーワード　◎地球温暖化／◎気温上昇
◎高温耐性品種の開発／◎緩和策と適応策

●気候変動の現状と予測

　IPCC第5次報告書によれば、1880年〜2012年の間に世界の平均値上気温（陸域＋海上）は0.85℃、平均海面水位は1901年〜2010年の間に0.19m上昇していると報告されている。特に、1951〜2010年に観測された世界平均地上気温上昇の半分以上は、人為的な要因によって引き起こされた可能性が極めて高いと考えられている。

　一方、気候変動問題が注目されて以降、地球温暖化を緩和するための様々な政策が実施されているが、人為起源のGHG総排出量は1970〜2010年にわたって増え続け、特に2000〜2010年はより顕著な増加を見せている。この結果、大気中のCO_2、CH_4、N_2O濃度は少なくとも過去80万年間で前例のない水準にまで増加していると見積もられている。

　そのため、現在実施されている緩和策（温室効果ガスの排出を減少させる対策）を上回る追加的な努力がなければ、多くの適応策（温暖化する気候に対応し、影響を軽減する対策）を実施しても21世紀末までの間に世界全体に温暖化による不可逆的な影響がもたらされる可能性が高いことが指摘されている。

●地球温暖化による農業への影響

　わが国でも気象庁が過去の観測データを分析し、1898年以降100年あたり平均気温が世界平均を上回る1.07℃上昇していることを明らかにしている。さらに、気温変化が原因とみられる影響が農業生産の現場で顕在化していることを独立行政法人農業・食品産業技術総合研究機構が2005年に実施した調査で報告している（表）。

　水稲では出穂後20日間の高温などが原因でデンプン蓄積の不十分な乳白米や心白米などの白未熟粒や登熟期初期の高温で発生する胴割れ粒、カメムシによる斑点米の発生などが確認されている。今後、気温上昇によっては、苗の移植日の変更や高温耐性品種の導入も必要になり、時期や栽培管理を誤れば大幅な減収が生じる可能性もある。また、九州などでは、田や稲からの水の蒸発散量が増加し、水田地域での潜在的な水不足も危惧されている。

　露地野菜では収穫時期の変動や結実不良、実の軟化などの生育障害が報告され、冷涼な気候に適した野菜は生産性が低下すると予測されている。また、果実ではリンゴやブドウ、カキ、カンキツなどで果実の着色不良や果肉の軟化、貯蔵性の低下とともに、ほとんどの樹種で発芽・開花期の早期化が報告されている。果実のような永年作物は、一年生作物と異なり、栽培地の移動がすぐにはできないため、地球温暖化の影響をもっとも受けやすいといわれている。

　どの作物にも共通することだが、気温上昇によって病原菌や害虫の発生量の増加や発生の早期化、集中豪雨による農地の湛水被害等が予想され、これまで以上の対応が求められる。さらに、温暖化による農業者の熱中症の増加や直接的な因果関係は明らかにはなっていないが、野生鳥獣の分布拡大による農作物への被害も懸念される。

　また、温暖化の影響は世界各国に及ぶことから、多くの食料を輸入するわが国は輸入相手国で実施される可能性のある旱魃・害虫への抵抗性強化や収量向上を目的としたバイオテクノロジーや遺伝子組換

 用語解説　＊ **IPCC (Intergovernmental Panel on Climate Change) 気候変動に関する政府間パネル**
1988年に世界気象機関（WMO）と国連環境計画（UNEP）により設立された組織で、人為起源による気候変化、影響、適応および対応策に関して、科学的、技術的、社会経済学的な見地から包括的な評価をおこなうことを目的とした組織。

表　地球温暖化が原因とみられるわが国での農畜漁業への影響

農業		
米	乳白米・心白米などの白未熟粒の発生	
	胴割れ粒の発生	
	カメムシによる斑点米の発生	
	生育期間（移植から出穂）の短縮	
麦	赤かび病の発生増加	
	登熟期間の短縮による減収・品質低下	
大豆	害虫（ハスモンヨトウ）の発生増加	
露地野菜	収穫期の変動	
	生育障害の増加	
	冬季の施設生産の燃料使用量の低下	
果実	発芽・開花期の早期化	
	着色不良，果肉軟化・貯蔵性低下（リンゴ，ブドウ，カキ，カンキツなど）	
	浮皮症（果皮と果実が分離する）の発生（ミカンなど）	
	日焼け果の発生（ミカンなど）	
	全国的な収穫期の集中（ナシ，モモなど）	
飼料作物	牧草の夏枯れによる減収と冬作牧草の増収	
畜産業		
畜肉	熱中症による死亡	
	繁殖障害，受胎率の低下	
	飼料摂取量の低下による乳量の低下	
	暖冬による産肉・産卵性の向上	
水産業		
	水温上昇による漁獲量の低下	
	漁場，産卵場の変化	
	南方系魚類による海藻の食害	

出所：杉浦他（2006）「農業に対する温暖化の影響の現状に関する調査」研究調査室小論集 7.1-66 および「環境省資料」から作成。
注：影響として報告されている事項について、確実に温暖化の影響だと断言できないものも含まれている。

え作物の導入、農薬使用の増加などの適応策の動向にも注意を払う必要がある。

● 農業分野における地球温暖化対策

気候変動には不確定要素が多く、いつどこでその影響が現れるかの予測は困難であるため、地球温暖化対策では緩和策と適応策の両方を同時並行で実施しなければならない。

農業分野における主な緩和策は、化学肥料の利用、農業機械の燃料消費、家畜の消化管内発酵や家畜ふん尿などから排出される温室効果ガスの削減に向けて、有機農業、施設栽培や農業機械の省エネ、ふん尿のメタン発酵処理、バイオマス利用等である。また、農地による炭素吸収にも大きな期待が寄せられている。

一方、適応策は2015年8月に策定された農林水産省気候変動適応計画にまとめられているが、米の高温耐性品種の開発、野菜や果実では夏季の高温回避対策や栽培適地の移動、極端な気象現象による災害への対応などがあげられる。しかし、農業分野に限らず、地球温暖化対策は個別技術を開発するだけでなく、関連する分野との相互影響や適応策の実施に伴う間接影響を考慮することが重要であり、特に、適応策の導入は各地域の社会特性の影響を強く受けるため、関係者の協働が不可欠である。

いずれにしても、農業分野への地球温暖化の影響は、われわれの生活に重大な影響を与えることから、総合的な対策の実施が急務になっている。

（楠部孝誠）

＊杉浦俊彦『温暖化が進むと「農業」「食料」はどうなるのか？―日本の農業の品質と収穫量を守る対策』技術評論社、2009年
＊林陽生『地球温暖化で日本農業はどう変わる』家の光協会、2009年

第3節 ▶ 循環型農業の展開 2

有機農業と環境保全型農業

 キーワード　◎IFOAM（国際有機農業運動連盟）／◎有機農業推進法／◎JAS ◎CODEX基準／◎特別栽培農産物／◎CSA／◎産消提携

●「有機農業」の現実

　有機農業推進法の成立によって、有機農業への関心が高まっているが、一般の認知度の高さに比して、JAS有機の認定農業者数は2009年度で3823人、有機農産物市場シェアはいまだに0.016%にとどまっている。後者を有機農業実施面積率に読み替えたIFOAM（国際有機農業運動連盟）による調査では、対象110か国中68位、OECD加盟国中最下位である。

　有機農業についての一般的な理解は、①農薬・化学肥料を使用せずにおこなわれる農業であり、②環境負荷が低く、その農産物は③栄養価が高く美味、化学肥料を使わない代わりに④有機質肥料を使っている、農薬を使わない代わりに労力が多投されているため⑤価格が高い、といったところであろうが、有機農業の「有機」には、有機農業の歴史やそれを担ってきた主体によってさまざまなニュアンスが含まれ、万人を納得させる定義は難しい。

　かつての農水省の整理では有機農業は環境保全型農業に含まれ、高付加価値農業として位置づけられていたが、有機農業推進法の審議過程において、環境保全的な農業技術を足し合わせた結果が有機農業ではない、また、有機農業は高付加価値農業ではなく、有機農産物の高価格は外部経済で実現されている価値であり、価格プレミア分は減収分、資材費の増加分にすぎないという認識が共有され、JASで定義された有機農産物を生産する方法以外の有機農業の存在が認知された。

　実際に、さまざまな有機農業がおこなわれている現実があり、環境負荷が高く、不味い有機農産物もありうる。これは、JASの有機農産物基準が、欧米のような生産者の自主基準にもとづいておらずCODEX基準をほぼそのまま持ち込んだものであり、国内の環境への適合性と地域性の高い技術の実践を無視した結果でもある。

●環境保全型農業との違い

　有機農業を生産の面から見ると、作物や家畜、生態系や天然資源の持つ本来の機能を活用することによって、短期の生産効率だけでなく、環境の持続性を重視して営まれる農業と定義される。つまり、有機農産物の供給のみが有機農業の役割ではなく、持続的な資源利用、つまり環境保全の結果が有機農産物をもたらすこととなるという理解が妥当である。

　一方、環境保全型農業に関する農水省の定義は、「農業のもつ物質循環機能を活かし、生産性との調和などに留意しつつ、土づくり等を通じて化学肥

有機農家が考案した生ごみ堆肥化ボックスの使い方を教わる小学生

 ＊有機JAS　有機農産物、有機加工食品、有機飼料、有機畜産物について規格が定められているが、現場に求められている有機資材に関するJAS規格はまだ未制定。特定JAS同様、製品標準ではなく、作り方の標準を定めたものであり、かつ、「有機農業」という表現がいっさい用いられていないことで明らかなように、生産の過程が評価されるべき有機農業についての視点が生産物つまり生産の結果にしかないことで、有機農業の推進ではなく取り締まり機能を発揮する結果となっている。

料、農薬の使用等による環境負荷の軽減に配慮した持続的な農業」であるが、簡潔には、慣行農法の技術の一部を置き換えることで農薬、化学肥料の低減をめざすものである。たとえば、持続農業法にもとづくエコファーマー認定制度は、有機質資材の利用による土づくりに関する技術、局所施肥などによる化学肥料の低減に関する技術、機械除草などによる化学農薬の低減に関する技術の3つの領域で推奨される技術のいずれか一つ以上の採用を求めるものであり、都道府県によってとりくみの積極性に差が見られるものの、2009年度での累積認定件数は185,975人に上る。しかし、認定の有効期限5年を経過後の更新は認めない、といういわば初心者向けの制度であり、次段階の指標としては、農薬・化学肥料半減が指標となる「特別栽培農産物に関するガイドライン」が設けられている。農水省の調査では、この「特栽」をおこなっている農家においては条件が整えば有機農業に移行する意欲が確認される。しかし、図に示されるようにエコファーマーとJAS有機の認定件数は相関しておらず、実際の移行にはさらなる条件整備が必要なことが推測される。

●有機農業の可能性と展開事例

前述のIFOAMの調査では、有機農業実施率上位の20か国中18か国が西欧の国々である。日本では有機農産物のネーミングは表現として少々硬く、商品名としては現在でも説明を要するものである。西欧では、オーガニックという表現よりもビオ（BIO）が一般的であり、消費者にとって、より優しく親しみのある表現ではないかと推測される。日本においても、有機農産物が認知される以前は自然食品、無添加食品などの呼称があり、消費者には「無農薬」という呼称の方が現在では理解されやすい面がある。

欧米では有機農業を実践する生産者（農場）が消費者に働きかけるCSA（地域支援型農業）がさかんになっているが、日本国内の有機農業運動は、四大公害や食品公害を背景に、消費者が団体を形成して生産者に働きかけ、それに対して生産者が組織的に応じることで発展してきた。

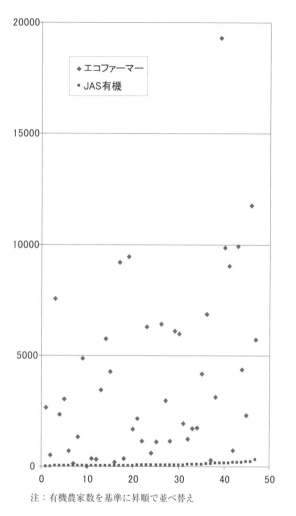

図　エコファーマーおよびJAS有機認定件数の都道府県別比較（2009年度、単位：人）

有機農産物が市場で取り扱われない段階において成立した、消費者が直接に生産者とやりとりするこの形態は産消提携と呼ばれ、今日ではCSAの源流であると評価されているが、欧米での隆盛に比べ、国内では停滞傾向にある。しかし、CSAの逆輸入によって、これまで有機農業を支えてきた実践方法が見直され、有機農業の生産活動だけでなく、地域における環境保全や地域づくりへの貢献などを評価した新たな活動の芽が萌している。

（波夛野豪）

＊桝潟俊子『有機農業運動と〈提携〉のネットワーク』新曜社、2008年
＊波夛野豪『有機農業の経済学―産消提携のネットワーク』日本経済評論社、1998年

第3節 ▶ 循環型農業の展開 3

有機物循環と農業

 キーワード　◎有機物循環／◎窒素収支
◎農産物貿易／◎食料・飼料の海外依存

●有機物循環

有機物循環とは植物の代謝を含む生態系の広い意味での食物連鎖にともなう物質循環のことであるが、人間の生産活動を含めた有機物循環は大きく2つのシステムから形成される。一つは農業、畜産業、林業などの一次産業内で副産物や廃棄物である有機物を利用しあう産業内及び産業間の連携による循環システムである。もう一つは、農業、畜産業、漁業の生産物が食品加工業、食品流通業を経て消費者の手にわたる製品供給と、各段階において発生する副産物や廃棄物を再資源化して、生産工程の現場へ戻すか、別の産業に有効利用する循環システムである（図1）。この2つの循環システムが機能することによって、廃棄物が資源として有効に利用され、人間活動と自然環境がバランスよく維持される。

●食料や飼料の輸入による環境への影響

近代に至るまで、人類は食物生産と同時に有機物循環をおこない、自然界における窒素収支を大きく乱すことは少なかった。しかし、化学肥料の出現により農作物の量産を目的に農作物が吸収する以上の窒素を農地に投入した結果、過剰に施肥された化学肥料の一部が硝酸態窒素として流出するとともにそれまで資源として活用されていた有機物が廃棄物となって環境中に排出され、地下水汚染や閉鎖水域の富栄養化の遠因となり、さらには人体への影響も危惧されている。

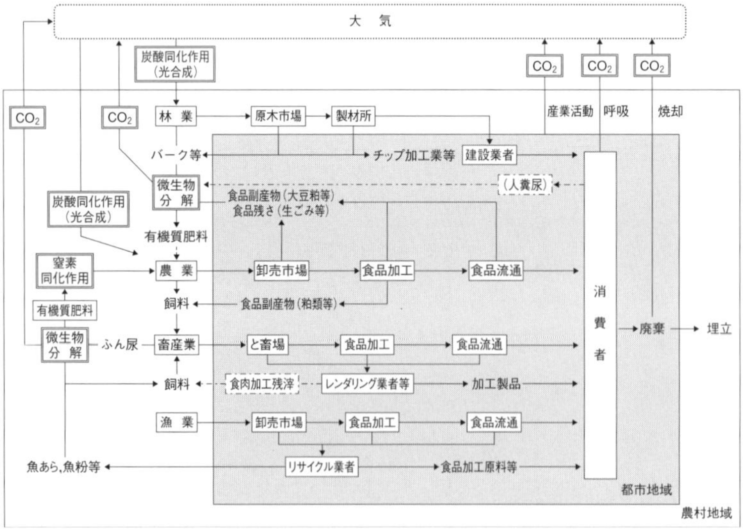

さらに、わが国は食料、飼料の多くを海外から輸入しているが、これは国際的な窒素の遍在を誘発している。食料、飼料のフローを窒素ベースで見ると、1982年には食飼料として85万トンが輸入されているのに対し、1997年には120万トンと約35万トンも窒素の流入が増加している。一方、農地を含む環境中へは、畜産業や人間生活などから計167万トン排出され、化学肥料の投入が減少しているにもかかわらず、1982年から20万トンも増加している。この間、

図1　人間の社会経済活動を含めた有機物循環

＊硝酸態窒素　硝酸態窒素を肥料などで過剰に施肥すると地下水が汚染されるだけでなく、野菜が硝酸態窒素を必要以上に吸収する。硝酸態窒素を大量に含む水や野菜を摂取するとメトヘモグロビン血症（酸素欠乏症）や2級アミンとの結合によって生成されるニトロソアミンによる消化器系のガン発症リスクが高まるなどの健康影響が指摘されている。

窒素の受け皿となる農地面積は517万haから473万haに減少していることから、環境への窒素負荷の増加は明らかである（図2）。

このような食料や飼料の海外依存に伴う貿易量の増加は、輸送による環境負荷の問題も内包している。農産物貿易が活発になれば、当然、輸送量も増加し、燃料としての化石資源の消費も増える。今後、地球温暖化防止の国際的な枠組みの中で、輸送燃料が削減規制の対象になれば、当然、農産物価格も高騰し、わが国の飼料や食料供給に大きな影響を与えることも予想される。

また、農産物貿易は別の視点でみれば、農業用水の貿易でもある。本来、農業生産には大量の農業用水が必要であるが、わが国は食料・飼料を輸入することで、国内で生産したならば必要になるはずの農業用水を節減している。沖（2009「バーチャルウォーター貿易という発想」『環境研究』No.152、33-40頁）の試算によれば、日本の年間灌漑用水量約570億㎥を超える年間約640億㎥の農業用水が輸入農産物の生産に使用されている。

● 有機物循環と国内農業の振興

食料や飼料の多くを海外に依存する状態は、窒素の偏在をもたらすこと、輸送負荷を高めることから環境汚染を生み出す。他方、窒素を最終的に受け止める器であり、有機物循環の要となる国内の農地は一貫して減少傾向にあり、農業の衰退に歯止めがかからなくなっている。これは、農業、農地の機能を食料供給の観点だけでとらえ、食料市場において生産コストのみで経済的効率性を評価してきたためである。現在の市場システムでは評価されないが、食を通して生まれる有機物の循環と環境負荷を良好な状態にするうえで、農地を保全し農業を振興することは不可欠な課題である。また、水田を中心とする農地や手入れのされた森林は天水を受け止めて水源を涵養する水の循環装置であり、それを通して災害を防ぐ国土保全の機能をも持つこともあわせて視野に入れなければならない。そのため、農業振興は単に農業・食料政策としての意味合いだけではなく、環境政策、国土保全対策でもあるという視点から、国家政策として、安定的な農産物供給体制と農家経営の向上を図るために実効的な政策統合が求められる。

（楠部孝誠）

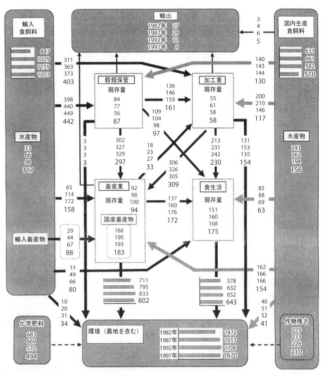

4つ組の数値は、上から順に、1982年、1987年、1992年、1997年のフロー、および現存量に対応する。

［輸入食飼料］と［国内生産食飼料］の内部に示した［水産物］は、それぞれ、総量の内数である。
［畜産業］への入量は、輸入畜産物以外は家畜の飼料であり、これらによって［国産畜産物］が生産される。
［輸入食飼料］と［国内生産食飼料］からの環境への排出量は、主に、養魚用の魚粉の消費などによるものである。また、これらと、［穀類保管］、［加工業］、［畜産業］、［食生活］からの各排出量との合計が、［環境（農地を含む）］への総排出量である。
現存量は、［穀類保管］と［加工業］ではストック（在庫量）、［畜産業］と［食生活］では飼養家畜と人間の体内に含有される窒素量である。
［穀類保管］、［加工業］、［畜産業］における入量と出量との差は、ストックへの増減量である。
［化学肥料］と［作物残さ］は、システムの系外からの入量として示してあり、本算定には含めていない。

出所：織田健次郎「わが国の食飼料システムにおける1980年代以降の窒素動態の変遷」日本土壌肥料学雑誌第77巻第5号、2006年、pp517-524

図2　わが国の食飼料システムにおける窒素フローの変遷

＊鈴木宣弘『食料の海外依存と環境負荷と循環農業』筑波書房、2005年
＊植田和弘、楠部孝誠、高月紘、新山陽子『有機物循環論』昭和堂、2012年

第4節 ▶ 都市農村交流 1

食農教育

キーワード　◎市民農園／◎食育基本法／◎農業体験農園／◎教育ファーム
◎総合的な学習の時間／◎食のリテラシー

●食農教育の起こり

　農の教育力が注目され始めるのは農業と農村の多義化が始まる1980年代後半である。当時の市民農園の拡大にも影響を受けながら、当初はおもに自然を理解する糸口としての農業に注目が向けられた。その後しだいに農業を通じた食の理解に重点がシフトしていき、1998年に農山漁村文化協会から発刊された『食農教育』という雑誌によってこの用語が造られたとされる。その『食農教育』を編集してきた阿部道彦によると、「食農教育とは、地域の自然と人間がかかわりながら歴史的に形成されてきた『食』と『農』の知恵と技を学び、子ども達の『生きる力』を育むとともに、個性的な生活文化を継承し、発展させることで持続可能な地域社会の形成に資する教育」であるという（大村・川畠編、162頁）。2002年に小中学校で「総合的な学習の時間」が開始され、そこで農業体験が取り入れられたことも食農教育の広がりを後押しした。

●食育基本法の制定

　そうしたなか2005年に当時の小泉首相の強力なイニシアティブによって食育基本法が成立した。その異例に長い前文のなかで、基本法では子どもたちへの健全な食生活教育、成人も対象とした食と健康・食の安全・食と文化に関する判断力の育成が説かれている。条文中では、食料の生産から消費に至るまでの食に関する多様な体験活動の推進や地域の特性を生かした食生活・食文化への理解、食料の生産者と消費者との交流と農山漁村の活性化、食の安全性への知識と理解の喚起など、それまでの食農教育で対象とされ実践されてきた内容が盛り込まれている。基本法に述べられている「健全な心と体」という目標や、食という私的な領域にまで国民運動として浸透することの危うさなど、基本法についての批判はある。また、食の問題が前面に出て、それまで蓄積されてきた食と農をつなぐ活動がやや後景に退いた感もある。しかし、それまで先駆的におこなわれてきた食農教育が法的な基盤を得てさらに充実してきたことも事実である。

地元農家の指導のもとに、小学校の農業体験学習として古代米の赤米を手植えする。京丹後市上山地区にて（桑原稔氏撮影）。

用語解説　＊**農業体験農園**　以前の市民農園のように区画を細分化して個別に菜園として貸すのではなく、貸し手である農家が借り手に対して積極的に栽培指導をおこなう形の農園。栽培品目も限定している場合が多く、借り手の都市住民は栽培についての情報交換が可能になる。それが利用者相互の親密性をも生み出しており、新しいコミュニティの形成につながっているところが興味深い。

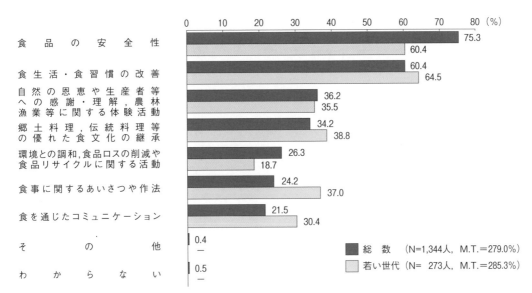

図 食育を国民運動として実践するなら関心があること（総数と若い世代の比較：3つまでの複数回答）

注：『食育に関する意識調査報告書（平成28年3月）』（16頁）より転載。

●学内教育と学外教育

　学校教育においては「総合的な学習の時間」の利用を中心にして食農教育が実践されている。小学校学習指導要領では第5学年において産業としての農業を学ぶことになっているので、農業を取り入れた総合的学習の実践も5年生を中心におこなわれることが多いようだ。特区制度を利用して小学校に農業科を設置した福島県喜多方市のような例もある。一般に担当教員の熱意によって活性度が大きく左右されるため、教員の異動によらない活動の継続が課題である。学校教育を離れた実践としては「農業小学校」が先駆的である。正規の小学校とは別に、親と子どもがともに農業を体験し学習する活動で、たとえば滋賀県で発足した「農業小学校をつくる会」は1995年に事務局を開設している。そのほか、農家による指導付きの市民農園である農業体験農園も大都市内部あるいは近郊地域に広がっている。こうした動きと食育基本法の制定に対応して、2006年に農水省は「教育ファーム推進計画」を策定した。教育ファームとは「生産者（農林漁業者）の指導を受けながら、作物を育てるところから食べるところまで、一貫した『本物体験』の機会を提供する取組み」（教育ファームねっとホームページ）とされている。食育一般についての調査によると、約3分の1が農林漁業とのつながりを意識していることがわかる。この割合をさらに高めることが食農教育の課題である。

●指針ではなく能力を

　私たちには意識の一貫性があるので、食べたものによって身体が作られ、しかも物質的には日々更新されるという事実をなかなか実感できない。しかし、身体の維持に関心を向ければ、食べ物がどのように作られ、加工され、調理されるかは私たちにとって欠かせない情報である。とくに生産の場面は環境とも結びついており、単に身体だけでなく環境全体の持続性ともつながっている。この実感と事実のギャップを橋渡しするものが食農教育である。ただし、食は社会的であると同時に私的でもある。個人の食がどうあるべきだと指針を示して誘導するのではなく、多様な知識と体験を提供することによって、ふさわしい選択をおこなえるだけの「食のリテラシー」を身につけることこそが、食農教育や食育の目標にならなければいけない。

（秋津元輝）

＊野田知子『実証 食農体験という場の力―食意識と生命認識の形成』農山漁村文化協会、2009年
＊大村省吾・川畠晶子編『食教育論―豊かな食を育てる』昭和堂、2005年

第4節 ▶ 都市農村交流 2

農村女性起業

キーワード　◎生活改善グループ／◎エンパワーメント／◎「犠牲者」と「救世主」
◎ソーシャル・ビジネス（社会的企業）

●農村女性起業のルーツ

地元産の農産物を原料とした漬物やお菓子などの食品加工、地元食材を使った農村レストラン、朝市や直売所の開設と運営、自家農産物を使った民宿の経営など、女性が中心となって経営する農村ビジネスが農村女性起業であり、現在では全国に広がっている。初期段階の特徴はグループによる起業にあり、その前身となったのは農漁協の婦人部や生活改善グループである。生活改善グループとは生活改善普及事業のもと、生活改良普及員の指導をえて農家女性によって結成された集団であり、台所や料理の改善、女性の地位向上などがその活動の目標とされた。それら農村女性のグループは、1960年から70年代にかけて盛んに結成され、農業近代化において失われた自給復活の動きにも呼応しながら、地域の農産物を有効利用するために食品加工の勉強をはじめる。その過程で培った加工技術を基礎として、1980年代後半からグループによる農村女性起業が増加しはじめるのである。

●仲間づくりとエンパワーメント

1980年代に起業した農村女性たちの年齢は40歳代・50歳代が中心であった。生活改善グループ活動の推進は仲間づくりの意味もあったので、各グループはライフステージの類似した同じ年齢層の女性たちの集まりとなった。その女性たちがおよそ20年来苦楽をともにして、加工食品や料理を商品として開発し、起業に踏み出す。その結果、自分たちが自由にできる収入が得られたことや活動が社会的に認められたことによって、彼女たちの社会的地位を高めることになった。折しも、1990年代に入って米価は低迷し、水田だけに頼ってきた農業の将来が危うくなってくる。農村女性起業は農村における収入の多元化と活性化に貢献した。それまでは社会進出も阻まれた「犠牲者」であった農村女性が、あたかも農村経済の「救世主」として表舞台に立ちはじめたのである。政策的にも1992年に発表された『2001年に向けて－新しい農山漁村の女性』のなかで「女性起業」という用語が初めて用いられて関心が高まった。地元産材料の使用や女性の利点を活かすこと、地域に役立つこと、都市住民や他の農村女性たちと交流

農村女性従業員のみによって運営される食品加工株式会社の出荷風景（筆者撮影）。

用語解説　**＊生活改善普及事業**　1948年の「農業改良助長法」に定められた協同農業普及事業の一翼を担う事業であり、「農民生活に関する科学的技術及び知識の普及指導に当たる」ことを目的とした。それにともない農林省に生活改善課（～1990年）が設置された。普及課題としては、かまどや作業衣、料理、台所の改善、衛生指導から、女性労働改善、健康問題、高齢者問題、さらに家族経営協定、農産物活用や農業経営へと移っている。

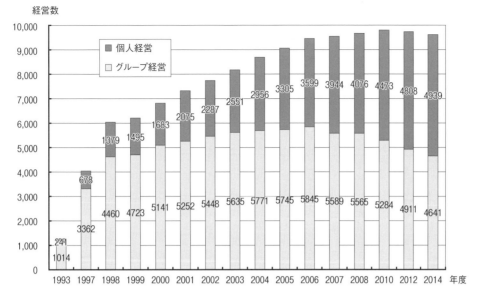

図 経営形態別の農村女性起業数の変化

出所：『農村女性による起業活動実態調査』各年次（農林水産省ホームページ）、および宮城道子『農村ではじめる女性起業』（社）農山漁村女性・生活活動支援協会。

することなどが、利潤追求の企業とは異なる彼女たちのこだわりである。企業ではなく起業と表記する理由はそこにある。

●継承問題と個人起業の増大

ところが2000年を過ぎると、主流であったグループ起業の増加が頭打ちになる。図のように、2007年には統計上初めてグループ起業の数が減少した。グループ起業の減少は次の3つの理由による。①1970年代以降の兼業化の進展などによって新しい生活改善グループの結成が少なくなり、それを母体とした女性起業の生まれる機会が大きく減少したこと、②経営規模が零細であるため新しい従業員を迎え入れる余裕がなく、さらに③同年齢層の仲間づくりから始まったため新しい若いメンバーの受け入れに対して消極的であること、から高齢化による活動休止やグループ解散に至ることである。農村女性起業の牽引役としてのグループ起業はひとつの歴史的役割を終えたともいえる。

●社会に開かれた志へ

図にもあるように、個人経営の興隆によって農村女性起業の総数は現在もおおむね維持されている。グループ活動の歴史がなくても、他産業での就業経験などを活かして女性が個人として起業できる時代になったのである。グループ起業の中にも、事業規模が大きい場合は年齢層別に部門を振り分けたりして、女性の働き場所としての楽しみと事業継続を巧みに両立させている例もある。農村女性起業の発展は現在注目されている農業の6次産業化に直結しており、今後の農村地域の振興に対して重要な役割を果たすだろう。今後、個人経営の女性起業が増加していくと、従来のような仲間づくりという動機は当てはまりにくくなる。代わってよりビジネス感覚に基づいた女性のエンパワーメントが期待されるが、おそらく経済的に拡大していくことが最終目標とされるべきではない。農村地域は雇用問題を始めとして、福祉や環境、資源管理、食べ物、そして女性問題など多くの課題を抱えている。農村女性起業は、そうした地域問題の解決をビジネスのかたちで追求していく、いわゆる社会的企業（ソーシャル・ビジネス）として展開していくところに独自の活路が見出されるだろう。

（秋津元輝）

＊秋津元輝・藤井和佐・澁谷美紀・大石和男・柏尾珠紀『農村ジェンダー―女性と地域への新しいまなざし』昭和堂、2007年

＊靏理恵子『農家女性の社会学―農の元気は女から』コモンズ、2007年

＊『農業と経済』2009年12月号、特集「農村女性起業の成熟と転換」、昭和堂

第4節 ▶ 都市農村交流 3

ファーマーズ・マーケット

 キーワード　◎地産地消／◎少量多品目生産／◎高齢者・女性　◎関係性マーケティング

●のびる農産物直売所

農産物直売所（ファーマーズ・マーケット）の勢いが止まらない。農業、農村をめぐる変化のなかでもっとも活発な動きを呈しており、総販売額は1兆円規模ともいわれている。その背景として、消費者側では新鮮・安価・安全・安心な農産物への希求がある。直売所では流通コストが節約されるため、生産者の手取りは高く消費者価格は低く、が実現できる。輸入農産物の安全性に対する疑問から、安全・安心で高品質な国内産・地場農産物を求める動きも強い。農村部に立地する直売所へと消費者が容易にアクセスできるための自家用車の普及や道路インフラの整備も前提である。生産者側では、手取り価格の高さにくわえて、少量多品目生産でも販売できる手軽さとそれゆえに高齢者や女性が出荷者になれることなどが利点である。売上として成果が見えやすく、消費者の意見も直接反映されるので、生産や創意の刺激にもな

る。さらに、2005年頃からは農水省や都道府県が進める地産地消推進政策によっても支援されている。

●直売所の大規模化

2009年農水省調査では全国で16,816か所の産地直売所が数えられている。ここであらためて農産物直売所を定義すると、生産農家が自分たちの農産物・加工品を持ち寄り、みずから価格を決めてみずから販売するシステム、およびその販売所といえる。しかしそれらの規模や運営形態は多様である。1980年代から、庭先販売や振り売りなどの伝統的・個別的な直売形態に代わり、集落や生活改善グループ、農協婦人部などを母体とした生産者組織による直売所が全国に出現する。1990年代以降になると、規模拡大した直売所では従来の生産者による当番制から専従職員の雇用へと運営方式が転換する。同時に、農協や自治体などが設立主体となって設置された直売所でも、当初から生産者と直売所運営の分離が一般的となった。

こうして大規模化し、POSシステム（販売時点情報管理）も導入してスーパーに引けを取らない販売体制をとる直売所と、生産者組織による運営を続ける直売所との間に格差が広がり、品揃えの点で優位な前者のタイプの直売所が優勢となっている。表に示した5年間の統計数字の違いを比較しても販売額1億円以上の直売所比率が高まり、1直売所あたりの規模が確実に拡大していることが読みとれる。小規模な直売所は閉鎖されたり統合されるなど、直売所間の競合が進んでいる。地

表　市区町村・第3セクター・農協設置の農産物直売所の変化

調査年	1億円以上販売の直売所割合 (%)	1直売所あたり				
		販売金額 (万円)	地場農産物販売比率 (%)	従業者数 (人)	売場面積 (㎡)	参加登録農家数 (戸)
2004	21.0	7,642	63.8	7.2	185.5	167
2007	29.5	8,870	69.4	8.3	236.2	174
2009	36.7	13,579	72.1	8.6	246.4	242

出所：農林水産省大臣官房統計部「農産物地産地消等実態調査」、2008、2011

 用語解説　**＊地産地消**　地域生産地域消費あるいは地元生産地元消費の略。地元の食品が身体によいという意味の「身土不二」も出自は違うが現在では同様の意味に使われることが多い。鮮度の高さと栄養価の高さ、地域経済・農業の振興、食文化の維持、輸送エネルギーの削減などの利点がある。学校給食での地元食材利用としても動きが広がっている。

域的には、東海、九州、沖縄に大規模な直売所が多い（2009年時点）。大規模直売所のなかには、たとえば「JAおちいまばり」が経営し、年間27億円を売り上げる「さいさいきて屋」のように、食堂の併設だけでなく、学校給食への食材提供や地元農産物の加工、子ども対象の料理教室、農業体験にまで事業を拡大して、さながら農と食のテーマパークとして人気を呼んでいる例もある。

今治市内にある「さいさいきて屋」。徹底した地産地消を推進する店内には、地元産の食材であふれていた（2014年：筆者撮影）。

● ポストモダン流通として

　直売所の急成長は販売方法に対する関心をも呼び起こしている。直売所では生産者と消費者の距離が近い。消費者にとって、生産者の情報が身近であったり、直接の対話によってコミュニケーションしたりすることは、農産物への信頼感や生産者・直売所への愛着が醸成されることにつながる。生産者にとっては、顧客を確保する契機となるほかに、消費者ニーズの把握や生産者の価値観・ビジョンの発信になる。こうした売る側と買う側の相互作用を重視する販売戦略は一般に関係性マーケティングと呼ばれており、インターネットの普及などにより、双方向的なポストモダンのマーケティングとして注目されている。この戦略を直売所はいわば意図せずして実施しており、それが販売躍進の一因となっている。

● 直売所とファーマーズ・マーケット

　ファーマーズ・マーケットは世界で普及しつつあるが、その特徴は一様ではない。たとえば米国のfarmers' marketは、基本的に小規模農家が決められた場所、決められた時間にみずからで出店して自家生産物を販売するもので、日本でいえば従来の朝市に近い形態である。farmers' marketで直接に農家と消費者が知り合うことで、それがCSA（地域消費者が支える農業）と呼ばれる産消提携関係に発展することも多いようだ。それに対して、日本の直売所は、事業拡大や効率性を追求するなかでしだいに大規模化し、消費者が通常時に関係性を持てるのはレジ係のみという傾向が強まっている。その代替として、先の例のように先進的な直売所では集客と交流のために各種のイベントを開催し、関係性の確保を図っている。他方、都心部を中心に「マルシェ」と呼ばれる朝市形式の農家直売も増えてきた。直売所はそれまで無駄にされていた農産物に光をあて、農村の高齢者や女性に収入機会を与えた。その経済的効果は重要であるが、スーパーとの競争にあおられて効率性のみを追求するのでは、直売所の良さが失われてしまう。もう一度原点に立ち戻り、生産者と消費者が食べ物を通じた関係性を結び、お互いの理解が深まるような直売所の運営が求められている。

（秋津元輝）

＊櫻井清一『農産物産地をめぐる関係性マーケティング分析』農林統計協会、2008年
＊関満博・松永桂子編『農産物直売所―それは地域との「出会いの場」』新評論、2010年
＊土田志郎・朝日泰蔵編著『農業におけるコミュニケーション・マーケティング―北陸地域からの挑戦』農林統計協会、2007年

第4節 ▶都市農村交流 4

グリーン・ツーリズム

 キーワード　◎地域活性化／◎農村の消費／◎ポスト生産主義
◎日本型グリーン・ツーリズム／◎都市農村交流

●地域活性化という目的

　日本でグリーン・ツーリズムという考え方が最初に提唱されたのは、1992年に農林水産省の研究会が出した報告書（『グリーン・ツーリズム研究会中間報告書』）においてであった。そこでの定義は「緑豊かな農村地域において、その自然、文化、人々との交流を楽しむ滞在型の余暇活動」（9頁）となっている。当時の日本農村は、米価に代表される農産物価格の低落傾向を受けて新規就農者もどん底であり、農林水産行政は農村活性化のための新たな方策を求めていた。そこで欧州で普及していた農村へのツーリズムに目がつけられたのである。最初の定義では「滞在型」という限定が入っていたが、現在ではもう少し広く考えて、農産物直売所や農家レストランなども含め、農村住民と都市住民の交流によって地域活性化をめざす諸活動をさして使用されることが多くなっている。

●農村を消費する時代

　農村に滞在してのんびり景色を楽しんだり、田植え体験をしたりすることには、具体的な産物以外の

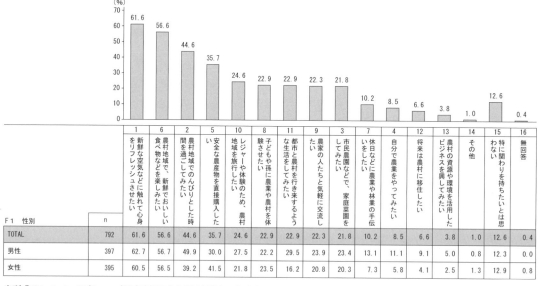

F1 性別	n	1 新鮮な空気などに触れて心身をリフレッシュさせたい	6 農村地域で、新鮮でおいしい食べ物などを楽しみたい	2 農村地域でのんびりとした時間を過ごしてみたい	5 安全な農産物を直接購入したい	10 レジャーや体験のため、農村地域を旅行したい	8 子どもや孫に農業や農村を体験させたい	11 都市と農村を行き来するような生活をしてみたい	9 農家の人たちと気軽に交流したい	3 市民農園などで、家庭菜園をしてみたい	7 休日などに農業や林業の手伝いをしたい	4 自分で農業をやってみたい	12 将来は農村に移住したい	13 農村の資源や環境を活用したビジネスを興してみたい	14 その他	15 特に関わりを持ちたいとは思わない	16 無回答
TOTAL	792	61.6	56.6	44.6	35.7	24.6	22.9	22.9	22.3	21.8	10.2	8.5	6.6	3.8	1.0	12.6	0.4
男性	397	62.7	56.7	49.9	30.0	27.5	22.2	29.5	23.9	23.4	13.1	11.1	9.1	5.0	0.8	12.3	0.0
女性	395	60.5	56.5	39.2	41.5	21.8	23.5	16.2	20.8	20.3	7.3	5.8	4.1	2.5	1.3	12.9	0.8

出所：『グリーン・ツーリズムニーズ調査（交流意向調査）平成17年度』
　　　（http://www.ohrai.jp/gt/archive/data_report/index.html、より）
注：農業や農村との関わりへの希望に関する回答（複数可）。首都圏30km圏内に居住する40歳以上70歳未満の男女個人、792人を対象とする。実施は2006年2月。

図　都市住民の農村地域へのニーズ

 用語解説

＊**農村民泊**　先駆的にグリーン・ツーリズムにとりくんできた大分県宇佐市安心院（あじむ）町において実施されている滞在型農村体験のしくみをさす。農家ではなく農村とすることで、非農家も宿泊活動に参加できるようにし、民宿ではなく民泊とするところに、農村の暮らしと文化をありのままに誇りをもって提供しようとする姿勢が含まれている。

消費が含まれている。農村風景や吹き渡る風、田植えの時の土や草の香り、心地よい疲労感などを求めて人々は農村を訪れ、その対価を支払う。郷土料理を食べる場合でも、出来上がったものを味わうことだけでなく、新鮮さや食文化などの場所に付随する価値を一緒に消費している。欧米をはじめとする先進諸国において、今や農村はたんに農産物を供給する場という意味を超えて、それ自体が消費の対象となる場へと転換し、そのニーズも高まっている（図を参照）。同時に、専業的に少品目大量生産をおこなう農業像から多様な就業機会を組み合わせて多品目少量生産をおこなう農業像へのシフトや、環境保全の目的を含んだ農業生産への評価も現れてくる。これらを総合して、生産主義からポスト生産主義への転換、と呼ばれることもある。日本ではその転換は1990年代に始まった。グリーン・ツーリズムはまさしくそうした転換の象徴であり牽引役でもあった。

農村調査実習の一環として集落支援活動に取り組む。京丹後市上山地区にて（筆者撮影）。

●日本型グリーン・ツーリズム

　欧州を見習って導入されたグリーン・ツーリズムであったが、歴史文化的背景および休暇体系の異なる日本においては独自の展開を示すことになる。都市の成り立ちに起因する都市－農村関係の特質や長期休暇の有無などが、日欧の違いを生む要因である。『滞在型グリーン・ツーリズム等振興調査報告書』（都市農山漁村交流活性化機構：2007年）では、日本型の滞在型グリーン・ツーリズムの例として、「農村民泊」などの交流型、労働提供と宿泊料を相殺して農家に滞在する互酬型、「ツーリズム大学」の形をとる学習型の3つの類型があげられている。これらに共通する特徴として、農村住民と都市住民との間の垣根の低いことが指摘できる。交流型では親戚づきあいが唱われ、互酬型や学習型では都市住民と農村住民の立場の転換が前提になっているように思われる。日本型の深層部として今後追求されるべきテーマだろう。他に、個人ではなく地域的組織が担い手となることに注目して、地域経営型を日本のグリーン・ツーリズムの特徴とする見解もある。

●体験から協働へ

　都市農村交流というより広い枠組みで考えてみると、産直を中心とするモノの交流から、直接に人と人、人と場所がふれあう体験、そして目標に向かって協力し合う協働へと変化しつつある。協働の例としては、大学のカリキュラムによる地域貢献活動（写真参照）や農村支援インターン事業のほか、互酬型や学習型の日本型グリーン・ツーリズムにもこの要素が含まれている。農村と都市との垣根の低さという日本的特徴から考えると、協働して楽しんだり、問題を解決したりすることは、いわば自然の成り行きともいえる。しかしそこには、新しい価値を生み出す可能性も秘められている。都市住民は自らの食を確保するために、農村住民は自らの生活を保障するために相互に協力し合うことになれば、それはもはやツーリズムという言葉で示される消費的関係ではなくなる。農村が一方的に都市に消費されるという構造も解消される。つきつめると、グリーン・ツーリズムを乗り越えるところに、日本型の将来像が見えてくるように思われる。

（秋津元輝）

＊青木辰司『転換するグリーン・ツーリズム』学芸出版社、2010年
＊日本村落研究学会編『グリーン・ツーリズムの新展開―農村再生戦略としての都市・農村交流の課題（年報　村落社会研究43）』農山漁村文化協会、2008年

第5節 ▶ 地域資源・環境保全政策 1

多面的機能支払交付金

 キーワード　◎日本型直接支払制度／◎地域資源の保全管理／◎施設の長寿命化

●対策の経緯

　農地・農業用水等の地域資源は、食料の安定供給や多面的機能の発揮の基盤となる社会共通資本である。しかし近年、こうした資源の適切な保全・管理が困難になってきている。このような状況に対応するため、地域の農業者だけでなく、地域・都市住民も含めた多様な主体の参画を得て、これらの資源の適切な保全管理を行うとともに農村環境の保全等にも役立つ地域共同の取り組みを促進する施策として農地・水・環境保全向上対策が導入された。

　当初の制度（1期対策：平成19年度～23年度）では、「農地・農業用水等の保全・管理のための地域ぐるみの共同活動支援」と「環境に優しい農業に地域で取り組む営農活動支援」の2階建て構造になっていたが、平成24年度からの2期対策では、名称が農地・水保全管理支払交付金に変わり、環境保全型農業の営農支援が環境保全型農業直接支払として独立・分離するとともに、老朽化が進む農地周りの水路等の施設の長寿命化の取組や、水質・土壌などの高度な保全活動への支援等が拡充した。さらに平成26年6月に「農業の有する多面的機能の発揮の促進に関する法律」が成立し、これによって、多面的機能支払、中山間地域等直接支払、環境保全型農業直接支払は法律に基づく制度となった。同法の成立を見越して、2期対策の途中から多面的機能支払交付金（3期対策：平成26年度～30年度）に切り替わった。上記の3つの直接支払はまとめて日本型直接支払制度と総称される。

●活動組織の設立

　多面的機能支払交付金を受けて活動を行うためには、まず活動組織を設立する必要がある。この活動組織は、当初（1期対策開始時）、農業者だけでなく、地域住民（非農業者）、自治会、生産法人、土地改良区、NPO法人、学校・PTAなど、地域内の多様な主体を巻き込んで活動組織を結成しなければならないとするユニークな要件があった。地域資源はもはや農業者だけでは適切に維持管理できない状況が広がりつつあったが、この要件によって、地域資源管理を担う新たな地域主体を生み出すという政策意図があったと考えられる。

　制度が実施される際、短期間に活動組織を決めて申請しなければならなかったため、多くの活動組織の範囲として、日常的な意志決定の単位である集落が選択された。その結果、集落単位の小さい活動組織が多数設置されることになった。

　なお、農山村地域の中には、非農業者や地域組織を確保し辛い地域もあり、そのようなケースへの対応として、3期対策からは農業者のみでも活動組織が設置できるように緩和された。

●交付金制度の仕組み

　多面的機能支払交付金は、当初の農地・水・環境保全向上対策から色々な修正が加えられてきた。平成28年度における多面的機能支払交付金の構成は農地維持期農支払交付金と資源向上支払交付金から構成される（図1参照）。

1）農地維持支払交付金

＊**日本型直接支払制度**　「農業の有する多面的機能の発揮の促進に関する法律」に基づき、実施される直接支払交付金。①地域の共同活動を支援することで農業農村の多面的機能の向上を促す多面的機能支払②条件不利農用地に対する所得補填を通じて生産継続を支援する中山間地域等直接支払③化学肥料・農薬の5割低減と地球温暖化・生物多様性保全に効果の高い営農活動を支援する環境保全型農業直接支払から構成される。

この農地維持支払交付金は、①対象農地、水路、農道、ため池等の基礎的な、点保全活動（法面の草刈り、水路の泥上げ、農道の補修など）を実施することと②地域での話し合いによって将来の地域資源の保全管理に関する計画（地域資源保全管理構想）を策定することによって受け取ることのできる交付金である。これまで農村コミュニティが自発的に取り組んできた共同活動が支援の対象となっている。

2）資源向上支払交付金

　資源向上支払は、4つに分かれている。第1は、資源向上支払（共同活動）である。これは上記の農地維持支払と合わせて取り組むことが前提となる。農地維持支払が基礎的な共同活動を支援するのに対して、資源向上支払（共同活動）はより高度な共同活動の実施を支援するものである。具体の内容は、①水路、農道等の軽微な補修、②農村環境保全活動、③多面的機能の増進を図る活動の3種類である。③は遊休農地の活用、鳥獣害防止対策、地域住民による直営施工、水田・ため池の雨水貯留機能の確保、景観・生態系保全、医療・福祉との連携、文化の伝承を通じた農村コミュニティの強化、その他の8種類の活動に取り組む必要がある。第2は、資源向上支払（施設の長寿命化）である。簡単な補修は上述の資源向上支払（共同活動）で実施されるが、農道や用排水施設を抜本的に補修・更新し、長寿命化を図ると共に、施設の機能向上を実現する場合に該当する。地元住民による直接施工も専門業者への発注も可能になった。第3は地域資源保全プランの策定、第4は組織の広域化・体制強化への支援である。以上の交付単価は、表1のとおりである。

●今後の展開方向

　今後の展開方向について若干、指摘しておきたい。
　第1に、農業者と非農業者の混成による新たな活動組織の結成は、それ自体が大きな成果であると考えられるが、話し合いの場であり、将来のリーダー育成の場でもある活動組織の育成を今後も戦略的に仕組んでいく必要がある。そのために将来構想を共有することは有用であろう。1期対策で「体制整備

出典：農林水産省（2016）：「平成28年度多面的機能支払交付金のあらまし」
図1　多面的機能支払交付金の構成

表1　多面的機能支払交付金の交付単価

都府県	①農地維持支払	②資源向上支払（共同活動）[1,2,3]	①と②に取り組む場合	②資源向上支払（長寿命化）[4,5]	①、②及び③に取り組む場合[6]
田	3,000	2,400	5,400	4,400	9,200
畑[7]	2,000	1,440	3,440	2,000	5,080
草地	250	240	490	400	830

○地域資源保全プランの策定：50万円／組織　○組織の広域化・体制強化：40万円／組織
※1：農地・水保全管理支払を含め5年以上実施した地区は、②に0.75を乗じた額となる。
※2：②の資源向上支払（共同活動）は、①の農地維持支払と併せて取り組むことが基本となる。
※3：多面的機能の増進を図る活動に取り組まない場合は、単価は5/6を乗じた額となる。
※4：水路や農道などの施設の補修や更新を実施。
※5：本単価は交付上限額で、広域活動組織（p3）の規模を満たさず、かつ直営施工をしない場合は、単価は5/6を乗じた額となる。
※6：②及び③に一緒に取り組む場合は、②の単価は0.75を乗じた額となる。従って、①、②及び③に一緒に取り組む場合、都府県・田では合計で9,200円／10aとなる。
※7：畑には樹園地を含む。

出典：図1と同じ

構想」の策定が義務化され、3期対策では「地域資源保全管理構想」として引き継がれているが、多くの活動組織からは「義務的な作業」と受け止められている。活動組織の自主性に任せておくだけでなく、きめ細かい啓発・助言が求められる。また、若者や女性の積極的な参加を一層促すために、彼らを対象にしたインセンティブ交付金の新設が望まれる。

　第2は活動組織の広域化である。活動組織の範囲が集落単位であると、既存の意思決定の仕組みがそのまま機能するので活動しやすい反面、地域資源と人的資源の組み合わせ自体は変わらないので、新しい展開はあまり期待できない。一方、広域化した活動組織は、新たな組織がスムーズに合意形成できる組織となるまで役員の苦労は大きいが、それが軌道に乗れば、これまでにない大きなパフォーマンスが期待できる。3期対策では広域化に対して交付金が設定されているが、今後も加速させる必要がある。

（星野敏）

＊最新の情報は、農林水産省や府県がウェブサイトで公表している啓発パンフレットや第三者委員会の資料類から入手できる。

第5節 ▶ 地域資源・環境保全政策 2

集落支援制度

  キーワード ◎集落支援員／◎地域おこし協力隊
◎過疎対策／◎緑のふるさと協力隊／◎ソフト事業

●ハードからハートへ

　経済審議会が1966年に公表した報告書で「過疎」という概念が示されて以降、過疎は社会問題化されて、過疎対策と銘打った格差是正のための政策が累々と積み重ねられてきた。法律は、1970年の「過疎地域対策緊急措置法」を皮切りに、その後10年ごとに微妙に名前を変えて更新されている。その結果、現在に至る40年間に使用された過疎対策事業費の累計額は87兆8千億円近くにのぼる。

　図は事業費の支出内容の変化である。過去に遡るほど「交通通信体制の整備」、すなわち道路などのインフラ整備に投入された比率が高い。近年増加してきた「生活環境の整備」にしてもハードな施設をつくり、生活格差の是正をめざすものである。ハード事業への予算投入は建設業関係の雇用を生み出し、過疎地域の経済と生活を支えてきた面はある。しかし、場当たり的な対応であったことは否めず、国家予算の逼迫や歯止めのきかない人口減少と高齢化によって、ハード事業による振興に限界が見えてきた。

　そこで登場したのがソフト事業である。図の出所である研究会報告書では過疎対策としてのハード事業からソフト事業への転換を高らかに宣言している。さしずめ、ハードからハートへの転換である。そしてその目玉が、人による過疎地域への支援である。

●3つの制度

　2008年以降、人を派遣して過疎地の振興を支援する制度が矢継ぎ早に3つ設立された。「集落支援員制度」（総務省）、「地域おこし協力隊」（総務省）、「田舎で働き隊！」（農林水産省）である。ここではこの3制度を広く集落支援制度と考えたい。

　「集落支援員制度」が開始された08年度の実績は11府県および66市町村（26道府県）での導入、専任199人、自治会長などとの兼務が約2,000人であった。15年度には3府県および238市町村（39

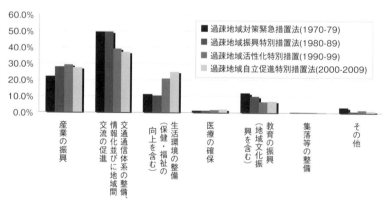

出所：総務省地域力創造グループ過疎対策室『新たな過疎対策の推進に向けて——新たな過疎対策（ソフト対策）の推進に向けての研究会報告書』、2010年3月

図　目的別過疎対策事業費率の変化

 用語解説

***ソフト事業**　ハード事業の対語。一般的にいうと、ハードに対するソフトはモノに付随する意味や価値をさす。事業の場合、ハード事業がモノづくりであるのに対して、ソフト事業はとくにヒトの能力の向上やヒトの組織化、情報・ノウハウの開発と伝達などを目的とする。

道府県)、専任994人、兼務3,096人に拡大した。「地域おこし協力隊」の拡大はさらに顕著で、開始された09年度には89人だった隊員が、15年度には2,625人へと急増している。「地域おこし協力隊」の場合、都市住民が田舎に移住して（住民票を移して）活動することを条件としているが、「集落支援員」にはそのような制限がない。「地域おこし協力隊」には1～3年程度という期限があるが、「集落支援員」には期限がない。つまり「地域おこし協力隊」には事業終了後の定住・定着が期待されている。

農水省管轄の「田舎で働き隊!」の目的も農山漁村の振興に関心のある都市住民を、「アドバイザー」あるいは「研修人材」として田舎に迎え入れることにある。事業開始の翌年となる09年度には最長1年間の実践研修328人を、42の仲介機関から175市町村に送り出した。その後、15年度からは「地域おこし協力隊」に名称等が一元化されて事業実施されている。

こうした動きの近々の先鞭は、新潟県中越震災復興のために2007年から設置された「地域復興支援員」にあるが、さらにルーツをたどると1994年に開始された「緑のふるさと協力隊」に行き着く。これは若者を1年間、最低限の生活保障をしたうえで無償のボランティアとして受け入れ先の農山村に派遣する事業である。若者の成長と農山村への援助を掛け合わせたプログラムだが、前者が主で後者は副産物と考えられているようだ。その潔さが長続きする理由であろう。

●集落を支援するとは

3つの制度を比較すると、「地域おこし協力隊」、「田舎で働き隊!」は都市出身の隊員、研修人材がその後も農山村に定着・定住することを期待している。対して、「集落支援員」はマネージャーのような役割であり、地元を知悉した者が集落点検をおこなったり、集落のあり方について話し合いをおこなったりして行政や外部者とのつなぎ役になることが期待されている。

集落支援員と地域おこし協力隊、学生ボランティアも加わって廃道を整備する（京丹後市上山にて：筆者撮影）。

しかし、集落を"支援"するのはそれほど容易なことではない。「かみえちご山里ファン倶楽部」は、現行の各種集落支援制度のモデルにもなった新潟県上越市のNPOであり、2001年に活動を開始した。そのリーダーである関原剛によると、実際に支援されているのはNPOの若者たちの方であり、むら人は若者たちを支援することでその土地に暮らすことへの希望が生まれてくると述べている。支援されることが"支援"になるというのだ。その関原によると、支援員による支援とは「『内と内、内から外、外から内』に対し、『むすび』としての『媒体性、媒介性、編集性、翻訳性、意訳性』になること」だという（『農業と経済』、2010年10月号、59頁）。農山村集落に蓄積された分厚い知恵は後継者がいないと滅びてしまう。若者たちへの支援が希望を生む理由は、むら人が分厚い知恵を次代に継承していく喜び、達成感を感じるところにあるのかもしれない。そうした知恵をうまく外と結んでいくところに支援員の役割がある。

「地域おこし協力隊」の制度を利用して、農山村起業者支援を目標とする岡山県西粟倉村のような事例もある。たんに補助制度に乗るのではなく、受入れ側の自治体には支援者をいかに活用するかについての計画性が求められている。

（秋津元輝）

---

* 『農業と経済』2010年10月号特集「生き残りをつかむ集落支援」、昭和堂
* 『集落支援ハンドブック』（『現代農業』2008年11月増刊号）、農山漁村文化協会
* かみえちご山里ファン倶楽部編『未来への卵―新しいクニのかたち・かみえちご山里ファン倶楽部の軌跡』、かみえちご地域資源機構、2008年

IV

農林業経営の展開と地域

第1節 ▶ 農業経営の展開と経営対策 1

農業経営の現状と展開

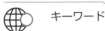 キーワード　◎家族経営／◎法人経営／◎集落営農
◎フランチャイズ型農業経営／◎農業参入企業経営

●農業経営の現状と方向性

　現在、わが国の農業経営をとりまく内外の環境は大きく変動している。すなわち、戦後の食料増産政策の中で構築された農地の所有・利用一体の自作農主義が崩壊し、他産業からの参入も含めた多様な農業経営の出現である。現在の主要な農業経営分類と2015年度農林業センサスにおける農林業経営体数（140.4万経営体）の内訳は、次のとおりである。農業経営体137.7万経営体（うち家族経営体134.4万、組織経営体3.3万）であり、そのうちの法人経営の内訳をみると、農事組合法人6,199、株式会社16,094、各種団体3,438などが多い。しかし、今後の農業経営の方向やその機能把握を考えた場合、日本の農業を支える経営としては、大きく次の5つに整理するのが有効である。「雇用型農企業経営」「専業家族農業経営」「兼業農業経営」「農業参入企業経営」、そして「集落営農経営」である。さらに、雇用型農企業経営は、当該企業が単独でビジネスを展開する「単独型」と、複数の農企業が生産技術、販売、ブランドなどの利用で連携する「ネットワーク型」に分類できる。また、ネットワーク型経営は、技術、商標、資材、品種などの利用を前提として地域内及び全国の農家を組織化する「フランチャイズ型」（図参照）と、中心となる農企業が地域内の農家を組織化して特定の作物を契約生産する「地域農家組織化型」に分類できる（表参照）。

　専業家族農業経営は、家族労働を中心とした経営を展開する経営体であり、担い手の特性に従って「プロ農家型」と「高齢型」に分類できる。なお、プロ農家型は、さらに地域の労働力をパートなどとして雇用する「雇用労働導入型」と、家族労働だけで経営を展開する「家族労働単独型」に分類できる。また、これから増加が予想される農業参入企業経営は、地元の建設業などが本業のか

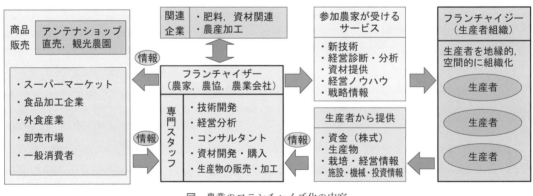

図　農業のフランチャイズ化の内容

 ＊**フランチャイズ型農業経営**　農業経営者が知識やノウハウ・技術開発・情報の受発信などの手段を活用して、一定の地域範囲もしくは全国段階で同様な経営目的・形態をもつ農家を組織化して経営の標準化を実現して多様な消費者・実需者ニーズに対応した経営行動をおこなう農業経営組織。

たわら農業をおこなう「地元企業参入型」と地域の外部から農業に参入する「地域外部企業参入型」に大きく分類することができる（表参照）。

以上のような農業経営体とは異なり、地域農業の維持のために集落を構成単位とする営農組織を形成して農業を持続する集落営農経営も農業経営の一つの形態として重要な役割を果たしていくであろう。

● 農業経営の課題とその克服方向

農業経営の持続的な発展を考えた場合、現在のわが国の農業経営が抱える課題は、次のように整理できる。

① 農家自身による技術革新への挑戦

消費者及び実需者の農畜産物に対するニーズや安全性・機能性に対する意識が多様化し、画一的な技術よりも個性的かつ地域固有の技術が生産者に求められるようになっている。こうした技術開発を促進するためには、農家自身による技術開発、研究機関や普及機関と農家が連携した技術開発が必要になる。また、担い手のリタイアが進むなかで優れた農家の技術（篤農技術）の掘り起こしとその普及が急務になっている。暗黙知と呼ばれる技術・知恵の発掘と、農業技術のマニュアル化に関する研究の蓄積が望まれる。

② 多様な農業経営の地域内共生

地域の自然資源、人的資源、農村コミュニティに多くを依存する農業という産業では、持続性の視点がきわめて重要である。とりわけ、専業経営と兼業経営、農業参入企業と地域の農家（専業経営・兼業経営を含む）との間の持続的な共生関係の構築が重要である。

③ 農業経営における人材育成と登用の方向性

今後の専業農業経営の展開において、会社組織、家族経営組織のいずれにおいても地域内外の人材の雇用が大きな課題となる。単なる労働者として人材をとらえたのでは、優秀な人材の確保は困難であるとともに、人材の定着は極端に悪化する。応募してくる人材の将来意向に応じて、多様な人材育成モデルを想定して、人材を集めることが重要である。

④ 農商工連携、6次産業化による付加価値の拡大

農産物価格の上昇が望めない状況下で、農業経営の利益確保のためには、コスト低減、生産物のブランド価値を高めることによる取引価格の上昇、さらには契約取引による価格の安定化などの手段の活用が重要である。また、その他の方法としては、素材生産から脱皮してみずから農畜産物の加工・販売、あるいは農業サービス事業を展開するという方向が考えられる。いわゆる農と商・工が連携して農産物の付加価値を高める農商工連携と、農業経営体みずからが農畜産物の加工・販売・サービス事業を実践する6次産業化が注目されている。これらのとりくみについては、さまざまな行政的な支援も整備されており、今後の展開が期待される。

（門間敏幸）

表　わが国の農業経営の類型

雇用型農企業経営	① 単独型	
	② ネットワーク型	a）フランチャイズ型
		b）地域農家組織化型
専業家族農業経営	① プロ農家型	a）雇用労働導入型
		b）家族労働単独型
	② 高齢型	
兼業農業経営	① 農業中心型	a）プロ農家型
		b）高齢型
	② 兼業中心型	
農業参入企業経営	① 地元企業参入型	
	② 地域外部企業参入型	
集落営農経営	① 一般集落営農型	
	② 集落法人型	

* 日本農業経営学会編『与件大変動期における農業経営』農林統計協会、2008年
* 門間敏幸編著『日本の新しい農業経営の展望―ネットワーク型農業経営組織の評価』農林統計出版、2009年
* 日本農業経営学会編『農業経営研究の軌跡と展望』農林統計出版、2012年

第1節 ▶ 農業経営の展開と経営対策 2

経営政策の導入と農業経営の存続

 キーワード　◎経営存続領域の狭まり／◎最小最適規模／◎最小必要規模
◎経営環境の整備／◎公正な市場の整備／◎市場支配力

●経営政策の導入と転換

かつては農業政策手法の中心に、構造政策（農地を流動化させ経営規模の拡大をはかる）と価格支持政策（一定の水準で農産物市場価格の安定をはかる）があり、農業経営の経営要素である労働力と土地の結合状態の改変が間接的に誘導され、経営環境（農産物市場条件）の整備がおこなわれていた。価格支持政策はGATTウルグアイ・ラウンド以降廃止に向かい、2007年の品目横断経営安定対策の導入により経営体育成政策（一定規模以上の経営を担い手と位置づけ、所得補償などの経営安定対策をとる）に転換した。それは農業経営に直接働きかける手法であるため、経営政策と表現される。しかし、2010年から実施された主食米の所得補償（直接払い）は2018年より廃止され、かわって転作交付金の支給が強化される。生産数量目標配分も廃止され、民間調整にゆだねられる。

●経営の存続領域の狭まり
—「最小最適規模」と「最小必要規模」

近年の日本の農業経営においては、「規模の経済」の観点から最も効率的な「最小最適規模」でも、収益面からみて経営存続に必要な後継者が確保できる「最小必要規模」に達していない可能性がある。その原因は、経営にとっては裁量や努力の範囲を超える生産物と経営要素の市場の状態にある。

「規模の経済」は、規模の拡大によって高い効率をもつ技術の導入が可能になり、生産物あたりの費用が逓減する効果をいう。長期平均費用曲線上の費用が最小となる規模（最小最適規模）まで生産が拡大する。

他方、経営が永続的組織体（going concern）であるためには経営要素が再調達されなければならないが、農業経営のように小さい経営の場合、それは最も希少な要素の調達条件に規定され、その調達費用がまかなえるだけの収益が実現できるかどうかにかかる。それは、経営効率とともに、生産物や経営要素の価格水準に依存する。その要素1単位の調達が実現できる規模が経営存続の最小必要規模となると考えられる。かつての希少要素は農地であったが、今は農業専従労働力（また後継者）である。農業後継者の就業機会の選択は自由になり、農業が選択されるには、少なくとも他産業の平均賃金水準に匹敵する労働報酬（農業所得）が確保できる見通しが必要であり、それが実現できる規模が最小必要規模となっている。

最小必要規模＜最小最適規模でなければならず、その間が広い方が経営の存続可能領域は大きい。技術的な最適規模に到達しても、生産物価格水準の低下や、要素価格水準の上昇があると、収益は減少、労働報酬は低下し、他産業均衡所得水準を満たす最小必要規模は大きく上昇する。

一人あたり家族労働報酬が製造業平均賃金を超える規模を実現していた数少ない部門が酪農であり、規模別の費用からみると100頭層が最小最適規模に相当しそうである。しかし、2008年にはこの層でも製造業平均賃金を150万円も下回るようになってしまった（図1）。悪化の原因は牛乳価格の低下と飼料など生産費の上昇にある（図2）。

家族労働報酬の低下は、他の部門でも、これま

 用語解説　＊**公正取引**　独占禁止法により不公正な取引方法が規制されているが、同一段階の競争関係（不当廉売）、買い手への製造業者の支配力（再販売価格の拘束）、共同行為（不当な対価による取引）は最終販売者である小売業者から川中、川上への共同行為をともなわない支配力を想定していない。優越的地位の濫用の大規模小売業特殊指定、「下請法」が制定されたが禁止行為の多くが価格以外の事項である。

で1985年のプラザ合意後の円高による低価格農産物の輸入増大による国内価格低下、また、価格支持、不足払い制度の緩和時、さらに農産物や食品の価格破壊が進む2000年以降に起こっている。米にも同じ道が待ち受けており、生産規模の拡大が存続の担保にはならない。経営が廃業しないのは労働報酬を切り下げ、耐えているからに他ならない。効率的な経営でさえ後継者への継承をためらうようになり、農業経営の存続が危惧される。

● 農業経営の存続と農業政策の役割
— 経営環境／公正な市場の整備

農業政策は、国民の生命と健康を支える食料生産の維持、農業の多面的機能の維持という公共性にたち、生産資源と生産を担う農業経営の良好な存続を確保することにその役割がある。

社会的な必需品を供給する産業経営に対しては、社会的にみて妥当な努力をすれば経営を存続させられるだけの基礎条件が整えられていることが不可欠であり、それを整えるのが国家の政策の役割である。政策手法はその手段にすぎない。特段に重要なのは、経営の裁量外にある市場環境を良好に保つことである。一般に、寡占化した産業のごく少数の巨大な企業でない限り、生産経営が経営環境（生産物市場、生産要素市場）に働きかけてそれを変革するのは困難であるからである。

まず、国境障壁削減時に国際競争にさらされる。その競争条件を同等に整えるのは重要な国家の役割である。欧米ともに価格支持政策にかわって、強力な所得補償政策をとっている。価格に介入する手法は生産刺激的だとして止めたが、支持の水準は依然と変わっていない。欧米でも所得補償がなければ、市場価格では経営は存続できない。裏を返せば国際価格は自由競争価格ではない。経営の競争力向上は重要だが、それだけでしのげる条件ではない。

国内市場では売り手・買い手の間に公正取引を確保する措置が必要である。農産物の過剰対策は不可欠であるが、価格の有り様は需給バランスだけでは片付けられない。産業組織論の見地からは、

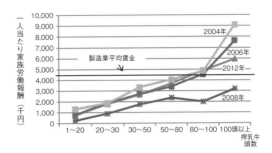

注：製造業平均賃金は、毎月勤労統計調査の事業所規模5人以上の月額をもとにおよそ450万円とした。
出所：新山陽子「国際穀物相場の変動が国内市場に及ぼす影響」『農業と経済』第79巻第3号より転載。原資料は「畜産物生産費調査」。

図1　酪農の年間一人当たり家族労働報酬と製造業平均

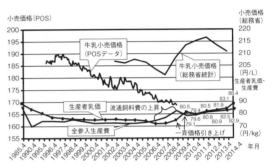

注：kg当たり全参入生産費、生産者乳価は乳脂分3.5%換算乳量で算出。
2009年からの図中の数値は、上が生産者乳価、下が全参入生産費。
出所：図1に同じ（2014年を加筆）。小売価格は農畜産業振興機構「小売価格の動向」（普通牛乳月別POSデータ）、総務省小売物価統計東京都区部各年次平均、生産者乳価、生産費は農林水産省「畜産物生産費調査」より算出（年度別）

図2　牛乳小売価格と生産者乳価、生産費の推移

有効競争を確保するには、売り手産業と買い手産業の状態、その間に働く市場支配力に常に目を配っておかねばならない。農産物・食品市場では、買い手（小売業）の巨大化が著しく、強い市場支配力により、生鮮食品の激しい価格破壊が進んだ。牛乳は飼料高騰時に政府が関係産業に配慮をうながし、ようやく30年ぶりの価格引き上げがされた（図2）。社会的に妥当な効率を実現している経営が存続できないような取引の状態は明らかに公正でない。欧州委員会はコミュニケーションペーパーをだして不公正取引行為防止にのりだし共通農業政策において、生産者の交渉力強化に、農協で共同販売をしていない生産者には、販売組織を作るように働きかけている。

（新山陽子）

＊新山陽子『畜産の企業形態と経営管理』日本経済評論社、1997年
＊木下順子「牛乳消費減少と乳価低迷の構図」『農業と経済』2008年6月号
＊新山陽子「フードシステム関係者の共存と市場におけるパワーバランス」『農業と経済』2011年1・2月合併号

第2節 ▶ 農業経営の企業形態と事業展開 1

家族経営と企業経営

キーワード ◎担い手／◎経営規模拡大／◎法人化
◎企業形態／◎家族経営協定

●基礎的な担い手「家族経営」

農林業センサスは「農業経営体」を、①「個人経営体」（世帯単位で事業をおこなう者。一戸一法人を含まない）、②「法人経営体」（法人化して事業をおこなう者。一戸一法人を含む）、③「非法人の組織経営体」、に3区分している。そして「個人経営体」および「法人経営体」のうち一戸一法人を、「家族経営」と定義している。

2015年の調査結果によれば、全国の農業経営体数（1,377,266経営体）の内の97.6%（1,344,287経営体）が家族経営である。この5年間で数が18.4%も減少しているが、家族世帯員が経営・労働を担う家族経営が、下記の優位性もあり、今後も農業の基礎的な担い手であり続けるだろう。

ただし家族経営も多様化が進んでいる。食料安全保障・農村活性化・国土保全を考えた場合、多様なタイプの共存が望ましいものの、農産物価格低迷や後継者不足などの問題もあって、あらゆるタイプの持続は容易でない。

たとえば経営規模に着目して、農業経営体数の5年間の変化をみると（図1、図2）、経営耕地面積についても農産物販売金額についても、大規模な経営体しか増加していない。面積については北海道で100ha未満、都府県で5ha未満の経営体数が減少している。金額については3,000万円未満が減少している。

10年前には最大規模の経営体のみならず、最小規模の経営体も大きく増加して、中規模経営体の自給的農家への転落が読み取れた。現在は中小規模経営体は離農して、大規模経営体へ農地が集積していることが読み取れる。5ha以上の経営体が57.9%の農地を集積し、平均耕地面積は2.5haまで増加している。

●生産性引き上げの担い手「法人経営体」

一方、雇用労働力を活用して経営規模拡大を進めやすく、日本農業の生産性引き上げの担い手となり得る法人経営体は、27,101（農事組合法人6,199、株式会社16,094、合名・合資会社150、合同会社329、各種団体3,438、その他の法人891）であり、経営体全体の

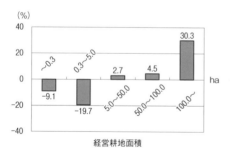

図1　経営耕地規模別農業経営体数の増減率（2010年→15年）

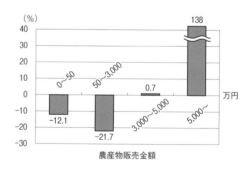

図2　販売規模別農業経営体数の増減率（2010年→15年）

＊農業経営体　農林業センサスにおける定義は、農産物の生産を行うか又は委託を受けて農作業を行い、①経営耕地面積が30a以上、②農作物の作付面積又は栽培面積、家畜の飼養頭羽数又は出荷羽数等、一定の外形基準以上の規模（露地野菜作付面積15a、搾乳牛飼養頭数1頭など）、③農作業の受託の事業、のいずれかに該当する事業を行う者である。

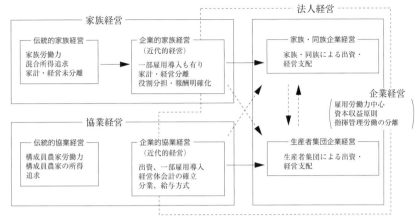

図3 農業生産者による農業経営の企業形態

2.0%を占めるにすぎないが、数は5年間で25.3%増加している。特に農事組合法人（53.1%増）と株式会社（26.3%増）が大きく増加している。

また部門別にみると、（単一経営）農業経営体数に占める法人経営体の割合は、耕種部門（稲作0.66%、果樹類0.93%、野菜2.24%）と比較して、畜産部門（酪農8.53%、肉用牛4.90%、養豚42.6%、養鶏36.4%）で高い。畜産部門で法人化が進んでいることが読み取れる。

● 「家族経営」から「企業経営」への発展

企業形態論において「家族経営」と「企業経営」は、家計と経営の分離の度合を指標として、対のものとして区分される。「家族経営」は両者が未分離で、主に家族労働力・自作地・自己資本を結合させる経営体である。それら自家所有の生産要素の調達は経営費とみなされず、粗収益－物財費（固定資本財減価償却費＋流動資本財費）の最大化が農業経営の目標となる。「企業経営」は両者が分離して雇用労働力が中心となり、粗収益－（物財費＋労賃＋地代＋利子）の最大化が経営目標となる。

さらに新山は前者を「伝統的家族経営」と呼称し、「企業経営」（出資者が家族・同族の場合は「家族・同族企業経営」）との中間に「企業的家族経営」を位置づける（図3）。その過渡的段階においては、会計的に家計と経営が分離し、自家所有の生産要素の調達についても、経営費とみなされはじめる。

● 「企業的家族経営」の増加

そうすると、農林業センサスがいう「家族経営体」（「個人経営体」と一戸一法人）のうち、一戸一法人は「家族・同族企業経営」に相当し、さらに「個人経営体」の内で、下記の家族経営協定を締結している経営体は、「企業的家族経営」に相当すると、位置づけることができよう。

家族経営には、農産物価格下落などで収益が減っても生計費を切り詰めて経営を持続できること、一定の技術力を持つ家族労働力を必要時に必要量だけ柔軟に利用できること、協働意欲の高さ（意思決定の容易さ）など、いくつもの優位性があるが、労働時間や報酬などの就業条件が曖昧であり、過労につながりやすい。そのため、「家族経営協定書」で就業条件・経営方針を明示し、労働に見合った給与の支給や世帯員（とくに女性、若手）の経営への参画を導こうとしている。

一戸一法人の数は2015年に4,323経営体で、5年間で5.16%減少しているのに対して、この家族経営協定を締結した農家数は2016年に56,397戸となり、5年間で16.0%増加している。

（辻村英之）

＊新山陽子『畜産の企業形態と経営管理』日本経済評論社、1997年
＊日本農業経営学会編『農業経営の規模と企業形態』農林統計出版、2014年
＊『農業と経済』2014年9月号「再考 日本の家族農業経営」昭和堂

第2節 ▶ 農業経営の企業形態と事業展開 2

農業経営法人の多角的事業展開

 キーワード　◎規模の経済／◎範囲の経済／◎シナジー効果
◎水平的・垂直的多角化／◎農業の6次産業化／◎農商工連携

●「規模の経済」から「範囲の経済」へ

前項「家族経営と企業経営」で述べたように、農業経営の法人化は畜産部門でもっとも進んでいる。

新山（1997）によれば、その畜産部門における経営成長・発展は、①生産規模拡大→②企業形態の転換→③事業の多角化・企業グループ化、という3つの段階を進んでいるという。企業的な経営発展をめざす場合、比較的早く「規模の利益」の上限がおとずれるため（生産段階のみの専門的拡大が限界に達するため）、専門化で高められた能力の余剰を利用して他事業部門へ進出し、さらなる成長を図るようだ。なお新山は、「規模の経済」と規模拡大にともなう産出高・品質水準の向上を合わせて、「規模の利益」と呼んでいる。

「規模の経済（性）」とは、同一の財・サービスの生産規模拡大にともない、平均費用が低下していくことである。この効果が生じる要因として、短期的には減価償却費などの固定費用が生産量単位あたりで減少（拡散）すること、そして長期的には、規模拡大により高い効率の新しい技術（施設・機械、生産方法、管理方式など）を利用できること、などを挙げることができる。

この「規模の利益」の追求（同一生産部門の生産規模の拡大）からはじまり、しかしそれが上限に達した（「規模の不経済」が生じる）段階において、農業経営のさらなる発展を図るためには、事業の多角化へと成長戦略を転換させるべきことがわかる。

事業多角化のメリットは、「範囲の経済」や「シナジー効果」によって説明される。「範囲の経済（性）」とは、複数の財・サービスの生産により、それらを別々に生産するより費用が低下することである。遊休状態にある施設・機械やブランド・ノウハウなどの経営資源を、他の製品・事業が共有することでその効果が生じる。

●4つの事業多角化戦略

この事業多角化の戦略は、4つに区分される（表）。

①既存製品についての川上（原料製造など）や川下（加工・販売など）への進出である垂直的多角化、②同タイプ市場への新製品の投入である水平的多角化、③既存製品・技術の両方、または一方に関連がある新製品を、新（類似）市場に投入する集中型多角化、④既存製品・技術に関連がない新製品の投入であるコングロマリット（集成）型多角化、である。

●農業経営の多角化の実態

2015年農林業センサスによれば、農業経営体の20.5％が複合経営（農産物販売金額の内、主位部

表　農業経営の多角的事業展開の区分

水平的多角化	複合経営（新たな農産物の栽培）、農作業受託
垂直的多角化	直販（貯蔵・運搬・販売）、農産加工、資材の製造
集中型多角化	観光農園、農家レストラン、貸・体験農園、農家民宿
コングロマリット（集成）型多角化	建設・土木事業、不動産、造園

 用語解説　**＊シナジー効果**　「範囲の経済」は費用節減効果で説明されるが、シナジー効果（「2＋2＝5」の相乗効果）は費用節減に加えて、たとえば多様化した商品を消費者が一度にまとめて購入する効果など、売上・収益の増加で説明されることもある。またリスク分散をシナジー効果に加えることもあり、「範囲の経済」よりも広い概念である。現有の設備・土地・技術などの共有で生じる生産シナジー、原料調達・製品販売システムやブランドの共有などで生じる販売シナジー、経営管理の手法・知識の共有で生じる管理シナジー、などがある。

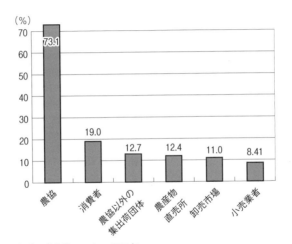

出所：農林業センサス 2015 年
図　農業経営体（販売あり）の農産物の出荷先
（複数回答）

門の販売金額が 8 割未満の経営体）である。認定農業者に限ると 46.3％が複合経営になり、水平的多角化（新たな農産物の生産販売）による経営改善が重視されていることがわかる。

また農業経営体の 18.7％が農業生産関連事業をおこなっている。消費者への直接販売をする経営体は 17.2％（出荷先については図参照）、農産加工は 1.82％、観光農園・体験農園などは 0.75％、農家民宿は 0.13％、農家レストランは 0.09％である。つまり消費者への直販と販売・加工という垂直的多角化がほとんどであり、観光・体験農園やレストラン・民宿という集中型多角化に取り組む経営体は 1％に満たない。

また 2003 年の農水省の調査によれば、多角化の理由について（複数回答）、直販（60.3％）、農産加工（62.6％）、観光農園（50.5％）、農家レストラン（65.1％）においては「より多くの所得を確保するため」が第 1 位である。しかし集中型多角化においては、シナジー効果とは関連しない「消費者と交流したいから」が、体験農園など（51.4％）、農家民宿（58.5％）で第 1 位、観光農園でも 38.6％と、重要な理由になっている。

さらに 2006 年の農水省の調査によれば、8,412 農業生産法人のうち、37.0％の 3,116 法人が農業生産関連事業（多い順に農作業受託、貯蔵・運搬・販売、製造・加工、資材の製造、農村滞在型余暇活動関係、民宿・レストラン）をおこなっており、法人による積極的な多角的事業展開を確認できる。また 190 法人が、建設・土木事業、不動産、造園などの関連事業以外を兼営、つまりコングロマリット型多角化を進めている。

●農業の 6 次産業化と農商工連携

以上のような、農業生産（第一次産業）だけでなく、農産加工（第二次産業）、直販・外食・観光（第三次産業）をも農業者がおこなう多角的事業展開は、「農業の 6 次産業化」と呼称される。第二次・三次産業事業者にとりこまれた付加価値を農業者が取り戻し、農業を活性化させるための概念になっている。

なお民主党農政の下で、「農商工等連携」が「6 次産業化対策事業」の一部とされたことなど、農商工連携と 6 次産業化は類似の用語・概念とされる傾向にある。しかしここでは、上記の農業者による多角的事業展開を 6 次産業化とし、「農業者・製造業者・小売業者などが、それぞれの経営資源を有効活用するかたちで連携し、新商品・サービスの開発・生産（提供）・需要開拓をおこなう」農商工連携とは区分しておきたい。つまり農業経営の内部的成長による事業多角化が 6 次産業化、外部の商工業者との事業提携が農商工連携である。

（辻村英之）

＊ 新山陽子『畜産の企業形態と経営管理』日本経済評論社、1997 年
＊ 『農業と経済』2016 年 4 月号「6 次産業化／農商工連携」昭和堂
＊ 『農業と経済』2012 年 1・2 月合併号「事業多角化で拓く農業経営の針路」昭和堂

第2節 ▶農業経営の企業形態と事業展開 3

集落営農の展開

 キーワード　◎地域農業の組織化／◎水田農業の担い手
◎生産性向上／◎地域資源管理

●集落営農とは

　集落営農とは、主に水田農業において、単一あるいは複数の集落程度の地縁的な範囲を単位に、そこに居住する多数の農家の参加とそれら農家からの出資や労働力の提供、あるいは、農地の利用調整などへの合意にもとづき、地域農業が抱える問題を解決し、参加農家の効用（所得、家産の維持等）の向上を目的に取り組まれる活動をいう。これら集落営農を実施する組織を集落営農組織と呼ぶが、近年では両者を必ずしも明確に区分せずに集落営農と呼ぶ場合が多い。

●集落営農の経過

　集落営農は、1960年代には、高度成長期の農業労働力の流出を背景に「共同田植」などの労働力の不足を補う目的で組織化がすすめられた。1970年代は、減少した農業労働力に代わる生産手段として開発された農業機械や施設を零細な家族農業経営単独で利用するには多額な投資が必要なことから、それらを共同で導入し利用するための組織化として進められた。そして1980年代に入ると米の生産調整政策の強化を背景に、集落全戸に共通する重要な課題となった転作について、ブロックローテーションなどの取り組みを通じて共同で処理するための組織化が進展した。

　このように集落営農は地域農業が抱える問題を農業者みずからの創意工夫で解決するための仕組みとして取り組まれてきた。特に、1980年代以降は、兼業・高齢化が早くから進展した北陸、近畿、中国地域において、地域農業の維持・存続に強い危機感を持った自治体の重要な施策としても取り組まれることになった。

　ただし、こうした役割を集落営農は果たしてきたが、当時の農政は個別借地経営の育成を重視し、集落営農については、経営体としての継続性に疑義があるととらえ地域農業の担い手としては位置づけることはなかった。

　こうしたなか1990年代に入ると、農政が期待した個別借地経営の育成が必ずしも進まない状況を背景に、1999年の「食料・農業・農村基本法」において「集落を基礎とした農業者の組織その他の農業生産活動を共同で行う組織」という表現で集落営農が今後育成すべき地域農業の担い手の一形態として位置づけられた。これを受けて2002年からの「コメ政策改革」では、一定の要件を満たす集落営農を「集落型経営体」とし、続く2006年の「品目横断的経営安定対策」においても、一定の要件を満たす集落営農について、将来的には、任意組織から法人に誘導することを前提に認定農業者とともに農業政策の支援対象と明確に位置づけたことで、全国各地で設立されることになった。この時期は、「集落営農を設立しないと施策の対象とならないのでは」という懸念から、集落営農の設立が急速に進められた。こうした事情から設立された集落営農の中には、農政が求め方向とは異なり、既存の個別経営はそのままに、助成金の獲得を主眼とし、農政が求めた要件を形式的に充足する「枝番管理型集落営農」と呼ばれるものも多数設立された。

用語解説　＊**集落営農**　農水省の定義は、「集落を単位として農業生産における一部または全部についての共同化・統一化に関する合意の下に実施される営農（農業機械の所有のみ共同で行う取り組みおよび栽培協定または用排水の管理の合意のみの取り組みを除く）」とし、集落のおおむね過半が参加する場合を含んでいる。また、県ごとに独自の定義が示されるなど集落営農の定義は異なる場合がある点に留意する必要がある。

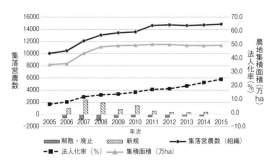

出所：農林水産省「集落営農実態調査」各年次

図1　集落営農の推移

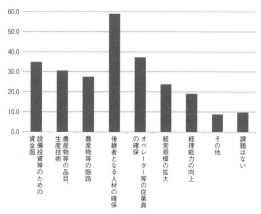

出所：農林水産省「集落営農実態調査」平成27年度

図2　組織運営で現在課題になっていること（全国）

● 集落営農の動向

　農林水産省による「集落営農に関する実態調査」を用いて、集落営農の動向をみると、平成27年時点では全国で14,853組織が設立されている。

　その推移を見ると2006～2008年に急増している（図1）が、それは、前述の品目横断的経営安定対策に対応することを目的とした組織化である。その後、政権交代に伴う政策変更や組織化がある程度進展し落ち着いたことなどを受けて、近年、集落営農の新規設立は低下傾向となり、集落営農による農地集積面積も約49万haで横ばい状況にある。また、集落営農の解散・廃止は政策変更などが行われたにもかかわらずそれほど多くは生じていない。これは、地域の農業者間で共通する問題解決に向けた取り組みの契機となった集落営農の枠組みそれ自体には一定の評価が示されたためと推察できる。一方、集落営農の法人化は一貫して増加傾向にあり2015年には25％に達している。政策が支援要件として法人化を求めたことも背景にあるが、これは、近年の高齢化の進展に伴い離農者の農地の借入や、新たに雇用労働力を導入する必要から法人化が求められているという実態もある。このように、集落営農は、当初の助成金を得るための組織化から、経営体としての展開を目指す組織化に移りつつあることを示している。

● 集落営農の新たな動き

　集落営農の代表者およびオペレータに占める65歳以上の割合は、全国で2015年にそれぞれ61％（2010年46％）、43％（2010年30％）に達し、その管理や作業を担う主体の高齢化が近年急速に進展している状況がうかがえる。こうした状況から、集落営農の課題をみると、「資金繰り」や「生産技術」、「規模拡大」よりもむしろ、「後継者となる人材の確保」や「オペレータ等の従業員の確保」をあげる組織が多い（図2）。

　こうした課題に対応するには、従来の集落営農の体制のままでは難しい場合も少なくない。そこで、近年では、集落営農の仕組みの再編を試みる新たな動きが進みつつある。

　たとえば、既存の集落営農を合併することで、より広範囲の地域資源を集積することで、集落を越えて専業的な担い手や雇用労働力等の人材の確保を図ろうとする取り組みである。あるいは、複数の集落営農が緩やかに連携したネットワーク組織を設立し、それらネットワーク組織で、単独の集落営農では実施が困難な新たな事業の開始や、あるいは、ネットワーク組織において農業研修生や農業体験の受け入れを図ることで、地域農業を担う人材確保に取り組む動きが確認できる。このように、政策を契機に全国展開した集落営農であるが、それらを取り巻く環境変化に対して、近年では、農業者の知恵と工夫で新たな対応を目指す動きも進み始めている。

（高橋明広）

＊『農業と経済』2016年1・2月合併号　特集「次世代の集落営農を考える」

第2節 ▶ 農業経営の企業形態と事業展開 4

一般企業による農業参入

 キーワード　◎農地所有適格法人（農業生産法人）／◎農地リース方式
◎耕作放棄地・遊休農地／◎農業経営リスク／◎事業多角化

●企業参入の促進：
農業生産法人から農地リース方式へ

農作業受託や施設型園芸・畜産などの農地取得の必要がない事業については、耕作者主義を基本理念とする農地法の適用を受けず、一般企業の直接的な農業参入が可能である。しかし農地を利用する場合、1962年に創設された農業生産法人制度の下で、同法人の設立やそれに参画する形態で、一般企業は農業に参入してきた。ただし株主と経営者の分離が一般的な株式会社については、耕作者主義を脅かすとして、同法人の形態要件から除外されてきた。

しかし2001年、株式譲渡制限が課された株式会社であれば、農業生産法人になれるようになった。また03年の構造改革特別区域法が、構造改革特区においてのみ、農業生産法人以外の法人による農地賃借を認めた。さらに05年、農業経営基盤強化促進法が改正され、遊休農地が相当程度存在する区域に限定した特例であるが、その農地リース方式による一般企業の参入が、特区を越えて全国展開することになった。

そして2009年における農地法などの改正は、「農地の最大限の有効利用」を重視し、農地の賃借規制や農業生産法人への出資規制をより緩和して、一般企業の直接的な農業参入をさらに容易にした。一般企業は特例でなく通常の許可制度により、また区域が限定されることなく、リースによる利用権取得が認められることになり、この農地リース方式を利用して農業参入している。

改正農地法施行前の6年半で436法人（年間平均65法人）であった参入数は、施行後の6年で2039法人（年間平均340法人）に急増した。すべてリース方式での参入である。借入農地面積の総計も5,177haまで増加しているが、1法人当たり平均2.5haで全体の平均耕作面積と同水準である。

さらに2015年の農地法改正により、農業生産法人への農業者等以外の出資が全体の2分の1未満までに緩和された。またその名称が、農地所有適格法人に変更された。

表　改正農地法による参入法人の内訳（2015年12月末現在）

組織形態別	株式会社		特例有限会社		NPO法人など			
	1,274（62.5%）		250（12.3%）		515（25.3%）			
業務形態別	食品関連産業	産業・畜産業		建設業	NPO法人		その他	
	463（23%）	450（22%）		210（10%）	201（10%）		35%	
営農作物別	米麦など	野菜	果樹	複合	工芸作物	畜産（飼料用作物）	花き	その他
	367（18%）	861（42%）	207（10%）	386（19%）	86（4%）	50（3%）	50（3%）	32（2%）

出所：農林水産省「一般企業の農業への参入状況」を参照して筆者が作成。

 用語解説　＊**農業法人**　農業法人は、農協法に基づく農事組合法人（1号・2号法人）と会社法に基づく会社法人（一般企業〔合名・合資・合同・株式会社〕）から成る。また農地法で規定されている農業生産法人（農地の権利を有して農地を耕作し、農業経営を行うことのできる法人）があり、株式の全部に譲渡制限のある株式会社、合名・合資・合同会社、農事組合法人（2号法人）が、事業・構成員・業務執行役員についての要件を満たせば農業生産法人になれる。

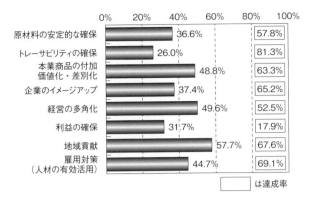

出所：日本政策金融公庫「企業参入に関する調査結果（詳細版）」（2012年2月）から、一部加筆修正の上転載。

図　農業参入の目的とその達成状況（複数回答、上位8件の目的のみ）

●短期的利益と農業経営リスク

以上のように一般企業、あるいは株式会社は、その高い経営管理能力、資本・信用力、雇用力を活用した、耕作放棄地・遊休農地の解消・発生防止や農村の活性化への貢献を期待されるようになった。その背景には、農業者の高齢化や農村の過疎化にともなう農業（農地管理）の担い手不足がある。

しかし短期的な利益の追求や、毎月一定の労賃支払が求められる一般企業、株式会社にとって、気候変動・異常気象にともなう作業適期・収穫量・品質の変動などの生産リスク、農業投入財・農産物の激しい価格変動などの市場リスクなど、多様なリスクに直面する農業経営を持続させるのは容易ではない。赤字でも撤退せずに農地を持続的に管理し続ける役割を、一般企業に期待するのは過度であろう。

実際、日本政策金融公庫「企業の農業参入に関する調査結果」によれば、黒字を実現している法人は調査対象の29.6％に過ぎず、参入目的の達成率も低い。当初は注目を浴びたオムロンのトマトやユニクロの野菜の栽培が、短期間で撤退に追い込まれたことも、一般企業による持続的な農業経営の困難さを実証している。

●シナジー効果とJAの役割

当初はもっとも数が多かった建設業者の農業参入であるが、勢いが鈍っているのは、コングロマリット型（既存製品・技術に関連がない）多角化の場合、強いシナジー効果を期待できないからであろう。上記の調査によれば、特に農産物の販路開拓に苦労しているようだ。

しかしたとえばカゴメのトマト栽培は、原料用でなくスーパー向けの栽培であり、既存技術との関連は強くないものの、十分な作目知識を持って展開されている成功例である。また外食業者ワタミの野菜、米、畜産物などの生産は、同社の原料調達（垂直的多角化）であり、シナジー効果を期待できる。

さらにイトーヨーカ堂の「完全循環型農業」の探求（JA富里市とその組合員との共同出資で農業生産法人・セブンファーム富里を設立し、自社店舗の食品残渣の堆肥を投入して、みずから販売する野菜を栽培する試み）は、企業参入の阻害要因とされる、上記の農業技術・知識不足の問題、そして地域の農業者・住民の不安を、JAとその組合員がやわらげる、注目すべき事例であろう。

（辻村英之）

＊日本政策金融公庫「企業参入に関する調査結果（詳細版）」2012年
＊渋谷往男『戦略的農業経営―衰退脱却へのビジネスモデル改革』日本経済新聞出版社、2009年
＊『農業と経済』2008年1・2月合併号特集「企業参入は日本農業を救うか」昭和堂

第3節 ▶地域営農とマーケティング 1

農業経営とマーケティング

キーワード　　◎産地間競争／◎卸売市場
　　　　　　　◎マーケット・イン／◎プロダクト・アウト

●伝統的な農業のマーケティング

世界でもっとも有名なマーケティングの教科書の一つであるフィリップ・コトラーの『新版　マーケティング原理』によれば、マーケティングとは、「個人や集団が、ものを創造したり商品や価値を交換したりするプロセスを通じてニーズと欲求を満たす活動」と定義されている。マーケティングの基本となる交換のプロセスでは、購買者の探索とニーズの把握、優れた商品の開発・価格設定・販売・配送・アフターサービスなどの活動がおこなわれる。このようにマーケティングをとらえた場合、これまで農協に販売を委託してきたわが国の農業経営において、本格的なマーケティング活動の展開は遅れたといえよう。

農業分野におけるマーケティングの伝統的な担い手は、農協、産地仲買人、産地・消費地市場における荷受会社や仲買人、米穀商、食肉や野菜の加工業者などが中心であり、個々の農業経営者はあくまでも生産者として位置づけられ、マーケティングの担い手となることは少なかった。その最大の理由は、経営規模が零細で地方に分散して生産している農業経営者が直接マーケティングをおこなうことは非効率であり、個別農業経営が形

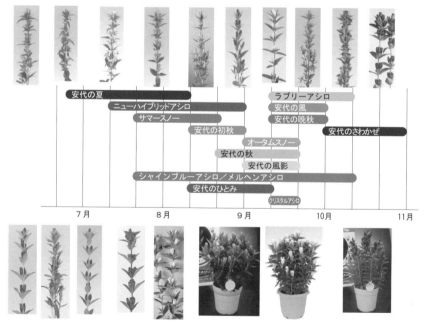

出所：一般社団法人　安代リンドウ開発　資料より作成

図1　新品種開発を核とした出荷期間延長による安代リンドウのブランド化戦略

用語解説

＊マーケット・インとプロダクト・アウト　マーケット・インは市場（消費者や農産物市場）のニーズを把握して、ニーズとその需要量に対応した商品を生産することであり、消費者志向マーケティングの重要性を示す経済用語である。一方、プロダクト・アウトとは、生産者がみずから生産して販売したい商品を作って市場に販売する方法を意味する。

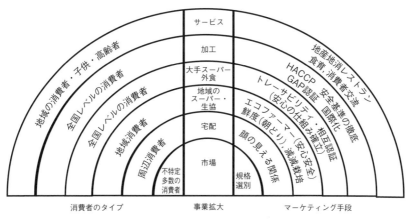

図2　農業経営組織によるマーケティングの展開

成した組織である農協や産地仲買人の存在が必要不可欠であった。とくに地域単位に形成された農業協同組合は、米、野菜、花き、果実を中心として大都市の卸売市場への出荷を基本とした産地形成、産地間競争の展開という形でマーケティング活動を実践した。ここでは主として、大量・画一的な農産物流通をめざして外観を重視した規格選別の強化、出荷時期の調整などの方法が産地間競争に勝利するためのマーケティング戦略として採用された（図1参照）。

●農業経営におけるマーケティングの新たな担い手と課題

農業経営者がマーケティングの新たな担い手として登場してくるのは、1990年代以降であり、次のような農業・農家をとりまく環境条件の変化が大きな要因となっている。①農産物価格の慢性的な低下傾向、②安全・安心に対する消費者意識の高まり、③有機農産物などの特定農産物での産消提携のとりくみ、④個性豊かな農産物の少量多品目の取り扱いを嫌う農協組織からの離脱、⑤電子商取引の普及、⑥市場出荷で大量に発生する規格外農産物の有効利用と付加価値拡大をめざした加工への挑戦、⑦農産物直売所の普及による直売へのとりくみ、⑧スーパー・外食産業・生協などの組織と農業経営との直接取引の増加。

こうした状況の中で、個々の農業経営が農産物のマーケティングにとりくみ、マーケット・インを重視した農業生産に挑戦するようになった。ここでは、主として兼業農家が中心となる農産物直売所、専業農家を中心としたスーパー・加工業者・外食産業・消費者団体とのマーケティングの課題について要約する。

まず、急速に伸びてきた農産物直売所もすでに淘汰の時期を迎えているといえよう。出せば売れる時代から、農産物直売所としての商品開発、地域産業振興、他の直売所との連携、地域資源活用といった戦略を明確にしたマーケット・インと新たなプロダクトアウト型の農産物直売所の創造が求められている。一方、専業農家を中心としたスーパー・加工業者・外食産業・消費者団体との契約生産の展開場面では、それぞれの顧客の注文に応じた柔軟な生産対応が不可欠となる。とくにこうした組織との取り引きでは、商品の品質保証のためのトレーサビリティ、GAP認証取得が不可欠である（図2参照）。農業経営におけるマーケティングの場合、平均的な商品を積極的なマーケティングでヒットさせるという考え方よりも、口コミで売れるようなこだわり商品の持続的な開発が重要である。また、商品とともに生産者のこだわり、地域の文化などを発信する社会志向、すなわち新たなプロダクト・アウト型のマーケティングが重要である。

(門間敏幸)

＊F．コトラー『新版　マーケティング原理─戦略的行動の基本と実践』ダイヤモンド社、1999年
＊佐藤和憲『青果物流通チャネルの多様化と産地のマーケティング戦略』養賢堂、1998年

第3節 ▶ 地域営農とマーケティング 2

産地形成と地域主体

 キーワード　◎野菜指定産地制度／◎共選共販
◎ネットワーク型農業経営／◎農商工連携

●産地および産地形成とは

　農業経営用語辞典では、産地を「特定の農産物の生産が特定地域に集中して形成される地域」ととらえている。たしかに、この定義は産地を現象的に把握したものであり、一般的な定義として問題はない。しかし、現在各地で生まれている新たな産地と産地形成をより積極的にとらえるためには、産地をより機能的にとらえる必要がある。そのため、ここでは中小企業庁の産地の定義を参考に、農業分野における産地及び産地形成を、「同質的な自然・社会経済的な立地条件を活かし、単数もしくは複数の農産物及びその加工品を産地の生産者・関係組織が中心となって、あるいは産地・消費地の実需者・流通組織・消費者組織と生産者が連携して生産・販売している地域を産地、またそうした産地を創造するプロセスを産地形成と呼ぶ」と定義することにする。このように産地を定義することによって、産地形成の担い手として農業経営者、地域内外の加工業者、農協、普及指導機関、地域内外のスーパー・外食・生協・消費者団体など多様な主体の活動をとりこむことができる。

●これまでの産地形成とその主体

　戦後、高度経済成長の過程で拡大する都市への農産物供給をめざして制度化されたのが野菜の指定産地制度であった。その背景には、高度経済成長下で急速に拡大する都市の住民に安定的に野菜

表　ネットワーク型農業経営組織による新しい産地形成プロセスの特徴・効果・課題

	出発期	離陸期	発展期・安定期
システムの特徴	①市場からの開放（契約生産） ②厳格な規格からの解放 ③地域・仲間を中心とした組織形成 ④少量多品目・宅配販売	①消費者と生産者とのギャップの調整・理念の浸透 ②消費者ニーズへの対応 ③安全・安心生産システムの開発 ④販売先の開拓	①生産履歴・GAP・有機栽培などのとりくみの具体化 ②スーパー、生協、加工など大口需要者確保と生産拡大 ③雇用拡大と多様な人材確保 ④加工・サービス（商）への挑戦 ⑤農産物輸出への挑戦 ⑥資源循環・食育への取組
効果	参加農家の市場取引リスク軽減と経営安定	マーケット・イン型とりくみに対する生産者の自信	・地域内外からの雇用・人材確保 ・関連事業者数の拡大 ・商工へのとりくみと投資拡大
課題	①農協とのあつれき ②販売先確保 ③ニーズに対応した商品開発と人材確保 ④投資資金の確保	①対境活動（営業）の強化 ②受発注労働確保 ③配送施設の整備 ④安定生産システムの確立 ⑤投資資金の確保	①参加農家の選別と自立 ②貯蔵・加工投資資金確保 ③加工技術の導入・開発 ④新たな販売先確保 ⑤能力を持った従業員確保 ⑥商業・レストランへの挑戦

 用語解説

＊**農商工連携**　農商工連携とは、地域経済活性化のため地域の基幹産業である農林水産業と商業、工業の有機的な連携によって、それぞれの経営資源を有効に活用する事業活動を意味する。こうした農商工連携の活動を支援するため、農商工等連携促進法が2008年5月に成立し、農商工連携にとりくむ中小企業者と農林漁業者の活動計画を認定して支援するとともに、一定の要件を満たす公益法人およびNPO法人による、指導・助言活動などを支援する2つの事業支援スキームが設けられた。

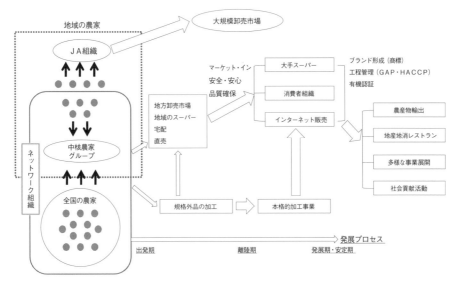

図　ネットワーク型農業経営組織による新しい産地形成のプロセス

注：⇒は農畜産物の流通を示す。

を供給するためには、野菜品目ごとの大規模産地を全国に早急に作り上げるという課題があった。そのため、農林水産省は1966年に「野菜生産出荷安定法」を制定し、一定の生産地域（具体的には市町村単位）で、指定した野菜の生産・出荷の安定を図るために集団産地として形成することが必要と認められる地域を指定産地に制定する制度を設立した。野菜指定産地に認定されると、都市の大規模卸売市場出荷のための産地集出荷施設が整備され、農協を中心とした共選共販体制が整備された。また、地域一丸となって他産地と競争して市場ブランドを確立するため、厳しい規格・選別基準が形成されていった。まさに、農家と農協そして卸売市場が一枚岩となった産地形成と農産物の流通システムが形成されたのである。

● 現代の産地形成とその担い手

しかし、農業生産の担い手の兼業化・高齢化の進行によって従来型の産地を維持すること自体が困難になるとともに、特定野菜の指定産地制度がもたらした負の側面、すなわち連作障害の発生、農薬・化学肥料の多投による野菜自体の安全性に対する消費者の不信や不安を高めていった。一方、消費者サイドでもスーパー・百貨店、外食チェーンにおける競争が激化し、特徴をもった農産物の品揃えが生き残りの条件となっていった。こうした中で、安全・安心で顔の見える関係の構築が志向され、優れた生産者や産地との契約を中心とした取引が実施されるようになり、農協から離脱して加工業者、スーパーや外食、そして消費者組織と直接取引をおこなう農家が現れて力をつけていった。こうした農業経営は、消費者ニーズに応えるため年間を通した安定出荷をめざして地域の農家や作物生産条件が異なる全国の農家を組織化するというネットワーク型農業経営、フランチャイズ型農業経営組織を構築していった。こうした新たな農業経営組織は、そのビジネスの幅を次第に拡大し、生産・販売だけでなく、より付加価値が高い加工、さらにはレストランなどのサービスに乗り出すとともに、地域の加工業者、食品製造業、そして商業者と連携して、農産物や食品を核とした地域産業の連携と総合化を図る農商工連携など、新しい産地形成、地場産業形成の担い手となっている（表および図参照）。　　　（門間敏幸）

＊堀田忠夫『産地間競争と主産地形成』明文書房、1974年
＊金沢夏樹・納口るり子・佐藤和憲『農業経営の新展開とネットワーク』農林統計協会、2005年
＊門間敏幸編著『日本の新しい農業経営の展開―ネットワーク型農業経営組織の評価』農林統計出版、2009年

第3節 ▶地域営農とマーケティング 3

サービス事業体（農作業受託事業体）の役割

キーワード：◎農作業受託／◎アウトソーシング／◎集落営農
◎集出荷センター／◎酪農ヘルパー／◎コントラクター

●農業サービス事業（農作業受託事業）の機能

農業サービス事業とは、農業経営における農作業のアウトソーシングの受け皿となる事業を意味する。統計書では、「農作業の受託（構成員からの員内受託を含む）を行っている農業生産組織、農協等が農作業の受託を行うために運営している育苗センター、ライスセンター、選果・選別場等、農耕・畜産（養蚕）サービスを行う会社や個人業者」を「農作業受託のみを行う経営体」として定義し、事業体数および作業面積を集計している。近年では、集落営農へのとりくみの増加や企業の農業参入により、多様な事業体がさまざまなサービスを提供している。

他産業では、自社事業の効率化を目的に生産の一部または全部（OEMなど）を社外に委託することは広くおこなわれており、事業システムのデザイン問題の一つとして位置づけられる。一方、農業サービス事業に対しては、農業経営の効率化と関連して種々の機能が期待されている。とくに、次の3つの機能は農業サービス事業に特徴的である。第一に農業労働力の高齢化や減少に直面し衰退しつつある地域農業を維持する機能、第二に大規模な共同施設の導入により産地としての地域ブランドを確立・維持する機能、第三に農業者の労働条件や生活条件を改善する機能、である。

第一の機能に関しては、農協あるいは集落営農による水稲作にかかわる農作業受託が代表的な事業である。自家労働力だけでは農作業の一部あるいは全部を実施することができず、営農を維持するために農業サービス事業が不可欠な農家が増加している。とくに、中山間地域のような条件不利地域では、農業サービス事業の有無が地域農業の存続に大きくかかわっている。

第二の機能に関しては、果樹・園芸地帯において農協などによる集出荷センターの運営が代表的な事業である。地域ブランドを確立・維持するためには共同選別・共同販売といったとりくみが効果的であり、生産技術の高位平準化や均質な生産品を供給する拠点として集出荷センターが機能している。たとえば、現在、光センサー選果機による選果が産地競争力に大きく影響しているが、高価格であるがゆえに個々の農家による導入は困難であり、農業サービス事業としてのとりくみがおこなわれてきた。

第三の機能に関しては、酪農ヘルパーが代表的な事業である。酪農業では、年間をとおして朝夕の搾乳および給餌作業を毎日おこなう必要があり、農業者が休日をとることが困難な場合が多い。

表　農作業受託料金収入がある経営体の事業部門別経営体数

部門	実経営体数	水稲作	麦作	大豆作	野菜作	果樹作	飼料用作物	工芸農作物	その他作物	畜産部門
事業体数	10,041	7,291	943	885	451	891	210	395	357	443

出所：2010年農林業センサス

用語解説　*光センサー選果機　果実に光をあて、その透過測定により、糖度、酸度、熟度の計測や果肉の障害を検出する装置。

このため、農業者に代わって農作業をおこなう酪農ヘルパーに対する需要は高く、農業者の労働条件および生活条件の改善を図るうえで重要な役割を担っている。

● 稲作にみる農業サービス事業の重要性

わが国の中心的な作目である水稲作において、農業サービス事業が担う役割はきわめて重要である。2010年時の農業サービス事業体数について、「農作業受託のみを行う経営体」(農林業センサス)の実数は10,041であるが、そのうち7,291 (73%)が水稲作の作業受託事業をおこなっている。また、水稲作付面積1,628千haのうち、作業受託された延べ作業面積は845,061ha (52%)である。作業ごとにみれば、とくに育苗(8%)、防除(17%)、乾燥・調製(21%)の各作業の受託割合が高く、これらの作業における農業サービス事業の重要性を示している。農業サービス事業体は、わが国の水稲作を支える作業主体の一つとして不可欠なものとなっている。

● 集落型農業サービス 事業体の課題

農業サービス事業の特徴の一つは、集落内を活動範囲とする事業体の割合が高いことである。その一因として、集落営農などの農業生産組織による地域農業を維持するためのとりくみをあげることができる。そうであるがゆえに、これら集落型農業サービス事業体は事業を継続して実施するための組織管理の強化が課題となる。とくに、多くの集落営農において後継者不足が深刻な問題となっていることから、人的資源を確保するための組織管理が必要となっている。 (伊庭治彦)

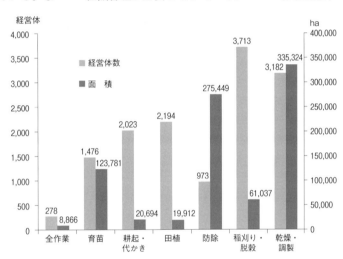

出所：2010年農林業センサス

図1　水稲作受託作業種類別経営体数と受託作業面積

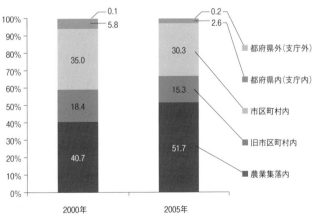

出所：農林業センサス

図2　農作業の受託をおこなった事業体の事業範囲別割合

＊伊庭治彦「農作業受委託事業の機能と課題」『農業および園芸』88(7)、2013年
＊尾中謙治「農作業受委託の進展における農協の役割・取組み」『農林金融』(2011-3)、2011年

第3節 ▶地域営農とマーケティング 4

農業普及制度

キーワード ◎農業改良助長法／◎普及指導員／◎普及指導センター
◎営農指導員／◎関係機関のワンフロア化

●協同農業普及事業

わが国における農業普及制度は、一般には昭和23年に公布された農業改良助長法にもとづく「協同農業普及事業」を指す。普及事業の目的は、農業の振興に向けて農業経営及び農村生活を改善しうるように農業者自身が実践的な知識や技術を身につけ、農業所得を向上しうるよう支援することである。国と都道府県とが役割分担の下で協同して事業をおこなうこととされており、国は事業運営における指針を策定すると同時に、協同農業普及事業交付金を配分する。また、普及活動の水準を確保するために、普及指導員の資格試験や技術研修を主催する。都道府県は運営指針にもとづき地域特性に応じた事業実施方針を策定すると同時に、事業の実施に必要となる財源を確保する。また、地域の特性に応じた普及事業の実施をおこなうために、普及指導員の人材育成や人員配置をおこなう。

普及事業がとりくむ課題は、農業や農村をとりまく環境や条件に対応して設定されてきた。今日の普及事業では、2015年に策定された「協同農業普及事業の運営に関する指針」において①農業の持続的な発展に関する支援、②食料の安定供給の確保に関する支援、③農村の振興に関する支援、④東日本大震災からの復旧・復興に関する支援、の4つを普及指導活動の基本的な課題としている。

●普及指導センターと普及指導員

普及事業の実施に当たっては、各都道府県が設置する普及指導センターが中心となり種々の普及

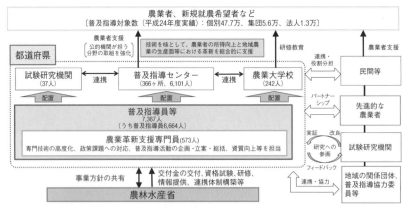

(資料) 普及指導員等の数は組織及び運営に関する調査（平成26年度）、普及指導対象数は平成24年度普及指導員の活動実態調査
出所：農林水産省生産局技術普及課「協同農業普及事業の運営方向」2015年
http://www.maff.go.jp/j/seisan/gizyutu/hukyu/h_tuti/pdf/unei_houkou_h271001.pdf

図1　事業の実施体制

用語解説

＊**農業大学校（道府県農業大学校）** 協同組合普及事業の一環として全国40道府県に設置されている農業経営の担い手を養成する研修施設であり、講義と研修を組み合わせた実践的な農業教育をおこなっている。2年間の養成部門を中心として、より高度な研修教育をおこなう研究部門や、新規就農者を対象とした作目別の技術習得コースなど、多様なプログラムを開設している。

活動をおこなっている。普及指導センターは効果的な支援を実施するために、国や都道府県の試験研究機関および農業大学校、先進的な農業者との連携を図り、また管轄する地域内の他団体などとの協力関係の構築を図っている。生産現場において農業者に対して直接に普及活動をおこなうのは普及指導センターに配属されている普及指導員である。普及指導員に対しては、農業者の高度で多様なニーズに対応できるよう大きくは2つの機能にもとづく活動が求められている。

一つは、農業者が高度な専門知識や技術を自己の経営に導入する試みを支援する機能である。近年では、生産技術に加えて経営管理技術やマーケティング技術の農業経営への導入が必要となっている。もう一つは、地域農業の振興や農村社会の活性化に向けて関係する諸機関と農業者の協力体制を形成し、組織的な活動を企画・牽引していくコーディネート機能である。各地域が農業を維持するためには個々の農業経営の発展を図るだけでは限界があり、組織的なとりくみが必要とされている。たとえば、農産物の地域ブランドの確立を図るためには高度な生産技術の習得および組織的なとりくみ体制の整備が必要であり、普及指導員は両機能を発揮することでより効果的な支援をおこなうことができる。なお、普及事業は1971年より事業規模が縮小しつづけており、2014年では全国に普及センターは366か所、普及指導員数は6,664名である。

● 農協の営農指導事業と関係機関のワンフロア化

協同農業普及事業は公的部門による農業普及制度であるが、民間部門である農協がおこなう営農指導事業も同種の機能を果たしており、広い意味での農業普及制度を形成する組織の一つである。とくに、農協は経済事業体であることから、みずからの事業運営をとおして農業経営における生産から販売まで幅広い支援をおこなっている。さらに、カントリーエレベーターや集出荷施設のような共同施設の運営主体としての役割を担うことにより、地域農業の振興に向けた組織的・地域的なとりくみを促進している。また、農業者への支援をおこなううえで、農協の営農指導員と普及指導員が連携することにより効果の高い活動をおこなっている地域も少なくない。ちなみに、2014年の営農指導員数は全国で13,814名である。

このように広い意味でのわが国の普及制度は、公的・民間の両部門がおこなう各種事業により機能しているのであるが、両部門ともに関連する事業の規模が縮小しており、農業者への支援機能の低下が懸念されている。その対策として、地域農業に関係する諸機関の協力体制の強化と支援活動の効率化を目的とする「関係機関のワンフロア化」が提唱されている。これは、各関係機関の担当部署や担当者を一か所に集め業務の窓口を一本化することにより関係機関が情報を共有化し、農業者に対する支援を効率的・効果的におこなおうとするとりくみである。

（伊庭治彦）

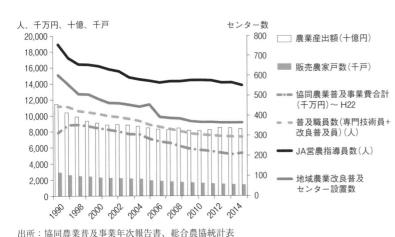

図2　農業と普及制度の規模の推移

出所：協同農業普及事業年次報告書、総合農協統計表

＊伊庭治彦「柔軟な事業展開の支援による農政課題の推進」『農業と経済』（2014-12）、2014年
＊清水徹朗「農協営農指導事業の改革方向」『農林金融』（2014-5）、2014年

第4節 ▶ 農業技術の新局面 1

技術革新と経営発展

 キーワード　◎イノベーション／◎植物工場／◎無人農業機械
◎情報通信技術／◎バイオテクノロジー

●農業の諸問題と経営発展

　わが国の農業は、耕地面積の減少、耕作放棄地の増加、農業従事者の減少や高齢化の進行といった諸問題に直面している。農業経営に着目すると、生産面では圃場の分散錯圃の制約もあり、全体としては欧米のような大規模な経営面積の拡大は困難な状況にある。また、需要面や制度面では、国民の食品安全や環境保全への関心の高まりに対応した畜産廃棄物の処理や農薬・肥料などの化学物質の安全管理規制強化、農産物価格の低迷や生産資材の高騰など農業経営環境の大きな変化にも直面している。

　経営環境が変化するなかで農業経営が存続・発展していくためには、持続的な経営改善が必要になる。短期的には経営合理化が、そして中長期的には経営発展が経営改善の課題になるが、いずれの場合でも、農業技術の進歩が大きな役割を担っている。こうした技術進歩は、部分的な技術の改良によっても生じるが、イノベーションによって実現することもある。

出所：農林水産省HP (http://www.maff.go.jp/j/seisan/ryutu/plant_factory/index.html)

「太陽光利用型」（左）と「完全人工光型」（右）の植物工場の例

●技術開発のニーズとシーズ

　農業生産現場を熟知している農業改良普及員が解決・導入を希望している技術ニーズ（約1,100件）を収集・分析した農業技術ニーズ調査によれば、防除技術、栽培技術、環境保全型技術に対するニーズが多く、この3つで全体の5割を占めている。その他の特徴としては、省力・低コスト生産技術と並んで、品質向上技術、高温障害（気象変動）対策技術、省エネルギー技術が一定の割合を占めている。一方で、農業技術開発を主に担っている国公立農業関連研究機関が開発した実用的な新技術（約1,400件）を収集・分析した技術シーズ調査によれば、栽培技術、品種開発、防除技術に関する成果が多く、この3つで全体の6割を占めている。栽培技術、防除技術の中には、環境保全型、品質向上、家畜糞尿利用に配慮した技術が含まれている。技術のニーズとシーズを比較すると、防除技術や環境保全型技術に対する技術進歩が期待されていることがわかる（図）。

●経営発展とイノベーション

　わが国では「イノベーション」を「技術革新」という狭い意味で用いることもあるが、本来は経営そのものの革新・新機軸・刷新を意味しており、「経営革新」が対応する。経営革新などによって経営の成長、継承、体質改善が持続的になされていく過程が経営発展で

 用語解説　**＊イノベーション（innovation）**　経済学者シュンペーターによれば、(1)新製品や新サービスの提供、(2)新生産方法・技術の導入、(3)新市場の開拓、(4)原材料の開拓、(5)新経営組織の実現などを含む概念であり、経済発展や経営発展の原動力である。

ある（稲本ほか　2000）。
主な経営革新は、①技術革新、②事業・市場革新、③経営管理革新、④組織革新に大別される。経営成長は、①所得などの経営成果、②売上額などの事業規模、③土地・労働・資本などの経営資源規模の成長として把握される。また、経営体質とは、経営環境の変化やリスクに対する経営体の対応の仕方や特徴を意味している。技術革新は経営革新の主要要素の1つであり、農業においては、新しい品目・品種、作型、栽培方法、機械・施設などの体系的な導入があげられる。ただし、技術の改良や発明を意味するものでなく、技術体系の質的な変化といえる。たとえば、わが国の水田農業においては、田植機の発明が契機となって、マット苗による稚苗移植という水稲育苗・移植技術の変革が生じ、稲作農業経営の革新（イノベーション）が実現した。

●技術革新の萌芽

20世紀末から、遺伝子組換えに代表されるバイオテクノロジー、植物工場や精密農業と関連が深い情報通信技術やロボット技術が急速に発達し、農業におけるイノベーションが生じつつあるともいわれている。たとえば、植物工場では、「太陽光利用型」や「完全人工光型」の栽培管理技術（写真）が進歩するとともに、無農薬農産物志向の高まりや業務需要増加に伴って経済性も向上している。稲作技術では耕うん、田植、収穫まで、すべての圃場作業をロボット化する無人機械作業体系の開発が進められており、無人田植機や無人コンバインなどの無人農業機械が試作されている。これらの技術が、農業イノベーションの契機となるのか、今後注目していく必要がある。（南石晃明）

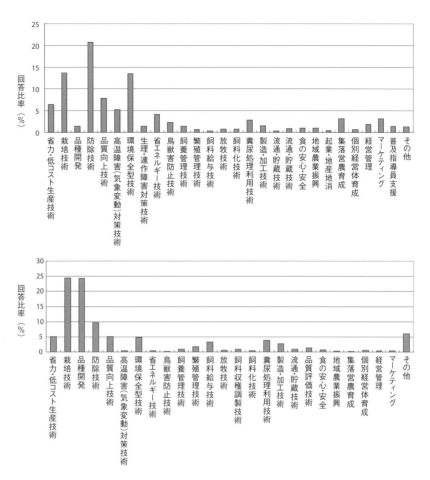

出所：社団法人全国農業改良普及支援協会、「産学官連携経営革新技術普及強化促進事業による技術シーズ・ニーズ情報の提供」、2009年

図　農業技術に対するニーズ（上）とシーズ（下）

＊稲本志良ほか編著『農業経営発展と投資・資金問題』富民協会、2000年
＊農業・生物系特定産業技術研究機構編著『最新農業技術事典』農山漁村文化協会、2006年

第4節 ▶ 農業技術の新局面 2

情報通信技術 ICT と農業

 キーワード　◎意思決定／◎生産履歴記帳／◎精密農業
◎ロボット技術／◎技術継承

●農業経営と情報

　情報は、土地、労働、資本と並んで農業経営資源の主要な要素と考えられるようになっており、他産業と同様に農業においても経営管理の対象である。農業経営においては、日々の農作業から中長期的な意思決定まで、多くの意思決定の連続である。意思決定をおこなうには何らかの情報が必要であるが、最近ではこうした情報の収集・処理・意思決定支援にICTが活用されることが多くなっている。

　食の安全確保に対する消費者の関心の高まりなどもあり、農薬安全管理に伴う確認作業や生産履歴記帳などを確実におこなうことが、従来にも増して農業経営には求められている。こうした農業者の記帳の負担軽減と精度向上のため、専用コンピュータシステムを、農業協同組合が導入する事例も増えている。たとえば、携帯電話を用いて農薬使用適否判定や生産履歴記帳作成をおこなうシステム（図1）もあれば、携帯電話に不慣れな場合にはあらかじめ農薬名などが印字された専用用紙に農業者が散布月日など最低限の文字を手書で記入し、それを光学式文字読取装置OCR（optical character reader）を用いて読取るシステムもある。

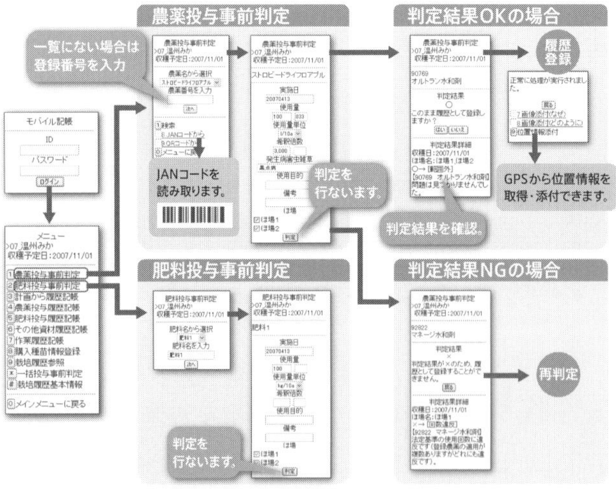

　また、土地利用型大規模農業経営では、規模拡大に伴って耕作する圃場筆（区画）数が数百に達し、圃場ごとの作業・栽培情報管理の精度向上のため、地理情報システムGIS（geographical information system）が利用される場合もある。「精密農業」は、こうしたICTの活用を総合化・高度化した例である。

　さらに、農家の高齢化に伴い、篤農家技術に代表される農業技術の継承が危ぶまれ、雇用型農業経営においては従業員人材育成が課題になっている。このため、従来は「匠の技」と考えられていた農業技術を、データ・情報・知識として整理・共有し、次世代へ継承する仕組みの構築が課題となっている。その解決に、情報科学やICTの活用が期待されている。

●精密農業とICT

　農業におけるICTの総合的な活用とし

出所：農業ナビゲーション研究所（http://www.nnavi.org/service/asp_service.htm）

図1　農薬使用適否判定や生産履歴記帳を支援する情報システムの例

＊**ICT**　情報科学技術分野では、情報技術（IT：Information Technology）という用語が以前は使用されていたが、最近では情報通信技術（ICT：Information and Communication Technology）という用語が用いられることが多くなっている。これは、情報処理の利用場面が、電子メールや携帯電話などに代表される人と人のコミュニケーションに急速に拡大してきたこととを反映したものである。

ては、「精密農業（Precision Farming）」が欧米を中心に発展している。精密農業は、「情報技術を駆使して作物生産にかかわる多数の要因から空間的にも時間的にも高精度のデータを取得・解析し、複雑な要因間の関係性を科学的に解明しながら意思決定を支援する営農戦略体系」（図2）である。

精密農業の主要技術要素は、圃場マッピング技術、意思決定支援システム、可変作業技術である。圃場マッピング技術は、収量や土壌条件のばらつきを記録した圃場マップを作成するためのもので、土壌や作物の状態を計測する各種センサー、場所を特定するGPS（global positioning system）、収集した多様なデータを空間データとして管理・解析・表示するGISが基盤技術となる。意思決定支援システムは、圃場マップに基づいて最適な栽培管理を支援するためのシステムであり、生産リスク管理や農業者の経験・知恵の共有のための最適化技法とデータ・情報管理技術が基盤となる。可変作業技術は、圃場内のばらつきに対応して最適な施肥や農薬散布を実践するためのもので、機械制御技術およびロボット技術が基盤となる。なお、わが国は、経営も含めた営農全体を対象にする場合には「精密農業」、圃場における栽培技術体系を対象とする場合には「精密農法」と区別する場合もある。

● 篤農家技術の継承とICT

農業生産は気象や土壌などの影響を強く受けるため、農作業の標準化が困難であった。また、わが国の農業生産は、主に家族経営が担っており、個々の農家のノウハウや経験に頼る作業工程が多く存在している。農業従事者の高齢化が急速に進行するなかで、これらの篤農家技術が、今後数年で急速に失われていくことが危惧されている。そこで、作業位置を計測するGPS、作業映像を記録するカメラ、農作業で用いる資材・機械・施設を識別するICタグなどの最新の情報科学技術を活用して、篤農家技術（匠の技、暗黙知）を、数値化し、それを「可視化」・「見える化」する「営

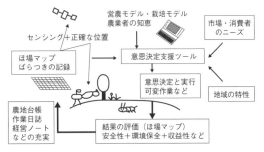

出所：澁澤（2006）

図2　精密農業の作業サイクル

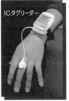

出所：GAP導入促進のための経営支援ナビゲーションシステムの開発　プロジェクト（http://www.agr.kyushu-u.ac.jp/keiei/GAP/P4.htm）

図3　営農可視化システム

農可視化システム」（図3）の開発が農林水産省研究プロジェクトで開始されている。こうしたシステムは、新規就農者や雇用型農業経営の従業員に対するマルチメディア教材作成に有効と考えられている。また、篤農家技術の科学的解明にも有益と期待されている。今後、農業におけるICTの役割は、生産販売管理面だけでなく、技術継承・人材育成においてもますます重要になると予想される。

（南石晃明）

*南石晃明著『農業におけるリスクと情報のマネジメント』農林統計出版、2011年
*澁澤栄編著『精密農業』朝倉書店、2006年

GAP（適正農業規範）

キーワード　　◎食品安全GAP／◎環境保全GAP
◎食品衛生の一般原則／◎GLOBALGAP

● GAPの目的と規範

　農業・食料・環境にかかわる種々の問題解決をめざすためのとりくみとして、GAP（Good Agricultural Practice）という考え方が世界的に普及している。GAPの目標は広義には、環境保全（Environment）、食品安全確保（Food Safety）、労働安全確保（Security for People）、動物福祉維持（Animal Welfare）と考えられている（図1、FAO 2007）。

　GAPは、わが国では「適正農業規範」と訳されることが多いが、欧米ではGAP（適正農業実施）とその規範である「Code of GAP」（適正農業実施規範）とを区別している。GAPの推進主体によって、主たる目的と具体的な規範（Code）が異なっている。以下では、主に食品安全確保に焦点をあてたものを「食品安全GAP」、主に環境保全に焦点をあてたものを「環境保全GAP」とよぶ。前者の代表例は後述のCodex委員会が策定した食品汚染防止のための国際規範である。後者の一例は、英国環境・食料・農村地域省が策定した「水・土壌・大気の保全：農業者・生産者・土地管理者のための適正農業規範（Code of Good Agricultural Practice for the Prevention of Pollution of Water, Air and Soil）」である。これは、農業者に対する直接支払のためのクロス・コンプライアンス条件

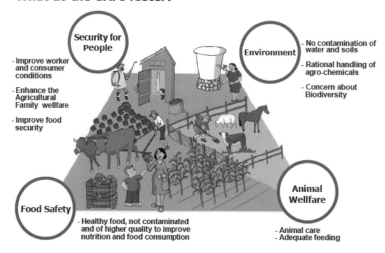

出所：FAO（2007）Guidelines "Good Agricultural Practices for Family Agriculture"
図1　GAPの4つの目的

 ＊クロスコンプライアンス（Cross-Compliance）　ある農業施策による農業者への直接支払いについて、別の施策によって設けられた要件の達成を求める手法である。交差要件と訳されるが、政策用語としては英語のまま用いられることが多い。たとえば、EUでは環境直接支払とは別の他の直接支払いを受けるときにも、環境にとって「良い農業の実施（Good Agricultural Practice）」を支払いの受給要件としている。

になっている。また、EU の小売業団体が中心となって策定したGLOBALGAP(旧EUREPGAP)は、生産者・流通業者間の農産物取引のための農場認証制度であり、現在、世界で約10万農場が認証されている（http://www.globalgap.org/）。

●「食品GAP」と Codex 食品衛生の一般原則

「食品GAP」は、食品汚染防止手法である一般衛生管理プログラムの要素の1つといえる。一般衛生管理は、材料、施設・設備、作業員から、病原性微生物、化学物質などの汚染が生じることを防ぎ、設備・機器や作業員の衛生を確保するものである。その作業実務の農業生産に関するものは適正農業規範（GAP）、食品製造工場に関するものは適正製造規範（GMP: Good Manufacturing Practice）とよばれている（図2）。

FAO（世界食料機関）と WHO（世界保健機関）の合同食品規格委員会である Codex 委員会（Codex Alimentarius Commission）は、1997年に食品衛生の一般原則に関する規格（CAC1997）を提案しており、それにもとづいて生鮮果実・野菜の衛生管理規範の規格（CAC 2003）を作成している．農業生産段階については、①環境中の汚染源の特定、②農業投入材、栽培や収穫の設備による汚染の防止、③作業員の健康・衛生、④栽培・収穫機器の衛生、⑤処理・貯蔵・輸送時の衛生、⑥清掃・保守・衛生などの事項の実施を求めている。Codex の食品一般衛生原則は、WTO（世界貿易機関）の SPS（Sanitary and Phytosanitary Measures）協定上の国際規格とみなされるため、貿易上も重要な意味を持つことになる。

●日本における GAP

農林水産省は、米、麦、大豆、施設野菜、露地野菜、果樹、花きの7品目について「基礎GAP」（2007年）を公表しているが、その役割と位置づけは必ずしも明確ではなかった。2010年には、食品安全に加え、環境保全や労働安全のように幅広い分野を対象とする「農業生産工程管理（GAP）の共通基盤に関するガイドライン」を策定・公表した。民間団体のGAPとしては、日本GAP協会のJGAP（2007年）、日本生活協同組合連合会「生協産直の農産物品質保証システム」（2005年）、都道府県版GAPが公表されている。JGAPは、GLOBALGAPとの同等性認証がなされている農場認証制度であり、現在認証数142（2010年、http://jgap.jp/）である。一方、日本生協連システムは、「生協の組合員に信頼・支持される農産事業を確立し、安全で安心できる『たしかな商品』を組合員に供給すること」を第一義的な目的にしているが、「組合員が参加し学ぶ場」としての人材育成のとりくみの面もある。また、都道府県版GAPは生産者のとりくみ支援の一つと考えられる。わが国では、GAPの理解について一部に混乱もみられ、各GAPの位置づけと役割について共通認識を形成することが課題といえる。

（南石晃明）

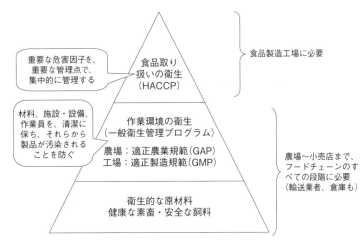

出所：新山陽子「食品安全の考え方と措置の枠組み」南石晃明編著「東アジアにおける食のリスクと安全管理」農林統計出版、2010年

図2　食品衛生管理の概念図

＊南石晃明編著『東アジアにおける食のリスクと安全確保』農林統計出版、2010年

第4節 ▶農業技術の新局面 4

遺伝子組換え、家畜クローニング、ナノテクノロジー

 キーワード　　◎遺伝子組換え／◎体細胞クローン
◎ナノテクノロジー／◎科学技術と社会

●遺伝子組換え

　遺伝子組換え技術は、植物・動物・微生物に対して外部遺伝子を導入することにより、新たな特性を付与し、農業生産（害虫抵抗性など）や医薬品製造に役立てようとする技術である。1994年より商業栽培がはじまった遺伝子組換え作物（以下GMO）は、いまや大豆とトウモロコシ、ワタ、ナタネなどの作物において栽培面積が広がりつつある。栽培国はアメリカを筆頭として28か国での栽培がおこなわれている（ISAAA, 2015）。2009年に中国がイネの栽培認可を決めたことで、今後、イネやムギなどの主要穀物での栽培がおこなわれる可能性が高まっている。アメリカでは、複数の特性（除草剤耐性と害虫抵抗性など）を組み合わせたGMOや、成長速度を早めた組換えサケへと、適用領域が拡大しつつある。他方、EUにおいては数か国で栽培され、有機農業などとの「共存」が模索されているものの、社会政治的論争が終息する気配は見えない。日本では2009年に青いバラの栽培が開始されたとはいえ、一般栽培はおこなわれていない。このようにGMOをめぐってはさまざまな立場からの論争がつづいている。これはGMOをめぐる論争が多角的側面を有しており、いわばイシューの束（表1）をなしているからともいえる。

●家畜クローニング

　家畜クローニング技術は、遺伝的にまったく同一の個体を作出する技術であり、受精卵から作出するもの（受精卵クローン）と、体細胞から作出するもの（体細胞クローン）に分かれる。受精卵クローン技術は、生殖を経て形成された受精卵（胚）の割球を他の卵子に移植することで作出する技術であり、商業的に利用されている。

　これに対して体細胞クローン技術は、生殖過程を経ないで体細胞から新たな個体を作出するものである。1996年にイギリスで誕生したクローン羊「ドリー」により一躍注目され、家畜生産への応用研究がはじまった。この技術を利用することにより、有用な特徴（たとえば、遺伝子組換えによる医薬品生産能力）をもつ家畜の生産が期待されている。しかし、科学的には未解明の部分も多く、死産や生後まもなく死亡する確率が高い（表2）。このように動物福祉の観点からの批判や安全面への懸念を考慮し、現在のところ体細胞クローン由来の家畜生産物は、販売されないこととなっている（農林水産省局長通達「体細胞クローン家畜の取扱いについて」、2009年8月）。

表1　イシューの束としてのGMO問題

安全性	食品安全性（アレルギーなど） 環境安全性（生態系影響など） 飼料安全性
政治経済	種子・農薬などの市場シェアの多国籍企業への集中 遺伝資源の知的財産権による囲い込み批判 農業経営の独立性の喪失 農家経済にとっての費用便益 地域経済への影響 食料貿易のグローバル化と国際競争力の向上 人口増大に対応するための食料供給の重要性
倫理	生命特許の是非 選択の権利（消費者、生産者、地域）

 用語解説　＊**ナノテクノロジー**　ナノテクノロジーは、10億分の1メートルというナノレベルで発現する新たな物性を活用することで、新たな用途や素材を開発しようとする分野である。クリントン政権による国家ナノテクイニシアティブ（2000）により、国際的な研究開発競争に火がついた。

●ナノテクノロジー

ナノテクノロジーの主要な応用分野は、工業分野（とくにエレクトロニクス）であるが、化粧品（日焼け止め等）などでも応用が広がっている。農業や食品分野への適用事例としては、健康食品、包装材、検査・食品衛生、キッチン用品など多様な利用領域が想定されている（図参照）。食品分野へのナノテクノロジーへの応用も期待されつつある一方で、環境団体などは安全性や環境影響が未解明であるとして、商品化に批判的である。とくに、ナノ粒子が健康や環境にもたらす影響について懸念を表明している。国際的にはFAO/WHO専門家会合などの国際機関のほか、先進国ではリスク評価および管理のあり方について検討が進められつつある。

●科学技術と社会の関係再考を促した農業新技術

現代は、科学技術が社会にとって無条件で有益であるという前提が崩れ、科学技術と社会との新たな関係が問い直される時代、小林（2007）のいう「トランスサイエンスの時代」と特徴づけられる。奇しくもこうした科学技術観の転換に、遺伝子組換え作物やBSEなど農業をめぐる論点が大きな役割を果たすこととなった。そして科学者や政策決定者だけに委ねられてきた科学技術に対して、市民の側もさまざまな形での関与することで、望ましいあり方が模索されつつある。そのための市民参加型討議手法も開発・実践されている。右記でとりあげた新技術は、科学技術と社会との新たなかかわりを再考する実験空間にもなっているのである。

（立川雅司）

表2　わが国における家畜クローンの作出状況

1. 受精卵クローン牛について		
受精卵クローン牛が出生等した研究機関数	47機関	（9機関）(注)
受精卵クローン牛出生頭数	731頭	
正常娩出	620頭	
食肉出荷	334頭	
2. 体細胞クローン牛について		
体細胞クローン牛が出生等した研究機関数	50機関	（20機関）(注)
体細胞クローン牛出生頭数	594頭	
正常娩出	411頭	
3. 体細胞クローン豚（ミニブタ除く）について		
体細胞クローン豚が出生した研究機関数	8機関	（3機関）(注)
体細胞クローン豚出生頭数	622頭	
正常娩出	437頭	
4. 体細胞クローン山羊について		
体細胞クローン山羊が出生した研究機関数	1機関	
体細胞クローン山羊出生頭数	9頭	
正常娩出	5頭	

出所：農林水産省ウェブサイト「家畜クローン研究の現状について」（平成24年6月29日）
注：「研究機関数」の（　）内は平成24年3月31日現在で各クローン動物を飼養している研究機関数（内数）機関数、頭数はいずれも、調査を開始した平成11年11月以降、平成24年3月までの累積値。

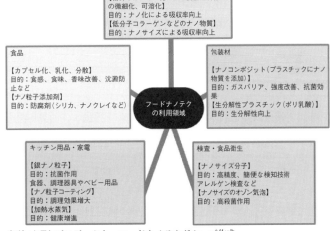

出所：i2TAプロジェクト・フードナノテクグループ作成

図　食品関連分野へのナノテクノロジーの利用領域

さらに知りたい人は
* ISAAA, Global Status of Commercialized Biotech/GM Crops: 2015
* 小林傳司『トランスサイエンスの時代―科学技術と社会をつなぐ』NTT出版、2007年

第5節 ▶ 林業事業体の展開 1

林業経営と森林組合

 キーワード　◎林業就業者数／◎過疎化・高齢化／◎素材生産
◎造林／◎施業委託／◎森林組合法

●小規模零細な森林所有構造

わが国における森林面積は約2,500万haであるが、その所有者の内訳は国有林が31%の770万ha、公有林が11%の280万ha、そして私有林が58%の1,450万haとなっている。私有林の多くは比較的小規模な林家の所有になるもので、1ha以上の森林を所有する林家の数は約83万戸、0.1ha以上なら約250万戸におよぶ（2000年以降農林省における統計上の林家は所有規模1ha以上となった）。表1に保有規模別の林家数と保有森林面積を示した。これをみても全体の過半数（56.7%）が3ha未満の零細所有者であることや、100ha以上の大規模所有者の面積割合もそれほど大きくない（20.9%）ことがわかる。

●減り続ける林業就業者

林業の採算性の悪化は、熟練労働者の林業労働からの離脱や新規就業者の参入不足を招き、林業就業者数は減り続けている。とりわけ、植栽や下刈りなどの造林作業の需要減少によって、森林組合などにおける季節的労働者の減少が著しい。図1にみるように、林業就業者数はこの50年で10分の1以下にまで減少しており、2005年時点では4万6,618人となっている。

●地域をになう森林組合

こうした状況の中で、零細な森林所有者の林業活動を支援する組織が森林組合である。森林組合の制度はもともとは森林法の中に位置づけられていたが、1978年に森林組合法として独立した法律となった。同法の目的は「森林所有者の共同組織の発達を促進することにより、森林所有者の経済的社会的地位の向上ならびに森林の保続培養及び森林生産力の増進を図り、もって国民経済の発展に資すること」（第1条）とされている。すなわち、森林所有者の経済社会問題と同時に森林資源培養という両義的な目的を有することがわが国におけ

表1　保有規模別の林家数と保有森林面積

	合計	1-3ha	3-5ha	5-20ha	20-50ha	50-100ha	100ha-
林家戸数	828,973	469,816	146,871	170,594	31,330	6,715	3,647
	(100%)	(56.7%)	(17.7%)	(20.6%)	(3.8%)	(0.81%)	(0.44%)
保有森林面積(ha)	5,174,793	770,123	523,575	1,490,344	876,572	432,885	1,081,293
	(100%)	(14.9%)	(10.1%)	(28.8%)	(16.9%)	(8.4%)	(20.9%)

出所：農林水産省統計部「2015年世界農林業センサス」

表2　森林組合数の推移

年度	1960	1965	1970	1975	1980	1985	1990	1995	2000	2005	2010
組合数	3,905	3,077	2,524	2,187	1,933	1,790	1,642	1,455	1,174	846	679

出所：林野庁「森林組合統計」

 用語解説

＊国民総生産に占める林業・木材産業の地位　2014年における林業の総生産額は1,800億円で、同年の国内総生産（GDP）486兆9,388億円の0.037%である。この数字は近年微増傾向にあり、20年前（1994年）は0.056%、10年前（2004年）は0.028%であった。参考までに、2014年における製材・木製品業のGDP比は0.173%、紙・パルプ業のそれは0.428%となっているが、いずれも近年少なからぬ落ち込みを示している。

る森林組合の特徴といえる。具体的には、森林所有者の協同組合として各種の経済活動をおこなうと同時に、森林計画の策定や各種補助金の業務代行など行政機関の末端組織的な役割を担っているのである。農業協同組合との最大の違いは、金融業務が制限されている点であり、そのことによって農山村で農協と森林組合が安定的に共存できるわけでもある。

全国の森林組合数は、戦後森林法改正直後の1950年代半ばには5,000を数えたが、その後は表2に示すように減少を続け、2010年度末における森林組合数は679となっている。しかし、この減少は組合の広域合併や市町村合併に伴うもので、政府は一貫して森林組合の合併による規模拡大を推進してきたという経緯がある。それゆえ、組合数は減少しても組合員数はそれほど大きく減少しているわけではない。2013年現在の組合員数は155万人で、過疎化・高齢化が進む中でも1990年の164万人からそれほど変化していない。

森林組合の主な事業としては、造林（植栽）や保育（下刈り・間伐・林道整備）などをおこなう利用部門、林産（伐採・搬出）や加工（製材）などの販売部門、機械や苗木など物品供給をおこなう購買部門がある。また、製材以外の高度加工、住宅建設、特産物の販売、観光やレクリエーション事業など、森林・林業をベースとした多角的な経営を試みる森林組合も増えている。森林組合全体の総取扱高は2,694億円（2013年度）で、部門別には森林整備部門が56％、販売部門が30％、加工部門が13％などとなっている。

近年の傾向としては、造林事業から素材生産事業への移行がみられる。2013年における全国の素材生産量は1,992万㎥であるが、このうち森林組合においては林産事業（立木の買い取りや伐採作業の受託によって素材生産をおこなう事業）で452万㎥の生産をおこなっており、素材生産における森林組合のシェアは増大している。かつては小規模な林家でもみずから森林管理をおこない間伐や主伐までも自分でおこなうケースが多かったが、

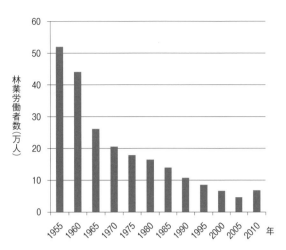

出典：総務省「国勢調査」
注：2010年の数値が上昇しているのは、2007年以降集計方法が変更されたため。

図1　林業就業者数の推移

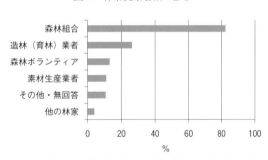

出所：農林水産省「森林経営体の森林施業に関する意向調査結果」（平成20年1月公表）

図2　森林の施業や管理を委託する場合に希望する委託先

現在では契約を結んで森林管理のいっさいを森林組合に任せる林家が増えてきており、過疎化・高齢化が進み不在村地主や施業放棄問題が深刻化するなかで、山村経済における森林組合の重要性はますます増大している。

図2に示すように、農林水産省がおこなった意向調査でも、森林管理の委託先として森林組合は圧倒的な支持を集めている。政策的にも、森林組合は国内林業再構築の中心的組織の一つとして位置づけられており、人材面ならびに技術面での貢献が期待されている。

（大田伊久雄）

＊林野庁『平成28年版森林・林業白書』2016年
＊遠藤日雄編著『改訂 現代森林政策学』日本林業調査会、2012年

第5節 ▶ 林業事業体の展開 2

企業経営の現状

 キーワード　　◎林業経営体／◎製材工場／◎垂直統合／◎大規模化／◎国産材回帰

●わが国における林業と製材業の特徴

林業と製材業とは密接な関係にある。原料となる丸太がなければ製材業は成り立たないし、製材工場がなければ切り出した木材を各種の利用に供することができない。農業や漁業と異なり、林業では生産物（丸太）が直接消費者に届けられることはなく、その中間にさまざまな加工や流通過程を経ることになる。そのため欧米先進国では、大規模な森林所有を基盤にして製材・加工・製紙を垂直統合した巨大企業が存在する。アメリカのウェアハウザーやジョージアパシフィック、北欧のストラエンソなどがその例である（ただし近年アメリカでは森林を投資信託化する動きが加速しており社有林の外部化が進んでいる）。

これに対し、わが国の林業経営体には数十万haを超えるような巨大森林所有はみられず、森林経営から製材・加工・製紙を含む木材関連での

表1　保有森林面積規模別・組織形態別の林業経営体数と保有森林面積

組織形態	合計		20ha 未満		20〜100ha		100ha 以上	
	経営体数	面積(ha)	経営体数	面積(ha)	経営体数	面積(ha)	経営体数	面積(ha)
総　数	140,186	5,177,452	112,941	790,006	22,763	830,308	4,482	3,557,138
法人経営	6,789	1,512,674	3,344	21,916	2,013	94,049	1,432	1,396,709
農事組合法人	133	8,727	71	583	44	2,217	18	5,927
会社	2,534	831,262	1,419	7,194	583	24,997	532	799,071
各種団体	3,016	483,989	1,181	8,954	1,124	54,811	711	420,224
農協	119	45,319	23	232	44	2,120	52	42,967
森林組合	2,261	296,112	810	5,801	878	43,878	573	246,432
その他団体	636	142,558	348	2,921	202	8,821	86	130,825
その他の法人	1,106	188,696	673	5,185	262	12,024	171	171,487
法人でない経営	131,724	2,051,347	109,309	765,188	20,303	713,061	2,112	573,098
家族経営	125,136	1,759,002	104,788	731,232	18,720	646,100	1,628	381,670
地方公共団体・財産区	1,673	1,613,431	288	2,901	447	23,198	938	1,587,331

出所：農林水産省統計部「2010年農林業センサス」
注：林業経営体の定義については用語解説を参照されたい。

表2　規模別の製材工場数と丸太入荷量（2013年）

	合計	7.5-22.5kw	22.5-37.5kw	37.5-75.0kw	75.0-150kw	150-300kw	300kw-
工場数	5,659	711	1,130	1,751	1,032	603	432
	(100%)	(12.6%)	(20.0%)	(30.9%)	(18.2%)	(10.7%)	(7.6%)
入荷量	17,271	125	391	1,073	1,825	2,558	11,299
(1000m³)	(100%)	(0.7%)	(2.3%)	(6.2%)	(10.6%)	(14.8%)	(65.4%)

出所：農林水産省統計部（2014）平成25年度木材需給報告書

＊**林業経営体**　農林水産省が5年ごとにおこなう世界農林業センサスにおいて、林業経営体とは以下のような定義がなされている。(1) 保有森林 3ha 以上でかつ過去5年間に林業作業をおこなうか森林経営計画を作成している (2) 委託を受けて育林をおこなっている (3) 委託や立木の購入により過去1年間に 200 m³ 以上の素材生産をおこなっている、のいずれかに該当する経営体。

総合的事業展開をする企業は存在しない。国内最大規模の森林所有経営体は王子ホールディングスでありその所有規模は約19万ha、第2位は日本製紙の約9万haであるが、両社ともに製紙原料となるパルプ材の大半を海外からの輸入に頼っている。

●林業経営体

2010年における全国の林業経営体数は表1にみるように約14万社（戸）であるが、そのうち9割が家族経営である。家族経営における所有規模は20ha未満が大半であることから、林業経営体全体でも20ha未満層が8割以上を占めている。100ha以上の大規模所有層は4,482社（戸）と数では3.2％を占めるにすぎないが、その所有面積は356万haと林業経営体全体の7割弱におよんでいる。

企業経営という視点からみると、100ha以上層においても会社組織は532社と少なく、農事組合法人やその他法人を合わせても経営体総数の16％でしかない。すなわち、林業においては企業経営は未発達といえる。ただし、森林経営をしている会社のうち、製材工場を持つものは少なくない。

近年の動向としては、人工林の施業放棄や伐採後の造林放棄が広がりをみせる一方で、自伐林家の減少と林地の流動化、森林組合などへの施業委託の増加傾向なども見られる。減少を続けた国内の木材生産量は2003年の1,616万㎥を境に漸増を続け2014年は1,992万㎥に回復しており、自給率もわずかながら上昇をみている。

●製材工場の大型化と国産材への回帰

外材輸入が急拡大した1960年代から70年代にかけて、多くの製材工場は新型の機械を導入して外材製材に進出した。外材は価格が安いことに加えて、均質な丸太を安定して供給できる点に決定的な強みがあった。しかし、1990年代に入って製品輸入の増加や南洋・北米・北洋それぞれの資源問題に直面し、最近では再び国産材製材に回帰するという現象が起こっている。たとえば、外材製材最大手の中国木材がベイマツの間に国産スギを挟んだハイブリッド集成材の本格導入を図ったり、合板メーカー各社が原料を北洋材から国産材に変更するなどの大きな変化は21世紀に入ってからのものである。

製材工場数は減少を続けている。しかし、その一方で大型化は確実に進んでいる。図に規模別の製材工場数の推移を示した。1960年には全体の6割以上が出力数22.5kw以下の小規模な工場であったが、その後こうした零細工場は急減し、代わって150kw以上や300kw以上という大型の工場が登場した。

表2に2013年における規模別の製材工場数と原料丸太の入荷量を示した。工場数では中規模である37.5-75.0kw層がもっとも多く、ついで22.5-37.5kw層となっており、両者を合わせると全体の50.9％を占めるが、入荷量では8.5％にすぎない。逆に、工場数で7.6％にしか満たない300kw以上層は入荷量では65.4％を占めており、大規模工場のプレゼンスの高さが読み取れる。こうした大規模化の傾向は今後ますます進展していくであろう。

（大田伊久雄）

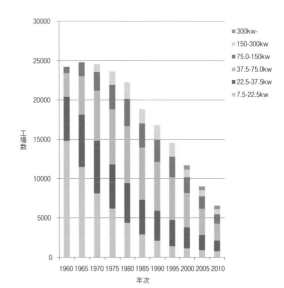

出所：農林水産省統計部「木材需給報告書」

図　規模別製材工場数の推移

＊林業経済学会編『林業経済研究の論点—50年の歩みから』日本林業調査会、2006年
＊荻大陸『国産材はなぜ売れなかったのか』日本林業調査会、2009年

第5節 ▶林業事業体の展開 3

国有林経営の現状

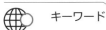
キーワード
◎緑の回廊／◎レクリエーションの森／◎独立採算制度
◎抜本的改革／◎国民の森林／◎森林官

●日本の国有林の特徴

わが国における国有林は明治初期の土地官民有区分に起源をおくが、現在の形態と組織体制になったのは、戦後間もない1947年であった。この年、それまでは複数の省庁に分散して管理されていた国家所有の森林を農林省が一括して管理し、外局としての林野庁が独立採算を基本とする特別会計制度のもとで経営管理するといういわゆる林政統一をおこなった。これによって、国土面積の2割、約760万haに及ぶ広大な森林を一元的に管理する巨大な林業経営体としての国有林野が誕生した。

国有林の分布は全国にわたっているものの、とくに北海道と東北地方に偏在しており、これらの地域以外では奥山や脊梁山脈に位置するものが多い。そのため、世界自然遺産指定地域や国立公園の特別保護地区・第一種特別地域など、自然環境を厳格に保護する法的規制を受ける森林のほとんどは国有林となっている（図1および表参照）。

国有林の経営目的は、従来から森林の公益的機能の発揮と木材の持続的生産であり、1970年代になって地元農山村経済への寄与という3つ目の目的も加わった。しかし、1998年の抜本的改革によって環境面を最重要視する方向へと大きくシフトしている。これに伴って、緑の回廊やレクリエーションの森を整備するなど「国家の森林」から「国民の森林」への転換をはかろうとしているが、残念ながらその実効性はいまだに見えてこない。

●危機に瀕する国有林

国有林野の管理・経営は危機に瀕している。1947年以来続いてきた独立採算制度は、3兆8,000億円に膨れあがった債務問題によって1998年に事実上破綻した。国有林経営の累積赤字は、高度経済成長が石油ショックによって打撃を受け、外材が国内市場を席巻した1970年代半ば頃からはじまった。収入と支出の格差は年とともに拡大し、累積債務が雪だるま式に膨らんだ。林野庁では1978年以降4次にわたる経営改善計画を断行し、事業の効率化や職員数の削減を推し進めてきたが、経営状況は悪化の一途をたどった。

そこで林野庁は1998年、抜本的改革と銘打って独立採算制度を見直すとともに国民に開かれた国有林をめざした組織改革をおこなった。経営面

表　森林管理局別の国有林面積と下部組織数（2015年）

森林管理局	全国	北海道	東北	関東	中部	近畿中国	四国	九州
国有林面積（1000ha）	7,584	3,068	1,649	1,186	655	311	183	532
森林管理署等数	120	24	24	23	11	14	7	17
森林事務所	842	214	166	136	74	76	44	132

出所：林野庁「国有林野事業統計書」

用語解説

＊**森林官**　国有林の現場で森林管理業務に携わる技術職員は森林官と呼ばれる。欧米では、森林官は比較的長期間同じ任地に勤務し、森林のみならず地元の人びととも近い関係の中で森林管理の業務に当たる。ところがわが国では、短期間での異動や人員不足からくる事務量の多さから、森林とも地元民とも疎遠な中で仕事をこなす森林官の姿が多く見られる。林学を学んだ若者の能力を十分に発揮できないのは残念である。

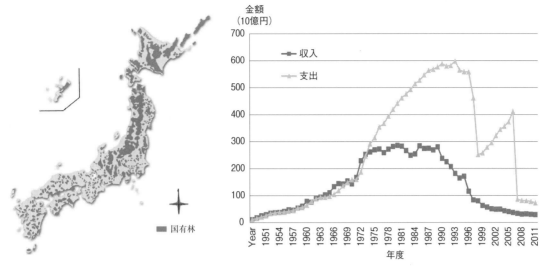

出所：林野庁ウェブサイト(http://www.rinya.maff.go.jp)　　出所：林野庁業務資料

図1　国有林の分布　　　　　　　図2　国有林野特別会計における収入と支出の推移

では、累積赤字のうち2兆8,000億円を国がたばこ税などによって負担し、残る1兆円を今後50年かけて償還するという計画である。また、14あった営林局・営林支局を7つの森林管理局に整理統合し、229あった営林署を98の森林管理署に再編成した。人員のさらなる削減にも切り込んだ。その結果、図2に示すように経営状態は好転するかに見えたが、その後の木材生産量の落ち込みから経営改善は計画通りには進んでいない。

かつて同様に赤字体質が問題であった国有鉄道は、分割民営化による大改革を経て甦った（もちろん、切り捨てられた部分や利益優先でゆがめられた部分も少なくないが）。そこで、政府自民党（当時の小泉内閣）は国有林野改革の切り札として、木材生産部門を切り離して独立行政法人化するという法律を2006年に制定した。事業部門を自由競争原理にさらすことで、活力を取り戻させようという思惑であった。しかし、この計画は2009年8月の総選挙で民主党主導の新しい政権が誕生したことによって頓挫し、国有林野事業は2013年度から一般会計に移行した。

●今後への期待

現下の国有林野における最大の問題は、国土面積の2割にもおよぶ広大な森林がほとんどまともな管理をされずに放置され荒廃を続けていることである。高度成長期に過伐を繰り返した結果資源の劣化が進んだうえに、人員の極端なまでの縮減によってまともな森林管理ができないでいる。環境面だけでなく循環型資源としても森林の重要性が見直されている昨今、国有林の再生は国民にとってきわめて重大な政策課題といえよう。十分な予算を確保して森林官を増員し、より良い森林管理技術で「国民の森林」を守り育てる組織に生まれ変わることが望まれている。

森林・林業再生プラン以降の政策において、国有林の再生は謳われていない。しかし、地域ごとに所有の枠を超えて安定した木材生産をおこなう仕組み作りが目指されており、そのなかに国有林の居場所もなくてはならないはずである。真に国民に開かれた国有林となる好機なのではないだろうか。

（大田伊久雄）

＊笠原義人・香田徹也・塩谷弘康『どうする国有林』リベルタ出版、2008年
＊荻野敏雄『国有林経営の研究―その戦後統合と蹉跌』日本林業調査会、2008年
＊大田伊久雄『我が国における国有林の存在意義に関する一考察』林業経済研究61（1）：3-14、2015年

V

生産構造と
生産要素

第1節 ▶ 米麦大豆 1

米需給の動向

 キーワード　　◎米過剰／◎生産調整政策／◎需給調整政策の転換／◎米の多用途利用

●米需給の転換

わが国の農業において、水田は重要な生産基盤であり、稲作は基幹的な部門である。同時に、水田や稲作は、農業・農村の多面的機能の発揮においても重要な役割を果たしている。また、主食としての米は、食生活や食文化において中心的な位置を占めてきた。

米の需給を歴史的にみれば、1960年代半ばまでは国内生産量が国内消費量を充足できない状態が続いていたことから、国内自給に向けた増産政策がとられていた。しかし、図1に示したように、1967年〜69年の連続豊作と、他方での消費量の減少によって、1960年代末に政府米持越在庫量が急増し、米需給は不足から過剰へと転換した。

1970年代以降は、食生活の変化にともなって減少を続ける米消費量に生産量を均衡させるため、需給調整政策（生産調整政策）によって生産抑制が続けられており、米生産量は作柄の良否によって変動しつつも減少を続けている。

また、米消費の面では、消費量の減少とともに、食の外部化の進行にともなって、中食、外食での消費が増加している。近年には、価格志向、健康志向、安全性志向、簡便化志向など、消費者志向の多様化が見られる。

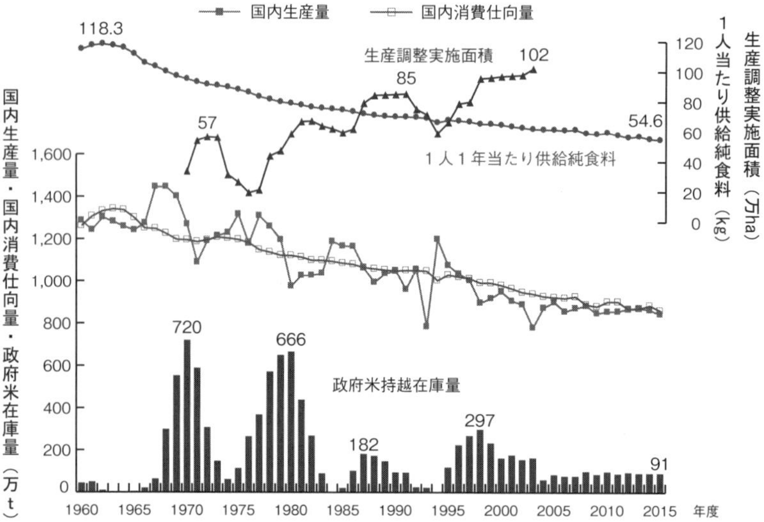

●米過剰と生産調整政策

需給調整には市場原理に基づくものと政策によるものがある。後者には、①生産開始前の需給調整（政策的な作付面積の増加・削減など）、②生産途中における需給調整（過剰時の圃場での青刈りなど）、③収穫後の需給調整（過剰時の市場隔離や不足時の備蓄の市場への放出など）がある。1960年代末の米過剰の発生に対してとられた需給調整政策は、①にあたる

図1　米全体需給の動向（1960〜2015年度）

出所：農林水産省「食料需給表」及び農林水産省資料により作成。
注：1）政府米持越在庫量は外国産米を除いた数量であり、2002年までは各年10月末、2003年以降は各年6月末の在庫量。
　　2）国内生産量、国内消費仕向量、1人1年当たり供給純食料は「食料需給表」による。
　　3）2004年産以降の生産調整実施面積は不明である。

 用語解説　＊**米づくりの本来あるべき姿**　「米政策改革」でめざされた「米づくりの本来あるべき姿」とは、「効率的かつ安定的な経営体が、市場を通じて需給動向を敏感に感じ取り、売れる米づくりをおこなうことを基本として、多様者消費者ニーズを起点、需要ごとに求められる価格条件などを満たしながら、安定的供給が行われる消費者重視・市場重視の米づくり」とされている。

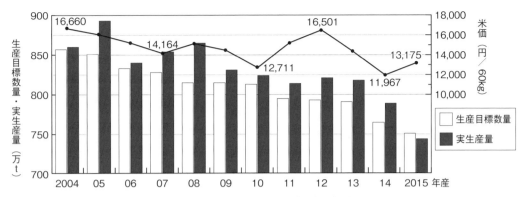

図2 改正食糧法施行後の主食用米需給と米価の動向

資料：農林水産省「最近の米をめぐる関係資料」2016年7月及び農林水産省公表資料による。
注：米価の2005年産までは入札取引価格、2006年産以降は相対取引価格。

生産調整政策を基本に、②と③を組み合わせたものであった。生産調整政策は、生産数量を需要と均衡させるため、米を作付けしない水田面積を、国－都道府県－市町村の行政ルートを通じて稲作農家に配分するものであり（ネガ配分）、助成金とペナルティによって生産調整の実施が誘導された。しかし、図1に示したように、生産調整面積は需給状況によって過剰時には強化、逼迫時には緩和と変動しつつも、2000年代初めには100万haを上まわるようになり、生産調整のさらなる強化に対して限界感が強まってきた。

● 「米政策改革」と需給調整政策の転換

2004年から開始された「米政策改革」によって、需給調整の方式は大きく変化した。米政策改革は、2010年度を目標に「米づくりの本来あるべき姿」の実現をめざしたものであり、需給調整に関しては農業者・農業者団体の主体的な需給調整（農業者・農業者団体が政府などから提供される需要量に関する情報に基づいて主体的に生産数量を決定する方法）に2007年産から転換することがめざされた（2004年産から2006年産までの移行期間においては、需要実績を踏まえた生産数量目標の配分＝ポジ配分）。

しかし、図2に示したようにポジ配分に移行した2004年産以降、主食用生産量が生産数量目標を恒常的に上まわるようになり、2004年産から2007年産にかけての米価下落につながったため、2007年産以降も農業者・農業者団体による主体的な需給調整に完全に移行することなく、政府による生産数量目標の配分が続けられてきた。

● 米政策の見直しと米の多用途利用

2013年12月に決定された「農林水産業・地域の活力創造プラン」に基づく農政改革によって米政策の見直しがおこなわれた。

米政策の見直しでは、水田を活用した麦、大豆、飼料作物や加工用米の生産に加え、飼料用米、WCS用稲、米粉用米などの新規需要米の生産が「水田活用の直接支払交付金」の交付によって推進され、米の多用途利用が進んでいる。その結果、主食用米作付面積が2008年産159.6万haから2016年産では138.1万haへと減少した反面で、新規需要米の作付面積が、同じ期間に1.2万haから13.9万haへと増加したこともあり、2015年産には主食用米生産量が生産数量目標を下まわった。

さらに、これらの定着状況をみながら2018年産米を目途に、行政による生産数量目標の配分に頼らなくても、農業者や農業者団体・集荷業者が中心となって、需要に応じた生産が円滑におこなえるような状況になること、つまり「米政策改革」がめざした農業者・農業者団体による主体的な需給調整が再びめざされている。

（小野雅之）

＊荒幡克己『減反廃止－農政大転換の誤解と真実』日本経済新聞出版社、2015年
＊谷口信和編集代表・石井圭一編集担当『日本農業年報61 アベノミクス農政の行方－農政の基本方針と見直しの論点』農林統計協会、2015年

第1節 ▶米麦大豆 2

麦・大豆の生産・需要動向

キーワード　◎自給率／◎米生産調整／◎転作
◎経営所得安定対策／◎需要と生産のミスマッチ

● 麦・大豆の需要動向と国産麦・国産大豆の位置

麦・大豆は日本の食卓に欠かせない食品の重要な原料であるが、現在、双方ともそのほとんどを輸入に依存している（210-211頁参照）。2014年度の自給率は小麦13％、大麦・裸麦9％、大豆7％である（農林水産省『食料需給表』より計算）。

表　麦の用途別需要量（2009年度、推計）

（a）小麦　　　　　　　　　　　　　　単位：万トン、％

用途		用途別需要量①	うち国産需要量②	国産比率②／①
全体		626	81	13
主食用		521	62	12
	パン用	152	4	3
	日本めん用	57	34	60
	その他めん用	122	7	6
	菓子用	72	10	14
	家庭用などその他	117	6	5
みそ・醤油用		16	2	13
飼料用及び工業用		90	17	19

（b）大麦・裸麦　　　　　　　　　　　単位：万トン、％

用途		用途別需要量①	うち国産需要量②	国産比率②／①
全体		226	18	8
主食用（押麦など）		8	6	75
加工用		95	12	13
	みそ用	2	2	82
	ビール用	70	6	8
	焼酎用	19	2	11
	麦茶用	4	2	51
飼料用及び工業用等		126	1	1

出所：農林水産省資料より作成。

小麦の国内全体需要は09年度で626万トン、うち521万トン（83％）はパン・めん・菓子などの主食用である（表）。国産小麦の需要は81万トン、うち62万トン（77％）は食用であり、「日本めん用」（34万トン）が主たる用途である。これは国産品種の多くがタンパク質含有率が中程度の「普通小麦」であるためであり、「日本めん用」需要の60％は国産となっている。それ以外の用途では国産のシェアはかなり低い。

大麦・裸麦の国内全体需要は09年度で226万トン、そのほとんどがビール用などの加工用と飼料用及び工業用等である（表）。国産大麦・裸麦の需要は18万トン、主食用とビール用などの加工用で大半を占める。国産のシェアは主食用・「みそ用」で80％前後、「麦茶用」で51％であるが、他の用途ではかなり低い。

大豆の国内全体需要は14年度で310万トン、そのうち64％（199万トン）が油糧用、30％（94万トン）が食用である（図1）。油糧用はほぼ全量が輸入である。国産大豆の需要は食用にほぼ限定され、食用における国産のシェアは24％となっている。国産の55％は「豆腐」に向けられるが、そこでの国産のシェアは28％にすぎない。国産のシェアは「煮豆・総菜」では68％と高いが、「納豆」「みそ・醤油」ではそれぞれ32％、11％と低い。

● 麦・大豆の生産動向

旧来、麦は畑作物・水田裏作作物、大豆は畑作物として、日本農業で重要な地位を占めていたが、1961年の農業基本法制定後、一方での輸入拡大

＊転作奨励金　米と転作作物との生産者所得格差の縮小を目的として、生産調整目標を達成した米生産者の転作作物の作付けや団地化などに対して支払われてきた助成金。2004年度に「産地づくり交付金」となり、09年の政権交代後には「水田活用の所得補償交付金」、12年の政権再交代後は「水田活用の直接支払交付金」となっている。

と他方での価格支持水準の低下により、60年代を通じて小麦、大麦・裸麦、大豆すべてで国内生産が激減した。しかし、69年度から米生産調整政策が開始され、とくに78年度開始の「水田利用再編対策」以降、麦・大豆が転作作物のエースとして位置づけられると、転作麦・転作大豆によって国内生産は一定の回復を見せた(図2)。現在、麦作付面積の4割以上(転作奨励金の改編によって、2004年度以降統計上「水田裏作」と「転作」との区別ができなくなったため、03年度の状況を踏まえて推計した)、大豆作付面積の8割以上が転作によるものである。

現在の麦の主産地は、小麦が北海道(畑作中心)・北関東(水田裏作中心)・東海(転作中心)・九州北部(水田裏作中心)、大麦は北関東(水田裏作中心)・北陸(転作中心)・九州北部(水田裏作中心)、裸麦は四国・九州北部(どちらも水田裏作中心)である。大豆は麦ほど生産地にばらつきはないが、作付面積では東北(全国の約2割5分)・北海道(同)・九州(同約1割5分)のシェアが高い。

国産の麦・大豆については従来から「需要と生産のミスマッチ」が問題とされてきた。これに関しては、双方とも市場販売価格よりも経営所得安定対策による補填単価がかなり高く、市場評価を生産者の作付行動に繋げるような制度設計にはなっていなかったこと、また、転作麦・転作大豆ではこれに加えて米生産調整面積の増減に影響に

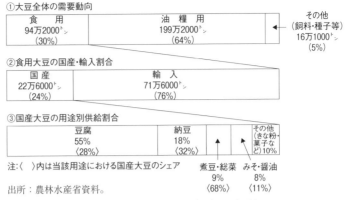

図1　大豆の需要動向(2014年度)

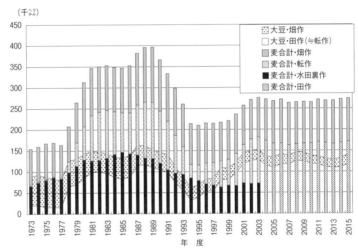

図2　麦・大豆の作付面積の推移

よって生産が安定せず、さらに転作奨励金の仕組みが「捨て作り」を誘発したこと、を指摘することができる。この間、麦・大豆とも高品質の新品種が開発されてきているが、これを現実の生産に繋げるためにも、経営所得安定対策及び米生産調整政策のあり方を改めて考える必要がある。

(横山英信)

* 横山英信『日本麦需給政策史論』八朔社、2002年
* 磯田宏・髙武孝充・村田武編『新たな基本計画と水田農業の展望—北九州水田農業と「構造改革農政」』筑波書房、2006年
* 梅本雅・島田信二編著『大豆生産振興の課題と方向』農林統計出版、2013年

第1節 ▶ 米麦大豆 3

経営所得安定対策

キーワード　◎価格支持政策／◎稲作経営安定対策／◎戸別所得補償制度／◎経営所得安定対策

◉農産物価格の下落と農業所得の減少

1980年代を通じて比較的安定していたわが国の農産物価格は、1990年代半ば以降、多くの品目で下落傾向を強めており、なかでも米、麦類、豆類の価格下落が著しい。その反面で、生産資材価格は上昇しており、農業の交易条件が悪化していることから、1990年代初めには5兆円前後であった生産農業所得は、2014年には2兆8,319億円へと大幅に減少している（農林水産省「生産農業所得統計」）。

農業所得の大幅な減少は農業経営、なかでも農業依存度の高い担い手の農業経営に大きな打撃となっており、「食料・農業・農村基本法」が掲げた「効率的かつ安定的な農業経営の育成」にとっても、農業所得の確保による農業経営の安定が重要な課題となっている。

◉品目別価格政策から経営安定対策へ

農産物価格の変動や下落に対する経営安定対策としては、1990年代前半までは品目ごとの価格政策が実施されてきた。しかし、生産刺激的な価格政策はWTO農業協定によって削減義務を負う「黄の政策」とされていることから、1990年代半ば以降、品目ごとの価格政策の見直しが進められてきた。その結果、農業経営は農産物価格変動の影響を直接受けるようになり、前述のように担い手の農業経営の安定が脅かされる事態も生じた。

そこで、担い手を対象とした経営安定対策が、「経営所得安定対策等大綱」（2005年）に基づいて2007年度から初めて実施された（当初は「品目横断的経営安定対策」、2008年度から「水田・畑作経営所得安定対策」に名称変更）。この政策は、一定の面積要件を満たした認定農業者と集落営農に限定して、土地利用型農産物5品目（米、麦、大豆、てん菜、でん粉原料用ばれいしょ）を対象に、諸外国との生産性格差から生じる不利を補塡する生産性格差是正対策（米を除く4品目：通称「ゲタ対策」）と、米を含む5品目合計の販売収入の変動が農業経営に及ぼす影響を緩和しようとする収入減少影響緩和対策（通称「ナラシ対策」）からなっていた。しかし、この政策は制度が複雑なこと、対象が担い手に限定されたこと、価格下落が続く米については収入減少影響緩和対策しか適用されないこと、などに対して批判を受けた。

◉農業者戸別所得補償制度の実施

2009年衆議院選挙の結果誕生した民主党政権は、「農業者戸別所得補償制度」を、2010年度には水田農業を対象にモデル対策として実施し、

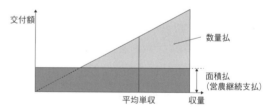

出所：農林水産省「平成28年度予算の概要（経営所得安定対策）」。
注：標準的な生産費と標準的な販売価格との差額分を直接交付するもので、当年産の生産量と品質に応じて数量当たり単価を交付する数量払を基本に、営農を継続するために必要最低限の額を当年産の作付面積に応じて交付する面積払（営農継続支払）を数量払の内金として先払いする。

図1　畑作物の直接支払交付金（ゲタ対策）

＊農業の交易条件　農産物生産者価格と農業生産資材価格の関係を示すもので、前者が相対的に低くなれば「交易条件は悪化した」という。農業生産資材価格指数に対する農産物生産者価格指数の比率として交易条件指数が算定されており、わが国の交易条件指数（2005年＝100）は、1993年度128.3から2009年には86.0に低下している（農林水産省「農業物価統計」）。

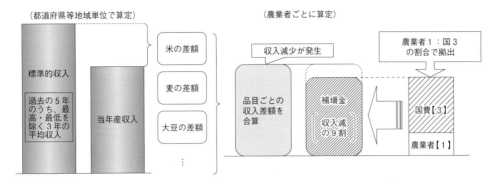

出所：図1に同じ。
注：農業者ごとの当年産の販売収入の合計（当年産収入）が都道府県等ごと、品目ごとに算定される標準的収入を下まわった場合に、その差額の合計の9割を補填金として、農業者と国が1：3の割合で拠出した積立金から交付する。

図2　米・畑作物の収入減少影響緩和対策（ナラシ対策）

2011年度からは畑作物も含めて本格実施した。農業者戸別所得補償制度は、①米の生産数量目標に即して生産した販売農家・集落営農に対して、標準的な生産費用と標準的な販売価格の差額に相当する額を交付する米の所得補償交付金（ゲタ対策、15,000円／10a、2013年度から米の直接支払交付金に名称変更）、②当年産の米販売価格と標準的な価格の差額を交付する米価変動補填交付金（ナラシ対策）、③畑作物（麦、大豆、てんさい、でん粉原料用ばれいしょ、そば、なたね）を対象に、標準的な生産費と標準的な販売価格の差額に相当する額を交付する畑作物の所得補償交付金（ゲタ対策）からなる。あわせて、生産数量目標の達成にかかわらず、水田を活用した麦、大豆、米雇用米、飼料用米などの生産に対して、主食用米と同等の所得を確保できる額を交付する水田活用の所得補償交付金もセットで実施された。

同時に、水田・畑作経営所得安定対策のうちナラシ対策も引き続き実施されたことから、二本立ての制度となった。

●経営所得安定対策の見直し

2012年末に政権に復帰した自民党・公明党は、「農林水産業・地域の活力創造プラン」に基づいた農政改革に着手し、その一環として経営所得安定対策も2014年度から大幅な見直しが行われた。その要点は、①米の直接支払交付金の廃止（米のゲタ対策、経過措置として2017年産までは単価を7,500円／10aに削減して継続）、②米価変動補填交付金を2014年産から廃止、③畑作物の直接支払交付金（図1、畑作物のゲタ対策、対象品目は麦、大豆、てん菜、でん粉原料用ばれいしょ、そば、なたね）の交付対象者要件見直し（2015年産から認定農業者、集落営農、認定新規農業者を対象に、規模要件を課さない）、④米・畑作物の収入減少影響緩和対策（図2、米・畑作物のナラシ対策、対象品目は米、麦、大豆、てん菜、でん粉原料用ばれいしょ）の交付対象者要件見直し（ゲタ対策と同様）、である。併せて、水田活用の所得補償交付金が、水田活用の直接支払交付金に名称を変更して実施されている。

このように、経営所得安定対策は複雑な動きをたどったが、2015年産以降は、米・畑作物のナラシ対策、畑作物のゲタ対策、米のゲタ対策（2017年産までの時限措置）が、交付対象者の要件緩和と畑作物の対象品目拡大をともなって実施されている。

また、農業経営の安定のための新たなセーフティネットとして、収入保険制度の導入に向けた検討も進められている。

（小野雅之）

*梶井功編集代表『日本農業年報53　農業構造改革の現段階―経営所得安定対策の現実性と可能性』農林統計協会、2007年
*谷口信和編集代表・石井圭一編集担当『日本農業年報61　アベノミクス農政の行方―農政の基本方針と見直しの論点』農林統計協会、2015年

第2節 ▶ 畜産物 1

経営環境と畜産経営

キーワード　　◎畜産の大規模化／◎収益性の悪化／◎加工型畜産

●日本農業における畜産の地位

日本の農業と畜産の総産出額はともに1985年をピークに減少に転じる。ただ、大幅な減少が続く耕種農業に対し畜産産出額は90年代半ば以来横ばいで（2.5兆円前後）推移しているため、農業生産額に占める畜産比率は95年以降上昇を続け2014年度には35％台に達し米と野菜を上回る（図）。

●家畜飼養動向と畜産構造

1990〜2016年の間の飼養頭（羽）数の推移（表1）をみれば、全ての畜種において減少傾向が見られるが、とりわけ乳用牛飼養頭数の減少が目立つ。なお、全畜種において、小規模層を中心とする飼養戸数の大幅な減少で、大規模化が進む。酪農の場合、50頭以上層による飼養頭数が全飼養頭数の72.5％を、肉用牛も200頭以上層による飼養頭数が全体の55％を占める。依然、零細兼業が主流である繁殖牛も、50頭以上層による頭数比率が35.3％（2016年）まで伸びた。

養豚は企業型経営による規模化が目立つ。経営体の数では耕作農家による副業経営が多数を占めるが（耕作農家47.9％、非耕作農家17.0％、会社32.3％）、飼養頭数では非耕作農家及び会社が全体の79.5％を占める（耕作農家16.8、非耕作農家9.1、会社70.4、2014年）。大規模化も進み、2千頭以上層による飼養頭数が全体の70％に上る（2016年）。なお2千頭以上規模の総飼養頭数の84.3％は会社による飼養である（2014年）。

採卵鶏とブロイラーも企業化・大規模化が進み、年間出荷羽数10万以上層による飼養羽数の割合は、それぞれ73.9％、94.4％に上る（2016年）。なお採卵鶏の飼養戸数は、農家55.6％、会社42.7％であるが、飼養羽数では農家が12.9％、会社が84.4％を占める（2014年）。

●厳しい経営環境と課題

大規模化が進む日本の畜産、しかしその経営は厳しい。1頭あたりの年間所得の推移（表2）をみると、90年代から減少傾向にあった搾乳牛は05年20万円を切り、07年には12万円台まで落ち込んだ。ただ近年、乳価の上昇等により収益の改善傾向が見られる。

BSEの影響による代替需要増、販売価格高騰で01〜02年、高い収益をあげた養豚も06年以降は収益が悪化している（2014年度は枝肉価格上昇で収益性が大幅に改善）。なお日本でのBSE発生で大きく落ち込んだ去勢肥育牛は、米国でBSEが発生した2003年以降、販売価格は好調で、一頭あたりの年間所得は15万円台を維持してきたが、06年以降大きく失速する。

畜産経営の収益悪化を販売価格と生産

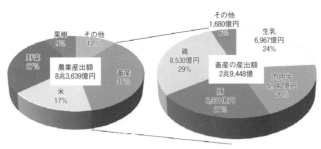

出所：農林水産所資料（2016年）

図　日本農業における畜産の地位（2014年度）

＊加工型畜産　家畜の餌を外国産飼料穀物に大きく依存し、国内の耕種農業とは切断された形で展開される畜産のことで、戦後の日本畜産を特徴づける用語として用いられる。一方で、加工型畜産のもたらす環境問題や食料自給率問題などの解決策として、近年、国内耕種農業との連携を強調する資源循環型畜産が提唱されている。

表1　主要家畜の飼養動向

		1990年	1995年	2000年	2004年	2008年	2013年	2016年
乳用牛	飼養頭数（千）	2,058	1,951	1,764	1,690	1,533	1,423	1,345
	飼養戸数（千）	63	44	34	29	24	19	17
	平均頭数（頭/戸）	32.5	44	52.5	58.7	62.8	73.4	79.1
肉用牛	飼養頭数（千）	2,702	2,965	2,823	2,788	2,890	2,642	2,479
	飼養戸数（千）	232	169	116	94	80	61	52
	平均頭数（頭/戸）	11.6	17.5	24.2	29.7	35.9	43.3	47.8
うち繁殖牛	飼養頭数（千）	673	701	636	628	667	618	588
	飼養戸数（千）	183	132	107	80	70	53	44
	平均頭数（頭/戸）	3.6	5.3	5.9	7.9	9.6	11.7	13.3
豚	飼養頭数（千）	11,817	10,250	9,806	9,724	9,745	9,685	9,313
	飼養戸数（千）	43	19	12	9	7	6	5
	平均頭数（頭/戸）	272	545	838	1,095	1,348	1,739	1,928
ブロイラー	飼養羽数（千）	150,445	119,682	108,410	104,950	102,987	131,624	134,395
	飼養戸数（戸）	5,529	3,853	3,082	2,778	2,456	2,420	2,360
	平均羽数（千/戸）	27.2	31.1	35.2	37.8	41.9	54.4	56.9
採卵鶏	飼養羽数（千）	136,961	146,630	140,365	137,216	142,523	133,085	134,569
	飼養戸数（戸）	86,500	7,310	4,890	4,090	3,330	2,650	2,440
	平均羽数（千/戸）	1.5	20	28.7	33.5	43.2	50.2	55.2

出所：畜産統計、食鳥流通統計

表2　1頭当たりの年間所得　　　（単位：円）

	1990年	1995年	2000年	2005年	2007年	2010年	2014年
搾乳牛	312,011	261,626	240,226	195,791	125,278	175,900	224,300
繁殖メス牛	224,944	145,288	175,141	241,187	199,676	49,700	183,400
去勢若齢肥育牛	178,331	114,652	59,466	170,001	39,812	41,600	99,900
肉豚	2,823	5,752	5,261	6,304	4,813	4,900	9,000

出所：畜産物生産費

コストの側面から考えてみる。

　まず01～07年の間、去勢和牛と和牛子牛の販売価格はBSE影響の反動が大きかったことや国産志向がさらに高まったことで堅調な推移を見せる。だが、生乳価格は2003年以降、低下傾向が、肉豚とブロイラーの価格は期間中、弱い上昇傾向が見られる（生乳価格は2010年以降、上昇傾向にある）。

　畜産経営にとって購入飼料代はもっとも重要な生産コストである。ちなみに生産経費のうち購入飼料代が占める比率は、酪農と養豚で1位（それぞれ45％、64.1％）、繁殖牛と肉牛肥育部門で2位(27.2％、27.1％)（中央畜産会、2009年）である。この購入飼料の価格指数（05年を100とした場合）が、01～07年の間、全畜種において高騰している（総合92→119、乳用種用92→119、肉牛肥育用91→119、肉豚肥育用91→121、ブロイラー94→115：畜産統計）。この状況は2010年以降も大きく変わっていない。2010年を100とした場合、2015年の飼料価格指数は124.5である（農産物価統計調査）。昨今の急激な収益悪化は価格低迷より購入飼料代の高騰に起因するものであることがわかる。

　栗原も指摘している（「生産者の高齢化や収益性の悪化を補うため、今後も日本畜産の規模拡大路線は変わらないだろう」と文献で主張）ように、畜産大規模化は今後も続くと思われる。しかし、近年の畜産収益の急激な悪化は「加工型畜産」といわれてきた日本畜産の脆さと危うさを改めて浮き彫りにした。飼料自給率の向上、なかでもほとんどを輸入に依存している濃厚飼料の自給率向上が日本畜産にとって緊急の課題である。

　なお家族経営中心の肉用牛、繁殖牛、酪農分野については、高齢化に伴い深刻化しつつある担い手問題への対応も急がれる。

（金成珉）

* 『全国集計結果から見た畜産経営の動向－平成20年度』中央畜産会、2009年
* 栗原伸一「畜産の担い手は何を求めているのか」『農業と経済』2008年10月号

第2節 ▶ 畜産物 2

輸入と消費の動向

キーワード　◎食肉自給率／◎業務・外食向けの需要増加／◎世界需要の拡大

●肉類の消費と自給率の動向

　戦後高度経済成長を通じて他農産物に比べ著しく増加してきた日本の畜産物・食肉消費は、2000年代に入り、その伸びの鈍化傾向が現れている。表1が示すように、肉類全体の国内需要はほぼ頭打ち状態にあるといえる。

　自由化後、低価格肉の大量輸入で消費・需要が急増したのが牛肉である。すなわち80年代後半～2000年の間、拡大する消費・需要を支えたのは、同じ時期2倍以上も増えた（88年40万8千→00年105万5千トン）輸入牛肉であった。しかし2000年代に入りBSEの影響で牛肉需要は減少をはじめ、輸入も減少に転じる（2013年76万5千トン、食料需給表）。一方で国産志向は一段と高まり国内生産が50万トン前後で安定推移しているため、00年34％まで低下した牛肉自給率は04年以来40％以上を維持する。以前から牛肉輸入先は主に米国と豪州であったが、03年米国のBSEの発生で、同国からの輸入は停止された。その後輸入は再開されたものの、20か月齢制限の下で、米国産割合は以前の水準までは回復していない。現在、輸入の約6割は豪州産が占める（米国産34％、2015年）。

　豚肉の国内需要は2005年頃まで順調に伸びていた。とくに2001年以降、BSEの発生による牛肉代替需要としての伸びは大きい。ただ国内生産は89年をピーク（159万トン）に減少に転じ、95年以降は120万トン台で推移する。一方、輸入は80年代末（90年48.8万トン）から増え続け、02年以降110万トンを上回るようになったため、90年74％であった自給率は現在51％（2014年）まで低下した。輸入先別割合は米国32％、カナダ21％、デンマーク14％である（2015年）。

　鶏肉需要は現在も順調に伸びているが、拡大し続けた国内生産は90年代一時減少に転じたが近年再び拡大傾向を見せる。一方、90年代半ば以降大きく伸びてきた輸入は、近年70万トン台で推移する（現在、自給率67％）。世界的な鳥インフルエンザの蔓延で、輸入先はブラジルへの一極集中（77.3％、2015年）が続いている。

●食肉消費の特徴と展望

　日本家計における食肉の年間購入額は22,229円、購入量は14kg（1人当たり）である。畜種別には豚肉が金額（9,951円）及び量（6.7kg）ともに1位となっている（表2）。

　なお肉類消費を家計消費、加工仕向、その他（業務・外食・総菜など）に分類した場合、その他の割合が相当大きい（牛肉63％、豚肉28％、鶏肉53％：表3）。とりわけ牛肉において、その割合は1995年の49％から確実に伸びており、この傾向は核家族化、女性の社会進出、高齢化の進展などで今後も加速すると見られる。

　現在、業務・外食向け需要の大半は輸入で賄われている。たとえば、業務・外食向け牛肉の71％は輸入肉であり国産は29％にすぎない（2007年、農水省）。高価格、斉一性を欠く品質が国産利用のネックになっている。家庭消費を前提とするこれまでの畜産・食肉生産から、業務・外食・

＊**20か月齢制限**　2005年12月、日本政府は、①日本においてすでに検査の対象外となった「20か月齢以下の牛」からの肉であること、②特定部位の除去などの条件で、2003年以来停止となっていた米国産牛肉輸入の再開を認めた。しかし米国は、それ以降も、「20か月齢以下」の条件の全面撤廃、OIE基準の受け入れを要求するなど、さらなる輸入条件緩和を求め続けている。「20か月齢以下」の条件は2013年2月、「30か月齢以下」へと改正された。

表1 食肉消費の動向　　　　　　　　　　　　　　　　　　　　　　　　（単位：千t、％）

	年度	1970	1980	1990	1995	2000	2005	2010	2014
肉類全体	国内消費仕向量	1,774	3,695	5,001	5,568	5,680	5,643	5,769	5,925
	1人当たり供給量(kg)	12.2	22.1	26	28.4	28.7	28.5	29.1	30.2
	自給率	88.5	80.7	70	57	52	54	56	55
牛肉	国内消費仕向量	315	597	1,096	1,526	1,554	1,151	1,218	1,209
	1人当たり供給量(kg)	2.1	3.5	5.5	7.5	7.6	5.6	5.9	5.9
	自給率	89.5	72.2	51	39	34	43	42	42
豚肉	国内消費仕向量	796	1,646	2,066	2,095	2,188	2,494	2,416	2,441
	1人当たり供給量(kg)	5.3	9.6	10.3	10.3	10.6	12.1	11.7	11.9
	自給率	97.8	86.8	74	62	57	50	53	51
鶏肉	国内消費仕向量	507	1,194	1,678	1,820	1,865	1,919	2,087	2,226
	1人当たり供給量(kg)	3.7	7.7	9.4	10.1	10.2	10.5	11.3	12.2
	自給率	97.8	93.8	82	69	64	67	68	67

出所：食料需給表

表2 食肉の家計消費（1人当たりの購入金額と購入量、2015年度）　（単位：円、g）

	合計	牛肉	豚肉	鶏肉
平均購入金額	22,229	7,136	9,951	5,142
平均購入量	14,070	2,077	6,715	5,278

出所：家計調査（総務省）

表3 肉類消費の構成割合

	家計消費				加工仕向け				業務・外食・総菜他			
年度	95年	00年	07年	14年	95年	00年	07年	14年	95年	00年	07年	14年
牛肉	43.0	37.0	34.0	32.0	8.0	9.0	9.0	5.0	49.9	54.0	57.0	63.0
豚肉	40.0	41.0	44.0	48.0	31.0	28.0	25.0	24.0	29.0	31.0	31.0	28.0
鶏肉	30.0	31.0	36.0	41.0	11.0	9.0	9.0	6.0	59.0	60.0	55.0	53.0

出所：農林水産省生産局畜産部食肉鶏卵課推定

総菜需要への対応に、より力を入れるという意識転換も必要である。

なお、日本の人口は2009年の1億2700万から2050年9500万人に減少、同期間、65歳以上の高齢人口は22.8％から39.6％に倍増する見通しである（国立社会保障・人口問題研究所）。このような状況下ですでに頭打ち状態にある食肉需要が、今後大きく伸びることは期待できない。むしろ減少傾向がいっそう強まるとみるのが妥当であろう。

一方で、食肉の世界需要は地球規模での人口増や新興国の所得向上で大きく伸び、飼料穀物や食肉の国際価格の上昇にもつながると予測される。ちなみに06年〜18年の間、牛肉消費は5,900万→7,400万トン、豚肉は9,800万→1億2,100万トン、家禽肉は6,500万→8,500万トンへ大きく伸び、価格も名目で31〜41％、実質で5〜13％上昇する見通しである（2018年における世界の食料需給見通し、農水省）。

飼料や畜産物の過度な海外依存から脱却し、食料の自給率向上に努めるとともに生産潜在力の維持がますます重要視されると思われる。（金成燁）

＊『数字でみる食肉産業』食肉通信社、2009年
＊ジャン＝イヴ・カルファンタン著・林昌宏訳『世界食糧ショック―黒いシナリオと緑のシナリオ』NTT出版、2009年

第2節 ▶ 畜産物 3

輸入飼料と自給飼料生産の可能性

 キーワード　◎飼料自給率／◎自給飼料／◎稲WCS／◎飼料用米

●低い飼料自給率

飼料の大半を輸入に頼ってきた日本であるが、近年、食料自給率向上の議論とともに自給飼料への関心も高まる。表1のように、日本の純国内産粗飼料自給率は79％であるが、純国内産濃厚飼料自給率はわずか14％にすぎないため、純国内産飼料自給率は90年以降、おおむね25〜26％台にとどまる。飼料自給率向上が叫ばれて久しいが、飼料を海外に依存する体質から抜け出せない状況が今も続く。

●自給飼料生産拡大の動きと課題

近年、とりわけ水田利用による飼料生産に関心が集まる。穀物価格高騰とそれに伴う畜産経営の収益悪化、転作水田の有効利用による食料自給率向上への期待感がその背景にある。日本における飼料用作物作付面積（2014年、耕地及び作付面積統計）は92万4千haであり、うち16万3千haが水田での作付である。作物別には、牧草（7万6千ha）、青刈りトウモロコシ（9千ha）、ソルゴー（7千ha）の3つが主流であったが、2010年以降、経営所得安定対策の充実などで、稲WCS（稲発酵粗飼料）と飼料用米の作付が急速に拡大している。現在、稲WCSと飼料用米の栽培面積はそれぞれ3万1千ha、3万4千ha（2014年度）である。

水田での飼料生産の課題を飼料の需要・利用者側と生産・供給側との両方の立場から見てみよう。

畜産経営にとって、稲WCSや飼料用米の給与が家畜や畜産物に与える影響への懸念は大きい。表2が示すように、飼料自給率向上には、肥育牛や酪農経営による国産飼料利用が絶対必要であるが、とりわけ高級肉（霜降り重視）生産をめざす傾向の強い肉牛肥育の場合、輸入濃厚飼料依存度が非常に高く国産飼料利用に消極的である。濃厚飼料依存・肉質重視型畜産から国内粗飼料利用による安全重視・環境保全型畜産への転換が強く求められている。ただ、濃厚飼料の代替飼料としての飼料用米については、家畜・畜産物に対する懸念は相当払拭され畜産農家と消費者から一定の理解が得られつつある（食料・農業・農村政策審議会、平成21年度第4回畜産部会資料、2009年8月、http://www.maff.go.jp/j/council/seisaku/tikusan/bukai/h2104/pdf/data3.pdf）。

次に、水田飼料生産・供給側の課題として、飼料の栽培・収穫における労力確保を含む生産・流通・保管体制の整備があげられる。農林省（2006年）によると、転作水田における飼料作物の作付主体は、飼料生産機械や生産技術への対応などの必要から85％が畜産農家である（畜産農家による作付41％、畜産農家に委託して作付44％、耕種農家の作付15％、2001年調査）。作付農家の労力や機械の負担を軽減させるため、生産の共同化と外部化も必要であろう。

以上、水田作付飼料の需要と供給の課題を指摘したが、水田飼料生産・利用システムのより根本的な限界は、そのシステム自体が転作助成金などを前提としないと成り立たない。水田飼料の需給はあくまでも政策的な供給・需要にすぎないということである。この点は、「補助金に頼らない仕組みとしてスタートした」とされ注目を浴びている山形県遊佐町の飼料用米の事例からも明らかで

＊稲WCS（Whole Crop Silage）　稲の子実と茎葉をともにサイレージ（青刈りした飼料作物をサイロに詰め、乳酸発酵させたエサのこと）として調製した粗飼料。

表1 飼料の需給の推移〔可消化養分総量（TND）ベース〕

(単位：千TNDトン、％)

区　　分			元年度	5	10	15	16	21	24	27（概算）
需　要　量		A	28,623	28,241	26,173	25,491	25,107	25,640	24,172	23,767
供給区分	粗飼料	B	6,050	5,767	5,709	5,387	5,565	5,393	5,225	5,066
	うち国内供給	C	5,197	4,527	4,453	4,073	4,194	4,188	3,980	3,999
	濃厚飼料	D	22,573	22,474	20,464	20,104	19,542	20,247	18,946	18,701
	うち純国内産原料	E	2,223	2,150	2,104	1,897	2,182	2,155	2,206	2,546
諸率	純国内産飼料自給率	(C+E)/A	26	24	25	23	25	25	26	28
	純国内産粗飼料自給率	C/B	86	78	78	76	75	78	76	79
	純国内産濃厚飼料自給率	E/D	10	10	10	9	11	11	12	14

出所：農林水産省資料（2016年）

表2 大家畜経営における飼料自給率の推移（TDNベース）

(単位：％)

	70年	80年	90年	00年	05年	10年	14年
酪農	49.9	46.7	39.6	33.8	33.3	33.7	31.7
肉牛繁殖	81.8	64.6	63.5	60.3	56.2	46.8	45.8
肉牛肥育	27.9	11.8	8.2	3.8	4.0	2.1	1.4

出所：農林水産省資料（2016年）

表3 飼料用米栽培実績（遊佐町）

	栽培面積（ha）	生産量（トン）	反収（kg/10a）	10aあたり助成額	1kgあたり買入価格	生産者手取額
2007年	130.0	691.2	530	50,500円	46円	74,900円
2008年	167.9	977.9	582	56,050円	46円	82,800円

出所：小沢互・吉田宣夫編『飼料用米の栽培・利用』、p.100

ある。表3のように、水田10㌃あたりの生産者手取は82,800円であり主食用米生産には到底及ばない。しかも手取の大半（56,050円）は各種助成金であり、飼料用米販売額は26,770円にすぎない。飼料用米価格は輸入トウモロコシ価格や政府ＭＡ米売り渡し（09年、約30万㌧が飼料用として利用）価格と連動されるからである。品種改良や生産コスト削減、耕畜連携、消費者との連携などによる補助金への過度な依存からの脱却が急がれる。

● 転作水田の畜産利用の必要性

米需要の長期的減少が見込まれるなか、小池の指摘（「現状の米価を維持するためには、2025年には水田面積の約6割の減反が必要である」- 文献）通り、減反のさらなる拡大可能性も否定できない。

減反水田の有効利用、自給率向上の視点からも、転作水田での飼料生産は有効な選択といえる。現在（2014年）、転作等実施水田面積84.6万haのうち作物作付は約66万ha、うち約16万haが飼料作付面積である。水田での飼料作付はほぼ転作水田利用によるものであることを考えると、転作水田はすでに飼料生産に貢献しているといえる。ただ、一方で地力増進作物、調整水田、定着カウント分などで相当部分（約18万ha）が不作付け状態で残っている。これらをいかに利用するかは日本畜産にとっても大きな課題である。

(金成壎)

* 小沢互・吉田宣夫編『飼料用米の栽培・利用—山形県庄内の取り組みから』創森社、2009年
* 小池恒男「飼料・食肉自給率と水田農業政策」『農業と経済』2008年3月号、昭和堂

第3節 ▶ 野菜と果実 1

生産動向

 キーワード　◎選択的拡大／◎リスク／◎暗黙の協調／◎生産の停滞／◎産地

●生産は縮小傾向にある

野菜も果実も、1960年以降の基本法農政のもと選択的拡大作物としてその生産を伸ばしてきた。高度経済成長期の所得の向上と、食生活の変化に対応したものであった。とくに野菜は、水田からの転作作物としてその生産が拡大し続けた。しかし1970年代に入ると生産は停滞し、1980年代に入るとむしろ減少し続けることになる。野菜・果実といえども所得弾力性が大きくはない在来の品目は消費自体が停滞し、また農家の高齢化、後継者不足、労働力不足から生産の担い手が減少してきていることによる。機械化が困難であり、とくに傾斜地農業である果樹は労働負担がきつく、労働力不足に対応した十分な施策を考えていかなければならない。

その一方で、1990年以降、輸入は拡大している。果実はもともと日本で栽培できない品目（バナナなど）の輸入があったが、果実の生産が減少する一方で消費が伸びており、輸入が大幅に拡大している。野菜は消費量が減少しているが、それ以上に生産が減少して、加工品や端境期での輸入などで輸入が増加している。野菜においても自給率の低下が顕著になっている。2013年現在で、野菜の生産・消費は11,781千t、14,962千t、果樹は各々3,035千t、7,682千tである。

品目ごとにみると、生産の動向がよりはっきりわかる。果実では、大衆果実であるみかんが1960年以降急速に生産を拡大させたが、73年以降は過剰生産が顕著となり、高品質生産を続けられる優良産地だけに生産が絞られていき、急激な縮小が続いている。2014年で42,900haとなっている。りんごは品種改良を続けることによって、大衆果実から高級果実へと転換してその需要を保ち、生産もほぼ維持され2014年で37,100haとなっている。また、ぶどう、日本なし、かきといった落葉果樹は、品種改良と多品目少量生産によって、生産は維持され続けている。野菜は、だいこん、はくさいといった重量野菜のみならず、なすやキャベツの生産が縮小している。だいこんで2014年には、33,300haまで減少している。その一方で、たまねぎ、ほうれんそうといった日常的に用いられる野菜の生産は維持され、レタスは拡大している。食生活の変化に応じて生産構造も変化してきている。

●産地としての組織化

野菜、果実は、卸売市場あるいは量販店から品質・規格の統一した商品の計画的な大量出荷が求められている。また農家が単独で行動するのでは、①大型高性能機械・施設の利用、②専門的マーケティング職員の雇用、③市場でのブランドの形成といった規模の経済を追求することはできない。生産から販売に至るまで、農協共販を中心として、農家が組織化して「産地」として行動することが求められている。

組織化するということは、農家が農協に協調行動をとるということである。共販全体の生産販売計画に協調せず、価格が高い時の単独での出荷や、高品質のロットに低品質の商品を出荷すれば、

 用語解説　＊**フリーライダー**　排除できないサービスを無料で享受するただのり行為。たとえば労働組合に加入していないのに、給与の引上げを享受できてしまう事態をさす。共販でも協力的でなくても、他の人の協力的な行動の成果を享受できてしまう。

その農家は高い利得が得られよう。これをフリーライドという。しかしフリーライダーがいるのであれば、共販体制は維持することができない。構成員農家には協調行動をとってもらわなければならない。フリーライドは発覚しやすいので、何度もできるものではない。その時に得られる利得の合計よりも、共販組織にとどまり協調行動をとり続けた時の利得の合計のほうが現在価値において大きければ、農家は協調を続けることになる。しかし金銭的な利得だけでは、この条件が満たされるとは限らない。むしろ金銭外的な農家と農協の間の、将来のことも十分重視する社会的な関係によってこの条件を支え、「暗黙の協調」がなされなければならない。農村における社会関係に埋め込まれた形で、協調的な組織化が維持されている。

●野菜作の経営戦略

　果実も野菜も豊凶による価格変動が激しい。とくに野菜は毎年作付面積を決定するため、経営者は価格変動のリスクに直面し、リスキーな意思決定に迫られる。リスクに対する経営者の態度は、低リスク低リターンのリスク回避か、高リスク高リターンのリスク愛好に分類される。野菜の作付けでは、数年に1回当たればよいというようなリスク愛好的な側面もあるが、リスク愛好一辺倒では持続的な農業経営は成り立たない。リスク回避のためには、第1に、野菜品目の複合化が図られる。複合化には、生産要素の同時利用といった「範囲の経済」と、ローリスク部門による損失部分のカバーといった利益がある。第2には、契約生産、予約取引といった取引形態の工夫がなされる。量販店、加工業者は農家に比べ資本力があり、価格変動のリスクに中立的である。また安定的な調達を望んでいるのであるから、固定価格契約や収益保障契約によって、リスクを吸収またはシェアしてもらうことができる。第3には、価格安定基金のように集団でリスクプレミアムをプールして、保険としてリスク回避を実現することがおこなわれる。

（浅見淳之）

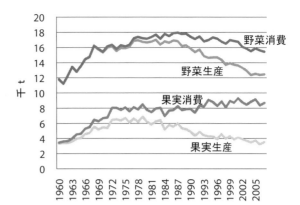

出所：食料需給表から作成

図1　野菜果実の生産と自給率

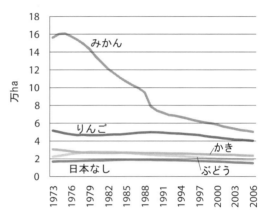

出所：果樹生産出荷統計から作成

図2　果樹品目の作付面積の変化

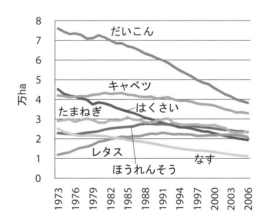

出所：野菜生産出荷統計から作成

図3　野菜品目の作付面積の変化

*浅見淳之『農業経営・産地発展論』大明堂、1989年

第3節 ▶野菜と果実 2

需要動向

キーワード　◎大衆野菜／◎輸入果実／◎バナナ／◎高級野菜／◎需要の弾力性

●野菜と果実の消費

1人1月あたりの食品支出に占める支出の割合の動向を見てみよう。周知の通り、外食や調理食品への支出が増加しているのに対し、米への支出が減少し、肉類も減少傾向にある。ところが、野菜と果実は支出割合としては大きな変化はしていないのである。生活の中で日常的に一定に消費される性格を持っている。しかしその内容は、大きく変化している（前頁の生産動向の図を参照）。野菜は、はくさいなどの重量型の大衆野菜から単価の高い高級野菜へと消費者のし好が変化している。また、安価で、端境期にも通年出荷されてくる輸入野菜の消費が年々拡大してきた。国産の果実の消費は、みかんが大きく減少してきたが、りんごや落葉果樹類の支出もやや縮小傾向にある。それに対し、年々果実の輸入量は増え続け、アボガドやマンゴーといった多様な輸入果実の消費も拡大している。

●野菜と果実の輸入動向

それでは、いかなる国から輸入がなされているのだろうか。野菜の多くは、アメリカ、ニュージーランドなどから輸入されているが減少傾向にある。急激に輸入を拡大させてきたのが中国産である。安価な労賃、地代を武器にした冷凍野菜や加工品だけでなく、輸送距離の短さを利用して生鮮野菜も急増した。ただし相次ぐ残留農薬の発覚や2008年の毒ギョーザ事件によって、中国産野菜への安全性の懸念が高まり輸入は2006年には急減した。しかし2016年現在でも野菜の輸入は増え続けており、中国からの輸入が過半を占めている。

輸入果実は、バナナ、グレープフルーツ、オレンジなどであるが、バナナが70％程度を占め、しかも輸入量が拡大している。かんきつ類はアメ

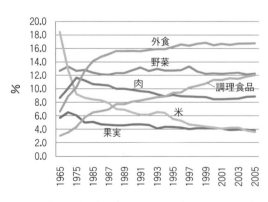

図1　食品支出に占める支出の割合（1人1月あたり）

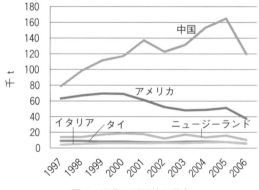

図2　野菜の国別輸入動向

＊ギッフェン財　価格が下落しているのに、需要が減るような例外的な財のことをギッフェン財という。ジャガイモの価格が下落すると、それより高い食品を買う余裕ができて、結果としてジャガイモを買わなくなる状況をさす。

リカなどからの輸入であるが、バナナは圧倒的にフィリピンからの輸入である。もともと高級品としての台湾バナナの需要があったが、1963年にバナナの輸入が自由化されてから、日本はバナナの巨大市場となっている。日本市場を狙ってまずはエクアドル、そしてフィリピンからの輸出攻勢が強まり、2016年現在でもフィリピンが独占状態にある。日本向けに、ドール、デルモンテ、チキータ、バナンボのブランドで知られる多国籍企業がプランテーション経営や契約栽培によって、寡占的な供給をおこなっている。しかしフィリピンの農園労働者の過酷な状況も問題視され、タイなどその他の国からのフェアトレードもおこなわれている。

そのほかにも、ドリアン、マンゴスチン、ランブータンなど熱帯でしか食べることのできなかった希少な果実も輸入されており、日本の食卓の豊かさを支えている。

●需要の弾力性

消費を考えるに当たっては、弾力性概念が重要である。大衆野菜から高級野菜へ、みかんから多様な輸入果実への消費の転換は、所得の向上に伴う所得弾力性の大きい品目への転換として理解できる。所得弾力性は、需要量を X、所得を M とすると、$\eta =(dX/dM)/(X/M)$ であり、所得の変化率の需要の変化率への影響度を表す。$1<\eta$ では「奢侈財」、$0<\eta<1$ では「必需財」といわれる。また $dX/dM<0$、つまり $\eta<0$ では「下級財」、$0<dX/dM$ ならば「正常財」といわれる（1980年代の教科書では価格弾力性で必需財、奢侈財、また下級財が定義されていたが、現在は所得で定義されていることに注意）。

同時に、需要の価格弾力性は、価格を P とすると、$e= -(dX/dP)/(X/P)$ であり、価格の変化率の需要の変化率への影響度を表す。$dX/dP<0$ であれば「通常財」、$dX/dP>0$ であれば「ギッフェン財」といわれる。供給の価格弾力性では国産の野菜・果実は、短期間に作付を変更できず、また

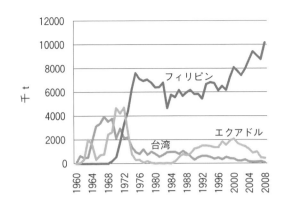

図3　バナナの国別輸入動向

タイでは日常的に売られている果物の王様ドリアン。これも日本へ輸出されている。

腐敗性があるので（価格）弾力性が小さい。その結果として、価格変動が大きくなり、また豊作貧乏、つまり供給が増えると価格が大きく下落しかえって総収益が減ってしまうことになる。

（浅見淳之）

*大浦裕二『現代の青果物購買行動と産地マーケティング』農林統計協会、2007年
*鶴見良行『バナナと日本人—フィリピン農園と食卓のあいだ』岩波新書、1982年

第3節 ▶ 野菜と果実 3

産地間競争

キーワード　◎共販組織／◎チェーン／◎中国野菜／◎市場シェア／◎競争と交渉

●産地同士の競争

　野菜と果実は基本的に卸売市場で取引され、また小売段階で量販店に出荷される。その間の取引費用を節約するために、品質・規格の統一、計画的な大量出荷が要求される。農家は共販組織として、組織化された産地として行動することでこれに対応してきた。市場占有率を拡大してブランドを作ることで、より有利な価格、条件で取引してもらえるため、市場シェアを巡って産地間競争が展開された。価格、品質、ブランド、出荷時期、出荷期間の差異による製品差別化がおこなわれ、産地同士、つまり供給者同士での間での競争が繰り広げられた。生産の拡大してきたほうれんそうでも、縮小してきたみかんでも、1970年代以降シェアを巡る順位の入れ替わりが頻繁に見られた。しかし1990年代に入ると競争は沈静化し、各産地間でおおよその棲み分けがなされてきている。2014年でも、ほうれんそうは、千葉、埼玉、群馬、岐阜、茨城が、みかんは、和歌山、愛媛、熊本、静岡が主要な産地となっている。
　とくに品質、品種やブランド、そして出荷時期、出荷期間の差異に応じた棲み分けがなされてきている。輸送技術、栽培技術の進歩によって自然条件の異なる産地が産地リレーを形成し、食卓には季節に左右されずに各種の野菜、果実が並ぶことになる。

●競争から交渉へ

　現段階ではフードシステムが大きく変わり、サプライチェーンなど、卸売市場機能を飛び越えて量販店と産地が直接結びつく提携が多くなってきた。水平面での産地間同士の「競争」よりも、垂直的な産地と量販店の間の「交渉」が、マーケティングにおいて重要な役割を担うようになってき

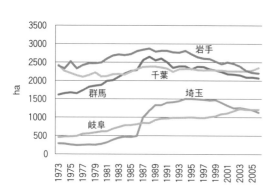

出所：野菜生産出荷統計から作成

図1　ホウレンソウの産地間競争

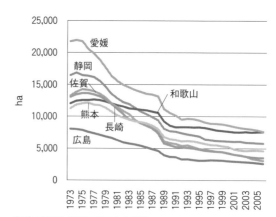

出所：果樹生産出荷統計から作成

図2　ミカンの産地間競争

　＊取引費用　取引過程で発生する探索、交渉、評価、執行に関連した費用。伝統的な経済学では市場ではこれは発生しないものとして理論が展開されてきたが、流通ではむしろ分析の中心的な対象となる。

た。産地と量販店が提携することで得られる結合利得は、両者とも最大化するように行動する。しかしそれを分かち合う場合には、交渉力によってその分け前分が決まってしまう。取引相手への交渉力を強める交渉戦略が求められる。現段階では小売主導型の提携が多く、量販店の交渉力が強い。しかし分け前分が常に量販店にとられるような提携では、産地サイドの提携へのインセンティブが失われてしまう。産地サイドも地域ブランドなどをコアとして、量販店への交渉力を強めていくことが効率的なのである。

産地と量販店の提携関係が強まってチェーンが形成されると、今度はチェーン同士の競争が顕在化してくる。とくに輸入が拡大する野菜品目においては、外国産地とそのバイヤーとのチェーンと、国内産地とそのバイヤーとのチェーンの競争が激烈化してきている。

● 中国の野菜生産基地

外国野菜産地の筆頭が中国である。中国では野菜産地は農業産業化政策の一環として形成されている。これは、貧困な農民もビジネスを知っている企業（龍頭企業）と結びつくことによって農産物を売ることができるので、これによって農業を産業として成立させることをいう。農民から農地の請負権を集積して農場を作り、そこで企業が直接野菜生産し販売する場合、あるいは農民と契約生産をおこなって、企業が集荷して野菜を販売する場合がある。いずれにしても集団として野菜生産がおこなわれ、野菜生産基地といわれている。日本の商社がこれらの企業と生産基地を通じて、種を提供し、栽培技術、農薬利用についての指導をおこないながら日本向けに生産している。漬物や冷凍野菜などは、現地の工場で加工まで終えて輸出している。もちろん一般には、中国国内の消費や、東南アジア諸国、韓国などの輸出向けに生産されている。

中国野菜産地の大棚（ハウス）

野菜は露地だけでなく、ハウスで栽培されている。これには、北側に土の壁を作り、南側を竹材で骨組みにしてビニルでかぶせた「日光温室」や、竹材などを用いて全面をビニルでおおう「大棚」がある（写真）。簡素な造りであるが労働集約的な作業によって高い生産性が実現できている。野菜生産基地では、これらのハウスが何百と連なっている光景を目にする。

● 産地間競争と経済学

産地間競争の主眼が競争から交渉へと変化してきたことに応じて、それを分析する経済学も変化してきた。伝統的には、産地同士での競争構造を分析する「産業組織論」が用いられ、水平的な市場構造、市場行動、成果という枠組みで考察がなされてきた。しかし、主体間の交渉が重要視され始めると、産業組織論のなかでも垂直的な市場成果の理解が求められるようになり、交渉関係そのものや、チェーンの内部での交渉の連鎖を対象とする「取引費用論」、また取引のガバナンス構造を理解しようとする「契約理論」が援用されるようになった。さらにはチェーン同士の競争を、産業全体での取引の集合として「ネットワーク論」としてとらえる方向に進んできているといえる。

（浅見淳之）

＊堀田忠夫『産地生産流通論』大明堂、1995年
＊斎藤修『食料産業クラスターと地域ブランド ―食農連携と新しいフードビジネス』農山漁村文化協会、2007年

第4節 ▶ 変貌する農業労働力 1

農業労働力の量と質

  キーワード　◎兼業化／◎農外就業／◎労働力需要／◎就業選択／◎雇用労働力

◉減少する農家数

表1に2005年の農家数を1990年および1950年との対比で示したが、全国的に減少していることが示されている。1950年との対比で見ると兼業化が進んだ代表的な地域とされる近畿が大きな減少幅を示しているが、都府県の農業地帯の代表とされる東北でも3割以上減少している。このような農家数の減少は農業以外の産業が農家労働力を吸収した結果といえる。一方、北海道は1950年との対比で2005年は24.1まで減少した、この背景として大型機械の普及が大きいと考えられる。このように、農家数は減少傾向にあり、それとともに農家の労働力は減少しているが、その進み方には地域的な差がある。

◉家計費と農業所得の関係

よく知られているように、都府県の農家の多くは兼業農家である。農家の所得と家計費の関係を全国的に見ると、図のように農外所得のシェアが圧倒的となる。しかし、農業所得の位置づけは地域的に異なっている。図に見るように近畿ではおおむね農外所得だけで家計費が充足できるが、東北では農業所得が不可欠である。一方北海道では農業所得だけで家計費が充足できる水準となっている。

◉就業選択の世代的な特徴の形成

農家の兼業化は農家世帯員の就業選択によって作り出される。その特徴を確認するため表2に宮城県K町の一集落を事例とした調査結果を示した。まず現在（2003年）の就業の農業専従と農外就業を比率としてみると、50歳未満は農外就業が圧倒的であるが50～60歳は農業専従の比率が相対的に高い。彼らの学卒時の就業を見ると、50歳未満の世代は現在と同じ傾向であるが、上の世代は農業専従となることが多かった。つまり50歳を境として、上の世代は農業就業の度合いが高く、下の世代は学卒以来農外就業しているのである。この2000年頃の50歳前後を境とした世代的な就業の差は、東北各地の調査で共通して確認できるものである。農家世帯員の就業が世代によって著しく異なることは、全国的には昭和ヒトケタ世代とその下の世代の間にあることが知られている。地域的な差があるものの、農家労働力の変化は農家世帯員の学卒時の就業選択と大きくかかわり、世代的な就業の差として現れているといえる。

表1　減少する農家数

	全国	東北	近畿	北海道
農家数（2005年・総農家）	2,848,166	463,460	282,296	59,108
1990年を100.0とした場合	74.3	76.3	75.2	61.9
1950年を100.0とした場合	46.1	61.8	44.5	24.1
農業就業人口（2005年・販売農家）	3,352,590	620,722	279,033	131,491
1990年を100.0とした場合	69.6	75.8	73.4	62.9

出所：農林水産省『農業センサス』（1950，1990，2005年）

 用語解説　**＊農民層の分化・分解**　自給的性格の強い農村経済は、同程度の経営規模を持つ農家により構成されることが一般的であるが、市場化が進むにつれて、農業経営を拡大する者と縮小する者への分化がすすみ、最終的には同質的だった農家を企業的な経営と農地をもたない労働者へ分解するという法則的傾向。

●農家労働力における変化

農家世帯員、とくに男子の学卒時の標準的な就業選択が農外への就職となったことは、農業就業人口の年齢が高くなる傾向をもたらした。表3が示すとおり全国で見ると60歳以上の割合は約7割となる。また半数以上が女性である。東北、近畿とも女性・リタイア世代が農業労働力として重要な位置を占めていることが示されている。農外に就職した世代が定年後農業に従事する傾向があることも知られているが、これも高齢者・女性が支える農業という特徴を持続させるよう作用する。

●機械化の進展は農作業を軽労働化する

農業生産の機械化は、作業効率を高めると同時に、重労働だった農作業をより軽労働化する。兼業農家の作物は水稲が一般的だが、水稲生産に関わる圃場作業のほとんどは機械化されている。かつては耕起や田植え、収穫は重労働であり、必要とされる人数も多かった。しかし今日では機械化されているため、軽労働化されている。またこれらの作業を委託することも一般化している。このため、水稲生産は重労働を前提としないものになっている。農家数の減少や農業従事者の高齢化・女性化の背景には機械化の進展があり、これにより必要とされる労働力の量および質が変化しているという側面がある。

●農民層の分化・分解の進展

兼業農業は東北のように家計費を充足するために農業所得が必要な地域では根強く残る傾向にあるが、農業所得が不可欠となっていない地域では、世代交代を契機として縮小する。この兼業農業の縮小は農地の流動化をもたらし、対極に農地を集積する専業的農業経営の展開を促す。このような農業経営の中には、雇用労働力を多数雇い入れる企業的経営へ展開する例も各地で見られる。この雇用労働力には、パート等の臨時職員だけで

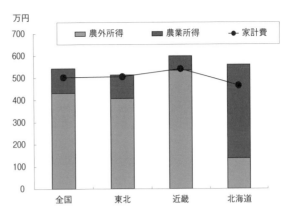

出所：農林水産省『農業センサス』(2005)
農林水産省『農業経営動向統計』(2003)

図　農業所得、農外所得と家計費の関係

表2　東北における男子の世代別就業の例（宮城県K町）

	現在の就業		学卒時の就業	
	農業専従	農外就業	農業専従	農外に就職
66歳以上	−	3	14	1
50〜65歳	5	14	12	6
50歳未満	4	31	6	27

出所：農家調査（2003年）
注：未回答があるため現在の就業と学卒時の就業の合計は一致しない。

表3　農業就業人口（2005年）

	全国	東北	近畿	北海道
総数	3,352,590	620,722	279,033	131,491
うち男	46.7%	46.0%	45.3%	51.5%
うち女	53.3%	54.0%	54.7%	48.5%
総数に占める60歳以上	69.1%	68.5%	70.3%	44.1%

出所：農林水産省『農業センサス』(2005)
注：販売農家

なく、正社員も含まれる。兼業農家や非農家の子弟が正社員として雇われ、経験を積んで管理職になるケースも見られるなど、農業経営は農家の枠を超えて変化しつつある。一様に兼業化した稲作でも、雇用労働力に立脚した企業的経営が展開するなど、農業労働力の量的・質的変化が進んでいる。

（野中章久）

＊農業問題研究学会編『労働市場と農業―地域労働市場構造の変動の実相』筑波書房、2008年
＊田代洋一『農業問題入門（新版）』大月書店、2003年

第4節 ▶ 変貌する農業労働力 2

農業へのUIターン

キーワード　◎Uターン／◎Iターン／◎新規参入／◎定年帰農
◎雇用就農／◎田舎暮らし／◎二地域居住

●Uターン・Iターン就農

　農地の利用集積を展開する企業的経営などの形成がなく、ただ一方的に農業従事者の減少のみが続くのであれば、当然のことながら地域農業はいずれは荒廃農地を生み、農業生産の後退を余儀なくされることになる。この場合、農家子弟による新規学卒後の就農以外の新規就農者の獲得に大きな期待がかけられることになる。このような新規就農者をUターンおよびIターンという用語で区分することができる。Uターンとは農家出身者が他産業での就業を経験した後に就農することである。Iターンとは非農家出身者が他産業での就業を経験した後に就農することであり、新規参入とも呼ばれる。近年では、Uターン・Iターンの形態が多様化しており、これら新規就農者の農業従事の特質も一律的ではなくなってきている。

　たとえば、就農時の年齢は、必要とする経営規模を異なるものとする。青壮年層の新規就農においては他産業並みの所得獲得が可能となるような経営規模の実現が望まれる。一方で、他産業を定年退職した後のUターン（いわゆる「定年帰農」）・Iターンによる新規就農者が年金などの農業経営以外の所得源を有している場合、経営規模につ

表1　就農形態別新規就農者数（2014年）　　　　　　　　単位：人、%

	計	割合%	自営農業就農者	割合%	雇用就農者	割合%	新規参入者	割合%
計	57,650	100	46,340	100	7,650	100	3,660	100
49歳以下	21,860	38	13,240	29	5,960	78	2,650	72
44歳以下	18,500	32	10,630	23	5,430	71	2,450	67
うち15〜19歳	1,170	2	480	1	670	9	20	1
20〜29	7,250	13	4,030	9	2,510	33	700	19
30〜39	6,880	12	4,200	9	1,440	19	1,250	34
40〜44	3,210	6	1,920	4	810	11	480	13
45〜49	3,360	6	2,620	6	540	7	200	5
50〜59	9,230	16	7,900	17	950	12	380	10
60〜64	13,850	24	13,140	28	450	6	260	7
65歳以上	12,710	22	12,060	26	280	4	370	10

出所：農林水産省『平成26年新規就農者調査結果』

表2　農家・非農家別雇用就農者数　　　　　　　　単位：人、%

	2013年	割合%	2014年	割合%	13-14年増減率
総数	7,540	100	7,650	100	1
うち、新規学卒	1,370	18	1,460	19	7
農家出身	1,640	22	1,490	19	-9
うち、新規学卒	260	3	320	4	23
非農家出身	5,900	78	6,160	81	4
うち、新規学卒	1,110	15	1,140	15	3

出所：農林水産省『平成26年新規就農者調査結果』

用語解説

＊**定年帰農**　農家出身者が都市地域での他産業への従事を定年退職後、出身地へUターンし、自家の農業に従事すること。兼業農家が定年退職後に、専業的に従事することも含まれる。

＊**二地域居住**　都市住民が、都市地域の住居以外に農山漁村地域にも居住の拠点を有し、両方のライフスタイルを実現すること。居住先地域においては、地域社会の一員として一定程度の役割を担うことが期待される。

いての条件はあまり問題とならない。とくに、自家資産である農地の保全を目的とする定年帰農者の多くは、所有農地面積がそのまま経営規模となる。

また、農業の6次産業化の進展とも関連し、前職で身につけた種々の技術を農業経営に活用するUターン・Iターン就農者が増えている。とくに、高度なマーケティング技術や経営管理技術を活用することにより、これまでになかったような事業の構築や経営成長を遂げる事例が注目を集めている。

さらに、Uターン・Iターン就農者の地域農業へのかかわり方も就農目的によりさまざまである。農業を新たな職業して選択する新規就農者にとって、地域農業との関係を構築することは経営規模の拡大や事業展開上で必要かつ重要となることが多い。一方で、農村での居住（いわゆる「田舎暮らし」）を目的とするIターン就農者については、必ずしも専業的に農業に従事するとは限らない。また、常時居住ではなく、二地域居住を希望する都市住民もいる。これらの場合、地域農業とのかかわりの程度は低いものとなる。

●就農形態と年齢別構成

Uターン・Iターンによる就農形態は、大きくは自己の農業経営の開始と、雇用就農に区分することができる。自己の農業経営を開始するためには必要となる経営資源を調達しなければならず、とくに若年層に対する参入障壁は高いものとなる。一方、雇用就農とは農業法人などへの就職を意味する。就農に当たって経営資源の調達が必要でないことに加えて、近年の農業経営の法人化や企業の農業参入による雇用就農機会の増加により、雇用

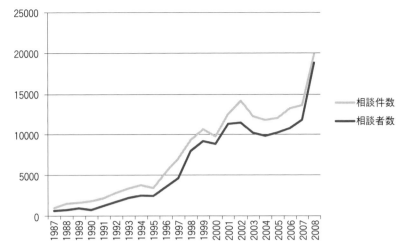

出所：全国農業会議所『平成20年事業報告書』2009年
図　全国段階および都道府県段階での就農相談窓口での相談実績の推移

就農は増加している。2014年の雇用就農者総数は7,650人であり、年齢別では20歳代がもっとも多く、ついで30歳代、50歳代、40歳代と続く。農業への就業を希望する若年層にとって、雇用就農は就農条件にかかわる負担が軽いことにより、有効な手段として機能していることを意味している。

●就農支援

農業労働力の減少に直面するなかで、いずれの新規就農者も地域農業を支える貴重な人材であることに変わりない。したがって、これら多様な新規就農者それぞれに対する就農のための支援が重要となっている。他産業からの新規就農をめざす人びとにとって、関連する情報の収集が就農への第一歩となる。全国農業会議所および各都道府県に設置されている新規就農支援センターにおいて新規就農に関する相談がおこなわれており、相談件数・相談者ともに増加している。ただ、就農希望者が実際に就農に踏み切るためには、営農面だけではなく地域社会における生活面でのインフラ整備も必要である。このような地域社会の受け入れ体制を整備するためには、行政機関、農業者、地域住民の連携によるとりくみが必要である。

（伊庭治彦）

*『農業と経済』2009年9月号特集「農を目指す多様な人々」、昭和堂

第4節 ▶ 変貌する農業労働力 3

多様な農業労働力の登場

キーワード　◎高齢者／◎女性／◎シルバー人材センター
◎障害者授産施設／◎農外企業の農業参入／◎外国人実習生

●農家の変化と多様な労働力需要

　日本農業は高度経済成長期までは自給的な性格を強く持っていた。農家世帯員は自家の農業従事を核としながら、自営兼業や日雇いのような形で地域経済とのかかわりを持つという形態が一般的であった。しかし高度経済成長期に、農家の青壮年男子の労働力は工業部門を中心に農外へ吸収される大きな流れが形成された。同時期に農業生産の機械化が進んだことも、この青壮年男子の労働力流出を後押ししたといえる。この結果、女性・リタイア世代の労働力に大きく依存する兼業稲作が農家の平均的なスタイルとなったということができる。

　今日の小規模な兼業稲作は農作業の請け負いと連携しながら維持されているといえる。この農作業の請け負いは地域内の専業的な農家や小規模農家による営農集団により担われることが多い。前者の場合、専業的な農家の青壮年男子の労働力と女性・リタイア世代の労働力を地域的に組み合わせていることになり、後者はリタイア世代の労働力を活用して地域的に稲作を維持するという性格が強くなる。全体としては、青壮年男子がそれぞれ自家農業の基幹的作業を担うという旧来の農家のあり方から、リタイア世代や女性を含む地域内の多様な働き手を組み合わせて農業を維持する姿へと変化したといえる。

●企業的な農業の展開と仕事の多様化

　一方、企業的な農業も展開している。稲作であれば機械化された作業体系で大きな面積を経営し、稲作以外では立地条件や栽培上の条件にもとづいて収益性の高い作物を生産している。加工品の生産・販売を展開する農業経営も多い。これらの農業経営は工業と同様、事業規模の拡大と収益性の向上をめざすため、作業効率を高めるよう努力する。また、生産規模の拡大は作業における分業を進める。その結果、農業においても工場のように性別・年齢を問わない技術が採用される傾向が強くなった。その結果、農業が体力や適性など、働き手の特徴に応じた仕事を提供できるようになりつつある。技術的変化の側面からも労働力の多様化が促されているといえる。

ハウスで作業する外国人実習生。20代前半の人が多い。

 ＊**障害者授産施設**　障害者の社会参加を促すために設けられた施設。障害者自立支援法（2005年）施行以降、利用者の自己負担（食事代など）が急増した結果、通所して作業をしているのに料金を支払わなければならない事態も生じている。

トウモロコシを栽培する障害者

この障害者施設では町内産ナタネを搾油・製品化している

●多様な労働力の例

近年、雇用型の大型経営は各地で展開している。このような経営では、経営者はもとより正社員、パート・アルバイトなど多様な人たちが働いている。雇用型経営の中には外国人実習生を受け入れている例もあり、雇用型経営は農業労働力の多様化を進める象徴ともいえる。このような雇用型経営における労働力の多様化は、きめ細かい労務管理を要したり、作業スキルを身につけやすい作物を選ぶ必要があるなど、経営主の経営管理能力や地域的・作物的条件が限られる傾向がある。また、地方の景気低迷を背景として、地元企業（建設業が知られている）による農業参入も見られる。このような農外企業による農業経営の継続性は今後の経過を見る必要があるが、これら農外企業の農業参入も農業労働力の多様化を進める要因である。

一方、農作業を受託する農業以外の組織として定着しつつあるものもある。その例としてシルバー人材センターと障害者授産施設が挙げられる。

シルバー人材センターは地域内のさまざまな仕事を請け負うが、農村部では農作業を請け負うケースが多い。体力的に制限があるものの、登録者の多くが農家出身であり、仕事が丁寧という評価もある。

障害者授産施設は全国にあるが、収入源は部品加工のような受託作業が多い。工場が多い都市部では工業部門からの作業受託が多いが、農村部では仕事の確保が難しい。一方で、近年の制度改正により障害者授産施設も仕事の確保が強く求められている。このため、農産加工品の生産や農作業を受託するケースが増えている。

●多様化の性格

かつての農家は複数世代が同居する大家族で、労働力としても多様性を含んでいた。しかし、高度経済成長を境に、企業的な経営を指向する農家が形成される一方で、大多数の農家は兼業化した。企業的な経営の中には多様な労働力を雇い入れる経営も成長しつつあるが、一方で、女性や高齢者が農業の主体となった兼業農家では、さまざまな作業を委託するようになっている。また、全般に農家は小家族化してきている。この農村の変貌にともない、農業にかかわる世帯員が少なくなった結果、地域の農業生産のあり方を再編する形で多様な労働力が農業にかかわっているといえる。農業労働力の多様化は、農業生産技術の発達がもたらす局面、非農家の雇用や他産業からの参入といった局面に加え、このような農村・農家の変化と再編という局面からなっているということができる。

（野中章久）

＊小田滋晃・増淵隆一編集『農業におけるキャリア・アプローチ―その展開と論理』日本農業経営年報 No7、2009年

＊農業問題研究学会編『労働市場と農業―地域労働市場構造の変動の実相』筑波書房、2008年

第5節 ▶ 農地制度と農地の流動化 1

戦後農地制度の展開

 キーワード　◎農地法／◎農業経営基盤強化促進法
◎人・農地プラン／◎農地中間管理機構

● 3つの法律から構成される農地制度

農地制度は、農地に関する規制を定めた農地法、農業に関する地域計画を規定する農振法（農業振興地域の整備に関する法律）、農用地の利用集積推進のための諸事業を規定する農業経営基盤強化促進法の3つの法律から構成される。この一連の制度の展開過程は広範な領域に及ぶため、それを僅かな紙幅に集約することはできない。そこでここでは農地流動化に限定して、そのポイントを紹介するにとどめる。

● 農地法の目的

日本の農地制度の根幹は1952年に制定された農地法にある。農地法の目的は戦前の地主制への逆行を阻止し、農地改革によって創出された自作農体制を維持することにあった。そのため耕作権には強い権利が与えられて保護され、耕作目的以外の権利取得を阻止するため農地の権利移動は厳格な統制を受けることになった。結果として、前者は貸借による農地流動化の促進を図るという観点から制度改正が積み重ねられていく。後者は「農作業常時従事」を求める「耕作者主義」として引き継がれるが、農業生産法人への適用は緩和されてきた。また、国家戦略特区における一般企業の農地所有の認可は農地制度を根幹から揺るがしていく可能性があり、今後の推移が注目される。

● 構造政策促進のための制度改正

農地法を基礎に置く日本の農地制度は、高度経済成長に伴う社会・経済の変化に応じて柔軟な展開をみせてきた。その大きな流れが、都府県では「農地価格の土地価格化」の下、農業構造の改善を図るため農地流動化は「売買から貸借」に切り替わるとともに構造政策推進のための諸制度が整備されていくという道筋である。農地を貸しやすくするための農地法の強力な耕作権保護の緩和と「利用権設定」による農地法の「バイパス」の構築であり、「自作農主義」から「耕作者主義」

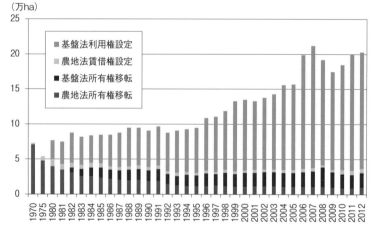

資料：農林水産省「土地管理情報分析調査」
注：農地法に基づく使用貸借による権利設定、小作地所有権移転、自作地無償所有権移転など、経営規模の拡大に直接結び付かないものは含まない。
図　耕作目的の農地の権利移動面積の推移

 用語解説　***耕作権の保護**　耕作権の保護は1938年の農地調整法から引き継がれたものであり、賃貸借の対抗力、法定更新、解約などの制限からなる農地法の核心の1つである。耕作者は手厚い保護を受けるが、いったん貸し付けた農地の返還を受けることはきわめて困難なため、農地の貸付を手控えさせる結果となり、法改正がおこなわれ、さらに農用地利用増進法が制定されることになった。

への転換を図った1970年農地法改正での10年以上賃貸借への法定更新の適用の除外、1975年の農用地利用増進事業の開始、1980年の農用地利用増進法の制定がこれに該当する。その結果、利用権設定が農地法による賃貸借にとって代わり、農地流動化の主流をなすようになる。1993年には「新しい食料・農業・農村政策」を受けて農用地利用増進法は農業経営基盤強化促進法となり、市町村が定める「基本構想」と「認定農業者制度」が導入され、担い手の確保・育成のための制度となって現在に至っている。農地法は農地転用も含め農地に関する一般的な統制を担う「守りの農地制度」、農業経営基盤強化促進法は構造政策を推進する「攻めの農地制度」という分担関係にある。なお、構造改革特区による農外企業への農地リース制度は2005年農業経営基盤強化促進法改正によって全国展開された後、2009年の農地制度改正で解除条件付き賃貸借の創設となり、賃借権の門戸は実質的に開放されることになった。

● 農地流動化促進のための政策

日本の農地流動化施策の特徴は集落（むら）の活用にある。農用地利用増進法で創設された農用地利用改善団体は集落での合意に基づいて担い手への農地集積を進める仕組みである（集団的自主的自己選別）。農地流動化は集落による農地の自主管理の結果である点にポイントがある。その後、農業経営基盤強化促進法では農地保有合理化事業が拡充され、施策推進の枠組みは市町村単位とされたが、人・農地プランの導入によって再び集落レベルでの話し合いに基づく担い手への農地集積が推進される仕組みとなる。だが、2014年に設立された農地中間管理機構はこれまでの路線とは大きく異なる。都道府県単位の組織である機構が農地の出し手と受け手を仲介することで市場メカニズムを働かせ、農地流動化を加速的に進めようとするものだからである。しかし、当初の狙いは実現せず、実績があがっているのは地元での話し合いの蓄積がある地域というのが実情である。

（安藤光義）

表　戦後の農地制度のあゆみ

1945	農地改革
1952	農地法
1962	農地法改正（農業生産法人制度の創設）
1969	農業振興地域の整備に関する法律（農振法）
1970	農地法改正
	・農地の効率的な利用が目的に追加
	・上限面積制限の廃止と農作業従事要件の設定
	・農業生産法人の要件緩和
	・小作料の最高額統制の廃止と減額勧告制度の創設
	・農地保有合理化事業の創設
1975	農用地利用増進事業
1980	農用地利用増進法
	農地法改正
	・農業生産法人の役員要件緩和
	・小作料の定額金納制の緩和
1989	農地利用増進法の改正
	・規模拡大計画認定制度の創設
	・遊休農地の指導・勧告
1993	農業経営基盤強化促進法（認定農業者制度の創設など）
	農地法改正
	・農業生産法人の事業要件と構成員要件の拡大
1995	農業経営基盤強化促進法改正
	・農地保有合理化法人への支援強化
	・農用地の買い入れ協議制度の創設
1998	農地法改正（2～4haの農地転用許可の知事への権限委譲など）
2000	農地法改正
	・農業生産法人制度の要件見直し（株式会社形態の導入）
	・小作料の定額金納制の緩和廃止
	・2ha以下の農地転用許可事務の自治事務化
2002	構造改革特別区域法の制定
	・農地リース方式による株式会社の農業参入
2003	農業経営基盤強化促進法改正
	・認定農業者である農業生産法人の構成員要件の特例措置
	・特定農業団体制度と特定遊休農地制度の創設
2005	農業経営基盤強化促進法改正
	・農地リース特区の全国展開
	・遊休農地対策の体系的整備
	農地法改正（会社法制定に伴う農業生産法人制度の改正など）
2009	農地制度改正（解除条件付き賃貸借の創設）
	・農地制度のダブルトラック化（賃貸借の門戸開放）
2014	農地中間管理機構の創設
2015	農地制度改正（農地所有適格法人・農業委員会法改正等）

*関谷俊作『日本の農地制度』農政調査会、2002年
*島本富夫『日本の農地―所有と制度の歴史』全国農業会議所、2003年
*今村奈良臣『現代農地政策論』東京大学出版会、1983年

第5節 ▶ 農地制度と農地の流動化 2

農地利用権と企業参入

 キーワード　◎企業参入／◎特定法人／◎農業生産法人
◎農業委員会／◎農業特区／◎農地所有適格法人

●株式会社形態の農業生産法人の参入

1962年の農地法改正で創設された農業生産法人制度は度重なる改正によって要件緩和が進められ、企業参入のハードルは引き下げられてきたが、2000年の農地法改正は一大転換点となった。株式の譲渡制限がある株式会社形態の農業生産法人が認められ、法人がおこなう事業も農業とその関連事業であれば可とされ、業務執行役員の農作業従事および構成員要件が緩和されたからである。一方、参入した法人が農業生産法人要件に適合しているかのチェック機能が農業委員会に与えられた。参入企業の適格性のチェックという重責を農業委員会に背負わせつつ規制緩和を進める手法は2009年の農地法改正でも踏襲される。

これらは経団連や行政改革委員会からの要求を受けたものだが、農業生産法人制度の枠内での決着となった。しかし、特区制度を突破口として農地の権利取得規制は緩和され、農地を所有できる法人の名称も農地所有適格法人に改められ、議決権や役員に関する要件は一層緩和されていく。

●耕作放棄地の増大を背景とした
特定法人制度の展開

2002年の構造改革特区制度によって農業生産法人以外の法人（「特定法人」）の農地に関する権利取得が条件付きで認められた。その条件は、遊休農地等が相当程度存在する地域であること、地方公共団体または農地保有合理化法人からの貸付であること、地方公共団体等と協定を締結すること、業務執行役員の1人以上が農業に常時従事することである。特区制度は内閣総理大臣と地方公共団体との直接的な関係で運用される制度であり、農地制度の枠外に位置するが、2005年の農業経営基盤強化促進法の改正で特定法人への利用権設定が認められ、農地リース特区は全国展開される。

この背景には耕作放棄地の増大があった。担い手不足による耕作放棄地の拡大という状況下で企業の農業参入に抗することはできなかったのである。だが、この段階では企業参入は基本構想の要活用農地に遊休農地が相当程度存在する地域に限定され、協定締結を通じた市町村による統制の余地は残されていた。

●地域調和要件と引き換えに法人の
農地賃貸借が認められる

2009年の農地制度改正は農業生産法人以外の法人の農地の賃貸借を一般的に認める一大改革となった。これまでの農作業常時従事要件と農業生産法人要件という耕作者主義に基づく権利取得の主体の統制とは別に、①地域の他の農業者との適切な役割分担の下に継続的かつ安定的に農業経営をおこなうと見込まれ、②法人の場合は業務執行役員のうち1人以上がその法人のおこなう耕作または養畜の事業に常時従事するならば、農地を適正に利用していない場合は契約が解除されるという条件付きで農地の賃貸借が認められたのである（権利移動統制の二元化）。このチェックは農業委員会に任せられたが、「地域との調和」の判断は

＊地域調和要件　2009年の改正農地法は農業生産法人以外の法人の農地賃貸借を認めたが、それには「地域との調和に配慮した農地についての権利取得」（第1条）という地域調和が要件とされている。地域の他の農業者との適切な役割分担（第3条）という要件も含め、これらが現場で具体的にどのように運用されるかは1つのポイントである。

表1　企業の農業参入に向けた農地制度改正

2000	農地法改正 ・農業生産法人制度の要件見直し（株式会社形態の導入）
2002	構造改革特別区域法の制定 ・農地リース方式による株式会社の農業参入
2003	農業経営基盤強化促進法改正 ・認定農業者である農業生産法人の構成員要件の特例措置
2005	農業経営基盤強化促進法改正 ・農地リース特区の全国展開 農地法改正（会社法制定に伴う農業生産法人制度の改正など）
2009	農地法改正 ・農作業従事要件と農業生産法人要件の緩和 ・農業生産法人への出資制限の緩和 農業経営基盤強化促進法改正（特定農業法人の範囲の拡大） 農協法改正（農協自らが農業経営を実施）
2013	国家戦略特区（農業生産法人6次産業化推進のための要件緩和）
2014	農地法改正 ・農業生産法人から農地所有適格法人へ呼称変更と要件緩和
2015	国家戦略特区での一般企業の農地所有の許可

表2　一般法人の農業参入状況

営農類型別								合計
米麦等	野菜	果樹	畜産	花き	工芸作物	複合	その他	
367	861	207	50	50	86	386	32	2039

資料：農林水産省ウェブサイト（2015年12月末現在）

運用上の難点として残された。また、農業生産法人の出資制限の緩和（農業関連事業者の議決権の1事業者10分の1制限が廃止され、農商工連携事業者の場合2分の1未満まで拡大される等）により、資本出資を通じた企業の農業参入が進む可能性も高まった。

●国家戦略特区では法人の農地所有まで認められる

2015年の農地制度改正では、農地を所有できる法人の名称が農業生産法人から農地所有適格法人に変更されるとともに、役員の農作業従事要件は「農業に常時従事する役員又は重要な使用人のうち1人以上の者が農作業に従事」に、議決権要件も「農業者以外の者の議決権が総議決権の2分の1未満」に緩和された。農場に農場長が1人いれば可、というところまで規制緩和が進むことになったのである。これも始まりは特区法措置であった。

特区制度を突破口とする規制緩和は農地所有にまで及ぼうとしている。国家戦略特区（兵庫県養父市）では一般企業の農地所有が5年間という制約付きながらも認められた。構造改革特区のときと同様、担い手が不足する地方公共団体に限定されたが、将来的には全国展開が図られる可能性があり、今後の行方が注目される。　　　（安藤光義）

＊安藤光義・友田滋夫『経済構造転換期の共生農業システム』農林統計協会、2006年
＊渋谷往男『戦略的農業経営』日本経済新聞出版社、2009年
＊高木賢『早わかり新農地法』大成出版社、2009年

荒廃農地問題と対策

第5節 ▶ 農地制度と農地の流動化 3

 キーワード　◎遊休農地／◎不在地主／◎農業委員会／◎特定利用権

●荒廃農地問題の現状

担い手不足による荒廃農地の増大は日本農業が抱える1つの大きな問題である。1985年に13万haだった耕作放棄面積は2015年には42万3,000haと3倍以上になった。2014年の「荒廃農地の発生・解消状況に関する調査」によると、再生利用が可能な「抜根、整地、区画整理、客土等により再生することにより、通常の農作業による耕作が可能となると見込まれる荒廃農地」は13万2,000ha、再生利用が困難と見込まれる「森林の様相を呈しているなど農地に復元するための物理的な条件整備が著しく困難なもの、又は周囲の状況から見て、その土地を農地として復元しても継続して利用することができないと見込まれるものに相当する荒廃農地」は14.4万haにのぼる。後者は「遊休」の域を超えるものであり、事態の深刻さを示している。

この問題に拍車をかけているのが不在地主の存在である。耕作放棄地を解消するため土地所有者に協力を求めても不在地主から協力を得るのは難しく、ましてや土地が相続登記されないまま放置されていると手をつけることができない。そして、時間の経過とともにこうした問題を抱える農地が増加しているのである。

最善の荒廃農地対策は農地が遊休化する前に担い手に集積することである。担い手の農地借り入れ意欲の喚起と農地集積の推進が荒廃農地解消の条件である。

●遊休農地対策の展開過程

政府の遊休農地対策はかなり早い時期から始まっていた。1975年の農振法改正で「特定利用権の設定」制度が創設され、耕作放棄が長期間続いて農地としての利用が困難になると見込まれる農地については市町村または農協が住民・組合員の共同利用のために利用権が取得できるようになる。1989年の農用地利用増進法の改正では「遊休農地に関する措置」が創設され、正当な理由なく耕作放棄している者に対する農業委員会の指導、市町村長の勧告が可能となり、勧告に従わない場合、農地保有合理化法人は買入等の協議をおこなって認定農業者に売渡せるようになる。2003年の農業経営基盤強化促進法の改正では「特定遊休農地の農業上の利用に関する計画の届出制度」が創設され、市町村長が特定遊休農地である旨を通知し、当該農地の利用計画を届出させることになった（10万円以下の科料も課すことが可能）。

2005年には農業経営基盤強化促進法が再び改正され、知事裁定による特定利用権の設定が可能となり（農振法から移行）、所有者が不明の場合は公告で対応できるようになり、市町村長は遊休農地が周辺の営農に生じさせている支障を除去するための措置命令を出し、代執行も可能とする「体系的な遊休農地対策」の整備がおこなわれた。

●現行の遊休農地対策

2009年の農地制度改正により、農業経営基盤強化促進法の中にあった遊休農地対策の体系が農

＊不在地主（不在村地主）　所有している農地のある市町村に居住していない農地所有者。代替地購入でも発生するが、在村者（親）の死亡に伴い、他出していた子どもが相続で農地所有者となるケースが圧倒的に多い。相続による農地の所有権移転はこれまで農業委員会に届け出る義務はなかったが、2009年の改正によって制度化されることになった（違反の場合、最大10万円の科料）。

表1　荒廃農地面積の推移（全国）

単位：万ha

	荒廃農地		再生利用が可能な荒廃農地		再生利用が困難と見込まれる荒廃農地	
	計	農用地区域	計	農用地区域	計	農用地区域
2010	29.2	14.1	14.8	8.5	14.4	5.5
2011	27.8	13.1	14.8	8.3	13.0	4.8
2012	27.2	13.1	14.7	8.3	12.5	4.8
2013	27.3	12.8	13.8	7.8	13.5	5.1
2014	27.6	12.9	13.2	7.5	14.4	5.4

資料：農林水産省ウェブサイト

表2　不在地主の存在で利用権設定ができなかった農業委員会数

	ある	ない	不明・無回答	計
回答農委数	311	1,072	14	1,397
回答比率（％）	22.3	76.7	1	100

出所：安藤光義「不在地主所有農地の管理実態に関する調査結果の概要」『農政調査時報』第558号（2007）

表3　利用権を設定することができなかった原因（複数回答）

	不在村農地所有者に住所等が不明で連絡をとることができなかった	相続登記がされていないため、利権関係者の数が多くて同意を集められなかった	連絡をとることができたが、不在村農地所有者の同意を得ることができなかった	その他	不明・無回答	計
回答農委数	158	168	100	26	2	311
回答比率（％）	50.8	54	32.2	8.4	0.6	100

出所：安藤光義「不在地主所有農地の管理実態に関する調査結果の概要」『農政調査時報』第558号（2007）

地法に移され、その一層の強化が図られた。農業委員会による管内の農地の利用状況調査が実施され、全ての遊休農地を対象に農業委員会による一元的な指導・勧告がおこなわれるようになったこと、農業委員会の公告を起点に所有者が判明しない遊休農地に対し、補償金を供託することで利用権が設定できるようになったことなどがポイントである。遊休農地対策についても農業委員会が担う役割は大きくなった。

このように遊休農地の監視、取り締まり体制は体系的に整備されたが、実効力を有するかどうかは次の2点にかかっている。1つはその重責に見合うだけの予算と人員が農業委員会に与えられるか否かである。もう1つは農地を借りる担い手がいるか否かである。前者については2015年の農業委員会法の改正によって農業委員の数は削減され見通しは明るくはない。新設された農地利用適格化推進員がどのように機能するかに注目される。また、遊休農地に対する固定資産税課税の強化も始まった。現行の対策でも効果があがらないとすれば「計画的撤退」といった方策の検討が必要となってくるだろう。

（安藤光義）

＊安藤光義・友田滋夫『経済構造転換期の共生農業システム―労働市場・農地問題の諸相』農林統計協会、2006年
＊遠藤和子『中山間地域の農地保全計画論』農林統計協会、2008年
＊全国農業会議所『平成20年度相続農地管理状態実態調査結果報告書』（調査研究資料第354号）、2009年

第5節 ▶ 農地制度と農地の流動化 4

地域計画と農地のゾーニング

　キーワード　　◎農振法／◎農業振興地域／◎農用地区域
◎市街化区域／◎市街化調整区域

●都市計画法と農振法によるゾーニング

1969年は日本の土地利用にとっての画期であった。1968年に成立した都市計画法（旧都市計画法（1921）は廃止）が施行され、農業振興地域の整備に関する法律（「農振法」）が成立、施行されたのがこの年である。都市計画法による都市計画区域の指定および市街化区域（すでに市街地を形成している区域およびおおむね10年以内に優先的かつ計画的に市街化を図る区域）と市街化調整区域（市街化を抑制すべき区域）の区分、農振法による農業振興地域および農用地区域の指定がおこなわれ、土地利用区分、いわゆる「ゾーニング」がおこなわれることになった。高度経済成長がもたらした都市の無秩序な拡大は、計画的な都市化を図りたい都市計画サイドのみならず、優良農地が蚕食されていた農業サイドからも問題視されており、対策が求められていたのである。だが、2つの法律は管轄する省が異なるため重複して指定される地域もあるなど、一元的な統制は実現されていない。図1にあるように市街化区域と農業振興地域は重複できないが、都市計画区域および市街化調整区域、

表　農振法のあゆみ

1969	農振法制定
1975	農振法改正
	・農用地利用計画拡充 （農業用施設用地が農用地区域内に）
	・交換分合制度の創設
	・農用地利用増進事業の創設
	・特定利用権制度の創設
	・開発許可制度の創設
1984	農振法改正
	・農業振興地域整備計画の拡充
	・協定制度の創設
	・交換分合制度の拡充
1999	農振法改正
	・基本指針の策定
	・農業振興地域整備計画の拡充
	・農用地区域設定等の基準の法定化
	・地方分権計画に伴う措置
2005	農振法改正
	・農業振興地域整備計画の策定・変更手続きの改正
	・特定利用権制度の廃止 （農業経営基盤強化促進法へ移行）
2009	農振法改正
	・農用地面積の目標達成に向けた仕組の整備
	・農用地区域からの除外の厳格化

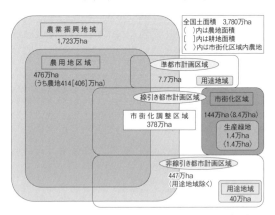

資料：国土地理院「全国都道府県市区町村面積調」（平成23年10月1日現在）
農林水産省農村振興局農村政策部農村計画課調べ（平成24年12月1日現在）
国土交通省都市局「都市計画年報」（平成23年3月末現在）
総務省自治税務局「固定資産の価格等の概要調書」（平成23年度）

図1　農振法・都市計画法による土地利用区分

用語解説

＊27号計画（農振法施行規則第4条の4第1項第27号）　市町村が地域の農業振興の観点から定めた計画にもとづく農業振興に資する施設などについては、公共性がとくに高いと認められる施設の用に供する土地として、優良な農地であっても農用地区域からの除外が可能となり、農地の転用が可能となっている。これによって土地改良事業完了後8年経過していない農地の転用がおこなわれた可能性がある。

準都市計画区域と農業振興地域および農用地区域は重複指定が可能である。

農地を転用するには農業委員会の許可を得る必要があるが、市街化区域内農地には農業委員会への届出だけで転用が認められる。農用地区域内の農地は原則として転用は認められず、転用には農用地区域からの除外が必要である。また、農用地区域内は開発行為（土石採取、土地の形質の変更等）にも規制がかかっている。

市街化区域内農地はこれまで転用すべきものとされ、1991年の生産緑地法改正によって3大都市圏特定市では30年間の利用制限を受ける生産緑地の指定を受けないと相続税納税猶予制度が適用できないことになった。だが、2014年の都市農業振興基本法によって農地は都市にあるべき存在と位置づけが大きく変化している。

● 農振法の目的と仕組み

農振法の目的は、無秩序な農地転用に歯止めをかけて優良農地を確保するために、農業の側から将来にわたって農業の振興を図るべき地域を明確にすることであり、「農政の領土宣言」とも呼ばれる。総合的に農業の振興を図る地域として農業振興地域が指定され、さらにその中で農用地等として利用すべき土地の区域が農用地区域に指定されることになる。

その仕組みは次の通り。大臣が策定した基本指針にもとづき、知事は大臣と協議のうえ農業振興地域整備基本方針を定め、農業振興地域を指定する。市町村は知事と協議し、農業振興地域整備計画を定める。同計画によって農用地利用計画（農用地区および同区域内の土地の農業上の用途区分を定める）と、農業生産基盤の整備開発計画など農業振興に関する事項が定められることになる。この農業振興地域整備計画が農振法の中心的な位置を

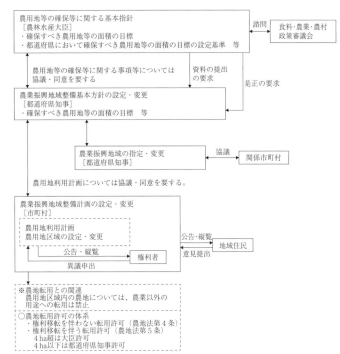

図2　農業振興地域制度の体系

占める。2014年12月1日現在、農業振興地域に指定されている市町村は1,600、農業振興地域整備計画を策定している市町村は1,598となっている。

● 農用地面積確保のための改正

農振法はこれまで数回にわたる改正を積み重ねてきたが、2009年の改正は優良農地の確保をよりいっそう確実なものとするため、国と都道府県は確保すべき農用地面積の目標を明記し、目標達成が著しく不十分な都道府県に対して国が是正要求をおこなうようになった。農用地区域からの除外も厳格化され、公共転用（道路は除く）に法定協議制度が導入された。農用地区域に含めるべき集団的農地の面積要件も20haから10haへ、市街化調整区域等における農振地域の指定基準も100ha以上から50ha以上へとそれぞれ引き下げられ、27号計画による農用地区域からの除外についても厳格化が図られることになった。

（安藤光義）

＊有田博之・福与徳文『集落空間の土地利用形成』日本経済評論社、1998年
＊関谷俊作『日本の農地制度』農政調査会、2002年
＊田代洋一「土地利用計画における都市と農村」『農地政策と地域』日本経済評論社、1993年

第6節 ▶ 農業生産資材と農業機械 1

肥料農薬多投農業からの転換

 キーワード　　◎肥料農薬多投農業／◎苦汗労働／◎エコファーマー
◎農業環境規範／◎IPM（総合的病害虫・雑草管理）

●肥料農薬多投農業の展開

　わが国の農業生産において肥料・農薬の果たす役割は大きい。戦前来、「多肥・多労」の農業生産構造と特徴づけられてきたように、大量の肥料や農薬を投入しながら、また膨大かつ綿密な労働を投入しながら、農業生産力を発展させてきた。肥料・農薬は人糞や魚滓などの有機質肥料、鯨油などの有機質農薬にはじまり、次第に化学合成肥料・農薬に代わってきた。とくに、第一次大戦以降、化学工業が発展するなかで、硫安などの化学合成肥料、硫酸ニコチン・マシン油乳剤などの化学合成農薬が供給されはじめ、効果や利便性に優れていたこともあって、徐々に有機質肥料・農薬に代わって普及していった。戦後、とくに農業基本法が制定され、農業の「合理化」「生産性」向上が叫ばれるようになってから、化学合成肥料・農薬の使用量は爆発的に増大し、有機質肥料・農薬を駆逐していった。

　1957肥料年度、窒素質肥料59.3万N㌧、燐酸質肥料39.3P_2O_5万㌧、加里質肥料46.4万K_2O㌧であった化学肥料の消費量は、1973年度には108.6万㌧、73.7万㌧、68.4万㌧に増大している。

消費増大の中で、「単肥」の利用が減少し、「化成肥料」、とくに「高度化成肥料」利用が増大していった。その後、稲作生産調整政策の強化や日本農業の縮小の中で、肥料消費も停滞あるいは減少に転じ、1985年には窒素質肥料で94.4万㌧、燐酸質肥料で73.1万㌧、加里質肥料で61.3万㌧に、そして1995年には86.1万㌧、63.1万㌧、48.2万㌧に減少している。他方、農薬は、出荷量こそ増減を繰り返しているものの、高効力・高価格の農薬の開発普及が進み、出荷額は1960年度の236億円から1975年には2049億円、そして1995年には4169億円へと増大している。とくにこの間、除草剤の伸びは著しく、苦汗労働の代名詞であった除草労働を大幅に軽減し、総投下労働時間を大幅に削減してきた。病害虫の性格からして地縁的・集団的散布の方がより高い効果が期待できるため、「集団防除」が発展し、中には全域的なヘリコプター防除をおこなっている地域もある。

●環境保全型農業への転換

　肥料農薬多投農業も1990年代中頃に入り、地球環境問題や食料の「安全・安心性」担保問題が浮上するなかで大きく見直しを迫られ、以降、「環境保全型農業」が徐々に広がりを見せていくことになる。2010年センサスによれば、環境保全型農業にとりくんでいるのは全国252.8万農家中81.1万農家、32.1％に及び、うち57.2万農家は化学肥料を、65.8万農家は農薬を減じているとしている。「持続性の高い農業生産方式の導入の促進に関する法律」にもとづくエコファーマーの認定

表　環境保全型農業とりくみ農家数とその割合の推移

単位：戸、%

年度	総農家	とりくみ農家	環境保全型農業とりくみ割合
2000	3,120,215	501,556	16.1%
2010	2,527,948	811,536	32.1%

出所：農林水産省「農業センサス」より作成。

 用語解説　　＊**環境保全型農業**　開放的な農地を使いながらおこなわれる農業生産活動は、周りの自然環境に多大な影響を与える。周りの自然環境は多様な生物を育み、またわれわれの生活の基盤でもある。肥料や農薬、各種資材などの使用量の適正化を図りつつ、自然環境に与える負荷を可能な限り軽減することに配慮した農業のことを環境保全型農業という。

や「農林水産省生物多様性戦略」の策定、さらに「農業環境規範」「総合的病害虫・雑草管理（IPM）」の普及・定着などの政策的諸措置がつぎつぎに講じられるなかで、それは今後、加速されることはあっても減少に転じることは考えられない。こうした中で化学合成肥料・農薬の使用も傾向的に減少し、2007年には窒素質肥料で70.0万トン（1995年比16.1万トン、18.7％減）、燐酸質肥料で48.6万トン（同14.5万トン、23.0％）、加里質肥料で35.2万トン（同13.0万トン、27.0％）となり、また農薬出荷額も3,646億円（同523億円、12.5％）となっている。化学合成肥料・農薬市場は今日、縮小再生産の局面にあるといえる。

◉肥料・農薬の流通経路

今日の肥料・農薬の流通経路は図のとおりである。肥料・農薬ともに、末端での農協シェアはいまだ過半を超えているものと推定されるが、農薬では1990年代後半の65％程度から2007年には55％へと10％も低下してきている。また、肥料では1997年以降の数値が与えられておらず、やむなく1997年の数値を示しておくと農協90％、小売商10％となっている。もちろん、これらは"商的"流通であり、"物的"には生産業者・輸入業者などのストックポイ

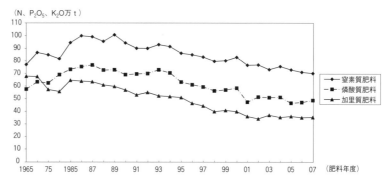

出所：農林水産省「ポケット肥料要覧」より作成。
注：2001年度から統計手法が変更されたため、一部データには前年度以前との連続性はない。

図1　肥料の消費量の推移

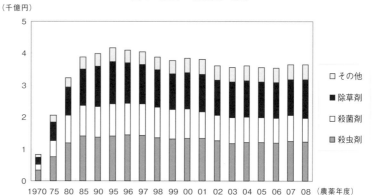

出所：農林水産省農産園芸局植物防疫課監修「農薬要覧」より作成。
注：農薬年度は前年10月から当該年9月である。

図2　農薬出荷額の推移

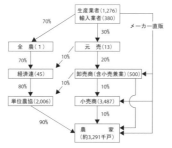

出所：日本化成肥料協会「燐酸・化成肥料関係資料（第29集）」1999年1月、より引用。

図3　肥料の流通経路（1997年）

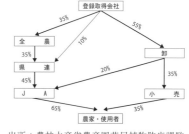

出所：農林水産省農産園芸局植物防疫課監修「農薬要覧」より作成。
注：農薬年度は前年10月から当該年9月である。

図4　農薬の流通経路（1997年推定）

ントから単位農協あるいは農家へ直送されるのがほとんどである。また、肥料、農薬とも需要期以前にかなりの量が「早取り」として農家に搬送されている。

（飯澤理一郎）

＊戦後日本の食料・農業・農村編集委員会編『戦後日本の食料・農業・農村　第7巻　農業資材産業の展開』農林統計協会、2004年
＊天間征編著『価格の国際比較―生産資材編』農山漁村文化協会、1991年

第6節 ▶ 農業生産資材と農業機械 2

機械化の進展

キーワード　◎構造改善事業／◎動力機械化の跛行性
◎資本集約的性格／◎過剰投資

●跛行性を伴った機械化の進展

　1950年代後半以降、「畜耕・手刈」を基本としてきた日本農業は、本格的な動力機械化農業の時代を迎える。しかし、動力機械化は全作業行程で一気に進行したわけではなく、大きな「跛行性」を持って進行したのである。

　まず、戦前来の動力脱穀機、電動機・発動機が急速に普及し、脱穀・調製過程の機械化が急速に進行していった。動力脱穀機は1950年、わずかに83万台にすぎなかったが、1964年には309万台と増大し、電動機・発動機は1964年には327万台に達し、農家100戸あたりの普及台数も50台を超えている。ついで、耕耘・防除過程の機械化が進行し、動力耕耘機・トラクターは1956年の14万台から1970年には345万台へ、動力防除機は同じく31万台から218万台へ増大し、農家100戸あたりの普及台数も動力耕耘機・トラクターで60台、動力防除機で40台を超えている。こうした耕耘・防除過程の急速な機械化の進行にとって「農業構造改善事業」の果たした役割はきわめて大きい。1960年代後半からスタートした農業構造改善事業は零細分散錯圃制を改善するとともに、大型機械化による共同作業を通じて労働生産性の向上をめざしていたのである。

　続いて、1970年代以降、播種・移植・収穫過程の機械化が進行していった。1970年、動力田植機はわずかに3万台、結束型バインダーは26万台、自脱型コンバインは4万台で、もっとも普及していたバインダーでも20戸に1台、田植機・コンバインに至っては百数十戸に1台程度の普及にしか過ぎなかった。それが1985年には田植機199万台、コンバイン111万台と増加していった。また、畑作や酪農でも播種・収穫機、搾乳機などの各種機械・施設が普及していった。普及数の急増とともに、各種機械・施設の高性能化・大型化が進行した。こうして、日本農業は1970年代後半に「大型機械化一貫体系段階」に到達し、今日、その高性能化・大型化がますます進展しているのである。

　機械化の進展は、農業生

表　農家所有の主要機械の台数　　　　　　　単位：千台

	動力防除機	乗用型スピードスプレーヤー	動力田植機	バインダー（結束型）	（自脱型）コンバイン	米麦用乾燥機
1960	305	—	—	—	—	—
65	700	—	—	—	—	1,198
70	2,176	—	29	263	45	1,229
75	2,607	—	740	1,327	344	1,497
80	2,139	—	1,746	1,619	884	1,524
85	2,089	62	1,993	1,518	1,109	1,473
90	1,871	67	1,983	1,298	1,215	1,282
95	1,921	84	1,869	1,022	1,203	1,073
2000	1,269	74	1,433	583	1,042	861
05	1,185	71	1,232	—	972	—
10	—	—	1,007	—	775	—

注：1）2000, 05年は販売農家の数値である。
　　2）バインダー、動力田植機は沖縄県を含まない。
　　3）コンバインは2000年まで自脱型のみ。

用語解説

＊**農業生産力**　生産力とは一般に労働の生産性を表し、「単位労働時間にどれだけの物を作り出せるか」の度合を示す概念である。しかし、農業では有限な土地を重要不可欠な生産手段としており、しかも土地の諸条件によって産出される物量が異なるため「土地生産性」と「労働生産性」の2側面から把握するのが通例となっている。

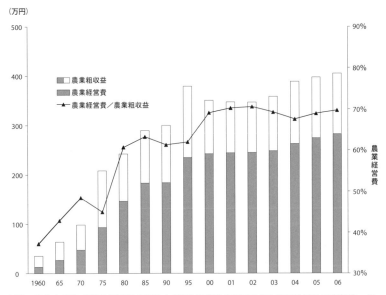

出所：農林水産省「農家経済調査報告」「農業経営動向調査」「農業経営統計調査報告　経営形態別経営統計」より作成。
注：2004年以降は「農業経営統計調査報告　経営形態別経営統計」による。

図　農業粗収益・農業経営費等の推移（農家1戸あたり）

産力とりわけ労働生産性を急速に高めてきた。たとえば、稲作10aあたり労働時間は1960年産の172.9時間から1980年産の64.4時間、そして1995年産の39.1時間へと劇的に減少してきた（以降、労働時間の減少は緩やかになる）。1995年産の労働時間は1960年産に比べて77％、1980年産に比べても39％も減少し、とくに移植・収穫期の「苦汗労働」を大幅に緩和し、規模拡大の条件を整えてきた。

● 「資本集約」化と過剰投資

しかし反面、機械化の進展は光熱動力費・諸材料費などを押し上げ、日本農業から伝来の「労働集約的」性格を急速に奪い、「資本集約的」性格を急速に強めてきた。農林水産省「農家経済調査報告」などによれば、農家粗収益に占める農業経営費割合は1960年の37.2％から1980年には60.7％、そして2000年代には70％前後へと高まっている。また、「農業・食料産業の経済計算」によれば、農業生産額に占める「中間投入＋固定資本損耗」割合は1960年39.4％から2000年代には60％前後に上昇している。それだけ農家粗収益・農業生産額に占める農家所得割合は低下し、家計費を十全に確保できる「自立限界」規模は上昇してきたのである。「自立限界」規模の上昇に北海道は主として規模拡大、都府県は総兼業化を通して対応してきたことは周知のことであろう。

同時に、機械化の急激な進展が深刻な「過剰投資」問題を惹起してきたことを忘れるわけにはいかない。先に触れたように「農業構造改善事業」などで共同所有・利用が推奨されてきたが、作業適期の短さや複雑な人間関係の中でそれは容易に定着せず、個別所有・利用が大勢を占めてきた。トラクターはせいぜい年間300〜400時間、播種機・収穫機は1〜2週間しか稼働していないといわれるにもかかわらず膨大な投資がおこなわれているのである。

国際的な競争が激化し、「コスト削減」が叫ばれているなか、いかにして機械等費用を節減していくかが、今後の日本農業の大きな課題といえよう。

（飯澤理一郎）

＊戦後日本の食料・農業・農村編集委員会編『戦後日本の食料・農業・農村　第7巻　農業資材産業の展開』農林統計協会、2004年

＊吉田忠・今村奈良臣・松浦利明編『食糧・農業問題全集16　食糧・農業の関連産業』農山漁村文化協会、1990年

第6節 ▶ 農業生産資材と農業機械 3

ハウス・石油問題

キーワード ◎被覆・保温材／◎連棟化／◎資源価格／◎植物工場

●ハウス栽培の拡大と各種資材などの開発

わが国のハウス栽培の歴史は明治時代にまで遡ることができるとされるが、それが一定の地歩を占めてくるのは戦後、とくに1960年代後半以降のことである。日本施設園芸協会編の『施設園芸ハンドブック（四訂増補版）』（園芸情報センター、2001年刊）によれば1955年、施設面積（除トンネル・雨よけ）は1,000haにすぎなかった。それが1970年に9,056haに達したことが農業センサスによってとらえられている。以降、1985年には34,000ha、1995年には46,842haと増加し、以降おおむね4.5万ha前後で停滞的な推移となっている。また、施設園芸を営む農家数は1970年の13.0万戸から1980年には20.3万戸、そして1995年には25.5万戸と増加したのち減少基調に転じ、2005年には21.1万戸となっている。

こうした施設面積の急増には、一方でこの間急転した食生活の「高度化」「欧風化」、他方で大型産地の形成と産地間競争の激化が関係していることは疑いない。「パン＋畜産物」消費を内容とする食生活の「高度化」「欧風化」はトマト、レタスなどの生鮮野菜類の通年的な供給を要求する。また、ますます激化する産地間競争は有利販売をめざしての「端境期出荷」、すなわち促成・抑制栽培に拍車をかけるからである。ハウス栽培は当初、野菜類を中心に徐々に広がりを見せ、次に花卉類を巻き込み、今や大型果樹の一部すらそれによるものも増え、植物工場という言葉も一般化しつつある。

ハウス栽培の普及・拡大にとって、被覆・保温資材や支柱などの構造材の開発、そしてハウスの

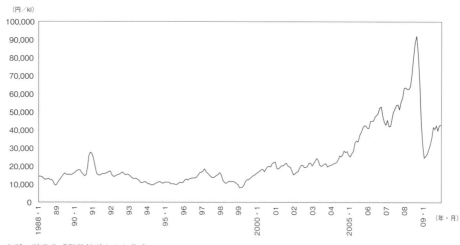

出所：財務省「貿易統計」より作成。
図1　輸入原油CIF価格の推移

用語解説　＊ピーク・オイル　化石燃料が有限な資源であり、いずれ涸渇することは自明であるがそれがいつになるのか明確な予測はない。それ以前に化石燃料の生産が減少に転じるのは明白であり、それをピーク・オイルという。また、ピーク・オイル以前に需要が供給を上回る時が訪れると思われ、その際、価格暴騰に見舞われるものと推察される。

温湿度などの制御技術の発展が大きな役割を果たしたことはいうまでもない。戦後間もなく塩化ビニールフィルムが開発されたのを嚆矢にポリエチレンフィルムが開発されるとともに、フィルムの用途が外面被覆から保温や遮光、防虫、防風などに拡大するのに伴って、それら用途に適したフィルムが開発されてきた。また、構造材も竹や木から鉄製・アルミニウム製パイプなどに転換するとともに、ハウスの大型化や連棟化（棟が複数連なるもの）が進展してきた。さらに、今日では、温湿度・換気などさまざまなハウス内環境をコンピュータで制御する重装備型のものまで登場・普及してきているのである。

● 資材価格の上昇と原油価格

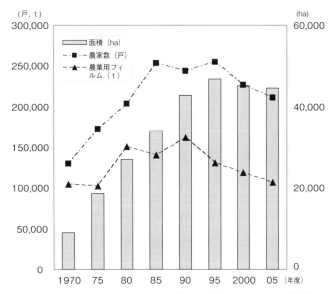

図2　ハウス・ガラス室設置農家数・面積および農業用フィルム出荷量の推移
出所：農林水産省「農業センサス」および経済産業省「プラスチック製品統計」より作成。

ハウス栽培が路地栽培に比べて特段に重装備で資本集約的であることはいうまでもない。まず、被覆・構造材などの各種資材、とくに大量のフィルムが必要だし、また温度調整用に膨大な化石燃料も必要とされるからである。

農業用ビニールフィルムの販売数量は1987年の15.4万㌧から1990年の16.2万㌧へ増大したのち減少に転じ、1995年には13.1万㌧、2000年には11.9万㌧、2005年には10.7万㌧、そして2008年では9.5万㌧となっている。農林水産省「農業物価統計」によれば、1990年代から2000年代初頭にかけて、おおむね1.1～1.2万円余と安定的に推移していた購入価格は2005年頃を転機に上昇へと転じ、2006年には12,430円、2007年には12,870円となっている。この価格上昇が原油価格の急騰に因を発するものであることはいうまでもない。原油CIF価格は2000年初頭の2.0万円/klから2005年には4.0万円、2008年には5.9万円と急騰している。実に3倍程の価格上昇である。この間、為替相場が円高に振れていたからまだしも、仮に円安に向かっていたとすれば3倍どころの上昇では済まなかったであろう。原油高は、農業用ビニールフィルムだけに止まらず、温度調整用の重油・電力などはもちろん、鉄・アルミニウム製パイプの価格にも影響を及ぼす。また、この間のBRICs諸国の経済発展と資源争奪戦の激化・価格上昇を考慮に入れるとき、わが国がこれまでのように"必要な資源を安価に"輸入しえなくなる日が近々、到来することも頭に入れておかなければならない。とくに、原油はシェールオイルの開発などもあり、価格が下落してきたとは言え、まだまだ「ピーク・オイル」への警戒が必要である。

ハウス栽培はわれわれに大きな利便性をもたらしてきた。しかし、それはあまりにも重装備で資源多消費型の農業であった。また、「環境の世紀」といわれる今日に適合的な農業か否か、大いなる疑問を残すものといわなければならない。ハウス栽培で培った諸技術を活かしつつ、たとえば支柱に再び竹・木材を利用し、また無加温技術を前進させるなど、省資源・環境保全型の方向に大きく舵を切らなければならないのではないだろうか。

（飯澤理一郎）

＊ディヴィット・ストローン著、高遠裕子訳『地球最後のオイルショック』新潮社、2008年
＊（社）日本施設園芸協会編『施設園芸ハンドブック（五訂）』園芸情報センター、2006年
＊戦後日本の食料・農業・農村編集委員会編『戦後日本の食料・農業・農村　第7巻　農業資材産業の展開』農林統計協会、2004年

VI

農産物加工・流通・消費と食品安全

第1節 ▶ 農産物流通と市場の構造変化 1

米食管制度と新食糧法

 キーワード　◎食糧管理法／◎食糧法／◎自主流通米／◎生産調整

●食管制度の成立経過

　米流通を歴史的に辿ると、1920年代半ばまでは、原則的に国家統制のない自由な流通であった。一般的には、生産者→産地仲買人→移出問屋→消費地正米問屋→白米小売商→消費者という流通経路で、問屋主導の商人的流通機構であった。当時は、全国各地に米の先物取引市場もあった。

　政府が米流通の介入を強めるのは、米の需給関係が過剰から不足基調に変わる1930年代である。都市人口の増大に対して、生産性向上の頭打ちにより国内生産量は停滞し、30年代半ば以降は米価の上昇が顕著になる。これには、朝鮮・台湾からの移入米の増大で対応し、31～35年のピーク時の移入米は国産米の2割前後に相当した。ところが、39年は国内の不作と朝鮮米の大凶作が重なり、移入米が途絶する事態になった。当時の売惜しみや買漁り問題に対して、政府は39年に米穀配給統制法（米価の公定）、40年に臨時米穀配給統制規則（個人取引の禁止）、米穀管理規則（産業組合への一元集荷）などで、しだいに国家による流通統制を強めていく。そして、戦時経済統制の一環として、42年2月に強制出荷や配給制度、米価公定などを柱とする食糧管理法が制定されたのである。敗戦直後においても、食糧不足により米の強制集荷と配給制度は継続された。

●過剰問題と規制緩和

　戦後の開田ブームや増収技術の普及に加えて、60年代に入ると米価の引き上げで生産者の増産意欲は増した。生産量は増大し続け、60年代半ばに米の自給がほぼ達成できる。そして、67年～69年に1,400万㌧前後の大豊作が続くが、他方、米の需要量は64年の1,341万㌧をピークとして以後減少し、70年頃には1,200万㌧まで落ち込む（図1）。供給過剰で、政府は70年に720万㌧もの古米在庫を抱え込み、その損失処理に巨額の財政負担を強いられる。これを契機に、米政策は過剰対策へと転

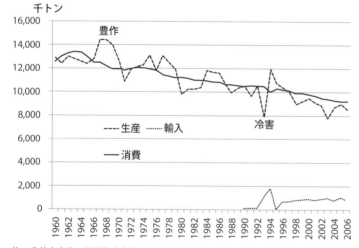

注：農林水産省の関係統計資料より作成

図1　米の生産量・消費量等の推移

 ＊特別栽培米制度　特別栽培仕様の米（減農薬・減化学肥料栽培米や有機米など）に関しては、生産者が特定の個人消費者へ販売することを認めた制度である。食管法下で生産者が直接販売できる唯一の機会であったが、消費者の住民票を取り寄せなければならないなど、食糧事務所への申請手続きが煩雑であり、その流通量は全体の1％にも満たなかった。

表　米の販売委託・売渡先別出荷量など

単位：万トン

	00年	01年	02年	03年	04年	05年	06年
生産者→農協等A	499	502	507	407	512	535	514
農協等→全国団体	466	434	423	318	382	383	352
農協等独自販売B	24〜33	28〜68	30〜84	42〜89	70〜130	71〜152	162
生産者→農協等外C	224	215	216	205	191	186	187
直販数量	162	154	154	150	136	131	132
無償譲渡数量	62	61	62	55	55	55	55
農家消費等	89	84	82	78	75	71	67
＊農家出荷量D＝A＋C	723	717	723	612	703	721	701
＊農協等独販B／D・％	4.6	9.5	11.6	14.5	18.4	21.0	23.1

注：農協独自販売の割合はBの最大値で求めた。データは農水省関係資料による。

換し、69年から自主流通米制度、71年から生産調整（減反）を開始する。以後、米の流通制度は規制緩和に向かい、72年に消費者米価の自由化、81年に米配給制度の廃止、85年に複数卸制度、87年に特別栽培米制度が導入されていく。その過程で、政府米が後退し、自主流通米が7割以上のシェアを持つようなる。また、銘柄間の価格差が拡大し、産地間競争が発生する。このような自主流通米市場の形成を背景に、90年に東京と大阪で米の入札取引市場（自主流通米価格形成機構）が開設された。当時、大幅な価格変動を警戒して「値幅制限」が設けられた（98年に廃止）。

● 食糧法下の自由流通

規制緩和されていた食管制度を廃止までに追い込んだのは、93年の大凶作（作況指数76）によるヤミ米の急増であり、また、95年からの米輸入の解禁（ミニマム・アクセスの導入）であった。そして、食管法に代えて、95年11月に新食糧法（主要食糧の需給及び価格の安定に関する法律）が制定された。その内容は、生産調整の自由参加や売渡義務の廃止、国家備蓄量の規定、卸・小売りの許可制度から登録制への移行などである。これによって、米の生産者直販や米小売業への新規参入が増大した。さらに、04年には食糧法を改正し、米流通がほぼ他の農産物なみに自由化された。なお、米穀入札市場は、計画流通制度の廃止で産地集荷業者（県経済連、全農等）の上場義務がなくなっ

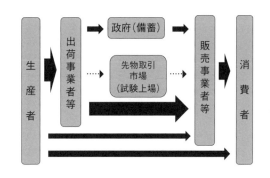

図2　現在の米流通システム

たため上場数量が激減し、11年3月に廃止される。そして、同年7月に米の先物取引の試験上場が東京と大阪で認められた（図2）。

米流通の自由化は、生産者・農協による直販の増大とともに（表）、品質・価格をめぐる激しい産地間競争を引き起こした。そして、主産地では良食味の新品種がつぎつぎと開発され、栽培管理技術の平準化も進み、国産米の品質は食管法時代に比べれば遙かに向上した。

一方で、生産調整参加者に対する不十分な補償措置は、不参加者の過剰生産をもたらし、90年代半ば以降、一貫して米価が下落し続けるという問題を生じさせている。95年に2万1千円／60kg（入札市場平均）であった生産者米価は2010年には1万3千円（相対取引平均）まで暴落した。この状況下で、政府は13年10月に、都道府県別の生産数量目標の割当を2018年産から廃止すると決定した。

（青柳斉）

＊鈴木直二『米―自由と統制の歴史』日本経済新聞出版社、1974年
＊佐伯尚美『食管制度―変質と再編』東京大学出版会、1987年
＊佐伯尚美『米政策の終焉』農林統計出版、2009年

第1節 ▶ 農産物流通と市場の構造変化 2

麦・大豆の輸入と流通制度

 キーワード　◎国家貿易／◎民間流通移行
◎調整販売計画／◎不足払い

●麦の輸入と流通制度

1960年代を通じて小麦、大麦・裸麦とも輸入量が大きく増加し、最近の年間輸入量は小麦が600万㌧近く、大麦・裸麦が130万㌧程度となっている（図1。なお、大麦・裸麦に関しては、これ以外に年間53万㌧程度の醸造用麦芽の輸入がある）。95年のWTO発足まで麦は輸入割当制・国家貿易の対象品目であり、その輸入は政府によって完全に管理されていた。WTO発足に伴って麦輸入は関税化されて輸入割当制は廃止されたが、カレント・アクセス分については国家貿易での輸入が継続された。そのため、麦輸入は現在もほぼすべてが国家貿易でおこなわれており、そこでのマーク・アップは国産麦の経営所得安定対策の財源に充てられ

ている。また、99年度からは飼料用麦で、07年度からは食糧用麦で、国家貿易の枠内でSBS（売買同時契約）方式による輸入がおこなわれている。

麦の流通は図2のとおりである。輸入麦のうち、輸出業者→輸入業者→政府（農林水産省）というルートが国家貿易によるものである。国産麦については、99年産まで「政府無制限買入制」の下で生産者が販売した麦はほぼ全量が農協等から一旦政府を経由して実需者等へ流通していたが（ビール用麦を除く）、2000年産からの「民間流通移行」によって現在では全量が農協等から実需者へ直接に流通している。なお、小麦流通量の8割強は製粉過程を経るが、国内の小麦粉市場は日清製粉・日本製粉・昭和製粉・日東富士製粉の大手4社が7割強のシェアを占める構造となっている。

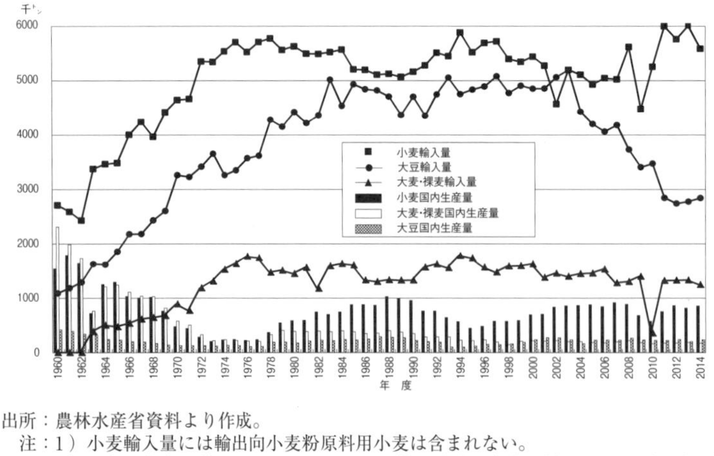

国産麦の民間流通契約は、各産地銘柄の販売予定数量の30％の上場を原則とする入札取引（毎年、播種前の時点で産地銘柄別に実施）が基本とされ、相対取引については各産地銘柄ごとに入札指標価格を基本として契約当事者間で取引価格を協議・決定することになっている。また、麦は収量の年変動が大きいことから、契約数量には一定のアローワンス（許容範囲）が設けられている。

出所：農林水産省資料より作成。
注：1）小麦輸入量には輸出向小麦粉原料用小麦は含まれない。
　　2）大麦・裸麦の輸入に関しては、これ以外に醸造用麦芽の輸入がある（最近は年間53万㌧程度）。

図1　麦・大豆の輸入量・国内生産量の推移

 ＊SBS（売買同時契約）方式　SBSとはSimultaneous Buy and Sellの略であり、国家貿易の枠内で、政府の入札に応じて、輸入品の「政府への売渡し」と「政府からの買入れ」についてその銘柄・数量・価格等を輸入業者と買受予定者（実需者等）とが連名で申し込む契約。実需者の多様なニーズに対応できるとされる。

●大豆の輸入と流通制度

大豆は1961年に輸入自由化がおこなわれ、72年からは関税が撤廃されている。このようなもと、大豆の輸入量は油糧用を中心に60年代・70年代を通じて大きく増加し、80年代後半以降は500万㌧近くの水準で安定的に推移してきた（図1）。2004年度以降は国際価格の高騰によって大豆油から菜種油への需要シフトが起きたため、300万㌧を下回るようになっている。

大豆の流通は図3のとおりである。現在、国際市場に出回る大豆の大宗が遺伝子組換えとなっているなかで、食用に回る非遺伝子組換えの輸入大豆については日本への輸送の段階で遺伝子組換え大豆との分別がおこなわれている。

国産大豆の流通では、生産者団体（農協系統）がおこなう「調整販売計画」が販売価格及び周年供給の安定に大きな役割を果たしてきた。同計画は1961年の大豆輸入自由化に伴って制定された「大豆なたね交付金暫定措置法」にもとづいて策定され、同計画に沿って入札取引された大豆に対して政府が販売価格と生産コストとの差を不足払いすることとされた。2000年産からは同計画下でおこなわれる相対取引・契約取引にも不足払いが拡大されたが、07年度からの「品目横断的経営安定対策」実施に伴う同法の廃止によって同計画は法的根拠を失った。しかし、同計画が有する価格・供給安定機能は引き続き必要と認められたため、07年3月に「国産大豆の生産計画及び集荷・販売計画作成要領」（農林水産省生産局長通知）が作成され、現在はこれにもとづいて計画が策定されている。　　　　　　（横山英信）

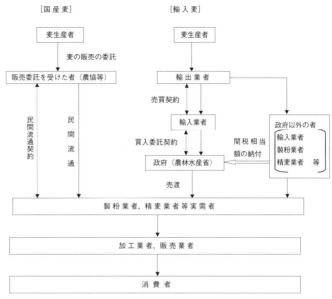

出所：『米麦データブック2009年版』全国瑞穂食糧検査協会、257頁。

図2　麦の流通ルート

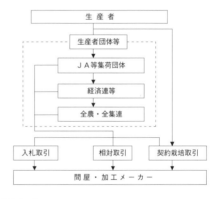

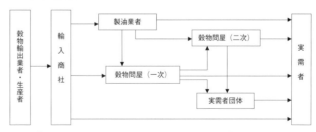

出所：『米麦データブック　2009年版』全国瑞穂食糧検査協会、325頁。

図3　大豆の流通ルート

---

*斎藤修・木島実編『小麦粉製品のフードシステム―川中からの接近』農林統計協会、2003年
*重田勉『麦政策改革と製粉産業』製粉振興会、2007年
*農林水産省「大豆のホームページ」http://www.maff.go.jp/j/seisan/ryutu/daizu/

第1節 ▶ 農産物流通と市場の構造変化 3

青果物流通と卸売市場

 キーワード　　◎卸売市場／◎セリ取引／◎相対取引／◎市場外流通

　青果物は天候等の自然条件によって生産量が大きく変動するため、価格が乱高下しやすい特徴がある。青果物は近世以降、問屋制を中心とした地域流通が形成されていた。しかしながら大正期の価格の高騰は激しく、国民生活を著しく脅かしたため、政府（当時の農商務省）が主導的に青果物流通の改善を推し進めた。すなわち価格問題への対応が青果物流通政策の主要な目的であったのである。そこで全国に公設小売市場が整備されたが、価格の高騰は収まらず、原因を川上の流通段階の問屋制に求め、その取引の近代化を目的として卸売市場が整備された。中央卸売市場法（後述）にもとづいて京都市中央卸売市場の開設1927年（昭和2年）を皮切りに全国主要都市を中心に設置されることとなった。その後、卸売市場は主産地形成による産地の大型化と大消費地を結ぶ青果物流通の中核的機構として展開してきた。すなわち日本の卸売市場は消費地市場としての性格が強いことが重要な特徴の一つとなっている。

◉卸売市場の区分

　卸売市場は、中央卸売市場、地方卸売市場、およびその他の市場に区分される。この区分は①設置都市の人口規模、②売り場面積の大きさ、③開設の認可・許可主体、および④卸売市場法による規定の有無を基準としている。すなわち、中央卸売市場は都道府県、もしくは人口20万人以上の都市で、開設には農林水産大臣の認可を必要とする。地方卸売市場は、売り場面積が330平方㍍以上であり、開設には都道府県知事の許可を必要

としている。その他の市場は、卸売市場法による規定はない。
　現在、中央卸売市場は全国40都市に64市場、地方卸売市場は全国で1,092市場（うち公設市場が157市場）が設置されている（中央卸売市場は平成27年度末数値、地方卸売市場は平成26年度当初数値。農林水産省調べ）。
　中央卸売市場はすべて公設市場として開設されているが、地方卸売市場は公設市場のみならず、第三セクター方式、民営市場を数多く含んでおり、開設主体が多様である特色がある。近年では中央卸売市場においてもPFI（Private Finance Initiative）を検討・導入している事例も見られる。

◉卸売市場制度と取引方法

　卸売市場に直接関係する制度は、1923年（大正12年）中央卸売市場法の制定である。同法は取引の公平性、公正性、透明性が重視され、上場品の受託拒否の禁止、出荷者の差別的取扱の禁止、セリ取引、即日決済を原則としており、以降の卸売市場制度の基本構造が内包されている。
　その後の主要な制度改正は、第一に卸売市場法制定1971年（昭和46年）である。同法制定によって、それまで卸売市場制度の対象とされてこなかった地方卸売市場も制度下に置かれることとなった。第二に、卸売市場法の1999年度改正（2000年施行）である。同改正の最大の特徴は相対取引の規制緩和である。それまでは特別な場合に相対取引が認められるに留まっていたが、各市場の実情に合わせて柔軟に取引方法が設定できることと

＊**品揃え機能**　「多種多様な商品の豊富な品揃え」（農林水産省、卸売市場データ集）を指し、卸売市場の担う重要な機能である。卸売市場はこの品揃え機能に加えて、産地、等級など農産物の商品価値構成の多様性に起因する商品価値取り合わせ機能をあわせ持っていることを指して複合的物流中継機能という（藤谷築次稿、「農産物市場構造変化のメカニズム」、『農林業問題研究』第97号、1989年）。

なった。その主要な要因は小売構造の変化－1970年代後半頃からの量販店の地位の向上にある。卸売市場におけるセリ取引はスポット的取引であったため、量販店等が求める継続的取引への対応が求められたのである。同改正によって、卸売市場取引の根幹であったセリ取引が減退し、相対取引が拡大してきた。

第三に、2004年度改正（2009年施行）である。同改正の最大の特徴は、手数料率の自由化にある。従来の法定手数料の上限（野菜およびその加工品8.5％、果実およびその加工品7％）が撤廃され、個々の取引の実情にあわせて自由に設定できることとなった。

●市場外流通の傾向

卸売市場を経由する流通経路を市場流通、その他の流通経路を市場外流通と呼ぶが、近年では市場外流通の割合が高まっている。その要因は国産品に対して価格で優位性を持つ輸入品が加工・外食需要向けに拡大していることである。

近年では、消費者の食の安全性への関心の高まり、食農教育の広がりと生産者の高齢化に伴う趣味的農家の拡大によって地産地消運動が活発化し、地場流通拠点として農産物直売所が展開している。金額・数量的には青果物流通全体に占める割合はきわめて小さいが、青果物流通の方向性の一つとしてインパクトを与えている。　　　　　（堀田学）

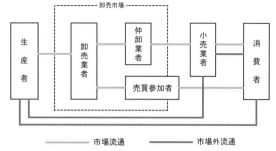

図1　青果物の一般的な流通経路

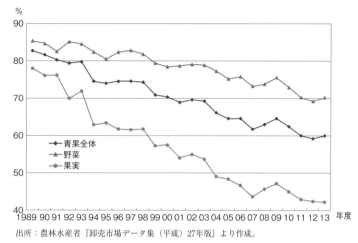

出所：農林水産省『卸売市場データ集（平成）27年版』より作成。
図2　卸売市場経由率の推移

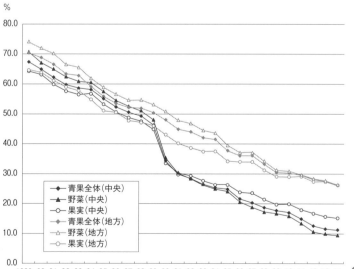

出所：農林水産省総合食料局流通課『卸売市場データ集』より作成。
注：中央は中央卸売市場、地方は地方卸売市場を示している。
図3　卸売市場におけるせり・入札の割合の推移（金額ベース）

第1節　▼農産物流通と市場の構造変化

＊田村安興『日本中央市場史研究』清文堂出版、1994年
＊堀田学『青果物仲卸業者の機能と制度の経済分析』農林統計協会、2000年
＊卸売市場法研究会編著『改正卸売市場法のすべて』日刊食料新聞社、1999年

第1節 ▶ 農産物流通と市場の構造変化 4

食肉市場の再編成と品質保証

  キーワード　◎食肉自給率／◎食肉フードチェーン／◎ブランド形成／◎地産地消

●食肉自給率の低迷が迫る食肉市場の再編

2001年9月に日本で最初のBSE感染牛が確認され、牛肉への不安が広がった。2002年2月以降、BSE全頭検査以前の牛肉処分をめぐる牛肉表示違反が相次いで発覚し、こうした食品スキャンダルは牛肉に限らず豚肉や鶏肉にも広がり、食肉の信頼性が大きく揺らいだ。食肉の需要は2000年をピークとして漸減し、景気後退の影響も加わって食肉消費は低迷している。とくに牛肉の需要の落ち込みが顕著である。

一方、2003年にカナダ、アメリカでもBSE感染牛が発見され、輸入再開後も20か月齢以下の牛肉に限定する輸入制限のもとで、北米からの牛肉輸入量は低水準にとどまった。輸入牛肉はオーストラリアに依存する状況が続き、日本の大手食肉企業は日本への輸出に対応するために、オーストラリアの直営牧場や契約牧場で麦などの穀類を多給したフィードロットを拡大してきた。アメリカのキャトルサイクルによる牛肉市場の逼迫、アメリカのオーストラリアからの牛肉輸入拡大によって、2015年には国際牛肉価格が高騰し、輸入牛肉価格も上昇した。国内でも肉牛繁殖農家および繁殖雌牛頭数の減少が進み、肉用肥育牛や子牛価格が高騰した。乳牛に和牛を掛け合わせた交雑種や受精卵移植による肉用子牛の生産を増やす酪農経営が増えて、生乳生産の減少に拍車がかかるという問題も生じた。

代わって輸入量が増えたのはアメリカ、カナダからの豚肉である。アメリカに設立された日本の食肉加工メーカーの直営養豚企業などで生産・処理された豚肉は、アメリカ国内市場で販売されるとともに、日本に向けて輸出され、その輸出量も増える傾向にある。

こうして食肉の自給率は、図に示されるように牛肉40％、豚肉50％、鶏肉30％といった水準で推移しているが、細かくみれば、牛肉の自給率が若干高くなっている一方で、豚肉の自給率は少しずつ低下している。北米からの20か月齢以上の牛肉輸入が再開されるようになり、いっそうの食肉輸入の増加と国産食肉市場の縮小によってさらに自給率が低下することが心配される。国産食肉が見直されるためには、輸入食肉に対抗しうる価格、安全と信頼性の確保、消費者のニーズに対応したこだわりのある食肉が消費者に提供されなければならない。それは家畜生産に大きな影響をおよぼす食肉処理・流通業者の責務でもあり、これらの事業者の再編統合などの変革が欠かせないと指摘されてきた。以下、食肉市場の再編をめぐる主な論点についてみておくことにしよう。

●食肉フードチェーンの連携

第一に、食肉のフードチェーンの連携であ

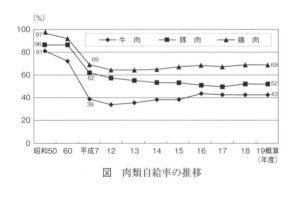

図　肉類自給率の推移

 ＊**フルセット**　オーストラリアから輸出される牛肉は、牛の枝肉から加工された各部位の部分肉を集めたフルセットが取引単位とされる傾向にある。特定の部位のみが輸出されると、残った部位の処理に窮するからである。一方、巨大な食肉消費市場を抱えるアメリカは食肉の部位間の調整が容易で、特定パーツの部分肉の輸出を行っており、日本の外食企業などにとっては使い勝手のよい牛肉として評価される。

る。家畜生産、と畜処理、部分肉・加工肉製造、生肉販売といった事業を一貫しておこなう大手食肉企業や一部の中堅食肉企業などが、食肉市場での流通シェアを高めている。それは処理コストの低減、品質の向上、製品の多様化、信頼性の確保などへの取り組みの成果であるといえよう。直営の家畜生産企業（農場）からの生体出荷によって、と畜処理施設では安定的な集荷、収益が確保され、最新鋭の施設や情報システムの導入といった投資が可能になるからである。

一方、全国で100ほどある食肉卸売市場、食肉センターの再編統合がいまだに進んでいない。施設の稼働率は牛で50％、豚で60％程度にすぎない。と畜料金の引き下げによる集荷競争や歩留まり比率固定化による販売競争が重なって、処理・加工施設の損失が拡大している。それでも食肉卸売市場や食肉センターには自治体が出資していることが多く、雇用の確保、畜産や畜産関連事業者への影響を考慮して赤字を自治体が補填する傾向にある。その結果、赤字の運営状況が改善されないまま、施設は老朽化し更新投資も滞っている。利益率の高い内臓処理・販売に関心をもつ大手食肉企業も、内臓処理業者への廃業補償などに応じることが難しく、と畜処理事業への参入は進まない。大手食肉企業が運営する部分肉加工施設と一体化した食肉センターでは安定的な販路が確保され、処理施設の近代化投資が可能になっており、食肉事業者間の連携は食肉処理・流通の効率化にとって欠かせない条件になっているといえよう。

● 食肉ブランドの形成

第二に、食肉のブランド形成である。牛肉では主に県や生産者団体が主体となって、銘柄牛肉の普及推進が図られている。単価が高い和牛肉の主要な販路は食肉専門店、レストラン、旅館などであり、量販店は品揃えとして取り扱っているに過ぎないことが多いからである。そこで銘柄牛肉には佐賀牛、神戸ビーフ、松阪牛といった県名や地域名を冠に掲げたものが多く、銘柄牛を取り扱う食肉専門店、レストランなどの会員制度の充実が重視される。

一方、豚肉は量販店が積極的に銘柄豚肉の育成を図ってきた。豚肉では味のばらつきがない肉質の均質化が進むとともに、量販店は生産者・生産地域の限定や飼料・飼養方法などに工夫を凝らしたこだわり豚肉の開発に力を注いできた。そして店頭での養豚業者の紹介や豚の生産履歴情報の積極的な開示が、消費者に品質を保証する重要な手法として位置づけられてきた。

こうした食肉市場の中間に位置する卸売業者や食肉加工企業には、産地間の連携や消費者ニーズに対応した食肉の安定供給の確保が社会的な役割が期待されてきた。さらに近年は食肉企業が独自に食肉産地や量販店の食肉ブランド形成を支援するとりくみも広がっている。たとえば、独自の飼養基準で生産された家畜を分別管理のもとで加工処理、流通する仕組みを構築し、第三者による生産管理検査や小売業者・消費者への生産情報提供によって食肉の品質保証、信頼性を担保しようとする。

● 食肉の地産地消のとりくみ

第三に、特定の地域内での食肉の生産・流通・消費を実現する地産地消のとりくみである。こうした食肉の生産・流通・消費に関わる関係者が連携して、地域が一体となってブランド化を図ってきた代表的な事例として、岐阜県の「飛騨牛」が挙げられる。主に飛騨地域で生産された和牛が地元の処理施設でと畜・販売され、飛騨の観光業者である旅館やレストランなどが飛騨牛を安定的に買い支えていくという地産地消的な銘柄牛肉をつくりあげてきた。食肉のブランドが地域の看板となり、地元の外食事業者や消費者から深く信頼され地域内で安定的に消費されることによって、畜産の持続的な展開が見通されるようになっている。食肉市場の活性化を図るうえで、フードチェーンが連携して魅力的な食肉を提供していくことの重要性が示唆されているといえよう。

（矢坂雅充）

＊矢坂雅充「巨大なフードチェーンを築く日本ハム」『農業と経済』2006年4月臨時増刊号、昭和堂
＊新山陽子『牛肉のフードシステム―欧米と日本の比較分析』日本経済評論社、2001年

第1節 ▶ 農産物流通と市場の構造変化 5

牛乳・乳製品流通と市場の競争構造

 キーワード　　◎不足払い制度／◎価格転嫁／◎グローバル化／◎価格形成

●日本の牛乳・乳製品市場の特質

日本の牛乳・乳製品市場は欧米などの諸国とはかなり異なる展開を遂げてきた。その一つは、牛乳・乳製品の食文化をもたない東南アジア・東アジアの多くの国々に共通にみられる特質である。①牛乳などをそのまま飲料として消費することが多く、料理の食材として利用されることが少ない、②食生活が豊かになるにつれてチーズの消費が拡大していくが、多様なナチュラルチーズが消費者に受け入れられるまでには相当の時間を要する、といったことが挙げられる。食生活の洋風化や健康志向のなかで乳食品の消費は着実に拡大してきたものの、乳文化が定着して牛乳・乳製品がなくてはならない食品となっていくのかが飽食のなかで問われようとしている。

いま一つは、日本の酪農生産と乳業の発展を支えてきた「不足払い制度」（1966年度施行、2001年改訂）が形づくってきた特質である。主として北海道で生産されているバターや脱脂粉乳の原料乳に交付されている国の補給金が、牛乳の原料乳の価格水準を底支えする機能を果たしてきた。前者の加工向け乳価に補給金を加えた価格が、北海道から関東などへの飲用向け生乳出荷のベースラインになるからである。また加工原料乳への補給金交付によって割安になったバター・脱脂粉乳などを水で戻した還元原料乳利用によって、牛乳市場と乳製品市場は需給調整や価格形成の面で相互に結びつくようになった。

以下では、日本の牛乳・乳製品市場が直面している中長期的な課題について整理してみよう。

●牛乳消費減退と価格低迷

第一に、牛乳市場と生乳生産の趨勢的な縮小である。牛乳生産量は1994年の435万トンがピークで、2015年には301万トンとなった。この間に牛乳消費が130万トン以上も減少する一方で、都府県の酪農生産力の脆弱性が指摘されるようになり、生乳生産量も100万トンあまり減少した。2015年ころから牛乳消費が下げ止まる兆候もみられ、生乳需給の逼迫基調が続くようになった。

その結果、バターや脱脂粉乳といった乳製品の不足が顕著になった2015年から16年にかけて、小売店頭からバターが消えて社会問題化し、バター・脱脂粉乳の緊急輸入が継続的に行われるようになった。乳製品の逼迫感を短期的に解消するためには輸入量の増加が有効な対策となり得るが、きめ細かな調整ができず、過大な輸入によって乳製品需給が過剰に陥るおそれもある。国際乳製品価格は乱高下を繰り返しており、高騰時には乳製品輸入による需給調整はいっそう困難になる。国内での生乳需給調整の仕組みがいっそう重要になっている。

生乳は人の母乳と同じで貯蔵性がなく、殺菌される前の生乳では冷蔵保管でもほぼ1週間の貯蔵が限度である。さらに牛乳の小売販売は週末や夏季に増え、雨の日や年末年始に減るといったように常に変動する一方で、生乳生産はなだらかにしか変化しない。日々、季節、さらに年度ごとの需給ギャップの調整が必要になり、これまで指定生乳生産者団体（指定団体）が需給調整機能を担ってきた。それでも生乳需要の多くを占める牛乳、生クリーム

 用語解説　　＊**不足払い制度**　バター・脱脂粉乳などの加工原料乳に対して、生乳の再生産を保証するために補給金が、指定団体を通じて生産者に交付されてきた。指定団体は生産者を組織化して生乳の一元集荷多元販売を実現し、生乳の需給調整機能を強化してきたが、2016年度に規制改革推進会議の提言を受けて、指定団体制度の廃止を含めた不足払い制度の抜本的な再検討が進められることとなった。

などのわずかな増加が増幅されて、バターなどの貯蔵性のある乳製品に仕向けられる生乳は大きく減少する。生乳生産量の減少と牛乳や生クリームなどへの生乳需要の増加が続けば、バター等の製造はかなり制約されることになる。近年のバター不足による市場の混乱は、こうした事態の端緒であった。

第三に、生乳や牛乳・乳製品の価格形成のあり方である。バターや脱脂粉乳は国家貿易により輸入が規制されている。牛乳は賞味期限表示が事実上の輸入障壁となり、国内の牛乳・乳製品市場は国際市場から遮断されてきた。図1に示されるように、国産バター・脱脂粉乳の大口需要者価格は、国際穀物価格が高騰した2007年以降、乳価の引き上げや乳製品市場の逼迫を反映して徐々に上昇しているが、需給変動への反応は緩慢である。図2の乱高下する国際乳製品価格の動向とは大きく異なっている。酪農生産者・酪農生産者団体や乳業メーカー、そして小売業者や消費者も、牛乳・乳製品が国内外の需給状況によって価格が変動することに不慣れであり、固定的な価格形成を指向してきた。今後は生乳生産費、肉牛価格、国際乳製品価格などの動向を迅速に反映した価格による需給調整も必要になってくるといえよう。

● 乳ビジネスのグローバル化

第四に、乳業のグローバル化である。牛乳・乳製品需要が急速に高まっている東南アジア諸国や中国の市場をターゲットとして、日本の食品企業が乳ビジネスを積極的に展開している。キリンHD、アサヒビールなどの非乳業がオーストラリアや中国で乳業に参入した。大手乳業メーカーもこぞってアジア重視の事業展開を図ろうとしている。牛乳・乳製品の輸出可能性とともに、これまで日本国内での調達を前提としてきた乳原料、さらには製品の調達先が広がっていく。国産生乳の価格形成のあり方だけでなく、乳業の品質管理、商品開発・加工技術、流通ネットワークなどの競争力が改めて問われることになる。

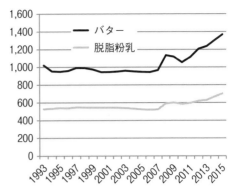

出所：農畜産業振興機構
図1　国内の乳製品大口需要者価格の推移

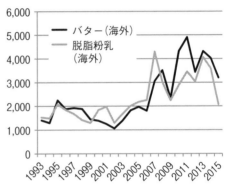

出所：農畜産業振興機構
図2　海外の乳製品価格の推移

一方、国内での乳ビジネスに限定される中小乳業や農協プラントの再編も必至である。工場統廃合や異業種企業との合併などをつうじて、事業の多角化や地産地消にふさわしい商品の開発、消費者からの信頼が求められよう。

国際市場から遮断された国内の牛乳・乳製品市場で乳ビジネスを展開してきた乳業にとって、グローバル化は大きな経営リスクをともなう試練となっている。

（矢坂雅充）

*矢坂雅充「乳価形成をめぐる諸問題と改革の方向性」『都市問題』100-1、2009年、東京市政調査会
*矢坂雅充「生乳流通問題とは何か」『農業と経済』2016年9月号、昭和堂

第2節 ▶ 食品産業の展開とフードシステム 1

フードシステムの構造と課題

 キーワード　◎連鎖構造／◎競争構造／◎企業結合構造／◎企業構造・行動
◎消費者の状態／◎消費者の生活構造・行動／◎基礎条件／◎目標・成果

● フードシステム概念の登場

　食料農水産物が生産され多様な食品となって消費者の手に届くまでには、農水産物の生産、流通、調整・処理、加工、製品流通、飲食サービスなどの多段階の過程をへており、その過程は多様な産業主体に担われている。フードシステムは、この全過程を相互に連関したトータルなものととらえる概念として登場した。日本では1993年に学会が創立された。

　アグリビジネス概念（1952年に J. H. Davis & R. A. Goldberg が提唱）に似るが、この概念が農業の垂直的事業統合分析、超国籍企業分析（微視的視点）、政治経済学的要素を含む世界的な食料体制を扱うフードレジューム分析（巨視的視点）へと展開したのに対して、フードシステム概念は主にコモディティベースで、食料品の生産から消費にいたる流れにそって、それらをめぐる諸要素・諸主体と諸産業の相互依存的な関係を連鎖的な仕組みにおいてとらえるのが特徴である。

● フードシステムの構造分析へのアプローチ

　フードシステムは複雑な構造をもつため、全体を一括して総合的に説明する理論をもつにはいたっていない。まずは品目ごとにフードシステムの構造（構成要素、要素間の関係）をひとつひとつ丁寧に分析することによって全体像の把握に近づくことが現実的であろう。分析すべき構造には以下のようなものがある（図）。

（1）「連鎖構造（垂直的構造）」と「競争構造（水平的構造）」

　まず、川上から川下への流れに沿って多段階の産業が相互に連関して存在する（連鎖構造）。かつては産地から消費地まで何段階もの流通事業者の連鎖により成り立っていたが、流通は短縮され、かわって1次処理や加工、料理提供の段階が膨らんでいる。垂直的連鎖は地域的なものから、国内的なもの、国際的な広がりをもつものまで重畳的である。

　この垂直的な関係のなかで、食品の取引が契約され、価格が交渉され、対価が払われる。また、規格が整えられ、品質が調整される。このような価格と品質の垂直的調整のなかに売り手と買い手の力関係（市場支配力）があらわれる。

　ついで、垂直的連鎖の各段階（産業）内部ではさまざまな企業が競争や協調の関係をもって存在する（競争構造）。売り手、買い手のそれぞれが競争的状態にあるか、寡占的状態にあるかなどによって、売り手と買い手の間の価格交渉力や品質要求など垂直的な取引上の力関係が異なる。

　近年、大手小売店のシェアの集中度が高まり、取引交渉力が著しく強くなり、食品の低価格仕入れ、価格破壊を生んでいる。食品製造業者の品質の維持や存続、農業生産者の存続が危ぶまれる。公正取引への対策が必要であり、欧州諸国や欧州連合では、規制やモニタリングが強化されている。

（2）「企業結合構造」と「企業構造・行動」

　さらに、産業次元とは別に、個々の企業次元で、産業内部でまた産業間をまたがって進められる企業結合構造の状態も重要である。国境を越えた統合を進めているのが超国籍企業である。

 ＊フードシステムの垂直的調整　フードシステムが抱える現代社会問題は、食品安全、品質管理・保証、価格破壊、食料の生産〜消費の過程の環境負荷、食品残渣・容器等の廃棄問題など多岐にわたり、これらはフードシステムの全体が調整されることによって改善される。これらの問題にはフードシステムの構造的状態が影響を与えるので、それを念頭において調整を組織することが必要である。

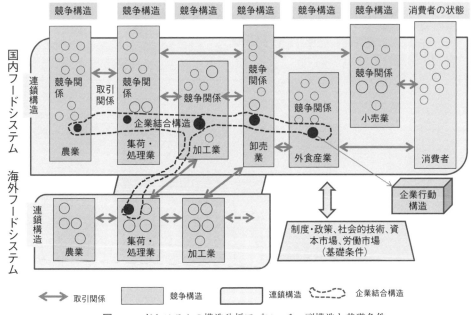

図 フードシステムの構造分析アプローチ―副構造と基礎条件

また、フードシステムの構造変化の契機は、それぞれの産業を構成する意思をもった経済主体＝企業であることに着目することが必要である。それぞれに内部構造（企業構造）や理念をもち、それを反映した目標と判断のもとに特定の行動をとっている。競争状態が寡占的になるほど、フードシステム全体への企業構造・行動の影響が大きくなる。

（3）「消費者の状態」と「消費者の生活構造・行動」

フードシステムの最終段階の構造として「消費者の状態」をとらえることが重要さを増している。消費者の意思や行動もフードシステムの構造に大きな影響を与えるようになった。過度な低価格志向は、品質や安全にかける費用を制約し、再生産も難しくし、過度な鮮度志向は供給に大きな無理をかけている。また、食品安全では意見の表明や適切な食行動が求められる。農漁業の粗生産額にも匹敵すると試算される家庭での食品廃棄を見直すのも消費者自身である。単に「消費」する存在ではなくなっており、意思をもった「生活者」ととらえるべきかも知れない。

● 「フードシステムの基礎条件」

さらに、国内外の貿易などの制度や国の政策、資本や労働などの一般市場条件、社会的な技術条件もフードシステムのあり方を左右する。これらを、フードシステムの諸構造を外部から規定する基礎条件としてとらえ、その望ましいあり方を論じる必要がある。

● 「フードシステムの目標、成果」

フードシステムの目標や社会的成果には、人間の生命や健康、文化的価値観がかかわり、指標の理論化は難しい課題である。食料品は直接に生命と健康にかかわるものであるだけに、安定供給、栄養、安全・衛生面で関係する食品事業者の社会的責任は大きい。また、食べ物をどのように食するかは、もっとも日常的な生活行為として、国や民族、地域文化の基底を形づくっている。したがって、食品事業者は、フードシステムを望ましい形で将来に受け継げるよう、目標や成果を長期的視点でみることが必要である。 （新山陽子）

＊高橋正郎監修『フードシステム学全集』第1巻～第8巻、農林統計協会
＊新山陽子『牛肉のフードシステム―欧米と日本の比較分析』日本経済評論社、2001年
＊新山陽子「食品事業者とステークホルダーとの関係はどう作られるか―社会的責任と経済条件」『農業と経済』第75巻第11号、2009年10月

第2節 ▶ 食品産業の展開とフードシステム 2

食品製造業の二重構造

 キーワード　　◎大量生産／◎多品目少量生産／◎全国ブランドと地域ブランド

●食品製造業全体における「二重構造」

　食品製造業の市場構造は業種によって大きく異なる。公正取引委員会の調査による上位3社の累積生産集中度（CR3）（下表）をみると、90％を超える極高位寡占型業種の中には、発泡酒、インスタントコーヒー、シチュー・カレーのルー、ウイスキーなど企業数そのものが限られたものもある。一方で、食品製造業全体をみると、下表に登場しないような業種も多数、存在する。これらの業種には、零細規模の事業者が多数存在しているのである。ここではまず、食品製造業全体における業種別の二重構造についてみてみる。

　累積生産集中度の高い業種には、ウイスキーのように、近代になって生産技術が海外から輸入されたものや、即席麺類やマヨネーズ・ドレッシング類など、日本で開発されたものでも比較的新しい製造技術が使われる食品が含まれる。また、これらの業種では、原材料を確保する上での地域性も低いため、大量仕入れした食材を使用し、均質な商品を大量に生産する大企業が生産の多くを占める。さらに、これらの食品を消費するようになったのは比較的最近であるため、消費者の嗜好にも地域差が少なく、大量生産品が市場に受け入れられやすい。このような、生産・消費双方の事情によって、高い集中度をもつ市場が形成されている。

　一方、清酒、味噌、豆腐、納豆などの生産集中度が低い業種では、次のような特徴が挙げられる。これらの業種には、古くから消費されてきた食品が多く、伝統的な技術によって生産されている。そして、原料生産や製品の加工に適した気候にも地域性があるため、生産量には限界がある。また、清酒、味噌のように、古くから消費されてきたために地域ごとに消費者の嗜好に違いがある食品も多く、これらが流通する範囲は一定となる。さらに、豆腐、納豆などの食品では、商品の鮮度

表　食品製造業の累積生産集中度の分布（2014年）

CR3区分		該当する業種
極高位集中	90％以上	発泡酒：98.0％、インスタントコーヒー：97.5％、シチュールウ：96.9％、ウイスキー：93.9％、カレールウ：91.7％
	80％台	チューインガム：84.2％、マヨネーズ・ドレッシング類：82.4％
	70％台	即席麺：74.7％、ソース類：74.2％、食パン：74.0％、小麦粉：72.1％、スポーツドリンク：71.2％
	60％台	チーズ：67.6％、茶飲料：66.0％、焼酎：65.0％、レギュラーコーヒー：64.3％、精製糖：61.9％、食用植物油脂：60.5％
高位集中	50％台	調理済みカレー：54.8％、炭酸飲料：54.6％、コーヒー飲料：50.9％
	40％台	ジュース等（果実飲料等含む）：49.9％

出所：公正取引委員会「平成25・26年生産・出荷集中度調査」より作成。
注：チューインガムと焼酎は2010年、調理済みカレーは2012年の数値である。

 ＊累積生産集中度　生産集中度とは、国内出荷、輸出を含めた個別事業者の国内生産量における集中の状況を示す指標である。生産集中度＝（当該事業者が当該品目を国内で生産した量（または額））／（当該品目を国内で生産した総量（または額））×100で算出される。そして累積生産集中度とは、上位企業の集中度の合計値であり、例えば上位3社累積生産集中度（CR3と表記される）は1位から3位までの企業の集中度を合計した数値となる。

が重視される一方で、保存性が低いため、細やかな温度の管理等を必要とするために流通コストが比較的高い。このように、生産集中度が低い業種では、消費地近くに立地する中小規模のローカルメーカーが存続する条件が整っている。

以上から、食品製造業全体をみると、企業数が数社という極高位集中型の業種が存在する一方で、中小規模のメーカーが各地域に存在するという特徴がわかる。

● 同じ業種内における「二重構造」

食品製造業における市場構造のもう一つの特徴は、一つの業種の中に、大量生産した商品を全国に流通させるナショナルメーカーと、一定量の商品を限られた地方・地域に流通させるローカルメーカーが存在する二重構造をもつことである。これには、清酒、味噌、醤油などの伝統的食品に加え、ハム・ソーセージ、飲用牛乳、パンなど、戦後に広く消費されるようになった食品も含まれる。

これらの食品は先述した伝統的食品にみられる生産・流通上の特徴がありながら、その一方で輸入された原料によって、近代的な技術を用い大量生産する方法も確立されている。このため、伝統技術による小規模な生産をおこなうローカルメーカーとともに大量生産をするナショナルメーカーが併存することとなり、業種内での二重構造が形成されている。

さらに、食品製造業への原料供給を通じた地域の農水産業の発展や、地域に固有の食品を生み出すことによる地域経済の活性化を目指し、あえて少量生産を営む事業者も存在する（矢坂雅充「全国ブランドのウイスキー、ローカルブランドの焼酎」『図で見る国際時代の日本農林業』富民協会、2000年、参照）。

以上のように、生産や原材料に由来する技術的制約を受け、さらには経営理念や方針によって少量生産や限定された流通を選択する事業者もある。その結果、食品製造業においては同種の食品を提供する業種内においても、大規模メーカーと中小

ナショナルメーカーによる全国ブランド商品（左）とローカルメーカーによる地域ブランド商品（右）

規模メーカーが一部併存可能となっているのである。

● 大量生産と多品目少量生産

以上のような業種別、あるいは業種内での二重構造はフードシステムと食料消費にとって、どのような意味をもつのであろうか。ナショナルメーカーは「規模の経済性」を生かし、大規模な生産ラインによって食品を生産することで、均質で低価格な食品の大量供給を実現している。そして、これらの食品が高度に発達した流通網によって全国に届けられることは、食料の安定供給の観点から有益である。大量生産メーカーは、安定した品質で供給を続ける役割を果たすために、安易な価格競争に陥ることなく、ナショナルメーカーにふさわしい戦略を維持する必要がある。

一方で、ローカルメーカーが伝統ある原料や製法により個性ある食品を生み出し続けることも必要である。大量生産品とは異なり原料や製法にこだわり、限られた市場を対象とした丁寧なもの作りを続けることは、そのような加工技術を保持することにつながる。さらにそのような食品を提供し続けることは、地域性に富んだこだわりある食品を流通させる技術や、その品質を見極める小売業者や消費者の力量を保持することにもつながるであろう。

われわれの食生活を維持するには、いずれの生産・流通のあり方も重要である。両者が対象とする市場を棲み分け、共存することこそ、安定的で豊かな食生活を支えることに繋がるのである。　　　　（清原昭子）

＊新山陽子・清原昭子「食品製造業の展開と農業」河合明宣・堀内久太郎編著『アグリビジネスと日本農業』放送大学教育振興会、2014年

第2節 ▶ 食品産業の展開とフードシステム 3

外食・中食産業の発展

キーワード　◎食の外部化／◎内食・中食・外食　◎個店戦略／◎契約取引／◎単独世帯

●高まる食の外部化率

最近における内食・中食・外食の動向をみると次のようである（表1）。2014年食料消費約69兆円のうち、内食約44兆円、中食6兆円強、外食約25兆円となっている。狭義の外食が約36％、これに中食約9％を加えた広義の外食、つまり食の外部化率は約45％に達していることがわかる。

こうした食の外部化は、一方で女性の就業化、単身者・高齢者世帯の増加、あるいは簡便化志向といった消費者のニーズによるものであるが、あわせて、これを支える産業の発展が不可欠だったことはいうまでもない。

●外食・中食産業の成長期から成熟期への移行

1970年以降、ファストフードやファミリーレストランなどの新業態が外食市場の拡大を牽引していった。また、ほぼ同時期に出店がはじまったコンビニエンスストア（以下、CVS）は、現在、最大手では約1万9千店の店舗網をもち調理食品など中食供給の主要な担い手に成長している。これら外食・中食の企業的発展を支えたのは、①チェーン・オペレーションによる多店舗展開、②マニュアルとアルバイトの活用、③集中的な調理・加工、④高度な物流システム、であった。

1970年以降ほぼ安定的に市場を拡大してきた外食・中食産業は90年代後半に転換期を迎えるにいたった。とくに狭義の外食市場は1997年の29兆円をピークに、また中食を加えた広義の外食市場でみても98年の約32兆9千億円をピークに減少に転じた。食市場が成熟化・飽和化するなか、来客数や客単価の低迷により既存店売上高で対前年割れとなる外食・中食企業が増加し、商品やサービス、ビジネスモデルの見直しを迫られていった。

●外食・中食企業の戦略

市場が成熟化・狭隘化する状況下で、外食・中食企業にとっての戦略は価格訴求型と差別化・価値訴求型とに大別できる。低価格戦略は1990年

表1　内食・中食・外食市場の推移

（単位：億円）

（実数）

	2005年	2006年	2007年	2008年	2009年	2010年	2011年	2012年	2013年	2014年
家計の食料飲料支出額（1）	433,628	425,182	423,139	423,885	423,108	426,061	412,425	428,919	440,803	440,828
外食市場規模（2）	243,903	245,523	245,908	245,068	236,599	234,887	228,282	232,217	240,099	246,326
中食市場規模（3）	55,158	56,047	56,581	55,313	55,682	56,893	57,783	59,467	59,803	62,468
広義の外食市場規模（4）	299,061	301,570	302,489	300,381	292,281	291,780	286,065	291,684	299,902	308,794
全国の食料・飲料支出額（5）＝（1）+（2）	677,531	670,705	669,047	668,953	659,707	660,948	640,707	661,136	680,902	687,154

（割合）　　　（％）

	2005年	2006年	2007年	2008年	2009年	2010年	2011年	2012年	2013年	2014年
外食率（2）／（5）	36.0	36.6	36.8	36.6	35.9	35.5	35.6	35.1	35.3	35.8
食の外部化率（4）／（5）	44.1	45.0	45.2	44.9	44.3	44.1	44.6	44.1	44.0	44.9

出所：公益財団法人　食の安全・安心財団。一部加筆修正。

用語解説

＊**内食・中食・外食**　従来型の家庭内の食事である「内食」に対して、家庭という場を離れての「外食」が日常・非日常を問わず増加していった。また、食事の場は家庭内であってもレディ・ツー・イート（ready to eat）やレディ・ツー・クック（ready to cook）といった調理・処理済食品を利用する「中食」が現代的な食形態として拡大しつつある。

代後半のマクドナルドが展開した半額キャンペーンや、2009年10月にすかいらーくの低価格業態のガスト店への転換戦略が推し進められ、創業ブランドであるすかいらーく店が姿を消したことは低価格シフトを象徴する出来事であった。

現在も低価格訴求は外食・中食企業にとって有力な選択肢であることにかわりはない。しかし、食材費や人件費が上昇するなかでは、集客増とコスト吸収の仕組みづくりが不可欠となっている。

差別化戦略は、当然ながら、さまざまなとりくみがみられる。たとえば、既存業態の修正として、外食企業によるデリバリー部門の設置やCVSによるイートイン・コーナーの設置などが試みられている。また、従来型の標準店の全国展開を見直し、立地や商圏に応じた個店戦略を採用する動きもある。とはいえ、食を提供する外食・中食企業とって差別化戦略の柱はメニュー・商品開発にある。

消費者の安全・安心志向や素材へのこだわりを受けて、「高品質・新鮮」や「安全・安心」「地産地消」などのコンセプトでの商品開発がとりくまれ、その一環として、たしかな食材・原料を入手するために産地との提携的な契約取引が推進されている。最近では、主要食材を直営農場方式で確保する動きが進展している。顧客に対し、こうした食材・原料の特性や産地・生産者名を店内POPやボード、メニュー、あるいはインターネットを通して伝達することで（図1）、来客数や客単価・購買点数の引上げと企業ブランド価値の向上がめざされている。

●世帯構造変化のインパクト

食の外部化のトレンドを究極的に規定するのは、消費者の生活様式、端的には世帯構造である（参考文献①）。すでに「単独世帯」が「夫婦と子」の世帯数を上回り、また2010年に31.2％だった高齢者世帯比率は2035年には40.8％に達するとされる。

ファミリーレストランが標的市場としてきた「夫婦に子ども2人」というファミリー層は縮小しつつある。一方、1人暮らしや高齢者など多様な消費者が増えている。食は消費者にとって生存・健康の基礎であると同時に、生活の豊かさの重要な要素である。世帯構造とその生活様式が大きく変容するなか、これからの消費世帯の食生活を支える外食・中食産業の社会的責任はますます重いものとなりつつある。

（木立真直）

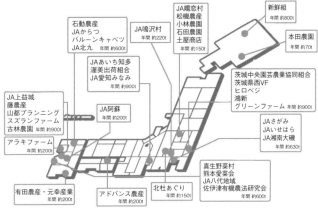

出所：リンガーハット社ウェブサイトより。
http://www.ringerhut.co.jp/　アクセス日2016年9月15日。

図1　リンガーハット社における国産食材の調達戦略

---

*日本惣菜協会『中食2025』2014年
*日本フードサービス学会（編著）『現代フードサービス論』創成社、2015年

第2節 ▶食品産業の展開とフードシステム 4

スーパー・コンビニエンスストアの再編と構造

 キーワード　　◎小売業態／◎ M&A ／◎フードデザート／◎消費の多様化

●小売業の再編と業態の盛衰

　日本の小売業は劇的な再編期を迎えている。『商業統計』によれば（表1）、百貨店と総合スーパー（GMS）が衰退する一方、食品スーパー（SM）を含む専門スーパーとコンビニエンスストア（CVS）が成長している。おもに大手企業を捕捉する各業界団体発表の直近データでは、2015年度売上高で百貨店が約6兆円、スーパーが約13兆円とそれぞれ90年代のピーク時の約半分および7割台にまで縮小した。2008年に百貨店の売上高を上回ったCVSは2015年度に10兆円を超え、百貨店との差を広げた。小売業態別の盛衰が明確にみてとれる。ただし、CVSも徐々に成長に陰りがみえはじめ、国内市場はすでに飽和化の段階に入っている。

表1　商業統計・業態別売上高の推移

(単位:10億円)

（実数）

	1988年	1991年	1994年	1997年	1999年	2002年	2004年	2007年	2014年
百貨店	9,063	11,410	10,640	10,670	9,705	8,427	8,002	7,688	4,923
総合スーパー	6,749	8,277	9,495	9,957	8,850	8,515	8,406	7,440	6,014
専門スーパー	6,394	8,003	10,430	20,440	23,730	23,630	24,100	23,680	22,370
コンビニエンスストア	5,013	6,985	8,335	5,223	6,135	6,714	6,922	6,961	6,480
ドラッグストア	0	0	0	0	0	2,495	2,588	3,000	4,300
その他のスーパー	7,764	9,666	10,570	9,986	8,440	6,492	5,481	6,201	4,538
専門店	51,890	64,610	61,020	59,680	62,600	52,410	49,970	53,760	43,160
家電大型専門店	0	0	0	0	0	0	0	0	4,459
その他の商品小売店	27,830	31,450	32,820	31,530	24,000	26,190	27,580	25,650	19,300
その他の小売店	137	235	17	254	371	230	229	179	203
無店舗販売	0	0	0	0	0	0	0	0	6,434
合計	114,800	140,600	143,300	147,700	143,800	135,100	133,300	134,600	122,200

（割合）

	1988年	1991年	1994年	1997年	1999年	2002年	2004年	2007年	2014年
百貨店	7.6%	8.1%	7.4%	7.2%	6.7%	6.2%	6.0%	5.7%	4.0%
総合スーパー	5.9%	5.9%	6.6%	6.7%	6.2%	6.3%	6.3%	5.5%	4.9%
専門スーパー	5.6%	5.7%	7.3%	13.8%	16.5%	17.5%	18.1%	17.6%	18.3%
コンビニエンスストア	4.4%	5.0%	5.8%	3.5%	4.3%	5.0%	5.2%	5.2%	5.3%
ドラッグストア	0.0%	0.0%	0.0%	0.0%	0.0%	1.8%	1.9%	2.2%	3.5%
その他のスーパー	6.8%	6.9%	7.4%	6.8%	5.9%	4.8%	4.1%	4.6%	3.7%
専門店	45.2%	45.9%	42.6%	40.4%	43.5%	38.8%	37.5%	40.0%	35.3%
家電大型専門店									3.6%
その他の商品小売店・中心店	24.2%	22.4%	22.9%	21.3%	16.7%	19.4%	20.7%	19.1%	15.8%
その他の小売店	0.1%	0.2%	0.0%	0.2%	0.3%	0.2%	0.2%	0.1%	0.2%
無店舗販売									5.3%
合計	100.0%	100.0%	100.0%	100.0%	100.0%	100.0%	100.0%	100.0%	100.0%

出所：経済産業省『商業統計表』各年版。
注：2014年調査では業態分類に変更が加えられている。

＊**小売業態**　小売業は、取り扱う商品別の業種に区分できるが、同時に、その立地、商圏、店舗規模、品揃えの幅・深さ、価格帯、顧客層、サービス水準などにより、異なった業態としても分類される。小売業の発展は、百貨店、通信販売、チェーンストア、スーパーマーケット、ショッピングセンター、コンビニエンスストアなどの、まさに業態革新の歴史であった。

● 成熟市場への小売企業の対応

日本の売上高上位小売企業（2015年度）をみると、イオンとセブン＆アイ・ホールディングスがそれぞれ8兆円、6兆円超に達し、二大小売組織としての位置を占めている。これら大手小売資本グループは、M&A（合併・買収）を通して、百貨店や総合スーパー、食品スーパー、CVS、ショッピングセンターなど多様な業態をとりこみ、売上規模の巨大化を実現してきた。

しかし、これら巨大総合小売企業の経営業績は必ずしも良好ではない。資本力に任せた統合化は当初期待したほどのシナジー効果を発揮するにはいたっていない。一例をあげると、従来、業態別にばらばらだった商品調達を一本化するとりくみが進められているが、その範囲はいまだ限定的とみられる。

国内小売市場の飽和化への対応として、アジアへの店舗展開を本格化させたり、出店コストが少なく商圏の制約を受けないネット事業に進出する動きがみられる。しかしながら、国際化戦略は現地化の必要から長期投資になりがちであり、ネット事業は配送コストや欠品対応などの点で収益性とリスクの両面の課題を抱えている。

● 食品小売市場構造と消費者利益

食品小売販売額上位10社では、食品比率の高いCVSが上位を占め、総合スーパーや食品スーパーがこれに加わる（表2）。食品市場の集中度は、上位5社で7割以上のイギリスや上位2社で7割以上のオーストラリアに対し、日本は上位10社で2割強にとどまる。最近、不採算店を閉鎖する動きがみられるが、依然、頻繁なセールに示されるように、店舗間競争は熾烈さをきわめている。

日本の小売市場における競争状態は、集中度の観点からは消費者主権の実現を阻害する状況にはなく、また店舗密度の高さからも消費者の店舗選択の自由度は依然、高いとみてよい。

しかしながら、小売店舗密度には地域的にばらつきが大きいことに留意しなければならない。イギ

表2　食品小売販売額上位10社・組織体（2015年度）

順位	企業名	売上高（百万円）	売上比率（％）
1	セブン-イレブン・ジャパン	2,973,709	69.3
2	ローソン	1,773,767	90.5
3	ファミリーマート	1,494,054	59.0
4	イオンリテール	1,074,100	57.7
5	イトーヨーカ堂	601,672	47.9
6	サークルKサンクス	523,621	55.9
7	ライフコーポレーション	518,178	84.6
8	ユニー	501,236	69.9
9	アークス	453,561	90.4
10	エイチ・ツーオー・リテイリング	413,756	51.6

出所：日本経済新聞社『日経MJ』2016年6月29日号。

リスを中心に論争が戦わされてきたフードデザート（food deserts）問題が日本でも深刻化している。中山間地に加え、高度成長期に開発されたニュータウンでも住民の高齢化により小売企業にとって商圏としての魅力が低下し、店舗の閉鎖を契機に食へのアクセスが大幅に制約される状況が生じている。

● 消費者ニーズの多様化・高度化への対応

20世紀に発展を遂げた多くの小売企業に共通する業態的特徴はスーパー・チェーンという点にある。それは、セルフ方式の標準店を多店舗展開し、商品調達は本部で一括しておこない、両者をチェーン・オペレーションで連結する大量流通システムにほかならない。

しかしながら、大衆消費社会が終焉し、消費者ニーズが多様化しはじめると、スーパー・チェーン業態の優位性は低下せざるをえない。最近、チェーン小売企業であっても、店舗別・エリア別の限定商品の導入や地域的品揃えなど個店対応を重視し画一的なチェーン・オペレーションを見直す動きが生じているのはそのためである。

消費者は商品の品質多様性とともに、それを超えた、生産者福祉、環境負荷、地域経済の振興など倫理品質に関心を払う傾向を強めている。そのとき、これに即した商品調達から小売販売政策にいたるサプライチェーン全体の再構築が求められる。地産地消などのローカルなサプライチェーンの再評価もその一環ということができる。

（木立真直）

＊吉村純一・竹濱朝美（編著）『流通動態と消費者の時代』白桃書房、2013年
＊田村正紀『セブンイレブンの足跡』千倉書房、2014年

第2節 ▶ 食品産業の展開とフードシステム 5

VMS（垂直的流通システム）の展開

 キーワード　　◎VMS／◎SCM／◎PB商品
◎可視化／◎提携関係

● VMSとチャネル・リーダー

　生産者・製造業者、卸売業者、小売業者がそれぞれ自律的に行動し、スポット的な取引を基調とする伝統的流通チャネルのなかから、新たな流通チャネルとしてVMS（Vertical Marketing System）が本格的な展開をみせはじめてきたのは、1960年以降のこととされる。VMSとは、チャネル・リーダーの地位にある主体が他のチャネル構成主体を含むチャネル全体を組織し管理する流通システムをいう。この統合様式は、さらに①フランチャイズなどの契約システム、②系列化などの管理システム、③単一資本の下に統合される企業システム、の3つに区分できる。後者ほど統制水準が高くなるが、企業システムはチャネルというよりもむしろ組織内のシステムとしてみるべきものである。

　VMSを主導するチャネル・リーダーには当初、大規模製造業者が想定されていた。その大規模性を基礎に、4P（製品・価格・プロモーション・チャネル）のマーケティングを強力に展開し、消費者需要を創造しつつ、自社製品を消費者に届けるためのチャネル構築を追求してきた。この前方統合に対して、1980年頃から徐々に台頭しはじめたのが、大規模小売業者による後方統合の形態、いわゆる小売主導型流通システムである。

● SCMの意義と課題

　VMSの現代的変容は、サプライチェーン統合ないしSCM（Supply Chain Management）という用語によって、その特徴をよりよくとらえることができる。VMSは製造業者をチャネルの主導者として位置づけ、生産を所与のものとしがちである。これに対しSCMの発想は、消費者の実需を起点とし、これに商品のフローそして生産のタイミングを整合させ、必要に応じて生産・流通の分業編成自体の見直しにとりくむことにある。プッシュ型のVMSに対し、SCMはプル型で消費者志向的ということができる。

　実需に即したサプライ全体の管理を志向するSCMの技術的前提条件は、1つにPOSなどの販売動向や中間在庫などの情報をリアルタイムで共有することを可能にしたIT、2つにジャスト・イン・タイムなどの高水準の物流サービスをもたらすロジスティクス革新にあった。需給ギャップを在庫を通して事後的に調整するのではなく、実需への同期化によって在庫の最小化が追求された。在庫が情報によって置き換えられたと表現されるゆえんである（図1）。SCMの導入は、在庫コストの削減や商品鮮度の改善に大きな効果を発揮し、顧客満足をより高めることとなった。

　とはいえ、SCMは、部品組立型産業やアパレル産業で大きな効果を発揮する一方、農産物などの生鮮食品分野では必ずしも十分な成果を実現してはいない。SCMの基本は、既述のように実需への同期化にあるのだが、消費者が欲しいとき、欲しいだけ供給が可能かどうかは、最終的には生産過程の技術的な特性に規定されざるをえない。生産期間の長期性、生産過程の非分割性、生産物の複合性などを特徴とする農業生産では、供給

 用語解説　* **PB（Private Brand）商品**　流通業者おもにスーパーなどの小売業者が、商品コンセプトから生産・製造方法、規格、包装デザインなどの商品仕様の決定に関与し、通常、小売業者が決定したブランドで排他的に販売される商品。生産者ブランドを残したまま、商品仕様に関与する場合には自主企画商品とも呼ばれる。

のタイミングや数量、品質特性を完全にコントロールできるわけではない。生産・サプライチェーンへの過度な負荷を回避するには、需給調整機能を組み込む、あるいは欠品を受け入れるようなサプライチェーン設計が求められる。

◉進化する PB 開発

小売主導の垂直的流通システムないしサプライチェーンとして注目すべきは、PB 商品の開発・投入である。PB 供給では、生産者から供給される所与の商品を再販売するだけの商業活動を超えて、製品・価格・販促などのマーケティングの意思決定に小売業者みずからが主導性を発揮することになるからである。

小売市場の競争が激化するなかで、品揃えの差別化と収益改善のための手段である PB 開発には、より多くの経営資源が投入されつつある。とくに、消費の多様化という長期トレンドに対応するために、低価格訴求型とともに、高品質・高鮮度、安全・安心、環境対応など高付加価値型商品が投入されるようになっている。焼きたてパンや朝採り野菜という価値を消費者に届けるためには、ロジスティクスを含むまさにサプライチェーン全体の見直しと協働が不可欠となる（図2）。

消費者が素性やトレーサビリティ、さらには倫理品質をも重視するなか、ブランドだけの PB に終わらせてはならない。消費者の信頼と期待に持続的に応えるためには、サプライチェーン全体を可視化（見える化）しつつ、主体間の提携関係を構築することが求められている（図3）。　　　　　（木立真直）

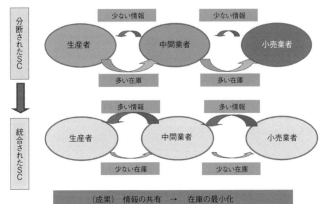

図1　サプライチェーン統合による効率化

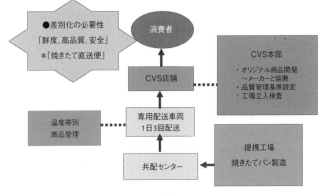

図2　PB サプライチェーン（焼きたて直送便）

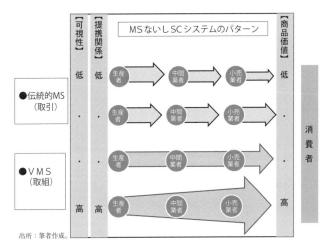

図3　サプライチェーンにおける提携と商品価値の高まり

さらに知りたい人は
＊木立真直・齋藤雅通（編著）『製配販をめぐる対抗と協調』白桃書房、2013年
＊矢作敏行（編著）『デュアル・ブランド戦略』有斐閣、2014年

第2節 ▶食品産業の展開とフードシステム 6

食品事業者倫理

キーワード　◎事業経営／◎意思決定責任／◎ステークホルダーの共存
◎三方よし／◎公正取引／◎不確実性に満ちた社会の責任

●経営の社会的責任は事業経営に問われる

企業のCSR（社会的責任経営）に注目が集まっているが、日本では、事業活動以外の社会貢献をさす傾向にある。幅広い社会貢献は歓迎すべきである。しかし、企業は事業を通して社会と結びついており、より重要なことは、事業そのものを通して、いかに社会的責任をはたすかである。また、企業の利潤追求に対する道徳的限度は、遵法だけでない。

経営学者の山本安次郎らは『経営学原論』1977年において早くに事業経営を論じ、事業経営を基礎とする人間協働の姿が経営であり、そこへの転換がもとめられていることを指摘した。

●社会的責任は人間の応答能力
　　―意思決定責任・行為責任

経営の社会的責任や倫理とは、道徳規範に還元されるものではなく、意思決定責任、行為責任である。山本らは、経営の社会的責任とは、経営の意思決定と行動に道徳上の乖離が生じたときにそれを知覚し、自らの技術的能力を通して、事業活動に体現して、解決することである、とみる。それは、経営が自己を社会のなかに位置づけ、経営のよって立つ道徳性、技術的能力に照らして、初めて明確にできる。したがって、それは究極的には自己に対する応答能力である（山本1977収録の吉原）。このように、社会的責任は人間の責任である。

責任の担い手は経営者であるが、経営の裁量が組織の下部に広がっている場合は管理者や労働者にもいたるとも指摘されている。

企業における技術者の倫理もまた意志決定において問われる（Schinzinger & Martin2000）。倫理的問題点は、製品の構想から製造、販売、使用、最終廃棄までのすべての過程で発生する。技術者は、必要な要素、逸脱を知りえ、逸脱により発生する問題の予測をおこないうる「智」を有しており、それを言明、行使する倫理的責任をもつ。Schinzingerらは、企業内外の絡み合う責任、相反する利益、異なる関係者への影響、道徳的ジレンマのなかでの良き判断への道を説く。道徳的概念を明確化し、事実関係を究明し、人と人との関係における不一致を解決することがその要素となる。

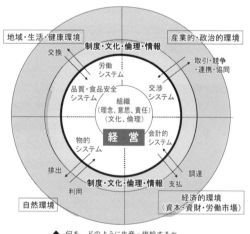

- 何を、どのように生産・供給するか
- 誰と、どのように取引するか
- 環境からの制約、環境を改善する潜在的能力

図1　経営と環境の相互作用

 用語解説　**＊道徳性（morality）**　簡単な定義で包み込んでしまうのできないものであり、われわれ自身に対する敬意と同様に、他人に対する敬意を中心とした理性、われわれ自身に対する善と同様に、他人に対する善を気遣うことにかかわる理性であると説明されている（Schinzinger & Martin 2000）。

● ステークホルダーの利害を含む新たな営利主義

　企業経営は、生活、自然、経済、社会・政治という環境と相互作用する（図1）。そこに生じる製品の安全問題への対策、従業員の労働空間の福祉、ステークホルダーの利害、資源・エネルギー問題、環境破壊への対応を必要としている。

　山本らは、実現させるのは経営の主体的努力であり、事業の本来的な社会性、人間生活志向性に忠実な、人間性の回復を期した事業経営とならざるを得ず、そこに営利主義の転換が求められる。伝統的な資本の利潤に代わって、労働の利益、顧客その他の関係者の利害をも考慮した経営全体の利潤をめざす立場に進まなくてはならないと、新しい営利主義を提唱した（山本1977 収録の庭本）。

　経済活動における取引相手や社会の福利への考慮は、決して新しい考えではない。近江商人の心得とされる「三方よし」（売り手よし、買い手よし、世間よし）の言葉は典型例である。食品企業にも、「従業員よし」を含めて、経営理念としているところは少なくない。

● 持続的なフードシステム形成のためのステークホルダー（関係事業者・生活者）の共存

　農場（川上）に発して、小売店（川下）をへて、消費者にいたる流れのなかで、食品供給量や品質、安全が調整される。それと逆方向の製品・材料に対する対価の支払いのレベルはその調整に影響する。対価の流れが供給される食品の価値の流れと釣り合っていなければ、そのフードシステムは持続しない（図2）。

　現在、とくに対応が求められているのは、取引における公正さ、売り手良し、買い手良しの関係であろう。大手小売店の著しい食品の安売りにより、品質の確保や農場や食品事業の持続にさえ困難が生まれてきている。将来世代の食への責任をみすえ、互いの経営を永続できる関係をつくることがフードシステムを存続させることになる。消費者たる生活者にも公正価格への考慮が求められる。「生活防衛」として一円でも安い食品を選ぶ行動がみられるが、

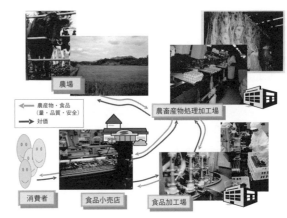

図2　フードシステムの共存

その一方で家庭の食品残渣は1年に約11.1兆円とする試算があり、ほぼ国内の農水産業の生産額12.4兆円に匹敵する。本当に節約すべきところは何かへの判断と意思決定が自らの未来も左右する。

● 複雑性・不確実性に満ちた社会の責任
　　―責任のもつ新しい次元

　フードシステムが多段階で複雑になり、個々の事業者や生活者から、自らの行為の結果がフードシステムにどのように及ぶかがみえにくく、また大状況を動かすことは一見難しい。

　倫理学者のヨナスは、責任の次元が大きく変化したことを指摘する（『責任という原理』2000）。かつて倫理的に問われるのは行為の直接的な結果であった。ある行為が因果的結果を及ぼす範囲は小さく、予測や目標設定、責任がおよぶ時間的な幅は短かった。そして結果が長期にたどる経緯は、偶然や運命、摂理にゆだねられていた。しかし、現代の技術の実践は、たとえ身近な企てであっても、空間的時間的に大きな広がりを持つ因果系列を引き起こし、その結果は相乗される。そこでは、知ることが差し迫った義務となり、知の範囲は、われわれの行為がもつ因果的な波及効果と同じ大きさで未来に向かわねばならないと述べる。ヨナスは現代技術について述べたが、現代経済にも同じことがあてはまるだろう。

（新山陽子）

＊R. Schinzinger & M. W. Martin（西原秀晃監訳）『工学倫理入門』丸善株式会社、2002年
＊新山陽子「国内農業の存続と食品企業の社会的責任―生鮮食品の価格設定行動」『農業と経済』第74巻第8号、2008年7月
＊新山陽子「食品事業者とステークホルダーとの関係はどうつくられるか―社会的責任と経済条件」『農業と経済』第75巻第11号、2009年10月

第3節 ▶ 食品安全 1

食品由来リスクの管理手法

キーワード
◎一般衛生管理／◎適正衛生規範（GHP）／◎適正農業規範
◎適正製造規範／◎HACCP（危害分析重要管理点）／◎監視と検証

●リスク管理の考え方―規制基準と衛生規範

リスクアナリシスの項でのべたように、リスクベースで食品安全対策措置を考えることが重視され、社会的に許容されるレベルへのリスクの低減を目指して管理目標が設定され、リスク評価結果をもとに経済的要素などその他要因を考慮して管理措置が選択される。

この枠組みにそって特定の重要なハザードの規制基準、あるいは、包括的な管理措置が設定される。その機能は図1のように説明される。規制措置は食品事業者にとって実現性が高く、柔軟性があることも考慮すべき要素である。それに適合する包括的な衛生管理措置はリスク管理措置の実施、規制のプラットホームとなる（FAO/WHO2006）。

国際基準を提示する Codex は、1997年に包括的措置として食品衛生の一般原則とその実務規範を提示し（以下一般衛生管理）、あわせて HACCP の原則と手順を提示している（CAC2003）。日本では、2004年の食品衛生法の改正により、一般衛生管理事項のガイドラインをだし、またHACCPの導入奨励を強化した。欧州連合では、2004年の新食品衛生法（(EC) No852/2004）により、流通業をふくむすべての事業者に一般衛生要求事項の実施が、さらに農場以降の事業者にはHACCPの実施が義務づけられた。またこれらを組み込んだISO22000が2006年に発行した。

日本では、食品事故が起こると製品検査の強化が世論となるが、製品検査は結果をチェックするものであり、それだけでは限界がある。国際的には包括的な衛生措置の実施とそのモニタリング、監査による徹底が主流になっている。

農業者、農産物処理業者、貯蔵業者、食品製造業者、流通事業者などフードチェーンの各段階において食品を扱う事業者は、その取り扱いにおいて危害因子による食品の汚染を防ぐ第一義的な責任を負う。今、最低限必要な手法として、法律に義務づけられた事項の他、包括的な衛生管理措置である、1）一般衛生管理プログラム、2）食品製造業者、流通業者においてはそれに加えて

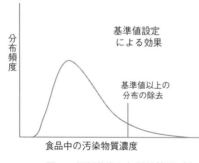
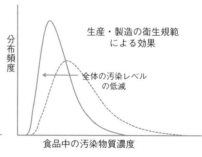

図1　規制基準と包括的管理（生産・製造規範）による汚染低減効果

用語解説

＊**衛生規範**　一般衛生管理の作業実務であり、農産物生産、農産物の処理、食品製造、流通、食事提供の各段階に求められる。農産物生産に関するものを適正農業規範(GAP)、食品製造に関するものを適正製造規範(GMP)とよぶ。内容は法や権限機関の指針にもとづくことが必要である。欧州連合では、食品衛生法にもとづき、卸売業者団体など、フードチェーン各段階の職能団体が自らの規範を作成し欧州委員会のチェックを受け、実行に移している。

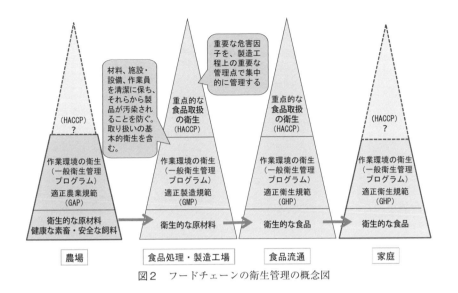

図2　フードチェーンの衛生管理の概念図

HACCPの導入が求められる（図2）。

● **一般衛生管理**（General Hygienic Programmes）

　一般衛生管理は、主に作業環境の衛生を確保する措置であり、衛生管理の最も基本となる。材料、使用水、施設・設備、ねずみや昆虫、作業員から食品に、病原性微生物、化学物質などの汚染が生じることを防ぎ、設備・機器や作業員の衛生を確保するものである。そこに充分な過熱や冷却による殺菌・滅菌などの作業工程での基本的な食品取り扱いの衛生管理を含む。これらの骨子は上記のCodex規格やそれにそった食品衛生法の規定に定められる。このような衛生管理の作業実務をGHPとよぶ。

● **HACCP**（hazard analysis critical control point）

　他方、HACCP方式は、重要な危害因子を生産工程上の重要な管理点で集中的に管理する仕組みである。その事業所の製造工程にそって、①危害を分析して重要な危害因子を特定すること（HA）、②それぞれについて重要な管理点（CCP）を設定し、管理基準（危険度の限界の設定）、CCP管理の監視方法、基準から逸脱した場合の是正措置、HACCPシステムが効果的に働いていることを確認するための検証方法、すべての手順と記録の文書化の方法を事前に定める。CCPは、その管理からはずれれば許容できない健康被害や品質低下をまねく恐れのある場所または管理方法をさす。

　HACCPでは、一般衛生管理は前提条件プログラム（Prerequisite programmes：PRPs）とよばれ、導入の前提として要求される（CAC 1997, ISO2200）（図2）。日本ではその実施が不十分なためにHACCPの普及が遅れているといわれる。

● **監視と検証——コントロール**

　法律に義務づけられた事項だけでなく、包括的衛生規範の効果的な実施には、基準の管理や作業が定められた手順どおりにおこなわれているかの監視（モニタリング）と検証（監査）が重要である。一般衛生管理プログラムやHACCPの要件には事業者自らが自己コントロール措置をとることが盛り込まれているが、それを確実にするには、政府—自治体による監視と検証が大切である。欧州連合では、公的コントロール規則（(EC) No882/2004）を設けて、衛生規則の遵守の検証に力が入れられ、各国が事業者のリスク度を評価し、監査の頻度やレベルを設定してとりくまれている。

（新山陽子）

* CAC, *Recommended International Code of Practice – General Principles of Food Hygiene*, CAC/RCP 1-1969, Rev 4-2003
* EC, *Regulation (EC) No 852/2004 of the European Parliament and of the Council of 29 April 2004 on the hygiene of foodstuffs*
* 新山陽子「食品安全のためのGAPとは何か」『農業と経済』2010年6月号

第3節 ▶ 食品安全 2

食品トレーサビリティ

 キーワード　◎製品回収／◎識別と対応づけ／◎ロット／◎内部トレーサビリティ
◎一歩後方・一歩前方（ワンステップバック・ワンステップフォワード）

●健康被害拡大防止のための製品回収とトレーサビリティ

充分と考えられる食品安全管理の仕組みを備えてもなお、人間がミスを犯すこともあり、危害因子は完全に排除できない。そこで、万一不適合な生産物を出荷してしまったとき、あるいは食品事故が発生してしまったとき、消費者の健康被害を最小限にとどめるためには、迅速かつ的確に汚染食品を流通過程から撤去し、消費者から回収することが必要である。撤去・回収措置の確保は、前項で記した食品衛生の一般原則に関するCAC規格（CAC1997）の要求事項に組み込まれており、食品安全確保の必須要素となっている。そのためには、事前に仕組みをつくっておくことが必要であり、トレーサビリティを確保するとともに撤去・回収の手順を事前に定めておくことが不可欠である。

迅速かつ的確な撤去・回収を実施するためには、生産物が流通過程のどこにあるか、また、どの小売店で販売されたか、所在や行き先を特定せねばならない（図1）。また、事故の発生源、原因の迅速な究明のために、フードチェーンを遡って製品や原料の供給経路を特定できなければならない（図1）。それができるようにするために必要なのがトレーサビリティ（traceability：追跡可能性または追跡能力）の確保である。

すべての食品、飼料に確保されてこそ意味がある。各事業者が最低限一歩後方と一歩前進の対応づけ（次項の②）さえできればそれは実現でき、さらには内部の対応づけ（次項の③）ができればなお望ましい。

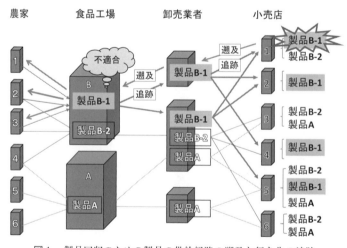

図1　製品回収のための製品の供給経路の遡及と行き先の追跡

 ＊トレーサビリティ　生産、加工および流通の特定の一つまたは複数の段階を通じて、食品の移動を把握できることと定義される（2004年CAC総会で採択された定義であり、ISO22005/食品トレーサビリティ規格にも採用されている）。生産履歴管理と訳されることが多いが、農薬使用や製造温度など生産・製造履歴を管理するだけでは食品の移動を追跡することはできない。

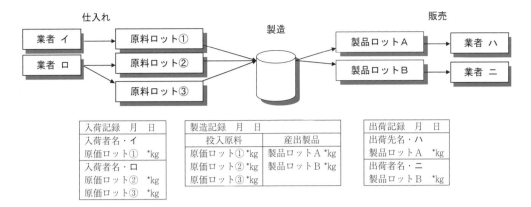

図2　トレーサビリティ確保のための記録様式（原理）

● トレーサビリティ確保の要件

トレーサビリティ確保に必要なのは、識別と対応づけの記録である。日本の「手引き」（参考文献）では9つの原則を提示しているが、なかでもとくに重要なものが以下の3点である。①原料や製品の識別単位（多くはロット）を定め、その単位に識別番号をつけて管理すること、②原料ロットをどこから仕入れ、製品ロットをどこに販売したかの対応づけ記録を残すこと、③どの原料ロットからどの製品ロットを製造したか、原料と製品の対応づけ記録を残すこと、である。記録のモデルは図2のようになる。記録は、紙であれ、電子的方法であれ、手段は問われない。

②は一歩後方、一歩前方の追跡可能性の確保（ワンステップバック、ワンステップフォワードの原則）といわれ、事業者間の食品の移動を追跡するための最低限の要件である。③は内部トレーサビリティとよばれる。特定の原料に不都合があったとき、②しかできていなければ製品は全量回収しなければならないが、少なくとも全製品の行き先が特定できる。③ができているとその原料がどの製品に使われたかが特定できるので、問題製品に絞って、ロット単位で追跡、回収が可能となる。

● 国際的な動向

欧州連合は、一般食品法（(EC) No178/2002、2002年）の第19条で製品回収を、第18条でその担保措置として上記②のレベルのトレーサビリティの確保を、農業者をふくむすべての食品・飼料事業者に義務づけた。アメリカでは、バイオテロリズム法（2003年）第306条の施行規則（2004年にFDAが制定）によって、食品事業者の登録と上記②のレベルのトレーサビリティに相当する記録の確保を農場を除くすべての食品事業者に義務づけた。さらに第305条で、輸入品について、原産国での取扱者名などを港湾に荷揚げする前に報告するよう義務づけている。

日本では、肉牛・牛肉、米・米製品にトレーサビリティが義務づけられたが、その他食品は製品回収もトレーサビリティの確保も自主的なものにとどまっている。民間では食品安全の国際規格のISO22000にも、製品回収とそれを担保するトレーサビリティの確保が要求事項に含まれている。

研究面では、事故が発生した場合の損失の推定、トレーサビリティ措置の費用／効果分析などが求められる。

なお、欧州連合では、肉牛・牛肉、卵、GMOなど重要食品には特定法により②のレベルのトレーサビリティを義務づけ、表示の正確さの担保ともしている。日本の牛肉や米のトレーサビリティにも同様の機能がもたされている。

（新山陽子）

＊新山陽子編著『解説食品トレーサビリティーガイドラインの考え方／コード体系、ユビキタス、国際動向／導入事例（ガイドライン改訂第2版対応）』昭和堂、2010年
＊食品トレーサビリティシステム導入の手引き改訂委員会『食品トレーサビリティシステム導入の手引き（食品トレーサビリティガイドライン）』第2版、2007年（初版2003年）

第4節 ▶ 食料消費、消費者行動、消費者問題 1

食料消費の多様化

 キーワード　　◎食料消費の質的変化／◎食品・食品群の多様化／◎食べ方の多様化

●量から質へ

　戦後のわが国の食料消費の変化は、量的不足とそれにともなう栄養不足状態からの脱却から始まった。旧厚生省「国民栄養調査」によれば、1947年には国民1人あたり摂取熱量、蛋白、脂質ともに農村部・都市部平均で標準必要量（当時望ましいとされた摂取量）を下回る水準にあった。その後、1950年代後半からの食料生産の充実と高度経済成長にともなう食生活の変化により、量的不足は1960年代には解消された。そして、1980年ごろには摂取エネルギーの栄養素別構成比（PFCエネルギー比率）が適正なバランスを達成するに至った。

　このような量的変化の進行とともに、わが国の食料消費においては質的変化が進んだ。その変化は洋風化や外部化、高級化などのさまざまな切り口で説明されるが、ここでは「多様化」をキーワードとして食料消費の変化をみることとする。

●多様な「質」

　時子山ひろみ「フードシステムの経済分析」（日本評論社、1999年）によれば、食料消費の多様化とは、新しい食品群の増加、食品群内における食品の種類の増加、および同一食品内での製品差別化による食品アイテムの増加と分類される。ここでは、このような食品群・食品の選択肢の増加に加え、調理法や食べ方の変化にともなう多様化についてもふれる。

　まず、第一の多様化は食品や食品群、食品アイテムの増加である。例えば食料輸入の増加によって本来、日本にはない野菜、果実、魚介類が消費されるようになることや、技術革新によって出現した新しい飲料品やドレッシング類、合わせ調味料などが消費されるようになる食品群の増加である。そして、主食が米のみからパン、麺、パスタ類へと広がったように、食品群内での品目の増加がある。さらに、同じ品目内にも多くのメーカー、ブランドが存在し、消費者は多様な選択肢を得ている。

　第二はメニューのバラエティの増加である。1980年代以降、単なる洋風料理ではなく、フランス料理、イタリア料理などと分類される本格的な西洋料理が普及した。さらに中華料理に加えて、韓国料理、タイ料理などのアジア地域の料理のように、かつては目にすることもなかった国や地域の料理が外食や中食商品を通じて提供されるようになった。これらは次第に家庭料理にも浸透し、今日われわれの食卓には伝統的な和食に加え、さまざまな国籍の料理が並んでいる。

　第三は購入段階での食品の姿が多様化することである。未加工の生鮮食料品を購入して自ら調理するだけでなく、加工・調理済みの食品を購入して家庭料理（内食）を補完する場合や、調理済み食品をもって一食とする場合（中食）など、さまざまな加工度の食品を組み合わせた食事が可能となったことである。さらに、完成された料理が供される外食では、食材調達から調理、配膳、片付けまでを代行する。このように、食事のあり方の面でも多様化は進んだ。

 ＊国民健康・栄養調査　1952年（昭和27年）から栄養改善法に基づき毎年実施されてきた「国民栄養調査」を引き継ぎ、2004年（平成14年）から厚生労働省によって実施されている。同調査では、毎年同時期に国民の身体、食事（栄養）摂取、生活習慣の状況を調査票によって把握している。

出所：いずれも女子栄養大学出版部「栄養と料理」より。
注：左は昭和29年の家庭向けレシピ（しめさば、焼き魚、さつまいもとぎんなんの煮物、きのこのすまし汁、ご飯）、右は平成20年の家庭向けレシピ（魚介のパエリア、レタスとキュウリのミント風味サラダ、トマトとピーマンの冷製スープ）。

家庭料理にみるメニューと食材の多様化

● さらにすすむ多様化

　食生活は人々のライフスタイルと密接に結びついている。夜型のライフスタイルや不規則な勤務により、深夜の食事や、不定期な食事をとる人も増加している。これに応えるように、24時間営業の外食店や食品小売業が定着している。また、単身世帯（32.6％）や高齢者のいる世帯（41.5％）の増加（総務省「平成27年国勢調査」）に対応し、少量ロットや高齢者のニーズに対応した加工食品が販売されるようになった。これらは、食品産業のマーケティング部門が標的市場をより細分化し、それに対応した商品開発や販売戦略をとってきた結果でもある。

　このような食料消費の多様化は、フードシステムや社会の変化と密接に関連している。多様な食材を店頭に並べるためには、多種類の青果物や畜産物の生産を可能とする技術が確立されるとともに、それらの品質を保持しながら運ぶ流通網の発達も不可欠である。また、海外からの食品輸入ルートが確立されたことも食品・食品群の多様化をすすめた要因の一つである。さらに社会の情報化も食生活の多様化と関連する。たとえば、各種の外国料理はそのような料理の存在や流行に関する情報に多くの人が触れたことで普及したとも考えられる。

　食料消費の変化と供給の変化という2つの流れは相互に影響し合い、同時に進行したといえる。

（清原昭子）

＊時子山ひろみ・荏開津典生・中嶋康博『フードシステムの経済学（第4版）』医歯薬出版、2015年
＊石橋喜美子『家計における食料消費構造の解明―年齢階層別および世帯類型別アプローチによる』農林統計協会、2006年

第4節 ▶ 食料消費、消費者行動、消費者問題 2

食生活の「危機」と食育

　キーワード　◎食べる力／◎食育基本法／◎食生活指針／◎農業体験

●食育とは何か？

平成17年6月に食育基本法が公布、翌月施行された。このような法律が必要とされる背景には、食生活と食料供給が抱える課題の中に、食料を消費する者が備えるべき「力」の欠如が浮かび上がってきたことがある。現代において消費者が備えるべき力とは「食べ物を選ぶ力」「味がわかる力」「料理する力」「食べ物と体の関係がわかる力」「食べ物の作られ方がわかる力」「食べ物を作る仕事がわかる力」に集約できる（パルシステム生活協同組合連合会 http://www.pal.or.jp/syokuiku/index.html 参照）。これらの欠如は食生活においては偏食や欠食に由来する健康面の問題を引き起こし、他方で食料供給システムへの無理解となってさまざまな問題の原因となっている。

●食生活の「危機」

厚生労働省の「国民健康・栄養調査」（平成26年）によれば、朝食を欠食する人の割合は20代男性が37％、30代男性では29％、20代女性で23.5％、40代男性では20％を超えている。朝食の欠食だけで食生活のすべてを判断することはできないが、各種の調査結果は、買い物や調理をして食事を整える能力が若い年代で失われつつあることを示唆している。また、超高齢社会を迎えた今日、食生活を含めた生涯にわたる健康の維持・管理があらゆる年代に求められている（21世紀における国民健康づくり運動「健康日本21」）。そして、食品に由来する健康効果とともにリスクについての情報を正しく理解し、バランスある購買行動をとることが求められている。

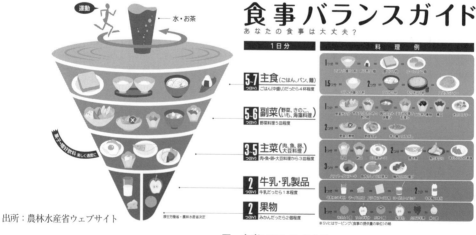

出所：農林水産省ウェブサイト

図　食事バランスガイド

　＊食事バランスガイド　望ましい食生活を示した「食生活指針」（2000年）を具体化するために、一日にどのような食品をどれだけ（サービング）食べればよいのかという目安をコマのイラストで表したもの。食育基本法の公布と同時期に厚生労働省と農林水産省から公表された。アレンジされた形で各界での活用が進められ、一人暮らし向け、働き盛り男性向け、子育て世代向けなどの対象別ガイドも作成されている。

出所：農林水産省『GO! GO! 教育ファーム―教育ファーム事例集』
教育ファームでの農作業体験

小学校での食育活動

　冒頭に挙げた「食べ物を選ぶ力」「味がわかる力」「料理する力」「食べ物と体の関係がわかる力」を獲得するには、幼少期からの経験・教育が欠かせない。これらについて、家庭での経験・教育を補う形で学校現場での栄養教育や、地域の料理教室などの体験型学習が実施されている。一例として2005年に導入された栄養教諭制度がある。栄養教諭は、従来から学校給食職員が担ってきた学校給食管理に加えて、食に関する児童生徒への個別指導や、教科・特別活動などにおいて栄養教育を担う人材として、一部自治体で採用されている。

● フードシステムの「危機」

　人びとの健康に直結する先述の危機と対照的に、気づかれにくいもう一面の危機がある。それは「食べ物の作られ方がわかる力」「食べ物を作る仕事がわかる力」の欠如が引き起こす危機である。たとえば、食品に対する極端な低価格志向や鮮度志向、さらには食品を大量に廃棄するライフスタイルは、食料の生産や流通に関する知識不足と無縁ではないであろう。そして、消費者の店頭での購買行動や食事のあり方が、食料供給システム全体に影響することが理解されていないことが、人びとがみずからの食生活を振り返る機会から遠ざけている。

　これらの知識の獲得や、食料生産システムへの理解を目的として、農作業の体験や農村との交流を通じた食育が各地で実施されている。また、食品メーカーや小売業者による知識提供や工場見学なども食育として位置づけられる。これらのとりくみの中にはまだ「体験」にとどまり、フードチェーンを理解することや購買行動の変化には至らないものも多い。今後は、体験型の食育に加えて、一定の目的と評価システムを持った教育としての仕組みが必要であろう。

● 「食育」のこれから

　今日の食育は実施の主体、場所、対象について実に多様である。また、これらの活動の中には食育基本法が成立する以前から個々の目的のもとにとりくまれてきたものも多い。それらの諸活動が今日「食育」の名のもとに参集しているともいえる。一方で、食育活動を教育コンテンツの一つととらえ、活用しようとする立場もある。さらに、食育ブームに乗って商業化する一部の動きに抗する形で、平成19年に「日本食育学会」が設立されるなど、理論に立脚した着実な国民的運動としての道を探る動きもある。

　かつて、わが国では終戦直後の食料難のなか、食糧増産と国民的な栄養改善運動により、比較的短期間に飢餓状態を脱した。今日の危機は、往時とは異なる。飽食の中での栄養改善と食料生産システムの維持という困難な課題克服のために、消費者は知り、フードシステムと対話することが求められている。

(清原昭子)

＊内閣府「食育白書」(各年度)
＊キャロル・バラード他著、北原由美子他訳、足立己幸日本語版監修『今考えよう、安全でゆたかな食生活・食環境（全5巻）』文渓堂、2009年

第4節 ▶ 食料消費、消費者行動、消費者問題 3

消費者の食品選択行動

キーワード ◎効用／◎情報処理／◎意思決定／◎ヒューリスティクス／◎フレーミング効果／◎内的参照価格

◉消費者行動へのアプローチ

　食品の選択では多段階の意思決定を要する。これは、いつ、どこで、何を、どれだけ購入するか（しないか）に関する意思決定を含み、さらに「何を」についても、価格や産地、期限、原材料といった項目や過去の経験、広告の印象など意思決定段階では多様な要素が参照され、意思決定がなされる。経済学的アプローチでは、消費者は効用を最大化するように合理的に行動すると仮定されてきたが、現実の消費者は完全情報のもとで合理的な意思決定をしているとは考えがたい。とくに食品のように日常的に購入・消費する商品では、すべての情報を収集・精査することなく、簡略化された方法（ヒューリスティクス）を用いて意思決定に至ることが一般的であろう。また、フレーミング効果あるいはアレのパラドックスとして知られるように、リスクや不確実性を伴う場合に伝えられ方によって選好の逆転が観察されるなど、伝統的な効用理論や期待効用仮説を逸脱する現象が知られている。こうした背景から、近年では合理性の制約を緩和した行動経済学や、社会的文脈を考慮した心理学的アプローチによる消費者行動研究の発展がめざましい。

◉価格判断とプロスペクト理論

　カーネマンとトヴェルスキーによって提示されたプロスペクト理論では、利得と損失の局面で価値関数の形状が異なり、損失が大きく評価されること、利得局面ではリスク回避的になり、損失局面ではリスク愛好的になることが説明される。図1において $OP_1 = OP_2$ の利得あるいは損失があった場合に、知覚される価値（効用）の変化は $OU_1 < OU_2$ となり、損失局面で大きい。

　小売店では、牛乳やたまごなど比較的安価な食品が値引きされるケースが多い。一般に、食品の買い物では一度に多種類の商品が購入されるが、支出の合計が同じであっても、より安価な商品が値引きされた方が消費者の知覚する「お買い得感」が大きいことがプロスペクト理論で説明され（値引きにより、P_2 から P'_2 へ支出が減少した場合のほうが、同額の P_3 から P'_3 へ支出が減少した場合の価値の変化より大きい）、フレーミング効果と呼ばれている。

　また、消費者が価格判断をする際には、過去の経験等にもとづく「内的参照価格」が参考にされる。内的参照価格にはコストを積み上げて推定される公正価格等もあるが、通常価格や最低価格が参照されるケースが多い。このような場合に通常価格より安ければ「お買い得」と感じるが、値引き販売が継続的に実施されると、値引きされた価格が内的参照価格となる可能性があり（$O → O'$ への変化）、その場合に通常価格は「高い」と判断され、その価値の変化は値引きの際に知覚される変化より大きい（$OU_4 < OU_3$）。

◉商品選択に関する意思決定モデル

　図2は、ブラックウェル＝ミニアード＝エンゲルによる「消費者行動論（第9版）」をもとに作成した消費者の意思決定と行動に関する包括的モ

＊ヒューリスティクス　ヒューリスティクスとは、複雑な意思決定プロセスを経て判断を下すべき問題を単純化し、認知的負荷の低い方法で直感的に問題解決に導く方法。意思決定を導く簡便法であるが、結果に一定のバイアスを含むことが知られている。

デルである。二重線の左側は、商品選択とは異なる時点でおこなわれる学習過程に相当し、「必要性認識」にはじまる右側が商品選択・消費（処分）段階における問題解決過程を示す。

　商品選択の必要性認識は、現実の状態と目標とする状態の間に乖離が知覚された場合になされる。「冷蔵庫にたまごがない」、「おなかが空いた」といった状態がそれに相当し、問題が認識されると、続いて情報探索がおこなわれる。食品の選択ではPOPや表示、傷みの具合、店内放送などその場で収集される情報と、広告や経験・知識など長期記憶にある情報が模索され、選択肢評価がおこなわれる。探索される情報の量やそれに費やす時間、選択肢の評価方法は、問題認識状況の複雑さや関与の程度の影響を受けるとされている。情報探索と選択肢評価は、複数の商品について属性を比較評価する場合（属性型の情報探索）と、商品ごとに情報探索をおこない各商品の総合評価をもとに意思決定をする場合（選択肢型の情報探索）がある。また、意思決定方略は、ある属性の評価が他の属性によって補われる補償型と、属性間の補償関係のない非補償型にわけられ、後者は情報探索・選択肢評価の順序によって一貫しない意思決定がなされる可能性を孕む。

　食品の選択は反復行為であり、多様な食品を限られた時間で選択することが求められるため、ヒューリスティクスが活用される。その際に適切に情報が参照されるよう効果的なコミュニケーションが求められる。　　（細野ひろみ）

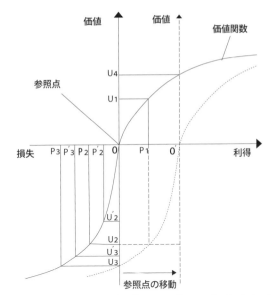

出所：Kahneman D. and A. Tversky "Prospect Theory: An Analysis of Decision Under Riskh" Econometrica, Vol.47. March 1979 を参考に筆者作成

図1　価格の知覚とフレーミング効果

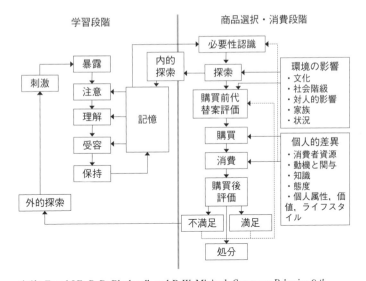

出所：Engel J.F., R. D. Blackwell, and P. W. Miniard, *Consumer Behavior 9 th Edition*, 2001 をもとに筆者作成

図2　商品選択に関する意思決定モデル

（＊細野さんは2015年11月アメリカ出向中に逝去されました。業績を忍び初版のまま掲載します。）

＊杉本徹雄編『消費者理解のための心理学』福村出版、1997年
＊竹村和久『行動意思決定論―経済行動の心理学』日本評論社、2009年
＊白井美由里『消費者の価格判断のメカニズム―内的参照価格の役割』千倉書房、2005年

第4節 ▶ 食料消費、消費者行動、消費者問題 4

表示偽装と新しい食品表示制度

 キーワード　　◎表示の機能／◎食品表示法／◎景品表示法の改正／◎罰則の強化

●主な食品表示偽装事件

　日本の消費者政策の歴史は、不当景品類及び不当表示防止法（景品表示法）の制定のきっかけの一つとなった、1960年の「にせ牛缶事件」から語られることが多い。牛肉缶詰の原料に、鯨肉や馬肉が用いられていたこの事件から60年近く経った今でも、食品表示偽装事件はくりかえし起こっている。なかにはBSE対策を悪用した輸入牛肉の産地偽装（2002年）、菓子の期限表示改ざん・冷凍食品の牛肉ミンチ偽装（2007年）、ウナギの産地偽装（2008年）、ホテル・百貨店での不適切なメニュー表示（2013年）のように社会の大きな注目を集めた事件もある。2013年には、牛肉加工食品に馬肉が混入していたことがアイルランド、イギリスで発覚し、その後次々と該当国や対象品目が拡大して欧州全体を騒がす事件となった。

●表示偽装の原因や背景

　このように後を絶たない食品表示偽装であるが、参考文献に挙げた『食品偽装―起こさないためのケーススタディ』では、表示偽装の類型化がされている。①消費者を騙して利得を得るため（産地や品種等に価格差があるが、消費者が商品から見分けるのが困難な場合に多い）、②規模拡大を優先したため（産地限定、作りたて等を売りにしながら大量販売をおこなう）、③返品を処分するため（期限表示の改ざんに多い）、④欠品を出さないため（産地の偽装に多い）、の4つである。

　近年になって相次いで表示偽装事件が明るみに出てきた背景には、消費者の意識の高まりに加えて、情報提供や公益通報者保護の制度が整えられてきたことがあると考えられる。

●表示の機能

　食品表示には、製品に関する情報機能があるが、

表1　表示の情報機能と要件、情報の内容

◇情報の機能
イ　消費者にとって：
　A　食品選択の手がかり
　B　購買後の食品の使用・管理の手がかり
ロ　食品事業者にとって：
　A　消費者に食品選択の手がかりを提供する
　B　購買後の食品の適切な管理をうながす
　C　自己の製品に対する消費者の識別性を高める

◇情報の要件
α　適正な認識の確保（消費者の誤認を生まない適正・公正な情報の確保）
　α-1　目的に応じた適正な選択の条件（Aをめぐって）
　α-2　公正な取引の条件（A、Cをめぐって／売り手である食品事業者と買い手である消費者）
　α-3　公正な競争の条件（A、Cをめぐって／売り手である食品事業者同士）
β　認識のしやすさの確保（消費者に分かりやすく、見やすい情報の確保）

◇情報の内容（具体的な機能）
A　消費者の食品選択の手がかり
　安全（アレルギー物質の含有など）、健康、望ましい食やシステムの促進・存続（産地、生産方法など）、システムへの信頼（認証マーク、商標など）に関する情報
B　消費者がおこなう食品の使用と管理に関する手がかり
　保存・管理方法、飲食時期、使用方法に関する情報
C　自己の製品に対する消費者の識別性を高める
　自己の製品の繰り返し選択にかかわる表示（ブランド名など）

出所：新山（2015）の表1から一部転載した。

＊不当表示　消費者が商品選択をおこなう際には、商品・サービスの品質や価格についての情報が重要な判断材料となる。そのため、景品表示法では優良誤認表示（内容が実際よりも著しく優良と思わせる表示）や有利誤認表示（取引条件が実際よりも著しく有利と思わせる表示）等を禁止している。

表2　食品表示にかかわる主な法律

法律名	主な規制内容
食品表示法（食品表示基準で規定）	加工食品の横断的義務表示事項（名称、原材料名、添加物、内容量又は固形量及び内容総量、消費期限・賞味期限、保存方法、栄養成分の量及び熱量、食品関連事業者の氏名又は名称及び住所、製造所等の所在地及び製造者等の氏名又は名称など）／加工食品の個別的義務表示事項（アレルゲン、原料原産地など）／生鮮食品の横断的義務表示事項（名称、原産地など）／生鮮食品の個別的義務表示事項
景品表示法（不当景品類及び不当表示防止法）	優良誤認表示、有利誤認表示、商品サービスの取引に関する事項について消費者に誤認されるおそれがある表示（個別に指定）の禁止
計量法	内容量等の表示を義務化
健康増進法	特定保健用食品、特別用途食品　虚偽誇大広告等の禁止
地理的表示法（特定農林水産物等の名称の保護に関する法律）	品質、社会的評価その他の確立した特性が産地と結び付いている産品について、その名称を知的財産として保護

注：『食品偽装』および全国食品安全自治ネットワーク（2011）『暮らしに役立つ食品表示ハンドブック』（第2版）、東京都（2015）『大切です！食品表示　食品表示法　食品表示基準手引編』を参考に作成

その機能と情報の要件を示したものが表1である。規制は何を表示するかという情報内容（義務表示と任意表示がある）だけでなく、表1に示した情報の要件α、βを満たすためにもなされる。適切な表示情報が提供されるためには、法令が食品事業者にとって分かりやすいことも重要となる（新山2015）。以下、食品表示にかかわる現在の法律を示す。

● 新しい食品表示法

表2は食品表示にかかわる主要な法律を示したものである。2013年に成立した食品表示法により、食品衛生法やJAS法、健康増進法の食品表示に関する規定が統合された。食品表示に関する具体的な内容は「食品表示基準」として定められ、先述の3法の下で定められていた表示基準が統合された。食品表示法は義務表示事項を定めるものである。

表示事項を表示せず、食品表示基準の遵守事項を遵守しなかった場合、①指示（基準を守らない業者に対して守るよう指示する）、②命令（公表しても指示に従わないものに対して、指示に従うよう命令することができる）、③罰則（命令に従わない場合）の段階が踏まれる。

● 景品表示法の改正

景品表示法は不当な表示（用語解説参照）を禁止し景品類の制限・禁止をおこなうものである。食品表示法が義務表示について定めたものであるのに対し、景品表示法は事業者による任意表示を規制する（山口2015）。景品表示法は、ホテル・百貨店での不適切なメニュー表示問題を受けて2014年に大幅改正された。主な改正点は、事業者へのコンプライアンス体制の確立の義務付け、監視指導体制の強化、課徴金制度の導入である。

● 食品表示に関連するその他の法律

2014年には地理的表示法が制定され、品質、社会的評価その他の確立した特性が産地と結び付いている産品について、その名称を知的財産として保護する地理的表示保護制度が導入された（農水省ウェブサイトによる）。酒類の地理的表示は「酒税の保全及び酒類業組合等に関する法律」に基づき別途定められている。

食品の機能性表示については、従来からの特定保健用食品（健康増進法に基づく）、栄養機能食品に加えて、食品表示法の下で機能性表示食品制度がつくられた。効果や安全性に関して国による審査を受け許可される特定保健用食品と異なり、事業者の責任において機能性が表示されることとなる。

（工藤春代）

＊農林水産省表示・規格課　新井ゆたか・中村啓一・神井弘之『食品偽装―起こさないためのケーススタディ』ぎょうせい、2008年
＊新山陽子「食品表示の情報機能、その規制と信頼性の確保」『農業と経済』Vol.81、2015年
＊山口由紀子「農産物・食品に関する表示制度を鳥瞰する」『農業と経済』Vol.81、2015年

VII

農業財政金融と農協

第1節 ▶農業行財政の仕組み 1

農業行財政システムと農業予算

 キーワード　◎一般会計／◎特別会計／◎公共事業費／◎非公共事業費

本項では、主に国の行政システムについて解説し、次に国の予算を決定、実行する財政システムについて述べる。なお、ここで述べるシステムは、戦後自民党政権のもとで整えられてきたものであり、2009年に民主党が政権を取ってから多少の変動がみられたものの、基本的な骨格には大きな変化はない。

● 行政システム

行政の基本方針は国会が定める法律等の制度によって方向づけられる。このため国会議員が法案を作成し、行政権を持つ内閣が執行するのが本来の姿と考えられるが、実際には内閣（実態的には各省庁）が法案を作成し、国会に提案する場合が多い。このことは、実質的には日本の政策が官僚によって動かされてきたことを意味する。2009年に成立した民主党政権はこれを「政治主導」に切り替える方針で改革を進めている。

政策の基本的枠組みが法律等の形で決定されると、農業政策なら農水省がその運用細則を政令（内閣が決定）、省令・通達等（農水省が決定）の形で作成し、実施に移す。運用細則は国の出先機関（農業政策なら地方農政局）、都道府県、市町村に伝達され、これに従って一連の政策が実施される。また、農水省以外の省庁も関係する政策の場合は共同で実施される（「共管」という）。なお、法律に根拠を持たない予算措置だけの政策もある。

政策を実行した結果問題が発生すれば、国民はマスコミ、国会議員、地方自治体等を通じて行政に修正を求めることになる。農業政策の場合は、農家を組合員とする農業協同組合の政治力が大きい。

● 財政システム

行政システムを動かすためには予算が必要である。

予算は、「一般会計」と「特別会計」に区分される。国、地方自治体等の予算制度はすべての歳入・歳出を一まとめにして経理することが望ましいとされているが、事業によっては独立に経理して成果を明らかにした方が良い場合もある。農業政策の場合であれば、米等の主要食糧の政府買入・売渡は食料安定供給特別会計という特別の会計制度に

表1　国家予算に占める農業関係予算の割合

単位：億円　％

年度		一般会計予算総額 A	農業関係予算総額 B	割合 B/A
1960	S35	17,652	1,386	7.9
1970	S45	82,131	8,851	10.8
1980	S55	436,814	31,080	7.1
1990	H2	696,512	25,188	3.6
2000	H12	849,871	34,279	4.0
2004	H16	821,109	30,522	3.7
2005	H17	821,829	29,362	3.6
2006	H18	796,860	27,783	3.5
2007	H19	829,088	26,927	3.2
2008	H20	830,613	26,370	3.2
2009	H21	885,480	25,605	2.9
2015	H27	963,420	23,090	2.4

出所：農林水産省
注：1990年度までは農業関係予算。2000年度以降は農林水産関係予算。

 用語解説

公共事業費　農業の生産性を上げるために、農業用用排水施設、農業用道路等の土木工事を中心とした土地改良事業がおこなわれる。そのための経費を公共事業費といい、農水省以外では国土交通省が公共事業に多額の予算を計上している。しかし、最近は、ダム建設の凍結等にみられるように、無駄と見られる公共事業費の削減が問題となっている。

表2　農林水産予算に占める公共事業費の割合

単位：億円

年度	2004	2005	2006	2007	2008	2009	2012	2015
	H16	H17	H18	H19	H20	H21	H24	H27
農林水産予算総額	30,522	29,362	27,783	26,927	26,370	25,605	21,727	23,090
公共事業費	13,712	12,814	12,090	11,397	11,074	9,952	4,896	6,592
割合	44.9	43.6	43.5	42.3	42.0	38.9	22.5	28.5
非公共事業費	16,810	16,548	15,693	15,530	15,296	15,653	16,831	16,499
割合	55.1	56.4	56.5	57.7	58.0	61.1	77.5	71.5

出所：農林水産省

よって運用されている。このような会計のための区分を「特別会計」といい、それ以外の区分を「一般会計」という。また、予算の使途から見て、農地用用排水施設、農業用道路、区画整理等の事業に充てられる予算を「公共事業費」、それ以外の事業費を「非公共事業費」という。

通常の場合の予算決定のプロセスは、各省庁が翌会計年度（4月開始）の予算案を前年度中に省内で作成し、8月末に財務省に提出するところからはじまる。財務省は、経済見通しや税収見込みを勘案しつつ、各省庁の予算の査定をおこない、12月末に閣議に提出する。内閣は閣議で予算の政府原案を決定のうえ、翌年1月の通常国会に予算案として提案し、国会の審議・決定を経て、4月から執行に入る。12月末に提出される案を「当初予算」案という。経済事情等によっては、景気浮揚等のために当初予算決定後、さらに「補正予算」が作成されることがある。

●農業予算

2015年度の国の一般会計の総予算額（当初）は96兆3,420億円、そのうち、農林水産関係予算の総額は2兆3,090億円であった。

その内訳は、公共事業費が6,592億円、非公共事業費が1兆6,499円である。公共事業費が農水省一般会計に占める割合は、最近5年間で見ても、2004年度には44.9％であったものが、2009年度には38.9％と低下している。この割合は、民主党政権下ではさらに低下した。しかし、自民・公明党が政権に復帰して以後は回復している。

表3　農林水産省所管予算の内訳（平成27年度）

一般会計	単位：100万円
合計	2,135,643
社会保険費	122,155
科学技術振興費	92,191
公共事業関係費	
治山治水対策事業費	58,312
農林水産基盤整備事業費	408,215
災害復旧等事業費	19,247
経済協力費	511
食料供給安定関係費	1,041,684
その他	393,329

特別会計	単位：億円	
	歳入	歳出
食料安定供給	14,305	14,145
国有林野事業	3,226	3,226

出所：ポケット農林水産統計　平成27年版

このように、農業予算は使途の重点が時代によって変化し、60年代から70年代にはシェアの大きかった食糧管理費・生産調整対策費は80年代から後退し、90年代には公共事業重視へ、そして民主党政権下では所得補償へと重点が移った。また、国の予算に占める全体としての農業予算の比率は年々低下する傾向にあり、1960年度には7.9％であったが、2009年度には2.9％、2015年度には2.4％となっている。　　（大隈満）

*各年版「食料・農業・農村の動向」（農業白書）農林水産省
*今村奈良臣『補助金と農業・農村』家の光協会、1978年
*石原健二『農業予算の変容―転換期農政と政府間財政関係』農林統計協会、1997年

第1節 ▶ 農業行財政の仕組み 2

価格政策の後退と担い手育成・構造政策の拡大と充実

 キーワード　　◎価格政策／◎食糧管理制度／◎構造政策／◎担い手育成

●戦後農政の基本と価格政策の拡大

1961年に制定された農業基本法は、戦争直後の混乱が収まり、日本が高度経済成長期に入っていく時期の農政の基本政策を定めたものであり、1999年に食料・農業・農村基本法が制定されるまでの約40年にわたる農政の枠組みが示されている。

農業基本法のもとでは、他産業と比べて不利な条件のもとに置かれがちな農家の所得を確保するために、価格・流通政策に力を入れること、農業を担う自立経営農家を育成するために構造政策を推進することが重要とされた。

構造政策を推進するためには、零細小規模農が農業をやめ、その農地を自立経営農家へ売り渡す等農業経営の規模拡大が必要である。しかし、高度経済成長にともない農地の資産価値が高まり、農地を手放さず兼業農家の途を選択する農家が増えるなか、構造政策は容易には進まなかった。

他方、戦後の主要食糧増産対策のおかげで、多くの農家が米を生産するようになった。生産された米を政府が買い取り消費者に売り渡す食糧管理制度のおかげで、日本の農家の収入は米価によって左右されることになり、米の政府買入価格をどの水準に設定するかが農家の所得確保のうえで重要な問題となった。米価は、いわば農家の給与という意味を持つようになり、毎年買入価格決定の時期に政治問題化するとともに、米以外の農作物価格への政府の関与及び価格決定の仕方に影響を及ぼした。このため価格政策の予算が拡大することとなった。

●価格政策の後退

このような価格政策の拡大は、農家の所得を安定させ、著しい都市・農村間の不均衡をもたらさずに経済を発展させるというメリットを生んだが、他方では財政負担の増大をもたらした。すなわち、米は、その消費量が1962年に年間1人あたり約120kgでピークに達した後、年々低下して生産過剰となり、政府在庫が増えることとなった。これを抑えるために、政府は1970年から本格的に米の生産調整を開始し、また政府買入価格の抑制に努めた。別表から、生産の拡大と消費の減少とのギャップで在庫量が増大するたびに、生産調整や買入価格の引下等により在庫の圧縮や制度改正がおこなわれた経緯を見ることができる。

価格政策の後退と構造政策の拡大は、単に財政支出の負担増という点からもたらされただけではない。日本の経済が成熟するとともに、国際農産物交渉の場で日本は農産物の輸入制限を撤廃または大幅に緩和すべきだという批判が高まったこと、遅かれ早かれ到来する農産物輸入自由化に備えて外国の農業に対抗できる農業経営を育成する必要性があったこと、そのために価格政策に代わって経営規模の拡大を可能にする構造政策の推進が求められたことがその背景にある。

●担い手育成・構造政策の拡大・充実

構造政策とは、本来土地、労働、資本の生産要素の組み合わせを変化させる政策を指す。し

 用語解説

＊**価格政策**　農産物の価格そのものを維持する政策を価格政策という。農家にとっては、農産物を生産することで収入が維持されるので、増産に励む動機を与えることになるが、農産物過剰の時代には国際貿易や財政支出の面で問題が起きる。これに対して、価格は市場に任せ、農家の所得を支える政策が所得政策であり、現在は価格政策から所得政策へのシフトが見られる。

がって、より少ない労働でより多くの土地を耕作する規模拡大は典型的な構造政策の手法である。また、土地は拡大しなくとも、より多くの資本を投下して高付加価値を実現することにより強い農業経営を育成することも、構造政策の延長線上に考えてよいであろう。要するに担い手育成政策の根幹となるものが構造政策である。

構造政策の内容は、農業用用排水施設や農業用道路、区画整理等農業の物理的基盤を整備するハード事業と、規模拡大等のための農地の権利移転の促進や農村の生産・生活環境を整備する計画の樹立等のソフト事業に大別される。

ハード事業では、生産基盤だけでなく、生活環境や自然環境に配慮したものが増えており、ソフト事業では、農地法による農地確保の効果を壊さない範囲で規模拡大が進むような計画の設定をいかに進めるかが課題となった。

その後、民主党政権の下で、一時ハード事業の圧縮と一種平等主義的な経営政策の推進がおこなわれたが、自民・公明党が政権に復帰するや、農業分野の規則緩和とこれに対応する担い手育成政策が進められている。

(大隈満)

表　米の需給の推移

単位：万t　　kg/人

西暦	元号	国内生産量	国内消費仕向け量	1人あたり消費量	政府米在庫量	主な出来事
1965	S40	1,241	1,299	110.5	5	
66	S41	1,275	1,250	104.5	21	
67	S42	1,445	1,248	102.0	64	
68	S43	1,445	1,225	98.5	298	
69	S44	1,400	1,197	95.4	553	自主流通米制度創設
70	S45	1,269	1,220	93.1	720	生産調整の実施決定
71	S46	1,089	1,333	91.1	589	第1次過剰米処理（S 49まで）
72	S47	1,190	1,320	89.5	307	
73	S48	1,215	1,256	88.9	148	
74	S49	1,229	1,203	87.7	62	
75	S50	1,317	1,196	85.7	114	
76	S51	1,177	1,182	84.1	264	
77	S52	1,310	1,148	81.6	367	
78	S53	1,259	1,136	79.8	572	
79	S54	1,196	1,122	77.8	650	第2次過剰米処理（S 58まで）
80	S55	975	1,121	76.6	666	
81	S56	1,026	1,132	75.8	439	配給統制の廃止
82	S57	1,027	1,182	74.8	268	
83	S58	1,037	1,149	73.8	90	
84	S59	1,188	1,095	73.4	0.1	
85	S60	1,166	1,088	72.7	21	
86	S61	1,165	1,087	71.4	102	
87	S62	1,063	1,065	69.8	182	政府米買入価格の引下げ
88	S63	994	1,058	68.6	173	
89	S64-H1	1,035	1,053	68.2	147	
90	H2	1,050	1,048	67.7	95	
91	H3	960	1,051	67.6	94	
92	H4	1,057	1,050	67.5	25	
93	H5	783	1,048	66.8	23	戦後最悪の不作　UR合意
94	H6	1,198	1,002	64.3	2	
95	H7	1,075	1,249	65.8	118	「食糧法」施行
96	H8	1,034	1,019	65.1	224	
97	H9	1,003	1,011	64.6	267	「新たな米政策大綱」決定
98	H10	896	991	63.3	297	
99	H11	918	991	63.1	233	
2000	H12	949	998	62.4	162	
2001	H13	905	978	61.3	176	
2002	H14	889	952	60.8	155	「米政策改革大綱」決定
2003	H15	779	942	59.9	163	「食糧法」改正
2004	H16	873	955	59.3	60	
2005	H17	907	955	59.4	84	経営所得安定対策決定
2006	H18	856	966	58.6	77	
2007	H19	871	990	58.8	77	経営所得安定対策導入
2008	H20	882	888	56.7	100	
2014	H26	863	879	53.7	NA	

出所：農林水産省

注：1) 政府米在庫は外国産米を除き、各年10月末のもの。ただし、平成15年以降は、各年6月末のもの。
　　2) 国内消費仕向け量および1人あたり消費量調査は、平成20年3月をもって廃止。

* 安藤光義『構造政策の理念と現実』農林統計協会、2003年
* 佐伯尚美『米政策の終焉』農林統計出版、2009年

第2節 ▶ 農業金融と農協金融の現状 1

農家金融の現状

 キーワード　◎資金運用／◎資金調達／◎キャッシュ・フロー計算書
◎経営体経済余剰／◎可処分所得／◎家計費

● 農家金融と農業金融

　農家経済は、農業部門と家計部門からなる。農業部門だけをとりだして、資金調達と資金運用の動きをとらえたものが、農業金融である。農業部門に家計部門をプラスして、資金調達と資金運用の動きをとらえたものが、農家金融である。これらのミクロレベルでの統計データとしては、農林水産省統計部「経営形態別経営統計（個別経営）」（以下、経営統計と略す）がある。ただし、2004年に調査体系が大きく変更されているので、2003年以前のデータとの比較は難しい（農業については従来通り世帯全体で把握するが、農業以外の収支等は、農業経営関与者に関する収支に限定している）。なお、資金調達と資金運用は、ある一定の期間におけるフローの金額である。以下では、経営統計の全国データを用いて、農家金融を解説する。

● 農家金融の推移

　表1は、全国1経営体あたりの資金調達と資金運用の動向について見たものである。各年の数値は、1月1日から12月31日までの歴年のデータである。資金運用は、大きく固定資産の取得による支出、流動資産の増減額に分けることができる。資金調達は、①経営体経済余剰（＝可処分所得－家計費）、②減価償却費、③固定資産売却による収入、の経営体内部における資金調達と、④負債による収入、の経営体外部からの資金調達に分けることができる。

　注目すべき点は、第1に、固定資産の取得による支出額の計の金額と、減価償却費がほぼ見合っていることである。すなわち、個別経営体の全国平均で見た場合、固定資産は一定水準を維持していることになる。第2に、流動資産の中の当座資産の増加額が2010年の77（千円）、2012年の74（千円）と大きく落ち込んでいる。第3に、経営体経済余剰は、2010年と2012年にマイナスになっている。第4に、負債による収入は、すべての年次において、

表1　農業経営体（個別経営体）の資金運用と資金調達
（全国1経営体あたり平均）

単位：1,000円

	2005	2010	2012	2013
資金運用				
固定資産の取得による支出				
土地	38	39	48	87
建物	137	100	118	162
農機具	278	274	303	368
その他	137	163	176	195
計	590	576	645	812
流動資産の増減額				
当座資産の増減額				
現金	88	△7	6	3
預貯金等	258	△13	67	191
うち預貯金	66			
積立金	201			
有価証券	9			
貸付金	△18			
売掛未収入金	△15	97	1	△1
計	331	77	74	193
棚卸資産の増減額	0	△23	16	9
計	331	54	90	202
不突合	63	188	59	110
合　計	984	818	794	1,124
資金調達				
経営体経済余剰	453	△140	△88	269
減価償却費	557	797	862	703
固定資産売却による収入	109	229	105	240
うち土地	75	203	76	205
負債による収入	△135	△68	△85	△88
合　計	984	818	794	1,124

出所：農林水産省統計部「農業経営統計調査・経営形態別経営統計（個別経営）」
注：一部の用語を一般会計用語に変更。
　　固定資産粗投資　→　固定資産の取得による支出
　　流動資産在庫増加額　→　流動資産の増減額
　　未処分農産物及び生産資材在庫額　→　棚卸資産の増減額
　　減価償却引当金　→　減価償却費

＊**農業経営関与者**　経営主夫婦、および農業に年間60日以上従事する世帯員である家族が、農業経営関与者に該当する。なお、15歳未満、高校・大学等への就学中の世帯員は、農業経営関与者にはならない。

マイナスの金額、すなわち、負債を毎年減らしていることが読み取れる。

なお、表1を変形すれば、キャッシュ・フロー計算書を求めることができる。

●経営体経済余剰の推移

表2は、経営体経済余剰を求めるために、可処分所得の算出根拠を示したものである。マクロ経済学では、下記のような重要な恒等式がある。

Y（可処分所得）$- C$（消費）$= S$（貯蓄）

表2の家計費がCに、経営体経済余剰がSに相当する。なお、本来ならば、表1と表2の経営体経済余剰が一致するが、残念ながら、一致していない。以下では、傾向だけを読み取ることにする。最近の景気低迷の影響を受けて、農外所得が低迷している。逆に年金等の収入が増加している。これは、農業経営関与者が毎年高齢化し、年金をもらう割合が高まっていることを意味している。可処分所得、家計費も減少傾向にある。

●ストックとしての当座資産と負債

表1と表2は、フローの金額であるが、表3は、ストックの金額である。経営統計が同一のサンプルで調査を続けた場合、表1の結果が、表3の結果に反映されるが、毎年のサンプルが異なっており、整合していない。たとえば、同じサンプルであれば、表1における2013年の当座資産の増減額が、193（千円）であるので、表3における2012年の当座資産の残高が、18,489（千円）ならば、2013年度の当座資産の残高は、18,682（千円）〔＝18,489（千円）＋193（千円）〕になるはずであるが、実際の残高は、18,444（千円）であり、表1と表2は整合していないことが分かる。ここでも傾向だけを読み取ることにする。第1に、当座資産は減少傾向にある。第2に、負債も減少傾向にある。第3に、当座資産が、負債の10倍くらいの残高であることが読み取れる。

●当座資産の活用

以上のように、近年の景気低迷の影響は、全国1経営体あたりで見ると、農家金融にも現れていて、固定資産の取得による支出が、減価償却費の範囲内に留まっている。また、農外所得の低迷もあり、年金等の収入は増加しているものの、可処分所得は低迷している。その結果、家計費も経営体経済余剰も減少している。実物経済の縮小を受けて、農家金融も縮小していることが読み取れる。しかし、当座資産残高が、負債残高の10倍以上もある。この負債を超過する当座資産を、農村や農業の活性化にいかに活用するかが、今後の大きな課題といえる。

（横溝功）

表2 農業経営体（個別経営体）の所得・消費・貯蓄
（全国1経営体あたり平均）

単位：1,000円

		2005	2010	2012	2013
農業所得	①	1,235	1,223	1,347	1,321
農業生産関連事業所得	②	5	7	9	10
農外所得	③	2,191	1,610	1,553	1,531
農家所得	④ ①＋②＋③	3,431	2,840	2,909	2,862
年金等の収入	⑤	1,598	1,820	1,853	1,865
農家総所得	⑥ ④＋⑤	5,029	4,660	4,762	4,727
租税公課諸負担	⑦	748	678	698	728
可処分所得	⑧ ⑥－⑦	4,281	3,982	4,064	3,999
家計費	⑨	4,231	4,047	4,242	3,863
経営体経済余剰	⑩ ⑧－⑨	50	△65	△178	136
農業依存度	⑪ ①÷④	36.0	43.1	46.3	46.2
平均貯蓄性向	⑫ ⑩÷⑧	1.2	△1.6	△4.4	3.4

出所：表1と同じ

表3 農業経営体の当座資産と負債（全国1経営体あたり平均）

単位：1,000円

		2005	2010	2012	2013
当座資産					
現金		325	180	169	175
預貯金等	①	23,499	20,959	18,177	18,147
うち預貯金		13,875			
積立金		9,133			
貸付金		42			
有価証券		449			
売掛未収入金		131	187	143	122
合　計	②	23,955	21,326	18,489	18,444
負債					
借入金					
短期借入金		379	144	132	136
長期借入金		1,904	1,753	1,592	1,556
計	③	2,283	1,897	1,724	1,692
買掛未払金		58	66	55	51
合　計	④	2,341	1,963	1,779	1,743
純当座資産	⑤ ②－④	21,614	19,363	16,710	16,701
貯貸率	⑥ ③÷①	9.7	9.1	9.5	9.3

出所：表1と同じ
注：1）各年の金額は、年末残高
　　2）財投資金は、公庫資金、財政資金は、農業改良資金が該当する。
　　3）農協系統資金の中には、農業近代化資金を含む。

* 亀谷昰『農業における投資・財政・金融の基本問題―理論と検証』養賢堂、2002年
* 古塚秀夫・高田理『現代農業簿記会計』農林統計出版、2009年

第2節 ▶農業金融と農協金融の現状 2

制度金融の仕組み

キーワード　◎農業近代化資金／◎公庫資金／◎農業改良資金
◎前向き資金／◎後向き資金

●主要な農業制度金融

わが国の主要な制度金融としては、農業近代化資金、公庫資金、農業改良資金の三つをあげることができる。これらの資金の流れをフローチャートにしたものが、図1である。また、これら三つの資金の残高と貸付額の29年間の推移をグラフ化したものが、図2である。いずれの資金も残高、貸付額ともに、1986年から1991年までは、一定の水準であったが、1992年以降、2006年まで減少していることが読み取れる。しかし、2007年以降、公庫資金のみが顕著に貸付額を伸ばしている。これは、農業経営基盤強化資金（スーパーL）に対する金利負担軽減措置が大きい。

●農業近代化資金

農業近代化資金は、農業基本法が制定された1961年に、農業改良施設資金と有畜農家創設事業資金を統合して発足した。農業経営の改善を図り、農業の近代化を推進するために、機械や施設等の投資に必要な資金を、長期低利で融通する資金である。しかも、原資として、豊富な系統金融機関等の民間資金を活用するところに特徴がある。なお、低利の資金ニーズに対応するために、都道府県から利子補給がなされている。

さて、図1には記していないが、融資機関としては、貸倒リスクを回避するために、当該資金の融通に当たっては、都道府県農業信用基金協会の債務保証を活用している。

●公庫資金

2008年10月1日に国民生活金融公庫、農林漁業金融公庫、中小企業金融公庫および国際協力銀行が統合して、株式会社日本政策金

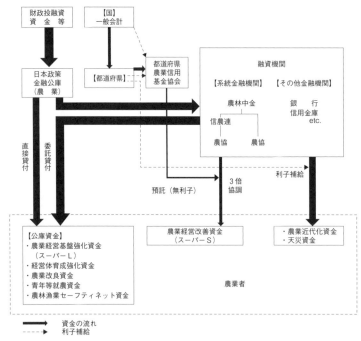

出所：農林水産省経営局金融調整課『平成20年度版（改正）農業金融の現状』をもとに筆者作成

図1　農業制度金融の仕組み

＊運転資金の制度金融　制度金融は、主として固定資産投資のための資金の融通を目的としている。運転資金そのものを融通することを目的とした制度金融に、図1の中の農業経営改善促進資金（スーパーS）がある。民間資金を活用した協調融資方式で、認定農業者へ低利で融通している。

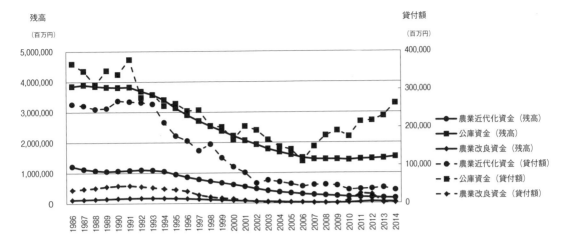

図2 主要な制度資金の残高と貸付額の推移
出所：農林中央金庫「農林漁業金融統計」のデータをもとに筆者作成

融公庫が発足した。旧農林漁業金融公庫は、日本政策金融公庫の農林水産事業として引き継がれている。農業関係の主要な資金は、図1のように、①認定農業者に融通する、「農業経営基盤強化資金（スーパーL）」、②認定農業者以外の農業経営体（個人・法人・団体）に融通する、「経営体育成強化資金」、③不慮の災害、社会的・経済的な環境の変化による経営のダメージに対して運転資金を融通する、「農林漁業セーフティネット資金」がある。なお、①と②の資金に関しては、固定資産投資を目的とした資金だけではなく、負債整理を目的とした資金も含んでいる。

さて、旧農林漁業金融公庫は、1953年に、民間の金融市場において対応できない長期低利の資金を融通することを目的に発足した。

また、貸付方法には、公庫が農業者に直接融資する方法（直接貸付）と、系統金融機関や銀行・信用金庫等のその他の金融機関を融資窓口とする方法（委託貸付）がある。なお、公庫資金融資の主要な財源は、図1のように財政投融資資金である。

● 農業改良資金

1956年の農業改良資金助成法の制定によって、農業改良資金制度が発足した。普及指導センターによる経営改善資金計画書の指導や審査を受けながら、①新技術・作物の導入、②農産物の直売・加工を開始する場合に、無利子の資金を、都道府県の農業改良資金特別会計（以下、特別会計）から認定農業者等へ融通されていた。

しかし、農業改良資金助成法の改正により、2010年に、都道府県の特別会計からの融通から、公庫資金による融通に移管された。

● 投資の資金と負債整理の資金

以上説明した三つの制度金融は、主として固定資産投資のために融通する資金であり、前向き資金と呼ぶことができる。それに対して、固定化負債に陥り、負債を整理するための資金としては、畜産特別資金（略称、畜特資金）をあげることができる。2013年度から2017年度までの融通期間の資金として、大家畜・養豚特別支援資金がある。これらは、後向き資金と呼ぶことができる。しかし、農協、畜産協会等の融資と指導が機能して、負債経営を再建させ、優良経営に転換させるケースも少なくない。

なお、固定資産投資の場合は、償還期限が投資対象となる固定資産の耐用年数として設定される場合が多い。

（横溝功）

＊泉田洋一編著『農業・農村金融の新潮流』農林統計協会、2008年
＊森佳子『畜産経営の経営発展と農業金融』農林統計協会、2003年

第2節 ▶ 農業金融と農協金融の現状 3

農協金融

キーワード　　◎信連／◎農林中金／◎貯貸率

◉農協・信連の調達と運用

　08年3月末時点で系統農協金融の主な調達と運用を見ると、農協レベルでは、貯金82兆円に対して運用では系統預金が56.3兆円と大きく、貸出金は21.5兆円、有価証券は4.2兆円に留まる。近年の傾向では、農協の貯金は02年と09年の3月末対比で13.3％の伸びに対して、貸出金は低迷し4.9％の増加に留まり、貯貸率は同期間に29.0％から26.9％に低下した。農協貯金の堅調な伸びは、もっぱら低利の預金運用の増大に結びついた（図）。ただし、系統預金運用に対しては、信連・農林中金から奨励金や特別配当金があり、06年度の場合、農協預金の実質利回りは、名目利回り0.39％に対して0.70％（推計）になる。

　また、信連の場合、51.5兆円の貯金に対して、運用では貸出金が5.2兆円にすぎず、有価証券等16.9兆円、系統預金29.5兆円と大きく、資金運用能力は農協以上に低い。90年代末以降の信連は、債権自己査定の厳格化やデフレ不況の深化により不良債権を急増させ、01年度決算では46信連で経常損益△65億円となった。とくに小規模信連では、資金運用の失敗で直ちに経営危機に陥った例が多く、この10年間で11信連が農林中金ないし県単一農協に統合した。その後、経営財務は大幅に改善したが、08年秋の金融恐慌で、有価証券の償却損益等の大幅悪化により、当年度は36信連で196億円の経常損失を出した（表1）。

◉海外資金運用に依存する農林中金

　農林中金の資金調達では、信連等からの預金39.3兆円、農林債権4.8兆円、その他市場調達等

表1　農協・信連・農林中金の経常利益等

（億円）

年度	農協信用事業事業総利益	信　連（単体）		農林中金（単体）経常利益
		経常利益	信連数（うち赤字信連）	
2008	＊	△196	36（＊）	△6,127
07	7,684	909	36（＊）	3,527
06	7,449	1,406	36（1）	3,657
05	7,318	1,290	41（2）	3,113
04	7,166	956	46（2）	2,093
03	7,333	531	46（7）	1,813
02	7,459	667	46（7）	1,074
01	7,017	△65	46（12）	832
00	7,720	931	46（3）	983

出所：各年度「農協総合統計表」、「日経金融年報」およびディスクロージャー資料から作成。
注：表中の＊は不明を示す。

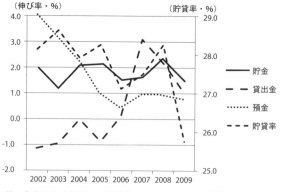

注：各年3月末残高での計算値である。データは農協残高試算表による。

図　農協の貯金・貸出金・預金の伸び率、および貯貸率の推移

＊貯貸率　貯金残高に対する貸出金残高の比率（％）を指す。当該比率は、組合員間の相互金融ないし地域金融への還元度の大きさを示し、協同組合金融における重要な経営指標として重視される。資金需要が大きかった1960年代頃の東北農村では、100％を越えてオーバーローンの農協もあった。

表2　農協の貸出金用途別残高の対前年伸び率

(％)

	01年3月	02年3月	03年3月	04年3月	05年3月	06年3月	07年3月	残高構成比
県市町村等	-4.8	-1.8	6.1	2.0	1.8	4.6	17.3	13.2
農業資金	-2.8	-5.2	-9.9	-6.9	-4.8	-2.2	-7.3	6.1
生活資金	-3.7	-5.7	-0.3	-1.6	-6.1	-6.4	-2.5	11.5
自己居住用住宅資金	7.3	2.1	2.3	8.5	7.3	8.0	12.4	27.5
賃貸住宅等建設資金	1.3	5.3	3.7	3.2	-0.1	-2.2	1.3	28.2
農外事業資金	1.8	-1.9	-8.1	-6.1	-8.7	-5.6	-6.7	10.9
負債整理資金	-3.8	-7.7	-6.7	-16.0	-10.9	-8.3	-9.2	1.5
農林公庫資金	-5.1	-12.4	-7.9	-7.4	-10.1	-7.9	-8.8	1.1
合計	0.4	-0.7	-0.6	0.6	-1.1	-0.2	3.7	100.0

出所：農中総研「農協信用事業動向調査」による。

資金16.4兆円であり、運用では貸出金9.4兆円に対して有価証券等が44.1兆円と大きい。国内最大手の海外投資機関といわれるように、有価証券運用に極度に傾斜している。近年、農林中金の経常利益の上昇が突出しており、90年代後半の900億円台から05年度～07年度には3千億円台に達した。その収益力向上は、90年代末から拡大してきた海外資金運用に依存している。国際部門の業務粗利益は00～07年度平均で国内部門の3倍弱で、01年度以降、2千億円以上の安定的な利益を上げてきた。

ところが、08年秋以降の金融恐慌の影響を受け、09年3月期の決算（単体）で経常利益△6,127億円、当期純利益△5,657億円の巨額の欠損に転じた。そして、自己資本比率の低下に対応するために、09年3月末までに信連・農協等に対して約1兆9千億円の資本増強を要請した。そして、今後は高収益追求の有価証券投資を見直し、安全性を重視した国際分散投資に転換することになった。次年度以降は再び黒字に転換し、14年度は過去最高の約5千億円の経常利益を出した。

● 農協金融の課題

農協にとって、今後は農林中金・信連からの利益還元が縮小することもあり、貸出伸長の意義が強まっている。貸出利回りは系統預金よりも高く、

06年度の場合、貯貸率は27.0％であるが運用収入に占める貸出利息の割合では51.2％になる。貸出伸長の主な対象は住宅ローンである（表2）。農中総研調査によれば、07年3月末で住宅用資金が6割弱を占める。近年は、融資専任体制の強化やローンセンターの整備により、主に非農業者向けの住宅資金が伸長している。

これに対し、農業資金割合は6％程度であり、その残高も減少傾向にある。一方、最近の地銀・信用金庫等は、農業法人や大規模農業経営に対して、関連取引先企業との商談会の開催や日本政策金融公庫との業務提携などにより、運転資金や畜産資金等において農業融資を伸ばしつつある。

これに対抗して、農協では技術・経営指導もあわせた総合相談体制の整備、信連では農業専任担当部署の設置や農協との連携強化などに努めている。さらに農林中金でも、農林水産部門の金融機能強化のために、09年度になって「農林水産環境事業部」を新設し、また、本支店の農林水産融資担当者を約150名から約200名に増員した。貯金量80兆円以上の農協にとって、農業貸出の「量的」な地位はきわめて低いが、農業融資シェアの確保は信用事業兼営の制度的根拠にかかわり、軽視できない経営課題である。　　　（青柳斉）

＊青柳斉「JAバンクシステム下の系統信用事業の特質と展望」小池恒男編著『農協の存在意義と新しい展開方向―他律的改革への決別と新提言』昭和堂、2008年
＊青柳斉「金融危機に揺れる農協経営」『金融ビジネス』2009年春号、2009年4月
＊小野澤他「農協信用事業の回顧と展望」『農林金融』2010年1月号

第3節 ▶ 転換を模索する農協 1

農協事業の新展開

キーワード　　◎JAバンクシステム／◎共同計算／◎買取直販／◎JAグリーン

　1990年代に入って、貯金を例外として農協の諸事業の停滞傾向が顕著になり（表）、経営財務の悪化をもたらした。そこで、96年に全中にJA改革本部を設置し、広域農協合併や支店・施設の統合、要員削減等を推進してきた。さらに、02年にJAバンクシステムを設立し、03年に全中「経済事業改革指針」などが策定され系統事業改革も進展していく。この過程で、従来とは異なる以下のような新しい事業方式が展開してきている。

●「JAバンクシステム」下の信用事業

　90年代末に財務構造の悪化により、一部の農協や信連では実質的な経営破たんに陥り、県単一化を含む広域農協合併や農林中金との統合に追い込まれる事態が生じた。そこで、JAバンク法の制定により2002年に「JAバンクシステム」（図）が導入され、破たん防止ルールや事業譲渡の受け皿ルール、系統独自の積立金制度や中央本部によるモニタリングと違反者の除名措置などの自主規範を策定した。その後、「JAバンク中期戦略」（04～06年度）において、基本戦略の全国一元化、各種システムやサポート体制、金融商品等の全国統一的整備、リテール戦略の県域展開を提起し、また、事業利益の数値目標も掲げた。さらに、第2次の「中期戦略」（07～09年度）では、「将来的には、JA・信連をひとつの金融機関と見立てた経営数値目標を設定」するという。このように、系統農協の信用事業は、農林中金を主導とする「系統一体的経営」の展開に大きく転換している。

　なお、農協法改正（2016年4月より施行）を契

表　農協の各事業取扱高の推移

（単位：億円／養老生命は10億円）

	1985	1990	1995	2000	2005	2007
貯　金	387,361 100	561,077 145	674,819 174	716,628 185	786,066 203	814,961 210
貸出金	126,741 100	143,896 114	189,775 150	218,768 173	211,176 167	219,960 174
養老生命共済	143,056 100	180,980 127	178,294 125	145,035 101	100,905 71	83,195 58
農産物販売	66,960 100	64,111 96	59,047 88	49,508 74	45,149 67	43,480 65
生産資材	33,726 100	31,901 95	30,498 90	26,928 80	23,876 71	22,988 68
生活物資	18,553 100	20,209 109	19,183 103	14,733 79	10,673 58	9,791 53

出所：各年度「総合農協統計表」による。
注：養老生命共済は期末契約保有高である。貯金・貸出金は月末平均残高である。
　　なお、下段は1985年を100としたときの指数である。

用語解説

＊共同計算　生産資材の共同購入や農産物の共同販売において、取扱い時に生産者ごとに精算するのではなく一定期間中の取扱金額を取扱数量で割った平均単価で精算する方式をいう。「無条件委託」「平均売り」とあわせて永らく共販3原則とされてきた。同様に、農協と経済連、全農との系統共販においても適用されてきた。

```
☆破綻未然防止システム
  ◎モニタリングの実施（定期的チェックによる問題早期発見）
    ⇨一定水準（自己資本比率等）に達していない場合
      →水準に応じた資金運用制限、経営改善指導
    ⇨経営破綻の場合
      →信連・農林中金への事業譲渡等
  ◎補完体制
    ・ＪＡバンク支援協会（資本注入、贈与等）
    ・貯金保険機構（公的処理による破綻処理等）
    ・系統債権管理回収機構（不良債権の管理・回収）
☆一体的事業推進
  ◎共同運営システムの利用
  ◎全国統一の金融サービス
  ◎統一的事業戦略・基本方針の推進
```

図　ＪＡバンクシステムの内容

機に、農水省は、信用・共済事業譲渡による「代理店」方式を改革方向の選択肢として求めた。これに対して、全中等では「代理店」モデルの基本スキームを示すことになったが、今のところ、系統農協内部において信用・共済事業の代理店化をめざす動きは全く見られない。

● 買取直販の系統農協共販の展開

系統農協共販の事業方式においては、これまで無条件委託、共同計算、系統全利用、一元集荷多元販売、手数料実費主義等を原則としてきた。これに対して、米麦や肥料等の旧統制品目だけを主な取扱対象にして、多様な農産物の産地形成に対応した系統農協の販売責任を回避しているという批判があった。また、販売手数料率の低さが問題視されるが、価格変動リスクを生産者だけに押しつける既存の共販原則では、相応の事業収益が確保できないのは当然ともいえる。

そこで、市場出荷中心から量販店や外食産業等への直接販売により、買取り集荷で積極的にリスクを負担していく共販方式が一部の農協・事業連で展開している。

また、ファーマーズマーケット（大型の農産物直売所）、スーパー・生協店舗内のインショップ、都市消費地でのアンテナショップの運営など多様な農産物直販の形態が全国的に見られるようになった。

他方、農協直販の拡大は乱売合戦を助長しかねない。そこで、系統農協委託共販においても柔軟な事業方式が模索されている。たとえば、米共販の県域共同計算方式において、単協の販売努力を評価した「販売非共計・費用共計」の事業方式などである。

● 専門店、広域拠点運営、子会社化による事業展開

一般に、購買事業方式においては、予約・当用注文購買と店舗購買とに分かれる。近年の資材購買の事業改革において、統一予約推進と広域農家配送に加えて、従来の支店購買に代わって新たに資材店舗を設置し、兼業農家の当用買い対応や予約・当用注文の自己取り拠点とする展開がみられる。

また、全農では、独自の開発店舗「ＪＡグリーン」を農協に普及させ、07年11月末現在で1都25県に95店が展開している。「ＪＡグリーン」では、小型農機具も含む生産資材に加えて、家庭用園芸資材や花卉・種子、米・産直品、限定した生活用品も扱い、品揃えや売り場構成において他業態と差別化している。利用者を管内の組合員農家だけでなく、一般地域住民をもターゲットにしている点で、近年、競合を強めているホームセンターとの対抗を意識している。

さらに、農協を越えた広域拠点（事業連等）で、子会社化による広域事業運営が展開している。たとえば、県域事業連による農機事業や県内広域拠点での農薬・肥料等の農家戸配事業、県外ブロック単位での石油、ＬＰガス事業の受託、さらに県域ないし県外広域レベルでのＡコープ事業の会社化などである。他方、事業連への結集ではなく、購買店舗や観光、資産管理、葬祭等の関連事業の大部分を統合し、農協単独の子会社化によって経営改善に成功している事例もある。

なお、16年4月の農協法改正で農協に対して「農業所得の増大」を望む政府は、全農等に対して、生産資材価格の低下を強く求めている。（青柳斉）

* 青柳斉『農協の経営問題と改革方向』筑波書房、2005年
* ＪＡ全中経済事業改革中央本部『経済事業改革指針の解説（全国版）』2004年

第3節 ▶ 転換を模索する農協 2

農協の組織と未来

キーワード　◎農協合併／◎正組合員、准組合員　◎農協改革／◎農協法改正／◎ JA 綱領／◎総合事業

◉農協法施行70年——変わる農協組織

1947年に施行された農業協同組合法はほぼ70年余の歴史を重ねたことになる。もともと、農地改革によって創設された自作農の保護装置として制度化された農協であるが、その後の社会、経済状況の変化のもとで制度も内実も大きく変化してきた。

まず、農協合併が大きく進み、連合会の統合も進んで、農協組織の外観が大きく変化した。図1のように、1960年に1万2千を数えた農協数は、90年代の合併推進を通じて急速に減少、2015年時点で664（全中調べ）にまで減少した。農協の規模は拡大して1農協あたりの正組合員数は6千人以上に、正組合員数1万人以上の組合も数多くでき、1県1農協も奈良県、香川県から沖縄県、島根県に拡大してきた。

また、連合会組織の再編もすすんだ。県レベルの連合会は、県共済連が2000年に全国共済連に統合され、県経済連のほとんどは全農県本部に統合されて、経済連として残るものはわずか8県である。また県信連も12県が農林中金に統合された。

◉正・准組合員数の逆転
——政府主導の「農協改革」と農協法改正

2001年の農協法改正では、組合員資格が「農民」から「農業者」に変更され、個人としての農民だけでなく農業法人にも正組合員資格が認められる

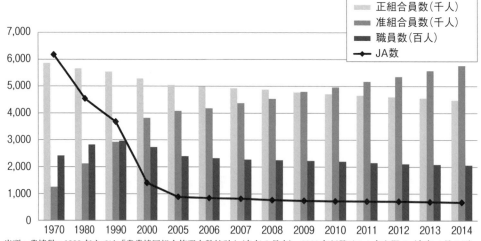

図1　総合農協組織の推移

出所：農協数：1990年までは「農業協同組合等現在数統計」（各年3月末）、2000年以降はJA全中調べ（各年4月1日）、組合員数、職員数については「総合農協統計表」より。

用語解説

＊**農協の総合事業**　信用事業、共済事業とその他の事業を兼営する事業体は、郵便事業が分社化した今日では農協と漁協のみである。信用事業を兼営する農協を総合農協と呼び、それ以外を専門農協と呼んでいる。信用事業と他事業の兼営は戦前の産業組合から認められており、昭和初期農村不況下の産業組合拡充運動によって、信用、購買、販売、利用事業の「四種兼営」が一般化した。農協の総合事業は、戦後自作農の総合的な事業期待に答えるものだったが、現在は赤字の営農指導事業を金融事業が支える性格が強い。

こととなった。60年に600万人を超えていた正組合員数は次第に減少し、06年に500万人を、14年に450万人を割り込んだ。これに対して非農業者組合員である准組合員は11年には500万人を超え、増加傾向が続いている。その結果、2009年には正・准組合員数の逆転が生じている。

2012年末の総選挙で自民党が政権に復帰して生まれた安倍政権は、アベノミクスを掲げ農業の成長産業化を打ち出した。その目玉となったのが「農協改革」であった。2015年5月の規制改革会議農業ワーキンググループの「農業改革に関する意見」は、中央会の廃止、全農の株式会社化、准組合員利用を正組合員の半分以下に制限するなど急進的な改革を盛り込んだものだった。与党との調整を経て、JAグループはこれを基本とする改革案を受け入れることとなり、2015年に農協法改正が国会に提案されて可決、2016年4月から施行された。

改正農協法は、「農業所得の増大に最大限配慮する」として農協制度の目的をより強く農業に限定し、農協運営に携わる理事の過半が認定農業者及び販売又は経営のプロであることを求めている。また、全国中央会を一般社団法人に、都道府県中央会を連合会に組織変更し、これまで中央会がおこなっていた農協への監査は一般の監査法人に開放されることになった。さらに、准組合員利用の規制については、5年間の調査を経て結論を得ることになった。

● 問われる農協の組織目的と存在意義

JAグループは、1997年にJA綱領を策定して、社会的経済的環境と組合員構成の変化を踏まえた新たなJAの理念と目的を定めている。JA綱領は、みずからを「農業と地域社会に根ざした組織」と規定し、「地域の農業の振興」とともに「環境・文化・福祉への貢献を通じて、安心して暮らせる豊かな地域社会を築く」ことを目的として掲げた。農業の振興だけでなく地域社会のための協同組合をめざす地域組合化路線を明確にしたわけだが、上述のような政府が進めようとする農協改革いわ

表 複数組合員化率と女性組合員比率の動向
(単位:千人、%)

事業年度	正組合員数(個人) 計	(うち女性)	女性比率	正組合員戸数	複数化率
1960	5,780			5,072	12.25
65	5,835			5,266	9.75
70	5,885			5,304	9.88
75	5,768			5,253	8.92
80	5,635	497	8.8	5,088	9.70
85	5,536	574	10.4	4,968	10.26
90	5,538	667	12.1	4,859	12.26
95	5,462	707	12.9	4,729	13.43
2000	5,241	747	14.2	4,574	12.73
2005	4,988	805	16.1	4,350	12.79

出所:総合農協統計表各年度より作成。
注:女性比率は正組合員数に占める女性正組合員比率。複数化率は正組合員数(個人)から正組合員戸数を引いたものを正組合員戸数で割ったもの。

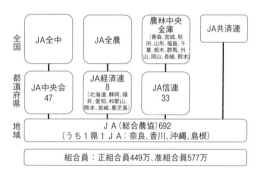

出所:農協数、組合員数は平成26年事業度総合農協統計表より。
注:農林中央金庫内のカッコ書きは、統合済みの信連。

図2 JAグループの組織

ゆる農協の職能組合化を目指すものであり、JAグループのめざす方向と矛盾するものである。

2014年の規制改革実施計画には、支店、代理店方式による農協からの信用事業分離の推進と、全共連、農林中金の株式会社化の「検討」が書かれている。このことは、現在の総合農協から信用事業、共済事業を分離し、農協本体は経済農協ないし専門農協になることを意味している。総合農協からの金融事業分離は、産業組合以来の金融事業兼営の変更を迫るものであり、農協制度を根底から改変する可能性がある。 (増田佳昭)

*小池恒男編著『農協の存在意義と新しい展開方向―他律的改革への決別と新提言』昭和堂、2008年
*田代洋一編『協同組合としての農協』筑波書房、2009年

第3節 ▶ 転換を模索する農協 3

営農事業の現状と展開

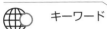　キーワード　◎農協営農指導事業／◎農産物直売所／◎系統共販
◎農協ばなれ／◎土地持ち非農家

●伸び悩む農産物販売高

　近年の農協の農産物取扱高は農業産出額の減少を反映して減少傾向にある。80年代に12兆円近くあった農業産出額は8兆円程度に減少し、付加価値額にあたる農業所得はほぼ「半減」した。農協（総合農協）の取り扱う農産物額は85年の6.7兆円から2014年には4.3兆円に減少した。ただ、農業生産者の農協ばなれが取りざたされているが、産出額に対する農協の取扱高（農協利用率）は依然として50％台をキープしており、農協の取扱高が急減しているわけではない（図1）。

　農協段階においては、農産物販売先の多様化が目立つ。農産物販売の系統利用率（単協から連合会への委託販売割合）は、この間に92％から80％程度に低下した（図2）。品目別にみると米の低下率が大きく、95年には約99％とほぼ全量が連合会を経由していたものが14年では74％にまで下がった。野菜などは相対的に系統利用率が低かったが、これも89％から80％前後へと低下している。かつて農協の農産物販売は、県連合会を通じた卸売業者への販売が「系統共販」といわれる典型的ビジネスモデルだったが、現在では、農協みずからが直接に卸・小売業者や実需者に販売する経路が次第にウエイトを増してきている。

●新しいビジネスモデルとしての農産物直売所、問われる系統事業方式

　1990年代以降、農協の新たなビジネスモデルとして急成長したのが農産物直売所（ファーマーズ・マーケット）である。JA全中の調査によれば、全国のJAが運営する直売所数は約1,700か所で、関東・甲信、北陸・東海地区を中心に多数が開設されている（図3）。JA紀の里の「めっけもん広場」、JAあいち知多の「元気の郷」、JA糸島の「伊都

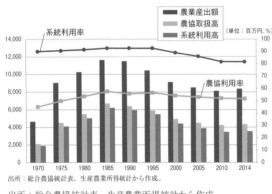

出所：総合農協統計表、生産農業所得統計から作成。
図1　農協の農産物取扱高等の動向

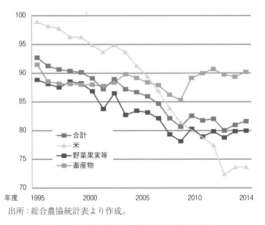

出所：総合農協統計表より作成。
図2　農産物販売の系統利用率の推移

　＊ **TAC**　JA全農は、「担い手に出向くJA担当者」としてTACの推進をはじめた。TAC（Team for Agricultural Coordination）は、農協ばなれが懸念される担い手農家を訪問して、意見や要望を聞いて農協運営に反映させ、経営に役立つ各種情報を提供することを任務としている。

菜彩」などは都市近郊の大型直売所として広域から集客し、年間20億円以上の売上を誇る。また、年間1億円前後の売上をもつJA直売所はきわめて多数あり、新鮮で安価、生産者の顔が見えることを売り物に、近隣消費者の日常の購買先として定着している。遠隔産地、海外産地への依存、地場産農産物仕入の弱さ、相対的な高流通コストといったスーパーチェーンの弱点を突く形で直売所はシェアを高めてきているといえよう。

　生産者、農協、連合会を通じる卸売市場向け販売事業および全農を通じた資材購買事業の方式には、批判も多い。2016年11月の規制改革推進会議農業ワーキンググループの意見書は、全農が資材購買の当事者とならない、農産物販売はすべて買取制にするなどという過激な提言をして、全農の事業方式改変を求めた。現場の現実からはかけ離れた提言であるが、農産物価格の全般的な低迷下で資材価格の引き下げへの農業者の要望も強い。また少しでも有利な価格への期待も大きい。事業方式の見直しを含めて改革が求められている。

●農業生産者の大型化と少数者化

　農協営農事業にとっての大きな課題は、専的農業者いわゆる担い手農業者への対応である。前項でも見たように、主業的農業者が正組合員に占める割合は小さい。しかし逆にいえば、少数の主業的農業者が地域農業の相当部分を担い、また農協営農事業利用の相当部分を占めているということである。主業的農業者の経営の安定が実現されなければ地域農業の維持が困難ばかりか、農協の営農事業自体も成り立たなくなる可能性がある。

　図4は東北の果樹主産地のA農協と、近畿の中山間地域のB農協において、正組合員戸数を100とした販売事業、生産資材購買事業の利用者割合をみたものである。前者の共販出荷者は正組合員の半分近くにあたるが、後者では米麦でさえも4分の1程度にとどまっている。農業生産の後退とともに一部農業者への出荷の集中が進んでいることがわかる。

　近年では、専業的農業者の「農協ばなれ」傾向

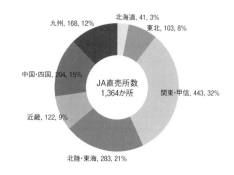

出所：JA全中調べ。「JAファクトブック2009」。

図3　JAが開設・運営している農産物直売所数（2007年度）

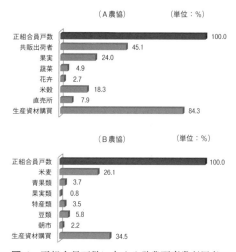

図4　正組合員戸数に占める営農面事業利用者の割合

も見られ、JA全農は各JAに主業的農業者を戸別訪問してその声を聞く専門チーム「TAC」の配置と活動を推進している。また農政は、日本農業の担い手として法人経営や企業的な大規模経営を想定しているが、地域農業は家族農業経営を中心にした大小様々な農業経営によって支えられているのが実情である。農協を構成する農業者組合員も、法人や大規模農家、兼業農家、高齢農業者、さらには実質的な土地持ち非農家と多様である。それらの多様なニーズに応えて、現場に密着して組合員を支える農協の営農事業のあり方が問われている。

（増田佳昭）

＊田中満『まだまだ伸びる農産物直売所─地域とともに歩む直売所経営』農山漁村文化協会、2009年
＊梅本雅『青果物購買行動の特徴と店頭マーケティング』農林統計出版、2009年

第3節 ▶ 転換を模索する農協 4

農協経営の現状と展開

 キーワード　◎信用・共済事業依存の収支構造／◎経済事業改革　◎組織力／◎総合性（力）の発揮／◎トップマネジメント

●厳しい農協経営の現状

　農協の事業総利益は、1990年頃までは年度で変動はあるものの増加してきた（図参照）。しかし、90年代はじめのバブル経済崩壊後は、減少傾向にある。それは、景気の低迷や競合業者・機関との競争の激化による事業量の減少によるところが大きい。

　ところで、農協の収支構造は、信用、共済事業の利益で、経済事業の損失を補填する信用・共済事業依存の構造となっている。しかし、金融自由化の進展は利ざやの縮小を余儀なくした。また事業推進が順調であれば、一定の付加収入を得ることができる共済事業も、組合員の保険・共済離れや農協の次世代対策の遅れなどから長期共済保有契約高は99年から減り続けている。このように、これまでのように信用や共済事業の利益に依存した経営がむずかしくなってきており、恒常的な赤字体質の経済事業の独立採算化が急務となっている。

　このことから、2003年の第23回JA全国大会では、経済事業改革が組織決議され、経済事業の合理化、効率化が図られてきた。また、同大会で支所・支店や諸施設の統廃合による再編もすすめられることになった。

　その結果、事業管理費比率は低下し、事業利益は増加した。しかし、この経営収支の改善は、事業総利益の減少を上回る事業管理費の削減によっ

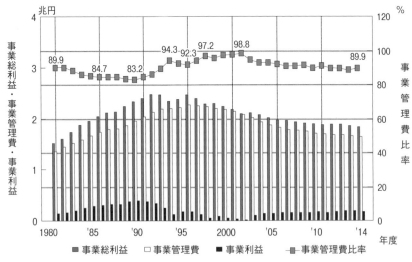

出所：各年度の農林水産省「総合農協統計表」より作成。
注：事業管理費比率は、事業管理費の事業総利益に対する比率。

図　事業利益と事業管理費比率の推移（全国合計・平均）

 ＊**経営管理委員会**　1996年の改正農協法で、選択的導入が可能となった制度。主に組織代表である経営管理委員（会）が任命した理事（専門的実務家）に日常的業務執行を任せるといった「組織（所有）と経営」の分離によって、業務執行体制の強化を図ることが目的である。しかし、両者間の情報格差など課題も多い。2014年度末の本制度導入農協は43組合。

表　正組合員戸数規模別にみた組合員利用高と経営効率（2014事業年度）

単位：％、千円、人

	組合員1人あたり貯金	正組合員1人あたり販売高	事業管理費比率	労働生産性	〈参考〉正・准組合員数	准組合員比率
1,000戸未満	10,939	11,287	86.7	9,239	1,953	76.1
1,000〜5,000戸	10,222	1,292	88.1	9,104	8,602	65.3
5,000〜1万戸	9,186	807	90.1	8,708	16,321	55.1
1万戸以上	8,633	669	90.9	8,599	36,140	52.5
平　均	9,153	962	89.9	8,759	14,838	56.2

出所：農林水産省「総合農協統計表」より作成。
注：事業管理費比率は、事業管理費の事業総利益に対する比率。
　　労働生産性は、常勤役職員1人あたり事業総利益。
　　准組合員比率は、准組合員数の正・准組合員数に対する比率。

てもたらされたものである。すなわち、農協は、経営合理化→組合員サービスの低下→組合員の農協離れ→事業量の減少→経営合理化といった「負のスパイラル」に陥っている。2009年の第25回JA全国大会では、これまでの「守り」の経営姿勢から「新たな協同の創造」といった「攻め」の経営姿勢が組織決議されたが、農協みずからが「攻め」の姿勢で、この「負のスパイラル」から脱出し健全な経営をめざしていくことが重要である。

●農協合併と農協経営

農協は、これまで規模効果を発揮するために合併を繰り返してきた。とくに、金融自由化への対応や事業機能を強化するために、1991年の第19回全国農協大会では、系統農協組織再編とセットで農協合併を強力に推進することを組織決議した。

その結果、1985年頃には4,200あまりあった農協が、合併によって2015年度末には664まで減少している。そして、複数の市町村を管内にもつ広域合併農協が多く設立され、なかには奈良県や沖縄県などのように県域農協も誕生している。

しかし、組合員利用高や経営効率をみるかぎり（表）、大規模農協の経営内容は良いとはいえず、合併効果が必ずしも発揮されていない。その原因は、地域が拡大し、組合員も増加したことから、組合員間や組合員と農協の関係が希薄化し、協同組合の特性でもある「組織力（農協への結集力）」が低下したことが大きいと考えられる。

●広域合併農協にふさわしい経営の確立

このことから、組織力を強めていくために、これまで以上に組合員の農協運営への意思反映を強化していく必要がある。

さらに、適正規模が異なる事業において規模効果が発揮できる事業単位に再編したり、広域合併農協にふさわしい事業体制、方式を確立していくことである。大規模農協では、事業の専門性を強化するために事業別事業部制（いわゆる「縦割組織」）をとっている農協が多いが、他の事業には無関心といったセクショナリズムもみられる。このことから、農協の特性でもある各事業の連携による総合性（力）が発揮できる経営管理組織や仕組みを考えていくことも重要である。また、人事労務管理においても事業のスペシャリストを育成することは必要であるが、すべての事業に精通したゼネラリストも計画的に育成していくことも重要である。

このようなことに英断をくだすのは、農協トップである。専門的実務家による経営を可能にする経営管理委員会制度の選択的導入も法的に認められているが、先見性があり強いリーダーシップが発揮できるトップマネジメントを確立していくことが重要である。2015年の改正農協法では、事業の目的として「農業所得の増大」への最大限の配慮が明記されたことから、これを実現する農協経営が強く求められている。

（高田理）

＊小池恒男編著『農協の存在意義と新しい展開方向─他律的改革への決別と新提言』昭和堂、2008年
＊青柳斉『農協の経営問題と改革方向』筑波書房、2005年

索 引

本文内でキーワード、用語解説として用いられている語句については、本文と同様の書体で示した（例：**キーワード**　**用語解説**）。なお頁数の表記は、キーワードを太字（例：**24**）、用語解説をゴチック太字（例：**58**）として区別した。

アルファベット

ADI（一日摂取許容量） **61**
ALOP（適切な衛生管理保護水準） **61**
AMS（助成合計量） 24, **34**, **84**, 85
BRICs 14, 205
BSE（牛海綿状脳症）
　　58, 174-6, 214, 240
　──感染牛 214
CAC　→ Codex 委員会
CAP（共通農業政策）改革 40
CoC 認証（流通・加工過程の認証）
　　28, **29**
Codex 58-61, 157, 230-1
　──基準 114
　──委員会
　　58, 59-61, 156-7, 230-1
CSA（地域支援型農業） 115, 123
CVM（仮想評価法） **110**
DID（人口集中地区） **102**
EPA 35-7
EU（欧州連合） 20-1, 27, 32,
　　34-5, 37, **40**, 41, 62-3
FSC（森林管理協議会） **28**-9
FSO（摂食時安全目標） **61**
FTA 10, 18, 36-7, 40
　日豪── 37
　日中韓── 36-7
FTAAP（アジア太平洋自由貿易
　　圏） 36-7
GAEC（適切な農業および環境の状
　　態の維持） **41**
GAP（Good Agricultural Practice）
　　→適正農業規範
　──の共通基盤に関するガイドラ
　　イン 157
　──認証 145
　GLOBAL── 156-7
GATT 32-4, 40, 50, **68**, 70, 84, 134
GDP 24-5, 44-5, 49, 72-3, 98, 160
GHP（Good Hygienic Practice）
　　→適正衛生規範

GMO（遺伝子組換え作物） 158, 233
GMP（Good Manufacturing
　　Practice）→適正製造規範
GPS（global positioning system） 155
HACCP（hazard analysis critical
　　control point：危害分析重要管
　　理点） 157, 230-1
ICT（情報通信技術） **154**, 155
IFOAM **114**, 115
IMF **68**, 70
IPCC（気候変動に関する政府間パ
　　ネル） 56, **112**
IPM（総合的病害虫・雑草管理） 200-1
IPPC（国際植物防疫条約事務局） 59
ISO22000 230, 233
JAS **114**, 115, 240
　──法 240
JA　→農業協同組合
　──グリーン **254**, 255
　──綱領 256
　──バンクシステム **254**, 255
KPI　→重要業績評価指標
M&A（合併・買収） 26, 27, **224**, 225
MPS（市場価格支持） 20-1
NGO 48, 50
NOAEL（無毒性量） **61**
ODA 46
OECD（経済協力開発機構）
　　20, 68, **106**
OEM（相手先ブランド名製造） 148
OIE（国際動物保健機構） 59
PB（Private Brand）商品
　　226, 227
PEFC（森林認証プログラム） **28**
PO（危害因子汚染の状態に関する
　　達成目標） **61**
POS システム（販売時点情報管理）
　　122
PSE（生産者支持推定量）
　　20, 21, 43
　──水準 21, 43
RASFF（食品・飼料早期警告シス

　　テム） 63
RCEP（東アジア地域包括的経済
　　連携） 32, **36**
SBS（売買同時契約）方式 **210**
SCM　→サプライチェーン・マネ
　　ジメント
SGEC（緑の循環認証会議） **28**, 29
SPS 協定（Agreement on
　　Sanitary and Phytosanitary
　　Measures：衛生と植物防疫措
　　置の適用に関する協定）
　　58, 59-60, 157
**TAC（Team for Agriculture
　　Coordination）** **258**, 259
TPP（環太平洋戦略的経済連携協定）
　　36-7, **70**, 71
UNCTAD（国連貿易開発会議） 50
UR 合意　→ウルグアイ・ラウンド
VMS（Vertical Marketing System：
　　垂直的流通システム） **226**
WCS　→稲 WCS
WTO（世界貿易機関） 7-11, 18-9,
　　32-7, 40, 50, 58-9, 70, **84**,
　　85-6, 107, 157, 210
　──交渉 86
　──体制 23, 34-5, 50

あ

IMF と GATT 68
IJ ターン 101
I ターン **188**, 189
相対取引 210-1, **212**, 213-4
アウトソーシング 148
アグリビジネス
　　12-3, **14**, 15, **16**, 17, 43, 218
　──概念 218
朝市 120, 123
アジェンダ 2000 41
新たな食料・農業・農村基本計画 89
暗黙知 133, 155
暗黙の協調 **180**, 181

い

家（イエ) 67
イエロー・ボックス（黄色の政策群) 34
意思決定 **154**, 238
　——支援 154-5
　——責任 **228**
　——方略 **239**
市売市場 92
一般衛生管理（General Hygienic Programmes) 157, **230**, 231
一般会計 93, **244**, 245
一般食品法（(EC) No178/2002) 62, 233
遺伝子組換え 16-7, 153, **158**, 159, 211
　——作物 → GMO
田舎暮らし **188**, 189
田舎で働き隊! **128**, 129
稲作北進 23
稲WCS（ホールクロップサイレージ) **178**
イノベーション 152, 153
移民 **98**, 99
入会（いりあい) 30, 90-1
　——林野 90-1
飲食店 76, 78-9
インテグレーション 16
インフラ 16, 46-7, 102, 122, 128, 189
　——整備 16, 46-7, 128, 189

う

ウォーター・フットプリント 52, 54-5
後向き資金 **250**, 251
ウッドマイルズ **28**, 29
売り手寡占 6, 7
　——の市場構造 7
（ガット）ウルグアイ・ラウンド 32, 34, 70, 84-6, 134
運転資金の制度金融 **250**

え

衛生管理
　包括的な——処置 230
衛生規範（GHP: Good Hygienic Practice) **230**
　生鮮果実・野菜の——の規格 157
永続的組織体（going concern) 134
営農指導員 **150**, 151
栄養教諭制度 237
食事バランスガイド 236
エコツーリズム 103
エコファーマー 115, **200**
　——認定制度 115
エネルギー需給 7
エンゲル係数 72, 73
エンゲル法則 72
援助よりも貿易を 50
エンパワーメント **120**, 121

お

オイル・ショック **32**, 69
老いる都市 99
欧州食品安全庁 62
大型機械化一貫体系段階 202
オープンアクセス資源 105
オランダ病 **46**
卸売市場 144, 145, 147, 180, 184, 212, 213-4, 216-7
　——法 212-3
　地方—— 212-3
　中央—— 212-3
温室効果ガス 53, 56-7, 94

か

カーギル 12-4
カーボン・ニュートラル 52, 53
外貨の獲得 44
外国人研修生・技能実習生制度 99
外国人実習生 **190**, 191
外材 31, 91-2, 163-4
外食 14-5, 17, 76-9, 99, 139, 143, 145-7, 168-9, 176-7, 182, 222-3, 234-5, 255
　——産業 77, 99, 145, 255
　——チェーン 147, **184**
外食・中食消費の増加 **168**
快適環境形成機能 108
買取直販 254, 255
開発援助 47-8
外部経済効果 103
外部効果 10, 11
外部性 104, 105-7
外部不経済 55
科学技術 30, 75, 154-5, 158-9, 245
　——と社会 **158**, 159
　——と社会との新たな関係 159
価格
　——競争 12, 14, 17, 221
　——形成 51, 71, 209, **216**, 217
　——支持 19-21, 34-5, 39-40, 50, 73, 85, 134-5, 171-2
　——政策 35, 50, 134-5, **172**
　——融資制度 38-9
　——**政策** 35, 88, **246**
　——転嫁 **216**
　——破壊 135, 218
　——メカニズム 6, 7
　→国際価格
化学肥料 12-4, 56, 67, 69, 75, 114-7, 147, 200, 208
学外教育 119
核家族化 79, 176
学生インターン事業 125
拡大造林 30, 31-2, 34, 36, 91, **92**, 93-4
学内教育 119
家計消費支出 72
家計費 186-7, 203, **248**, 249
加工型畜産 **174**, 175
可視化 155, **226**, 227
過剰投資 **202**, 203
可処分所得 **248**, 249
寡占 6, 7, 14, 16-7, 135, 183, 218-20
過疎
　——化 **102**, 143, 160-1
　——化・高齢化 160
　——対策 **128**
　自然減—— 102
　社会減—— 102
家族経営 100, 120, **132**, 133-4, 136-7, 155, 162-3, 175
　——協定 120, 134, **136**, 137
　企業的—— 137
　伝統的—— 137
家畜クローニング 158
家畜の放牧 197
学校給食 49, 122-3, 237
家庭内消費 76
株式会社 89, 120, 132, 136, 142-3, 193-5, 257
かみえちご山里ファン倶楽部 129
過密問題 99
紙・パルプ産業 **26**
カレント・アクセス 210
　——枠 216

灌漑	48, 52, **54**, 55, 117	
——**効率**	**54**	
環境		
——経済学	109, 111	
——形成的農業	22	
——支払い	40, 41	
——負荷	11, 16, 28, 114-5, 117, 218, 225	
——倫理	29	
環境保全	28, 32, 38, 40, 86-9, 108, 114-5, 125-8, 152, 156-7, 178, 200, 205	
——**型農業**	86, 114, 127, **200**	
——型林業	28	
——GAP	156	
環境保全型農業直接支払	40-1, 89, 126, 129	
関係機関のワンフロア化	**150**, 151	
慣行農法	115	
監視（モニタリング）	62, 230-1, 240, 241	
——指導体制	241	
——と検証	**230**, 231	
関税	7, 10-1, 19-21, 25, 27, 34, 36-7, 40, 43, 68, 70, 84-6, 90, 210-1	
——（の）撤廃	10-1, 18, 36-7, 40	
——同盟	36	
——率	10-1, 19, 211	
——**割当制度**	**34**, **84**, 85	
カントリーエレベーター	151	
旱魃	112	
間伐	56-7, 92, 95, 108, 161	
（温暖化対策の）緩和策と適応策	112	

き

生糸	44, 69
気温上昇	**112**
危害因子（Hazard）	60, 231
機械制御技術	155
飢餓人口	13
企業	
——経営	132-3, 136-7, 162-3, 229
——形態	134-5, **136**, 137-40, 142
——結合構造	**218**
——構造・行動	**218**, 219
——の社会的責任	17, 229
——の多国籍化	14
——（の農業）参入	77, 133, 142-3, 148, 189-91, 193, **194**, 195-6
——買収	14, 15
→社会的企業	
→多国籍企業	
気候変動	30, 56, 71, 112-3, 143
技術	
——継承	**154**, 155
——シーズ	152-3
——進歩	44, **74**, 75, 79, 152
——ニーズ	152
「犠牲者」と「救世主」	**120**
（農水産業の）帰属割合	76
（フードシステムの）基礎条件	218
ギッフェン財	**182**, 183
規模の経済	27, 134, **138**, 180, 221
基本法農政	80-1, 180
キャッシュ・フロー計算書	248
旧大陸	70
牛肉表示違反	214
牛乳	
——価格の低迷	134, 216
——消費減退	216
——・乳製品の価格形成	217
教育ファーム	118, 119, 237
共選共販	**146**, 147
競争	
——構造	185
——構造（水平的構造）	218
——と交渉	184
共通農業政策（EU）	40
協働	125, 137, 227
共同計算	**254**, 255
京都議定書	57, **94**
共販組織	181, **184**
業務・外食向けの需要増加	176
巨大森林所有	162
近代農業技術	75
金融グローバル化	98

く

苦汗労働	**200**, 203
クズネッツ仮説	44
組合員の多様化	256
クラブ財	105
グラミン銀行	**48**
グリーニング支払い	41
グリーン	
——化	40
——開発メカニズム（CDM）	95
——調達	29
——・ボックス（緑の政策群）	34, 107
グループ起業	121
グローバリゼーション3.0	**98**
グローバル化	26-7, **70**, 71, 92, **94**, 95, **98**, 99, 158, **216**, 217
グローバルGAP	→GLOBALGAP
クロス・コンプライアンス	40, 41, **156**
クローン	158-9
家畜——	159
受精卵——	158-9
体細胞——	**158**, 159

け

経営	
——革新	152-3
——環境	134-5, 152-3, 174
——環境の整備	**134**
——**管理委員会**	**260-1**
——規模拡大	134, **136**
——規模の両極化	136
——合理化	152, 260-1
——所得安定対策	**38**, 88, **170**, 171, **172**, 173, 210, 247
——所得安定対策等大綱	88, 89, 126, 172
——存続領域の狭まり	134
——体質	153
——発展	152-3, 251
——リスク	142-3, 217
家族——	→家族経営
企業——	→企業経営
雇用型農企業——	132-3
個人——体	136-7
個人——の女性起業	121
集落型——体	140
経営体経済余剰	**248-9**
経済	
——厚生	10-1
——事業改革	254-5, 260
——事業改革指針	254-5
——統合	40
——発展	24, 25, 44-6, 52, 72-3, 74, 81-2, 152, 205
経常的投入財	79
系統共販	**254**, 258
景品表示法	**240**, 241
——の改正	241

契約
　——栽培　　　　　　　　16, 183
　——取引　　　　133, 211, **222**, 223
　——農業　　　　　　　　　　**16**
限界集落　　　　　　　　**102**, 103
　準——　　　　　　　　　　102
兼業
　——化　　　69, 89, 100-1, 121, 141,
　　　　　　　147, **186**, 191, 203
　——所得　　　　　　　　　　81
　——農家　　　**68**, 69, 100-1, 145,
　　　　186-8, 191, 246, 255, 259
　第1種——　　　　　　　　100
　第2種——　　　　　　　100-1
健康志向　　　　　　　　169, 216
健康増進法　　　　　　　　241
健康被害拡大防止　　　　　232
原産地規則　　　　　　　　36
顕示的選好法　　　　　　　110
検証（監査）　　　　　　　231

こ

広域合併農協　　　　　　　261
交易条件　　　　　　　**50**, 51, 172
公益通報者保護　　　　　　240
公益的機能　　　　　　　93, 164
高温障害　　　　　　　112-3, 152
高温品種の開発　　　　　112, 113
高価格材　　　　　　　　　**92**,
交換分合制度（農振法）　　198-9
高級野菜　　　　　　　　**182**, 183
公共財　　　　　　　　**104**, 105-9
　準——　　　　　　　　　　**104**
　純粋——　　　　　　　　104, 106
公共事業　　　49, 67, 100, 111, 244-5
　——費　　　　　　　　**244**, 245
工業社会　　　　　　　　**66**, 67-9
後継者不足　　　　　　136, 149, 180
攻撃的な保護　　　　　　　　8
公庫資金　　　　　　**250**, 251, 253
耕作
　——権の保護　　　　　　　**192**
　——者主義　　　　　　　142, 192-5
　——放棄地　　　　　　152, 194, 196
　——放棄地・遊休農地 142, 143
公社造林（公社公団造林）　　92
公正取引　　**134**, 135, 218, 220, **228**
　——委員会　　　　　　　　220
公正な市場の整備　　　　**134**, 135

公設小売市場　　　　　　　212
構造
　——改革　　　48, 98, 142, 173, 193-5
　——改革特区　　　　　　142, 194
　——改善事業　　　　91, **202**, 203
　——政策　　　23, 35, **80**, 81, 134, 192,
　　　　　　　　　　　246, 247
　——調整計画　　　　　　　70
　「——調整融資」政策　　　48
　——的危機　　　　　　　**70**, 71
公的分配システム　　　　**42**, 43
行動経済学　　　　　　　　238
高度化成肥料　　　　　　　200
高度経済成長　72, 74, 76-9, **80**, 81-2,
　　　　90, 98-9, 102, 109, 146, 164, 168,
　　　　176, 180, 190-2, 198, 234, 246
　——期　　　　72, 79, 82, 98, 109,
　　　　　　　　180, 190, 246
向都離村現象　　　　　　　98
購入飼料代　　　　　　　　175
購買行動　　　　　183, 236-7, 259
高付加価値
　——化　　　　　　　　14, 27, 79
　——型商品　　　　　　　　227
　——農業　　　　　　　　　114
効用　　　　　　　　　　　**238**
小売
　——（企業の）業態　　**224**, 225
　——業者のバイイングパワー
　　　　　　　　　　　　　217
　——主導型流通システム　　226
　→公設小売市場
効率化
　　　　20, 148, 151, 164, 215, 227, 260
効率性　　　27, 55, **104**, 105, 117, 123
高齢
　——化　86, 99, 102, 121, 143, 147-8,
　　152, 154-5, 160-1, 175-6, 180, 187,
　　　　　　　　　213, 225, 249
　——者　　99, 102-3, 120, 122-3, 187,
　　　　　　　　190, 191, 222-3, 225
　——社会問題　　　　　　　99
　——者・女性　　　　　　**122**, 187
コーディネート機能　　　　150
子会社化　　　　　　　　15, 255
枯渇性
　——化石燃料　　　　　　　53
　——資源　　　　　　　　**52**
　——天然資源　　　　　　　75
国際

——化　　　　　　14, 26, **84**, 225
——価格　　6-8, 24, 34, 46-7, 51-2,
　　　　　71, 107, 135, 177, 211
——競争力　　9, **18**, 19, 35, 43, 158
——商品協定　　　　　　　50
——認証制度　　　　　　　51
国産
　——材（への）回帰　　**162**, 163
　——材市場　　　　　　　92, 94
　——志向による価格差　　　21
　——大豆の生産計画及び集荷・販
　　売計画作成要領　　　　211
　——プレミアム　　10, **20**, 21
国土形成計画　　　　　　**102**
国土の保全　　　　　　　86, 106
国内農業支持政策　　　　　38
国民
　——（健康・）栄養調査
　　　　　　　　　　234, **236**
　——健康づくり運動　　　236
　**——総生産に占める林業・木材産
　　業の地位**　　　　　　**160**
　——の森林　　　　　　**164**, 165
　——の選択　　　　　　11, **18**
　——1人・1日あたりカロリー摂
　　取量　　　　　　　　　82
穀物
　——（国際）価格の高騰
　　　　　　　　47, 52, 57, 178
　——取引　　　　　　　12-3
　——メジャー　**12**, 13-4, 16
国有林　　31, 90-1, **92**, 93-4, 160, 164-5,
　　　　　　　　　　　　245
　——経営の累積赤字　　　164
　（——）**独立採算制度**　　**164**
　——の再生　　　　　　　165
国有林野　　　　　　93, 164-5, 245
　——改革　　　　　　　　165
国連開発計画　　　　　　　49
個食化　　　　　　　　　　79
個性ある食品　　　　　　　221
国家戦略特区　　　　　192, 195
国家による流通統制　　　　208
国家備蓄　　　　　　　　　209
国家貿易　　　　　85, **210**, 217
固定資本　　　　　79, 137, 203
個店主義　　　　　　　　**224**
個店戦略　　　　　　**222**, 223
戸別所得補償制度　87, **88**, 89, 172
古米在庫　　　　　　　　208

コミュニティ	99, 101, 105, 118, 133
——共有資源	105
——の再興	99
小麦粉市場	210
米	
——過剰	168
——政策改革	88-9, 140-1, 168-9, 247
——政策改革推進対策	88
——生産調整	82, 83, 140, 170, 246
——づくりの本来あるべき姿	**168**, 169
——の多用途利用	168
——の入札取引市場	209
雇用就農	**188**, 189
雇用労働力	186
コングロマリット（集成）型多角化	138-9, 143
混雑化現象	**98**, 99
混住化	**100**, 101, 126
コンジョイント分析	111
コントラクター	148
コンパクト・シティー	**98**, 99
コンビニエンスストア	15, 222, 224

さ

最恵国待遇	36
再資源化	116
（農業経営の）最小最適規模	134
（農業経営の）最小必要規模	134
再生可能資源	52
財政支援	19-20
最低価格保障	50
先物取引	→商品先物取引
作物保険	48
サプライチェーン	16-7, 28, 184, 225-7
——・マネジメント	**16**, 17, 226
——の再構築	225
差別化戦略	29, 223
産業	
——革命	74-5, 90
——構造の変化	**72**, 73
——社会	66
——組織論	135
——内貿易	**36**, 37
——連関表	**76**, 77, 78
産消提携	114, 115, 123, 145
山村経済	161, 164
産地	10, 12, 15, 21, 23, 28, 36, 51, 77, 81, 122-3, 144-8, 170-1, **180**, 181, 183-5, 204, 208-10, 212-5, 217-8, 223, 238, 240, 255, 258-9
——間競争	10, **144**, 145, 147, 184-5, 204, 209
——偽装	240
——形成	145-7, 212, 255
——づくり助成	89
指定——制度	146-7
三方よし	228
残留農薬	58, 61-2, 182

し

市街化区域	**198**, 199
市街化調整区域	**198**, 199
時間帯別商品	235
自給	
——飼料	178
——的食料生産	66
——的農家	100, 136
——復活	120
自給率	**90**, 170
→食料自給率	
→木材自給率	
→飼料自給率	
麦・大豆——	170
飼料——	174-5, **178**, 179
肉類——	176-7
野菜・果実——	180-1
事業	
——経営	**228**, 229
——多角化	12, 13, 138, 139, **142**
コングロマリット型——	138-9
垂直的——	**138-9**, 143
水平的——	**138-9**
集中型——	**138-9**
——統合	13, 218
資金運用	**248**, 252-3, 255
資金調達	**248**, 252
資源	
——価格	46, 204
——制約	74
——争奪戦	205
——転換	**94**
——の国際価格	46
——輸出型成長戦略	46
——輸出型発展	46
自作農主義	89, 132
自主流通米	**208**, 209, 247
——市場の形成	209
——制度	209, 247
市場	
——アクセス	34, 47, 84
——外流通	**212**, 213-4
——経済システム	70
——構造	6-7, 185, 212, 220-1, 225
——シェア	114, 158, **184**
——支配力	**134**, 135, 218
——の失敗	104-7
——歪曲効果	34
施設の長寿命化	**126**, 128
持続	
——可能な森林管理	**28**, 29
——的経済発展	45
——的な資源利用	114
——的な発展	**86**, 133
市町村合併	161
指定産地制度	146-7
指定団体制度の廃止	216
私的財と公共財	**108**
シナジー効果	**138**, 139, 143, 225
品揃え機能	**212**
地場産業形成	147
資本集約的性格	**202**
市民参加型討議手法	159
市民農園	118, 119, 139, 197
社会	
——開発	**46**, 48
——・環境基準の規格化	**16**, 17
——的企業（ソーシャル・ビジネス）	**120**, 121
——的共同生活	102
——的責任	219
——的多様性	**100**, 101
——的便益	106
ジャスト・イン・タイム	226
シャドー・プライス	55
収益性の悪化	**174**, 175
自由化	6-8, 10-1, 18, 23, 31, 68, **84**, 85, 98, 102, 106, 176, 183, 209, 211, 213, 246, 260-1
就業選択	**186**, 187
集出荷センター	148
就農支援	189
自由貿易	7, 10, 68
——協定	7, 10, 36
重要業績評価指標（KPI）	**88**, 89

集落	――探索 239	――法（(EC) No852/2004） 230
――型経営体 140	――通信技術 **152**, 153-4	食品汚染事故 58
――型農業サービス事業体 149	――の非対称性 104-5	食品加工 12-5, 17, 76, 78-9, 116, 120
――機能 101, **102**, 103, 126	消滅集落 102-3	――企業の多国籍展開 14
――協定 34	少量多品目生産 **122**	――・流通費 **76**
――再編成 **102**, 103	食	食品関連産業 78
――支援員 **128**, 129	――と健康 118	食品検査局（FSIS） 63
――の撤退 103	――と文化 118	食品工業 76-7
消滅―― 102-3	――の安全 59, 77, 79, 118, 122,	食品小売市場構造 225
存続―― 102	150, 154, 213	**食品産業** **14**, 15, 25, 112, 218, 220,
集落営農 35, 89, **132**, 133, **140**,	――の安全・安心 77, 79, 150	222, 224, 226, 228
141, **148**, 149, 173	――の外部化 169, **222**, 223	食品事業者の社会的責任 219
施策対応型―― 141	――の簡便化 79	**食品・食品群の多様化** **234**, 235
需給調整政策の転換 168-9	――のリテラシー 118, 119	食品製造業 77, 147, 220-1, 230, 235
需給変化の国際価格への影響 7	――へのアクセス 225	食品添加物 15, 58, 61, 241
主業農家 100, 256, 257	食育 118-9, 141, 146, 236-7	**食品ネットワーク** **24**
需要	――基本法 118, 119, **236**, 237	食品の選択 234, 238-9
――と生産の長期見通し 82	**食事バランスガイド** **236**	**食品表示法** **240**-1
――と生産のミスマッチ 170-1	食生活 18, 70, 74, 81-2, 117-8, 168,	食品貿易 25, 58, 71
――の弾力性 182-3	180, 204, 216, 221, 223, 234-7	食品保護計画 63
採集狩猟社会 66	――教育 118	植物工場 **152**, 153, 204
循環型社会 52-3	――指針 236	植民地支配 50
准組合員 256-7, 261	――の「危機」 236	食物連鎖 116
障害者授産施設 **190**-1	――の洋風化 216	食用穀物生産 **46**, 47
小規模生産者 16, 50	食卓 62, 73, 170, 183-4, 234	食料
小規模農家 19, 56, 123, 173, 190	食中毒 58, 61-2	――**安全保障** 6, 8, 10, **32**
条件不利地域 35, 86, 141, 148	食肉	――**援助** **8**, 9
硝酸態窒素 **116**	――卸売市場 215	――**危機** 6, 13, 32, 52-3, **70**, 71
消費者	――自給率 176, 179, **214**	――**自給率** 9-11, **18**, 19, 25, 32, 38,
――主権 225	――処理・流通の効率化 215	77, 83, **84**, 85-8, 173-4, 178
――庁 63, 241	――センターの再編統合 215	→自給率
――と生産者との関係 21	――の需要 214	――消費の質的変化 234
――の嗜好 220	――の品質保証 215	――・飼料の海外依存 116
――の状態 **218**, 219	――のフードチェーンの連携	――政策 8, 43, 88, 117
――の生活構造・行動 **218**, 219	214	――生産力 19
――の生活様式 223	――フードチェーン **214**	――費 72, 168
――のニーズ 214, 222	――ブランドの形成 215	――**不足** 44-5, **70**, 71, 84
――保護 **62**	食品安全	――問題 74
――余剰 104	――委員会 61, 63	――輸出国 8, 42
――利益 10, 225	――確保 156, 232	――輸入国 42
消費の多様化 **224**, 227, 234-5	――基本法 63	食料・農業・農村基本法 80, 82,
商品	――GAP 156	84-6, 88, 106, 140, 172, 246
――開発 145-6, 217, 223, 235	→適正農業規範	食糧
――・価値連鎖 14	――行政 58-9, 62-3	――管理制度 82-3, **246**
――先物取引 **12**, 13, 208	――**性** 24, 25, 41, 62-3, 158	――管理法 80, 82, 85, **208**
――作物 66, 71	食品医薬品局（FDA） 62-3	――純輸入経済圏 25
――差別化 17, 29	食品衛生	――増産 75, 237, 246
少品目大量生産 125	――の一般原則（Codex）	――法（主要食糧の需給及び価格
情報	156, 157, 230, 232	の安定に関する法律）
――処理 154, 238	――法 230-1, 241	84, 85, **208**, 209, 247

食料自給力	**88**-9
女性	16, 45, 48-9, 79, 99, 120-3, 137, 176, 187, **190**, 191, 222, 236, 257
——の社会進出	79, 176
——の地位向上	49, 120
所得	
——移転効果	49
——政策	**80**, 83, 88, 170-1
——分配の平等性	46
——分配の不平等	45
——補償	11, 19, 41, 49, 82, 87-9, 134-5, 140, 169, 172-3, 245-7
——補填	8, 171, 210-1
飼料	
——自給率	175, 178-9
——用米	19, 88, 173, **178**-9
シルバー人材センター	**190**-1
知床国有林伐採問題	94
白い革命	**42**
新規移住者	101, 103
新規参入	143, **188**, 209
新規就農(者)	124, 150, 155, 188-9
人口	
——移動	44, **98**, 99
——減少	86, 197
——集中地区	→ DID
——爆発	7, **74**
新興食料貿易国	42-3
人工林	56, 90-2, 94-5, 108, 163
——の施業放棄	163
——の齢級構成	95
新自由主義	16, **70**
新大陸	20, 40, 70
薪炭材	26, 90-1
人畜共通感染症	58
身土不二	122
信用・共済事業依存の収支構造	260
森林官	**164**, 165
森林環境税	**108**, 109, 111
森林吸収	56-7, 94
——源対策	**56**, 57
森林組合	28, 91-2, 160-3
——法	**160**
森林減少・劣化からの排出削減(REDD)	95
森林資源培養	160
森林所有構造	160
森林(・)生態系	28, 94, 110-1
——保護地域	94
(——保全の)遺産価値	110
(——保全の)オプション価値	110
(——保全の)間接的利用価値	110
(——保全の)直接的利用価値	110
(——保全の)存在価値	110
(——保全の)非利用価値	110-1
(——保全の)利用価値	110-1
森林認証制度	**28**, 29
森林の回復力	**30**, 32, 34, 36
森林の公益的機能	164
森林の多面的機能	108
(——) 物質生産機能	108
(——) 文化機能	108
森林法	30, 94, 160-1
森林・林業再生プラン	161, 165
信連	**252**, 253-6

す

水源(の)かん養(涵養)	86, 106
——機能	108
垂直的多角化	138-9, 143
垂直(的)統合	12, 13, 16, **162**
水田	
——裏作	170-1
——農業の担い手	**140**
——の高度利用	83
——・畑作経営所得安定対策	88-9, 172-3
——預託	83
水平的多角化	138-9
水平的統合	14, 16
スーパーマーケット	17, 224, 258
ステークホルダー	62, 219, 228-9
——の共存	228
捨て作り	171
スプロール的開発	**100**, 101
スペシャリスト機能	150

せ

生活	
——改善グループ	**120**, 121-2
——改善普及事業	**120**
——改良普及員	120
——者	219, 229
——水準の格差	80-1
——スタイル	67, 75
製材工場	**162**, 163
——の大型化	163
製材輸出	26
生産	
——委託	15
——請負制	45
——関数分析	78
——性向上	54, **140**, 141, 208
——性の格差	69, 81
——政策	**80**, 81, 89
——調整	9, **82**, 83, 88-9, 140, **168**, 169-71, 200, **208**, 209, 245-7
——の停滞	46, 180
——履歴記帳	154
生産者余剰	104
生産調整政策	168
生産費・所得補償方式	82
政治主導	244
成長限界論	74
製品回収	**232**, 233
政府説明責任局(GAO)	63
生物多様性	11, 28, 41, 56-7, 95, 105, 108, 201
——条約	57, 95
——保護	28
——保全機能	108
政府の質	**46**, 47
政府の失敗	105, 107
政府無制限買入制	210
精密農業(Precision Farming)	12, 153, **154**, 155
セーフティーネット	51
世界	
——銀行	45, 47, 49, 70, 98
——需要の拡大	176
——農業類型	22, 23
——農産物貿易	12, 13
——の森林率	30
——の木材生産	26
石油エネルギー革命	90
施業委託	160, 163
セリ取引	**212**-4, 216
施業委託	160, 163
専業農家	69, 100, 145
(農家の)専業別分類	100
全国総合開発計画	81
選択的拡大	80, 82, **180**
鮮度志向	219, 237
全農	256-9

――の「株式会社化」 257	他用途利用米 83	中山間地域等―― 35, **86**-7, 89,
戦略物資 **8**	タリフィケーション 34	103, 126
	単一農場支払い 40	直接所得補償政策 49
そ	単収水準の向上 75	直接投資 14, 46
総合事業 256	単独世帯 **222**-3	**貯貸率** **252**, 253
総合商社 15		地理情報システム GIS 154
総合スーパー 224-5	**ち**	
総合的な学習の時間 **118**, 119	地域おこし協力隊 **128**, 129	**つ**
総合農政 **82**	地域活性化 **124**	通貨の切り上げ 25
ソーシャル・ビジネス **120**, 121	地域資源	強い農業 20-1, 247
造林 30-1, 91-4, **160**, 161, 163	――活用 145	
――事業 161	――管理 101, **140**	**て**
――放棄 163	――の保全管理 **126**-7	低価格
素材生産 92, 133, **160**, 161-2	**地域調和要件（農地法）** **194**	――志向 219, 237
――業者 92	地域づくり 115, 125	――戦略 222
――事業 161	地域農業	――訴求型 227
組織力 **260**, 261	53, 133, 140, 148-51, 188-9, 259	提携関係 123, 185, **226**, 227
ソフト事業 **128**, 247	――の振興 150-1	**低水準均衡の罠** **74**, 75
	――の組織化 **140**	丁寧なもの作り 221
た	――の存続 148	**定年帰農** **188**, 189
ダイオキシン 59	地域復興支援員 129	出稼ぎ 67
大規模化	地域ブランド 148, 150, 185, 220-1	デカップリング 40, 85
（製材工場） **162**-3	――の確立 151	デカップル 86, 107
（農業生産） 20	地域文化 103, 219	適正衛生規範（GHP） **230**
（直売所） 122-3	地域労働市場 **100**, 101	適正製造規範（GMP） **230**
畜産の―― 174	チェーン・オペレーション 222, 225	適正農業規範（GAP） 156-7, **230**
体験型学習 237	地下水汚染 116	転作 83, **170**, 171, 178-80
滞在型農村体験 124	地球温暖化 28, 30, 53, 56-7, 75, 94,	――奨励金 **170**, 171
滞在型の余暇活動 124	108-9, **112**, 113, 117	――助成 178
第3セクター 212	――の抑制 53	天然資源 26, 42, 46, 75, 114
第3の武器 32	――防止 28, 117	天然林 30, 90-1, 94-5
大衆野菜 **182**, 183	地球環境保全機能 108	転用 81, 89, 193, 198-9
大面積皆伐 28, 90	**地産地消** 28, 77, **122**, 213, **214**-5, 223	――規制 89
大量生産 17, 58, 125, **220**, 221	治山治水 91, 245	
多国籍アグリビジネス 15-6, 43	窒素収支 116	**と**
多国籍企業 **14**, 15-6, 158, 183	知的所有権 16	投機マネー 6, 71
脱産業社会 66	地方創生 **102**, 103	東京圏（集中） 98-9
田の神 67	チャネル・リーダー 226	老いる―― 99
多品目少量生産 125, 180, **220**, 221	中央卸売市場 212-3	**道徳性（morality）** **228**
多文化共生社会 99	――法 212	動物福祉 41, 62, 156, 158
食べ方の多様化 234	中間投入財 78	動力機械化の跛行性 202
食べる力 236	中耕除草農業 **22**, 23	ドーハ・ラウンド 34
多面的機能　→農業の多面的機能	中国野菜 **184**, 185	特定法人 **194**
（農業・食糧生産の） 10-1, 32,	地理的表示法 241	特定利用権 **196**, 198
40, **86**, 87, 104, 106-7, 135	鳥獣害 **102**-3	篤農（家）技術 133
（森林の） 95, 108-10	調整水田 83, 179	――の継承 155
――の経済評価 108	調整販売計画 **210**, 211	特別会計 93, 164-5, **244**, 245, 251
多面的機能支払交付金 **126**-7	**直接支払い** 19, 35, **40**-1, 107, 156	
	――制度 34, 35, 85, **86**-7	

索引

269

特別栽培農産物	**114**, 115	
特別栽培米制度	**208**, 209	
都市		
——化社会	**66**, 67	
——計画法	198	
——住民	109, 118, 120, 124-5, 188-9	
——農村交流	118, 120, 122, **124**, 125	
途上国	7, 16, 44-50, 53-4, 94-5	
土地		
——改良事業	83, 198, 244	
——官民有区分	164	
——持ち非農家	258	
——利用農業	81	
土砂災害防止／土壌保全機能	108	
トップマネジメント	**260**, 261	
トラベルコスト法	111	
鳥インフルエンザ	58, 176	
取引費用	13, **184**	
トレーサビリティ	29, 105, 145, 227, **232**, 233	
——確保の要件	233	
（——）識別と対応づけ	**232**, 233	
（——）ロット（識別単位）	233	
内部——	232-3	
問屋主導の商人的流通機構	208	

な

内外価格差	20-21, 85
内食・中食・外食	**222**
中食	79, 168-9, 222-3, 234
内的参照価格	**238**, 239
内包的農業発展	22
仲間づくり	120-1
ナショナル・セキュリティ	11, **18**, 19
ナショナル・トラスト	94
ナショナルメーカー	221
ナノテクノロジー	**158**, 159

に

27号計画（農振法）	**198**, 199
20か月齢制限（BSE対策）	**176**
にせ牛缶事件	240
2014年農業法（アメリカ）	**38**, 39
二地域居住	**188**, 189
担い手	
（穀物流通の）	12

（グリーン・ツーリズムの）	125
（産地形成の）	146
（食品供給の）	222
（企業の社会的責任の）	228
（農業生産の）	19, 23, 35, 89, 134, **136**, 140-1, 143, 150, 172-3, 175, 180, 193-4, 196-7, 199, 246-7, 258-9
（マーケティングの）	144-5
（林業生産の）	91, 95
——育成	**246**, 247
日本型グリーン・ツーリズム	**124**, 125
日本型直接支払制度	88-9, **126**
日本政策金融公庫	251, 253
乳業のグローバル化	217
入札取引	209-11
庭先販売	122
認証制度	17, 28-9, 51, 157
認定農業者	34-5, 114, 193, 195, 250-1

ね

ネット事業	225
ネットワーク型農業経営	133, 145, **146**, 147

の

農家	**100**
→兼業農家	
→主業農家	
→小規模農家	
→自給的農家	
→専業農家	
→土地持ち非農家	
→販売農家	
→副業農家	
——率	100-1
——レストラン	124, 138-9
農外就業	**186**, 187
農外企業（の農業）参入	190-1, 193
農協 →農業協同組合	
——営農指導事業	258
——改革	256
——合併	256
——法改正	256
農業委員会	194, **196**, 197, 199
農業開発予算	47
農業改良資金	**250**, 251

農業改良助長法	120, **150**
農業環境規範	**200**, 201
農業関連産業	**78**, 79
農業技術革命	75
農業技術の進歩	152
農業基本法	68, 69, **80**, 82, 84, 86, 88, 91, 170, 200, 246, 250
農業協同組合（農協）	80, 145, 154, 161, 244, 256
——営農指導事業	151, **258**
——系統資金	249
——正組合員、准組合員	256
——の総合性（力）の発揮	**260**
——ばなれ	258
——複数組合員化	257
——法	80, 256
農業近代化	16, 120, 250
——資金	**250**
農業金融	248
農業経営	
——関与者（経営統計）	**248**,
——基盤強化促進法	142, **192**, 193-5, 198
——体	133, **134**, 136-7, 251
——リスク	**142**, 143
→リスク	
ネットワーク型——	133, 145, **146**, 147
フランチャイズ型——	**132**, 147
農業サービス事業	133, 148-9
農業参入	**142**-3
——企業経営	**132**, 133
建設業者の——	143
農外企業の——	**190**-1
→企業参入	
農業資源の偏在	13
農業社会	**66**, 67-9
農業就業者	68
農業収入	76, 77
農業小学校	119
農業・食料関連産業	14, **78**, 79
農業・食料システム	14, 16
農業振興地域	193, **198**, 199
農業水利	55, 75
農業政策	23, 38, 40-2, 80-1, 83, 88-9, 141, 179, 244
農業生産工程管理（GAP）の共通基盤に関するガイドライン	157
農業生産組織	149
農業生産の選択的拡大	80, 82

農業生産法人	139, **142**, 143, 192, 193, **194**, 195	
――への出資規制	142	
農業生産力	16, 200, **202**	
農業成長	**44**, 45	
農業大学校	**150**	
農業体験	118-9, 123, **236**	
農業体験農園	**118**, 119	
農業大国	10, **38**	
農業調整問題	**72**, 73	
農業投入財	**78**, 79, 143	
農業特区	**194**	
農業の機械化	23, 69	
農業の交易条件	**172**	
農業の持続的発展	87	
農業の生産性	48, 80, 136, 244	
農業の多面的機能	10, 32, 105-7, 135	
→多面的機能		
――政策議論	106-7	
農業発展	22, 43-5	
農業普及制度	150-1	
農業部門の発展	46	
農業法人	**142**, 189, 195, 248, 253	
農業保護	8, 10, 19-21, **24**, 25, 32, 43, 73, 106	
――削減	10, 19	
――水準	20, 24-5	
――政策	25, 73	
――の論拠	32	
――**率**	**24**, 25	
農漁協の婦人部	120	
農工間(の)所得格差	25, 69, 73	
農耕儀礼	67	
農作業受託	139, 142, **148**	
――事業体	148	
農作業のアウトソーシング	148	
農産物		
――**12品目問題**	**84**	
――純輸入国	10	
――**直売所**	120, 122-4, 145, 213, **258**, 259	
――の供出制度	45	
――の流通システム	147	
――輸入	10, 69, 98	
農産物(の)貿易	6, 8, 12-3, 42-3, **106**, **116**, 117	
――自由化	6, 8, 32	
→貿易自由化		
――自由化交渉	32	

――収支	42-3	
農場から食卓まで	62	
農商工連携	77, 133, **138**, 139, **146**, 147	
農振法(農業振興地域の整備に関する法律)	193, **198**, 199	
(――)交換分合制度	198-9	
(――)27号計画	198-9	
農政改革	**40**, 41, 85	
農村		
――コミュニティ	133	
――支援ボランティア	125	
――社会の活性化	150	
――政策	85, 88, 178, 193	
――地域の振興	121	
――の消費	**124**	
――の振興	87	
――の貧困	46, 48-9	
――ビジネス	120	
――**民泊**	**124**, 125	
――レストラン	120	
農地		
――開発	81	
――規模格差	**20**	
――所有適格法人(農業生産法人)	**142**	
――政策	89, 199	
――**中間管理機構**	89, **192**-3	
――の賃借規制	142	
――(の)流動化	81, 187, 192, 194, 196, 198	
――保有合理化法人	193-4, 196	
――**リース方式**	**142**, 193, 195	
農地法	80, 89, 142, **192**, 193-5, 247	
改正――	89, 142, 194	
農地・水・環境保全向上対策	35, 87-9, 126-8	
農と食の距離	81	
農と食のテーマパーク	123	
農の教育力	118	
農法	22, 23, 32, 35, 41, 87, 107, 115, 155	
――論	22	
農本主義	**32**	
農民層の分化・分解	**186**, 187	
農薬依存型農業	16	
農用地区域	**198**, 199	
農林水産業・地域の活力創造プラン	**88**, 169	
農林中金	**252**, 253-6	

は

バーチャル・ウォーター	10-1, **54**, 55, 117	
ハード事業	128, 247	
バイオテクノロジー	14, 15, **152**, 153	
バイオテロリズム法(アメリカ)	233	
バイオ燃料	7, 17, **52**, **56**, **57**, 71	
第二世代――	**52**	
バイオマス	12, 57, 113	
木質――	95	
廃棄物	74, 116, 152	
ハザードの規制基準	230	
(表示の)罰則の強化	**240**	
発展途上国	44-6, 68, 70-1, 75	
(国有林経営の)抜本的改革	**164**	
バナナ	16, 50, 180, **182**, 183	
範囲の経済	**138**, 181	
半農半Ⅹ	**101**	
販売農家	100-1, 173, 186-7, 202, 248-9	

ひ

ピーク・オイル	**204**	
ビオ(BIO)	115	
ビオトープ	41	
東アジア食品産業活性化戦略	32	
光センサー選果機	**148**	
非競合性	104-5, 108	
ピグー補助金	106	
非公共事業費	**244**, 245	
ビジネスモデル	222, 258	
非政府供給	107	
人・農地プラン	**192**	
非排除性	104-5	
被覆・保温材	**204**	
ヒューリスティクス	**238**, 239	
費用効果分析	**60**, 61	
表示	214, 240-1	
――偽装	240	
――の機能	**240**	
期限――改ざん	240	
不当――	**240**	
→景品表示法		
→食品表示法		
表明選好法	**110**, 111	
肥料農薬多投農業	**200**	

索引

貧困削減	46, **48**, 49, **50**
品質格差	**20**, 21
品種改良	23, 75, 79, 179-80
品目横断的経営安定対策	35, 87, 172-3, 211

ふ

ファストフード	17, 222
ファーマーズ・マーケット	122-3, 258
ファミリーレストラン	222-3
フード・マイレージ	10-1
フードシステム	58, 184, 211, 215, 218-22, 224, 226, 228-9, 234-5, 237
——の基礎条件	219
——の垂直的調整	**218**
——の競争構造	218
——の目標・成果	219
——の連鎖構造	218
フードチェーン	61, 214, 230-2, 237
——アプローチ	62
食肉——	214
フードデザート (food deserts)	**224**, 225
フードナノテク	159
フェア・トレード	50-1
——プレミアム	50
——ラベル	**50**, 51
富栄養化	116
不確実性	61, 228-9, 238
——に満ちた社会の責任	**228**, 229
普及指導員	**150**, 151
普及指導センター	150
副業農家	100
不在(村)地主	161, **196**, 197
不足払い	8, 9, 34, 135, **210**, 211, 216
——制度	9, 135, **216**
復旧造林	**30**, 31
不当景品類及び不当表示防止法（景品表示法）	240-1
ブランド	
——形成	214
——戦略	14
全国——と地域——	220
地域——　→地域ブランド	
フリーライダー	180
フリーライド	109, 181

振り売り	122
ブルー・ボックス（青の政策群）	34
(牛肉の) フルセット	**214**
フレーミング効果	**238**, 239
プロスペクト理論	238
プロダクト・アウト	**144**, 145
ブロックローテーション	140
文化伝承	86, 105
分収造林	91
（多面的機能の政策）分析枠組	106

へ

平均関税率	10, 19
平均費用逓減産業	104
ペティ＝クラークの(経験)法則	**44**, **72**, 73
ヘドニック法	111

ほ

貿易	
——・為替の自由化計画大綱	68
——自由化	6, 7-8, 10-1, 32-4, 36-7, 106
——政策の純効果	33
——創出効果	36-7
——転換効果	**36**, 37
——利益	33, **36**, 37
——立国	69
飽食	216, 237
法人化	134, **136**, 137-8, 165, 189
法人経営	**132**, **136**, 162
北東アジア経済圏	25
北東アジアの連携	24
保健・レクリエーション機能	108
保護貿易	46, 106
——主義	106
ポスト生産主義	**124**, 125
ポストモダン	123

ま

マーケット・イン	**144**, 145-6
——とプロダクト・アウト	144
マーケティング	62, 144-5, 150, 180, 183-4, 189, 226-7, 235, 259
——・ローン（アメリカ）	8
関係性——	**122**, 123

マイクロ・インシュランス	48
マイクロ・ファイナンス	**48**
前向き資金	**250**, 251
マルサス	74-5
——の罠	**74**, 75

み

水の生産性	52, **54**, 55
水利用体系	55
緑	
——の回廊	164
——の革命	16, 42, 45, 47, 54
——のふるさと協力隊	**128**, 129
ミニマム・アクセス	85, 209
ミレニアム開発目標	**48**, 49
ミレニアム宣言	48
民間流通移行（麦）	**210**
民間流通契約（麦）	210
民宿	120, 124, 139

む

| 無人農業機械 | **152**, 153 |
| 無農薬 | 115, 153 |

も

木材	
——関連企業	**26**, 27
——関連産業	27-8
——自給率	30-1, 90-2, 163
——生産量	26, **30**, 31-2, 34, 36, 163, 165
——の持続的生産	164
巨大——企業	27
モジュレーション	41
モノカルチャー	50
モンスーン・アジア	22, 24-5
モントリオール・プロセス	94

や

| 野菜指定産地制度 | 146 |
| 野菜生産出荷安定法 | 147 |

ゆ

| Ｕターン | **188**, 189 |
| 有機 | |

──JAS　　　　　　　　　114
　　──農業　　　　　　114-5, 158
　　──農業推進法　　　　　114
有機物循環　　　　　　116, 117
遊休農地　　89, 142-3, 193, **196**-7
輸出
　　──信用　　　　　　　　8-9
　　──促進　　　　　　　　　8
　　──**補助金**　　　　　8-9, 19
　　──補助システム　　　9, 19
　　丸太──　　　　　　　26, 27
輸送燃料　　　　　　　　　117
輸入
　　──果実　　　　　　**182**, 183
　　──**材（「外材」）**　　**90**, 91, **92**
　　──自由化　32-3, 98, 102, 211, 246
　　──濃厚飼料依存度　　　178
　　──割当制　　　　　　　210

よ

用材需要　　　　　　　　　　90
用量─反応曲線　　　　　　　61

ら

ライフスタイル
　　　　51, 66, 79, 101, 188, 235, 237
酪農ヘルパー　　　　　　148, 149

り

リカードの成長の罠　　　**44**, 45
リスク
　　（食品由来・健康）11, 58-9, **60**,
　　　　61-3, 116, 157, 159, 230-1, 236
　　（経営）　138, 142, 153, 217, 225
　　（金融）　　　　　　　　250
　　（市場価格・取引）
　　　104, 143, 146, **180**, 181, 238, 255
　　（農業生産）　16-7, 23, 48, 143, 155
　　──アナリシス（risk analysis）
　　　　　　　　59-60, **62**, 63, 230
　　──管理（risk management）
　　　　　　　　12-3, **60**, 62-3, 155, 230
　　──管理の考え方　　　　230
　　──コミュニケーション　60
　　──評価（アセスメント）（risk
　　　assessment）
　　　　　　　59, **60**, 61-3, 159, 230

　　──評価とリスク管理の機能的な
　　　分離　　　　　　　　　62
　　──ヘッジ　　　　　　12-3
　　→農業経営リスク
離農　　　　　　　　　　　101
流域
　　──圏管理　　　　　　103
　　──保全　　　　　　92-3
　　──林業政策　　　　　94
流通・加工サービス　　　　73
領域国家　　　　　　　　　66
利用権　　　　　　142, 192-9
良好な景観　　　　　　86, 106
料理教室　　　　　　123, 237
林家　　　　90, 91-2, 160-1, 163
林業
　　──基本法　　　　90, 91, 95
　　──**経営体**　　　**162**, 163-4
　　──構造改善事業　　　　91
　　──就業者（数）　　160, 161
　　減り続ける──就業者　　160
林産事業　　　　　　　　　161
林産物市場開放　　30, 32, 34, 36
倫理　　　　　　29, 225, 227-9
　　──品質　　　　　　225, 227

る

累積生産集中度　　　　　　220

れ

齢級構成　　　　　　　　　95
零細分散錯圃制　　　　23, 202
レクリエーションの森　　**164**
連鎖構造（垂直的構造）　　218
連棟化　　　　　　　　**204**

ろ

労働
　　──安全確保　　　　　156
　　──集約産業　　　　　　43
　　──生産性　73, 80-1, 138, 202, 261
　　──**力需要**　　100, **186**, 190
ローカルな資源　　　　　　26
ローカルメーカー　　　　　221
ローマ・クラブ　　　　　　74
6次産業化　89, 121, **138**, 139, 189
　　──対策事業　　　　　139

ロジスティクス　　　　　226-7
ロボット技術　　　153, **154**, 155

わ

ワークシェア・アプローチ　49
ワンステップバック、ワンステップ
　フォワードの原則（一歩後方、
　一歩前方の追跡可能性の確保）
　　　　　　　　　　　232-3

●執筆者一覧（50音順、執筆担当箇所を右に記載した）

青柳　斉	農業開発研修センター客員研究員	Ⅵ第1節1、Ⅶ第2節3、Ⅶ第3節1
浅見淳之	京都大学大学院農学研究科教授	Ⅴ第3節1～3
安藤光義	東京大学大学院農学生命科学研究科教授	Ⅴ第5節1～4
飯國芳明	高知大学人文社会科学部教授	Ⅰ第3節4、Ⅱ第3節3～4
㊆飯澤理一郎	北海道大学名誉教授・（一社）北海道地域農業研究所所長	Ⅴ第6節1～3
池上甲一	近畿大学名誉教授	Ⅰ第8節2、Ⅲ第1節1～3
市田知子	明治大学農学部教授	Ⅰ第6節2
伊庭治彦	京都大学大学院農学研究科准教授	Ⅳ第3節3～4、Ⅴ第4節2
大隈　満	元愛媛大学農学部教授	Ⅶ第1節1～2
大田伊久雄	琉球大学農学部教授	Ⅰ第4節1～3、Ⅳ第5節1～3
小野雅之	摂南大学農学部教授	Ⅴ第1節1、3
加賀爪優	京都大学名誉教授	Ⅰ第5節1～3、第8節1
川村　誠	元京都大学大学院農学研究科准教授	Ⅱ第4節1～3
木立真直	中央大学商学部教授	Ⅵ第2節3～5
木下順子	元農林水産省研究員	Ⅰ第1節1～3、第3節1～2
清原昭子	福山市立大学都市経営学部教授	Ⅵ第2節2、第4節1～2
金　成䝢	石川県立大学生物資源環境学部教授	Ⅴ第2節1～3
楠部孝誠	石川県立大学生物資源工学研究所講師	Ⅲ第3節1、3
工藤春代	大阪樟蔭女子大学学芸学部准教授	Ⅰ第9節3、Ⅵ第4節4
栗山浩一	京都大学大学院農学研究科教授	Ⅰ第8節3、Ⅲ第2節3～4
佐野聖香	立命館大学経済学部准教授	Ⅰ第6節3
荘林幹太郎	学習院女子大学国際文化交流学部教授	Ⅲ第2節1～2
末原達郎	龍谷大学農学部教授	Ⅱ第1節1～3
鈴木宣弘	東京大学大学院農学生命科学研究科教授	Ⅰ第1節1～3、Ⅰ第3節1～2
高田　理	神戸大学名誉教授	Ⅶ第3節4
高橋明広	中日本農業研究センター温暖地野菜研究領域主席研究員	Ⅳ第2節3
立川雅司	名古屋大学環境学研究科教授	Ⅳ第4節4
沈　金虎	京都大学大学院農学研究科准教授	Ⅱ第2節1～2
辻村英之	京都大学大学院農学研究科教授	Ⅰ第7節4、Ⅳ第2節1～2、4
中嶋康博	東京大学大学院農学生命科学研究科教授	Ⅱ第3節1～2、5
成田喜一	元農林水産省大臣官房国際部国際情報分析官	Ⅰ第6節1
南石晃明	九州大学大学院農学研究院教授	Ⅳ第4節1～3
野田公夫	京都大学名誉教授	Ⅰ第3節3
野中章久	三重大学生物資源学研究科准教授	Ⅴ第4節1、3
波夛野豪	三重大学名誉教授・CSA研究会代表	Ⅲ第3節2
久野秀二	京都大学大学院経済学研究科教授	Ⅰ第2節1～3
福井清一	大阪経済法科大学経済学部教授	Ⅰ第7節1～3
星野　敏	京都大学大学院農学研究科教授	Ⅲ第5節1
㊆細野ひろみ	元東京大学大学院農学生命科学研究科准教授	Ⅵ第4節3
堀田和彦	東京農業大学国際食料情報学部教授	Ⅱ第2節3～4
堀田　学	福井県立大学経済学部教授	Ⅵ第1節3
増田佳昭	立命館大学経済学部教授・滋賀県立大学名誉教授	Ⅶ第3節2～3
門間敏幸	東京農業大学名誉教授	Ⅳ第1節1、第3節1～2
矢坂雅充	東京大学大学院経済学研究科准教授	Ⅵ第1節4～5
横溝　功	山陽学園大学地域マネジメント学部教授	Ⅶ第2節1～2
横山英信	岩手大学人文社会科学部教授	Ⅴ第1節2、Ⅵ第1節2

●編者

小池恒男	農業開発研修センター顧問	はじめに
新山陽子	立命館大学食マネジメント学部教授	Ⅰ第9節1〜2、Ⅳ第1節2、Ⅵ第2節1,6、Ⅵ第3節1〜2
秋津元輝	京都大学大学院農学研究科教授	Ⅲ第4節1〜4、第5節2

新版　キーワードで読みとく現代農業と食料・環境

2011年5月10日　初版第1刷発行
2017年3月31日　新版第1刷発行
2021年9月1日　新版第3刷発行

監修者　「農業と経済」編集委員会

編　者　小池恒男
　　　　新山陽子
　　　　秋津元輝

発行者　杉田啓三

〒607-8494　京都市山科区日ノ岡堤谷町 3-1
発行所　株式会社 昭和堂
振替口座　01060-5-9347
TEL (075) 502-7500　FAX (075) 502-7501

©2017 「農業と経済」編集委員会　　　亜細亜印刷
ISBN 978-4-8122-1614-9
乱丁・落丁本はお取り替えいたします。
Printed in Japan

本書のコピー、スキャン、デジタル化等の無断複製は著作権法上での例外を除き禁じられています。本書を代行業者等の第三者に依頼してスキャンやデジタル化することは、たとえ個人や家庭内での利用でも著作権法違反です。